나는 푼다. 고로(영재학교/과학고) 합격한다.

영재학교/과학고
합격수학

함수 2023/24시즌

이주형 지음

씨실과 날실

씨실과 날실은 도서출판 세화의 자매브랜드입니다.

이 책을 지으신 선생님

이주형

멘사수학연구소 경시팀장

주요사항

KMO FINAL TEST, 도서출판 세화, 2007 공저

365일 수학愛미치다(도형편), 씨실과날실, 2009 저

올림피아드 초등수학 클래스, 씨실과날실, 2018 감수

올림피아드 중등수학 베스트, 씨실과날실, 2018 감수

101 대수, 씨실과날실, 2009, 번역

책으로부터의 문제(Problems from the book), 씨실과날실, 2010 번역

초등 · 중학 新 영재수학의 지름길, 씨실과날실, 2016, 2019 감수

영재학교/과학고 합격수학, 씨실과날실, 2017, 공저

KMO BIBLE 한국수학올림피아드 바이블 프리미엄 시리즈(9판) 씨실과 날실, 2021 공저

e-mail : buraqui.lee@gmail.com

이 책의 내용에 관하여 궁금한 점이나 상담을 원하시는 독자 여러분께서는 E-MAIL이나 전화로 연락을 주시거나 도서출판 세화(www.sehwapub.co.kr) 게시판에 글을 남겨 주시면 적절한 확인 절차를 거쳐서 풀이에 관한 상세 설명을 받을 수 있습니다.

영재학교/과학고 합격수학 | 함수 2023/24시즌

이 책을 지으신 선생님 이주형

펴낸이 구정자 **펴낸곳** (주)씨실과 날실 **발행일** 1판 1쇄 2023년 2월 10일 **등록번호** (등록번호: 2007.6.15 제302-2007-000035)
주소 경기도 파주시 회동길 325-22(서패동 469-2) 1층 **전화** (031)955-9445 **팩스** (031)955-9446

판매대행 도서출판 세화 **주소** 경기도 파주시 회동길 325-22(서패동 469-2)
전화 (031)955-9333 **구입문의** (031)955-9331-2 **팩스** (031)955-9334 **홈페이지** www.sehwapub.co.kr
정가 23,000원 ISBN 979-11-89017-37-8 53410

저자와 협의하에 인지 생략함

*독자여러분의 의견을 기다립니다. 잘못된 책은 바꾸어드립니다.

Copyright ⓒ Ssisil & nalsil Publishing Co.,Ltd.

이 책에 실린 모든 글과 일러스트 및 편집 형태에 대한 저작권은 (주)씨실과 날실에 있으므로 무단 복사, 복제는 법에 저촉됩니다.

머리말

메시, 호날두, 즐라탄, 네이마르, 아자르 등 세계적인 축구선수들은 공을 자유자재로 갖고 드리블하면서 적절한 타이핑에 슛 또는 패스를 통해 득점에 관여합니다. 이런 유명한 선수들에게 문제는 자기한테 패스 온 공을 어떻게든 우리팀의 득점이 되도록 하는 것입니다. 그러기 위해 여러가지 상황을 가정한 팀훈련 뿐만 아니라 개인연습도 소홀히 하지 않아야 합니다. 세계적인 축구스타들은 지금도 개인 훈련을 통해 실수를 줄이는 연습을 하겠죠. 끝임없이 노력하는 것입니다.

수학문제를 푸는 우리들은 어떠한지요? 조금 어렵다고 포기하고 하고 있지는 않는지요? 내가 잘하지 못하는 분야라서 그냥 넘어가는지요? 이런 생각을 가지면 안됩니다. 문제를 보면서 새로운 도전 자세로 이 문제에서 요구하는 것이 무엇이고 이것을 어떻게 풀 것인가를 고민해야합니다. 또 출제자가 원하는 풀이는 무엇일까? 고민하면서 풀어야 합니다.

우리나라 최고의 축구천재라고 불렸던 김병수 감독님은 "볼을 통제하고 적을 통제하라"는 컨트롤 축구를 강조하셨습니다. 수학문제도 마찬가지입니다. 수학문제를 통제하고 풀이를 통제해야합니다. 문제가 요구하는 의도를 파악하고 문제에서 요구하는 풀이를 만들어야합니다.

영재학교/과학고 합격수학 함수 2023/24 시즌에 담긴 함수 문제들을 해결함으로써 여러분의 생각하는 힘이 한 단계 더 성장하기를 기원합니다.

본 교재의 출판을 맡아주신 (주) 씨실과 날실 관계자 여러분께 심심한 사의를 표합니다.

끝으로, 수학올림피아드, 영재학교 대비 교재 등의 출간에 열정적으로 일 하시다가 갑작스럽게 운명을 달리하신 故 박정석 사장님의 명복을 빕니다.

차 례

제 1 장

함수의 필수 개념 정리

- 알림사항

- 직선의 방정식, 좌표평면에서의 삼각형의 넓이
- 이차함수와 직선, 평행선
- 이차함수와 도형
- 이차함수와 비례관계

제 1 절 직선의 방정식, 좌표평면에서의 삼각형의 넓이

정의 1.1 (선분의 기울기)

두 점 $\mathrm{A}(a, b)$와 $\mathrm{B}(c, d)$을 연결한 선분의 기울기를 m이라 하고, $a \neq c$일 때,

$$m = \frac{\overline{\mathrm{AH}}}{\overline{\mathrm{BH}}} = \frac{b-d}{a-c}$$

이다. $b = d$일 때, $m = 0$이고, $a = c$일 때, 기울기는 없다.

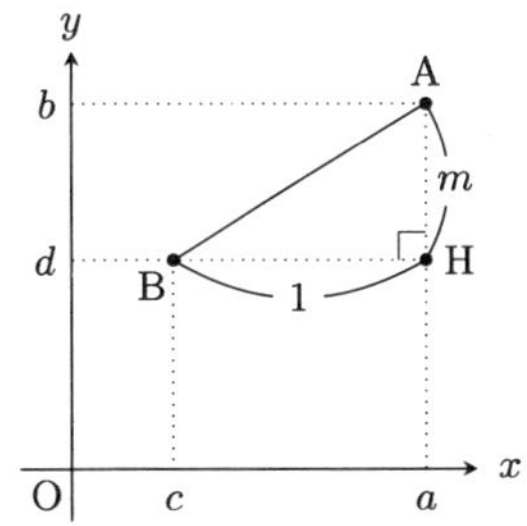

정의 1.2 (선분의 길이)

$\angle\mathrm{H} = 90°$인 직각삼각형 ABH에서 피타고라스의 정리에 의해

$$\overline{\mathrm{AB}} = \sqrt{\overline{\mathrm{BH}}^2 + \overline{\mathrm{AH}}^2} = \sqrt{(a-c)^2 + (b-d)^2}$$

이다.

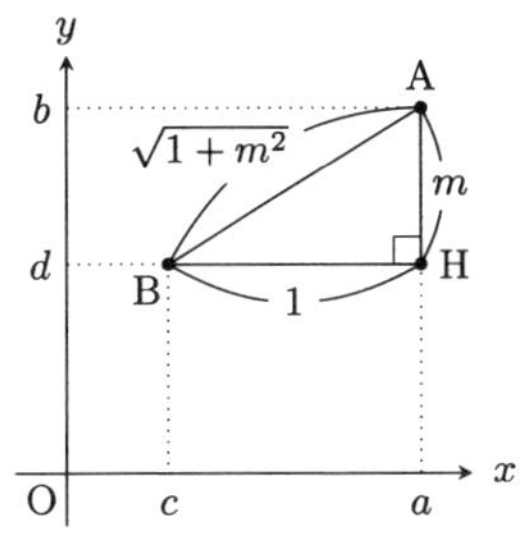

선분 AB의 기울기가 $m(> 0)$일 때, 그림에서

$$\overline{\mathrm{BH}} : \overline{\mathrm{AH}} : \overline{\mathrm{AB}} = 1 : m : \sqrt{1+m^2}$$

이므로,

$$\overline{\mathrm{AB}} = \overline{\mathrm{BH}} \times \sqrt{1+m^2} = (a-c) \times \sqrt{1+m^2} \qquad ①$$

임을 이용하여 선분의 길이를 구할 수 있다.

참고로 ①에서 $m = \pm 1$일 때($\triangle$ABH의 세 변의 길이의 비가 $1 : 1 : \sqrt{2}$), $m = \pm 2$, $\pm\frac{1}{2}$일 때(세 변의 길이의 비가 $1 : 2 : \sqrt{5}$) 이용하면 편리하다.

정의 1.3 (선분의 비)

한 직선 위에 있는 세 점 $\mathrm{A}(a, b)$, $\mathrm{B}(c, d)$, $\mathrm{C}(e, f)$에서, 선분 AB, BC의 비 $\overline{\mathrm{AB}} : \overline{\mathrm{BC}}$는 좌표축 방향의 길이의 비와 같다. 즉,

$$\overline{\mathrm{AB}} : \overline{\mathrm{BC}} = (a-c) : (c-e) = (b-d) : (d-f)$$

이다.

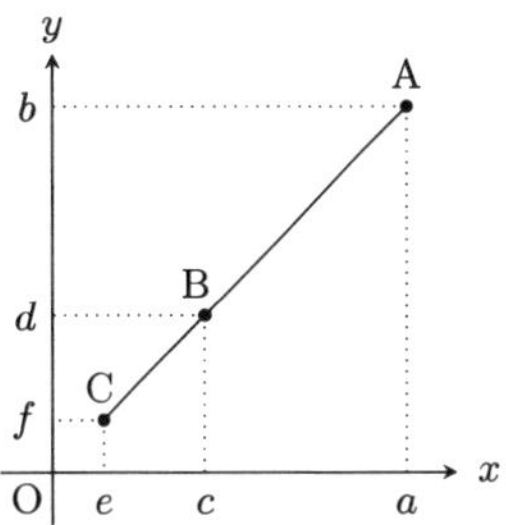

정의 1.4 (중점의 좌표)

두 점 $\mathrm{A}(a, b)$와 $\mathrm{B}(c, d)$을 연결한 선분 AB의 중점을 $\mathrm{M}(m, n)$이라 하면,

$$a - m = m - c, \quad b - n = n - d$$

가 성립하여, $\mathrm{M}\left(\frac{a+c}{2}, \frac{b+d}{2}\right)$이다.

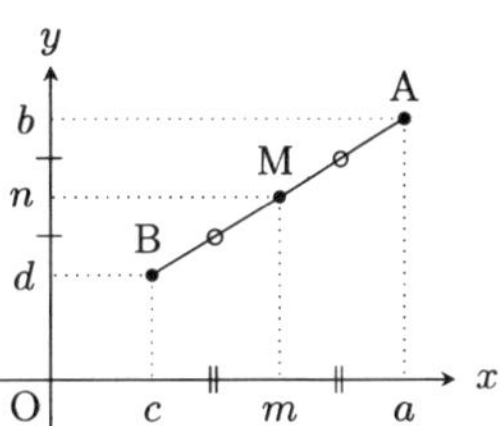

정의 1.5 (직선의 방정식)
직선(또는 직선의 방정식)은 '두 점' 또는 '한 점과 기울기'가 결정한다.

(1) 두 점의 좌표가 주어졌을 때,
직선의 방정식 $y = mx + n$(m은 기울기, n는 y절편이라고 부름)에 두 점의 좌표를 대입하여, m과 n의 연립방정식의 풀어서 구하거나, 선분의 기울기 m을 구한 후, 다음의 (2)를 이용하여 구한다.

(2) 기울기와 한 점의 좌표가 주어졌을 때,
점 $\mathrm{A}(a, b)$를 지나고, 기울기가 m인 직선을 l이라 하면, l위의 A가 아닌 점을 $\mathrm{X}(x, y)$라 할 때, $\frac{y-b}{x-a} = m$이다. 따라서 $y = m(x-a) + b$이다. 이 식은 $\mathrm{X} = \mathrm{A}$일 때도 성립한다. 이를 l의 방정식이라 한다.

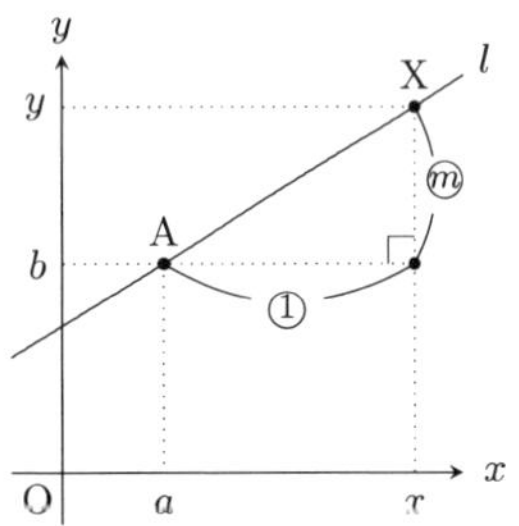

정리 1.1 (직선의 평행)
서로 다른 두 직선 $y = mx + n$, $y = m'x + n'$이 평행일 조건은 $m = m'$이다.

증명 평행한 두 직선 $y = mx + n$, $y = m'x + n'$이 x축과 만나는 점을 각각 A, A′라 한다. 또, $y = mx + n$ 위의 한 점 B에서 x축에 내린 수선의 발을 H라 하고, 선분 BH와 직선 $y = m'x + n'$와의 교점을 B′라 한다.

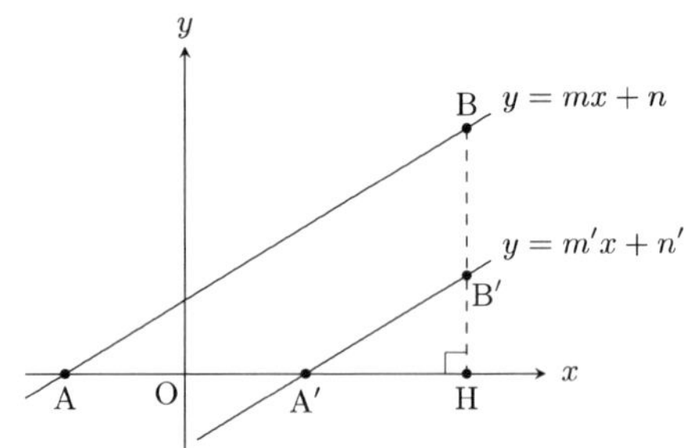

두 직각삼각형 BAH와 B′A′H은 닮음이므로,

$$m = \frac{\overline{\mathrm{BH}}}{\overline{\mathrm{AH}}} = \frac{\overline{\mathrm{B'H}}}{\overline{\mathrm{A'H}}} = m'$$

이다.

정리 1.2 (직선의 수직)
서로 다른 두 직선 $y = mx + n$, $y = m'x + n'$이 수직일 조건은 $m \times m' = -1$이다.

증명 수직인 두 직선 $y = mx + n$, $y = m'x + n'$은 평행이동하여도 수직이므로, 두 직선을 $y = mx$, $y = m'x$라 한다.

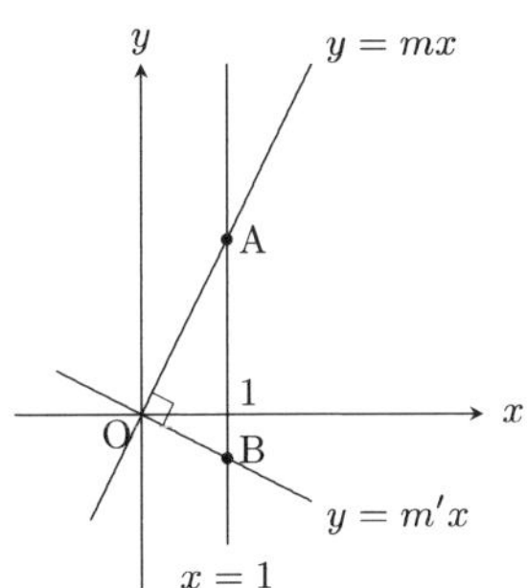

점 A$(1, m)$, B$(1, m')$, $m > 0$, $m' < 0$이라 하면,

$$\overline{\mathrm{OA}} = \sqrt{1+m^2},\ \ \overline{\mathrm{OB}} = \sqrt{1+m'^2},\ \ \overline{\mathrm{AB}} = m - m'$$

이다. 삼각형 AOB는 $\angle \mathrm{AOB} = 90°$인 직각삼각형이므로, 피타고라스의 정리에 의하여

$$(1+m^2) + (1+m'^2) = (m-m')^2$$

이다. 이를 정리하면, $mm' = -1$이다.

정리 1.3 (좌표평면에서 삼각형의 넓이(1))
그림과 같이, 원점 O와 좌표평면 위의 두 점 A(x_1, y_1), B(x_2, y_2)를 꼭짓점으로 하는 삼각형 OAB의 넓이는

$$\triangle\mathrm{OAB} = \frac{1}{2}|x_1y_2 - x_2y_1|$$

이다.

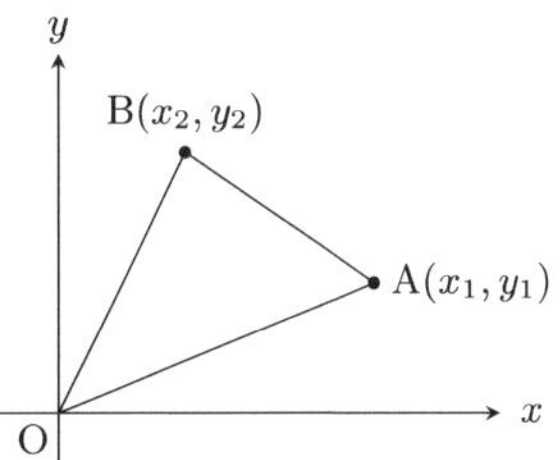

증명 그림과 같이, 직사각형 OPQR을 그린다. 직사각형 OPQR의 넓이에서 필요없는 3개의 삼각형의 넓이를 빼면 구하는 삼각형 OAB의 넓이이다.

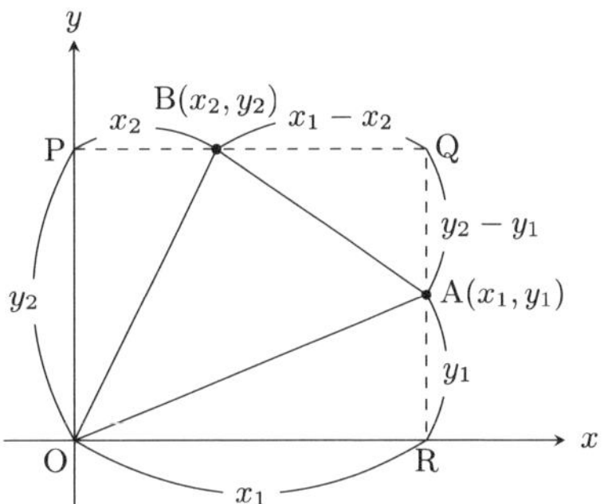

$$\begin{aligned}
&\triangle\mathrm{OAB} \\
&= x_1y_2 - \frac{1}{2}\{x_1y_1 + x_2y_2 + (x_1 - x_2)(y_2 - y_1)\} \\
&= x_1y_2 - \frac{1}{2}\{x_1y_1 + x_2y_2 + x_1y_2 - x_1y_1 - x_2y_2 + x_2y_1\} \\
&= x_1y_2 - \frac{1}{2}(x_1y_2 + x_2y_1) \\
&= \frac{1}{2}(x_1y_2 - x_2y_1) \\
&= \frac{1}{2}|x_1y_2 - x_2y_1|
\end{aligned}$$

이다.

정리 1.4 (좌표평면에서 삼각형의 넓이(2))
$\triangle$ABC가 좌표평면 그림과 같이 비스듬하게 위치할 때, 좌표축에 평행한 보조선 CC′를 그리면,

$$\begin{aligned}\triangle \mathrm{ABC} &= \triangle \mathrm{ACC'} + \triangle \mathrm{BCC'} \\ &= \frac{\overline{\mathrm{CC'}} \times (a-c)}{2} + \frac{\overline{\mathrm{CC'}} \times (c-b)}{2} \\ &= \frac{\overline{\mathrm{CC'}} \times (a-b)}{2}\end{aligned}$$

이 성립한다.

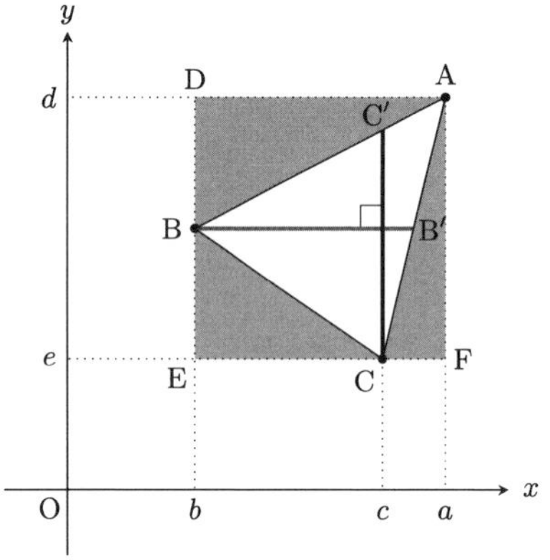

또, 보조선 BB′를 그리면,

$$\triangle \mathrm{ABC} = \frac{\overline{\mathrm{BB'}} \times (d-e)}{2}$$

이 성립한다.

정리 1.5 (좌표평면에서 삼각형의 높이)
$\triangle$ABC의 꼭짓점 C에서 변 AB에 내린 수선의 발을 H라 할 때, $\overline{\mathrm{CH}} = h$를

① $\triangle$ABC의 넓이 S를 구한다.

② 변 AB의 길이를 구한다.

③ $\frac{1}{2} \times \overline{\mathrm{AB}} \times h = S$로 부터 $h = \frac{2S}{\overline{\mathrm{AB}}}$이다.

의 순서로 구한다.

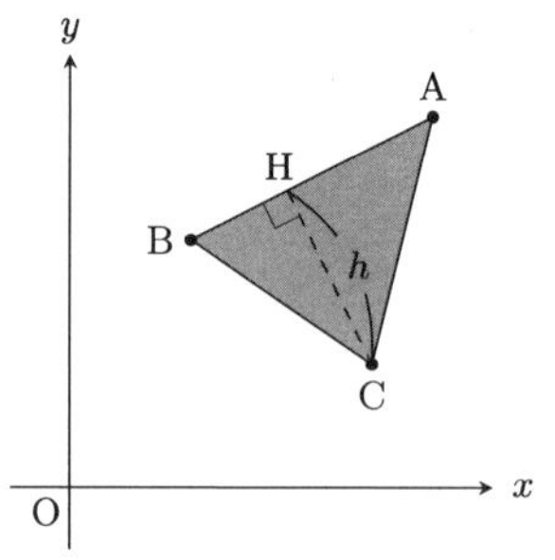

다른 방법으로는

①′ 점 C를 지나고, 선분 AB의 수직인 직선 CH의 방정식을 구한다.

②′ ①′와 직선 AB의 교점 H의 좌표를 구한다.

③′ 선분 CH의 길이 h를 구한다.

의 순서로 구한다.

정리 1.6 (좌표평면에서 삼각형의 넓이(3))

(1) 그림과 같이 삼각형의 한 꼭짓점을 지나는 직선으로 넓이가 이등분될 때, 넓이를 이등분하는 직선은 한 꼭짓점과 이 꼭짓점의 대변의 중점을 지난다.

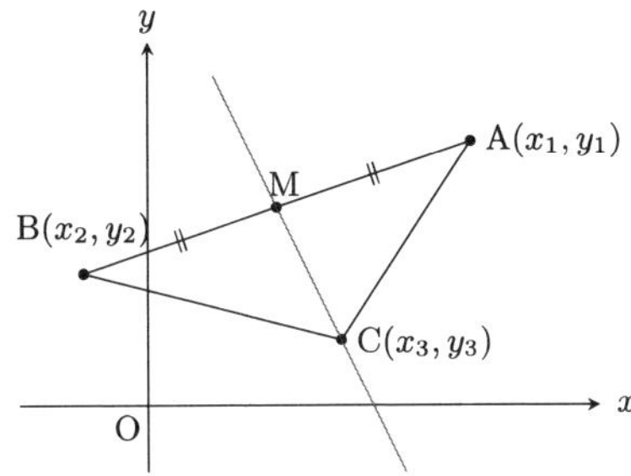

(2) 그림과 같이 삼각형의 꼭짓점을 지나는 않는 직선 PQ가 삼각형의 넓이를 이등분할 때, 점 P, Q의 x좌표가 각각 p, q이면,

$$\frac{\overline{\mathrm{BP}}}{\overline{\mathrm{BA}}} \times \frac{\overline{\mathrm{BQ}}}{\overline{\mathrm{BC}}} = \frac{p-x_2}{x_1-x_2} \times \frac{q-x_2}{x_3-x_2} = \frac{1}{2}$$

이 성립한다.

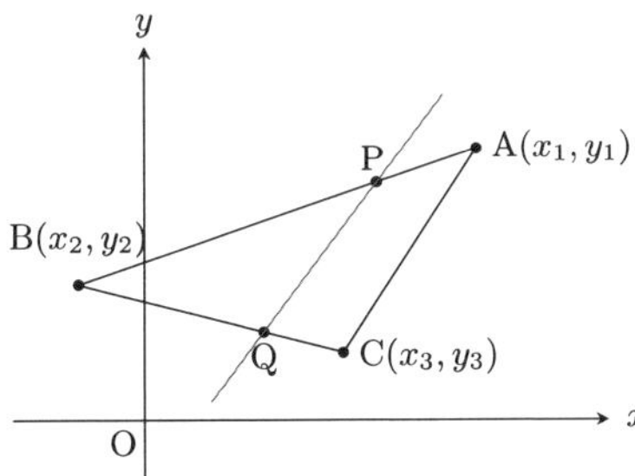

증명

(1) 한 꼭짓점을 C라 하고, 대변을 AB라 하고, 변 AB의 중점을 M이라 하면, 삼각형 AMC와 삼각형 AMB는 "좌표평면에서 삼각형의 높이"로부터 밑변을 AM, BM을 보면 높이가 같다.
따라서 넓이를 이등분하는 직선은 한 꼭짓점과 이 꼭짓점의 대변의 중점을 지난다.

(2) 선분의 비는

$$\overline{\mathrm{BP}} : \overline{\mathrm{BA}} = (p-x_2) : (x_1-x_2),$$
$$\overline{\mathrm{BQ}} : \overline{\mathrm{BC}} = (q-x_2) : (x_3-x_2)$$

이고,

$$\begin{aligned}\frac{\triangle\mathrm{BPQ}}{\triangle\mathrm{ABC}} &= \frac{\overline{\mathrm{BP}} \times \overline{\mathrm{BQ}}}{\overline{\mathrm{BA}} \times \overline{\mathrm{BC}}} \\ &= \frac{(p-x_2)(q-x_2)}{(x_1-x_2)(x_3-x_2)} \\ &= \frac{1}{2}\end{aligned}$$

이다. 따라서

$$\frac{\overline{\mathrm{BP}}}{\overline{\mathrm{BA}}} \times \frac{\overline{\mathrm{BQ}}}{\overline{\mathrm{BC}}} = \frac{p-x_2}{x_1-x_2} \times \frac{q-x_2}{x_3-x_2} = \frac{1}{2}$$

이다.

예제 1.1

그림과 같이, 좌표평면 위에 직선 l은 두 점 $\mathrm{A}(2,3)$, $\mathrm{B}(-4,0)$을 지난다. 또, 직선 m은 점 A를 지나고 기울기가 -1이다. 직선 m과 x축, y축과의 교점을 각각 C, D라 한다. 이때, 직선 l의 방정식과 $\overline{\mathrm{AC}}:\overline{\mathrm{AD}}$를 구하시오.

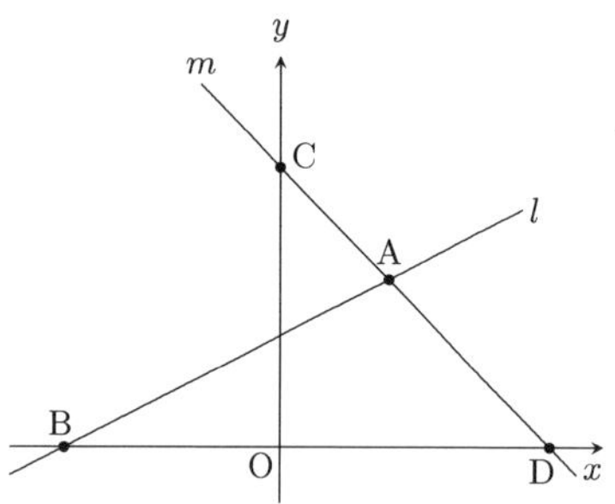

풀이 직선 l의 기울기는 $\frac{3-0}{2-(-4)}=\frac{1}{2}$이므로 직선 l의 방정식은

$$y=\frac{1}{2}(x-2)+3,\ \ y=\frac{1}{2}x+2$$

이다.

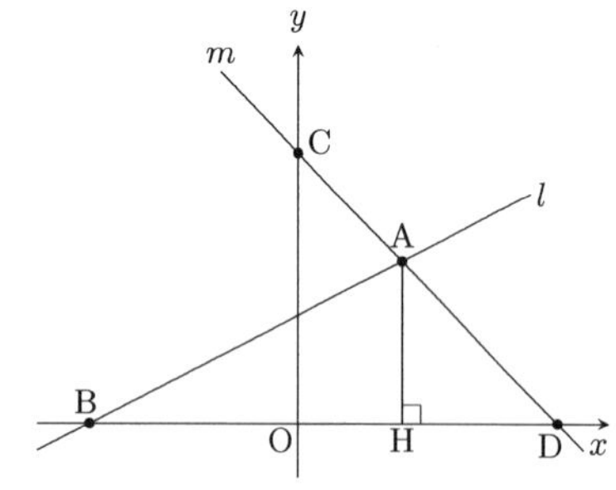

그림과 같이, 점 A에서 x축에 내린 수선의 발을 H라 하면,

$$\overline{\mathrm{AC}}:\overline{\mathrm{AD}}=\overline{\mathrm{HO}}:\overline{\mathrm{HD}}=2:3$$

이다.

예제 1.2

직선 $y=2x$를 l, 두 점 $(0,2)$, $(3,0)$을 지나는 직선을 m이라 한다. 이때, 직선 l, m과 x축으로 둘러싸인 부분의 넓이를 구하시오.

풀이 두 점 $(0,2)$, $(3,0)$을 지나는 직선 m의 방정식이 $y=-\frac{2}{3}x+2$이다. 직선 l과 m의 교점의 x좌표는 $2x=-\frac{2}{3}x+2$의 해이다. 이를 풀면 $x=\frac{3}{4}$이다. 이를 직선 l에 대입하면 $y=\frac{3}{2}$이다.

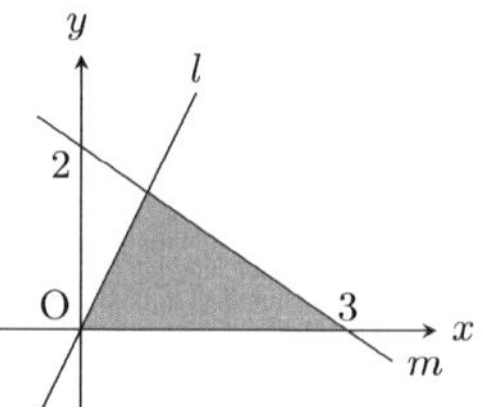

따라서 구하는 넓이는 $\frac{1}{2}\times3\times\frac{3}{2}=\frac{9}{4}$이다.

예제 1.3

그림과 같은 평행사변형 OABC에서 두 점 A, B를 지나는 직선의 방정식을 구하시오.

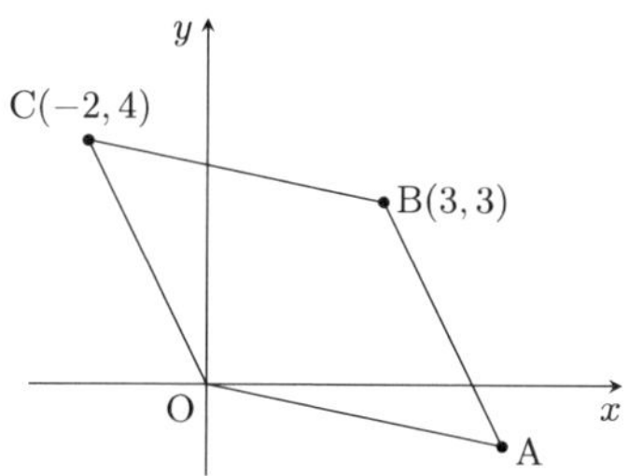

풀이 $\overline{\mathrm{AB}} \mathbin{/\!/} \overline{\mathrm{OC}}$이므로, 구하는 직선은 점 B를 지나고 기울기가 선분 OC의 기울기와 같은 직선이다. 그러므로

$$y = \frac{0-4}{0-(-2)}(x-3)+3, \quad y = -2x+9$$

이다.

예제 1.4

세 직선 $y=-3x$, $y=-x+4$, $y=ax$로 둘러싸인 삼각형의 넓이가 10일 때, 양수 a의 값을 구하시오.

풀이 $y=-3x$와 $y=-x+4$의 교점을 P, $y=ax$와 $y=-x+4$의 교점을 Q라 하고, 각각의 x좌표를 p, q라 한다.

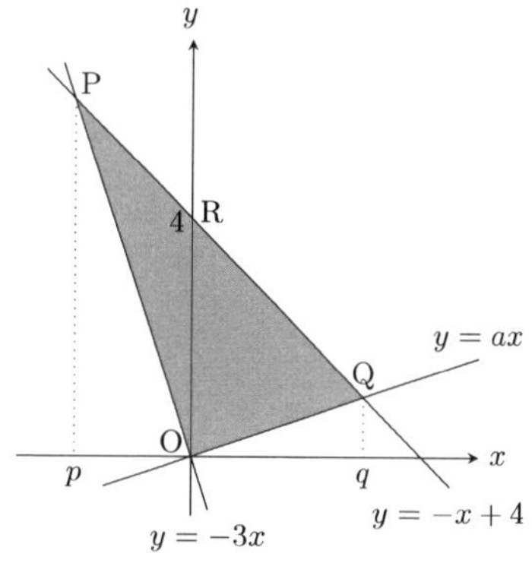

그러면,

$$-3p = -p+4, \quad -q+4 = aq$$

로 부터

$$p=-2, \quad q = \frac{4}{a+1}$$

이다. $a>0$이고, 삼각형의 넓이가 10이므로

$$\frac{1}{2} \times \overline{\mathrm{OR}} \times (q-p) = 10$$

이다. 즉,

$$\frac{1}{2} \times 4 \times \left\{\frac{4}{a+1} - (-2)\right\} = 10$$

이다. 이를 정리하면

$$\frac{4}{a+1} + 2 = 5, \quad \frac{4}{a+1} = 3, \quad a = \frac{1}{3}$$

이다.

예제 1.5

네 점 A$(-4,-2)$, B$(-2,-2)$, C$(5,2)$, D$(3,6)$이 있다. 직선 AB위의 점과 선분 CD위의 점을 지나는 직선의 기울기를 a라 할 때, a의 범위를 구하시오.

풀이 선분 AB위의 점을 P, 선분 CD위의 점을 Q라 한다.

- 점 P를 고정하고 점 Q를 움직이면, a는 Q = C일 때 최소이고, Q = D일 때 최대이다.

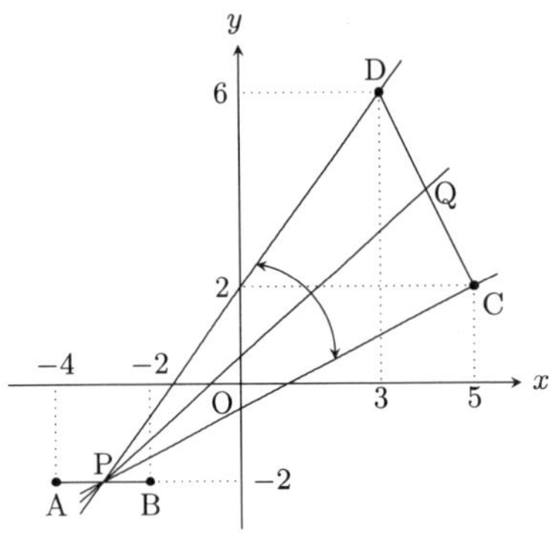

- 점 Q를 고정하고 점 P를 움직이면, a는 P = A일 때 최소이고, Q = B일 때 최대이다.

그러므로 a는 P = A, Q = C일 때 최소이고, P = B, Q = D일 때 최대이다.
직선 AC, BD의 기울기는 각각

$$\frac{2-(-2)}{5-(-4)}=\frac{4}{9},\quad \frac{6-(-2)}{3-(-2)}=\frac{8}{5}$$

이므로 구하는 a의 범위는 $\frac{4}{9}\le a\le\frac{8}{5}$이다.

예제 1.6

그림에서 세 점 A$(1,1)$, B$(-5,13)$, C$(5,a)$가 한 직선 위에 있을 때, 상수 a의 값을 구하시오.

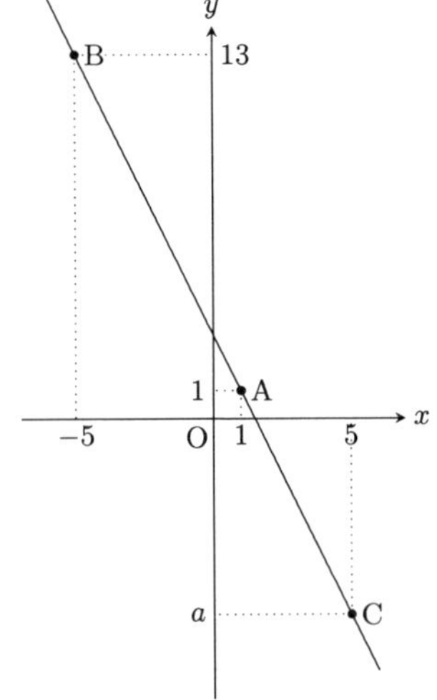

풀이 세 점 A, B, C가 한 직선 위에 있으므로, 직선 AB의 기울기와 직선 AC의 기울기가 같다.

$$\frac{13-1}{-5-1}=\frac{a-1}{5-1},\quad -2=\frac{a-1}{4}$$

이다. 즉, $a=-7$이다.

예제 1.7

그림에서 사각형 ABCD는 정사각형이고, 직선 OC의 기울기는 3이다. 직선 OB의 기울기를 구하시오.

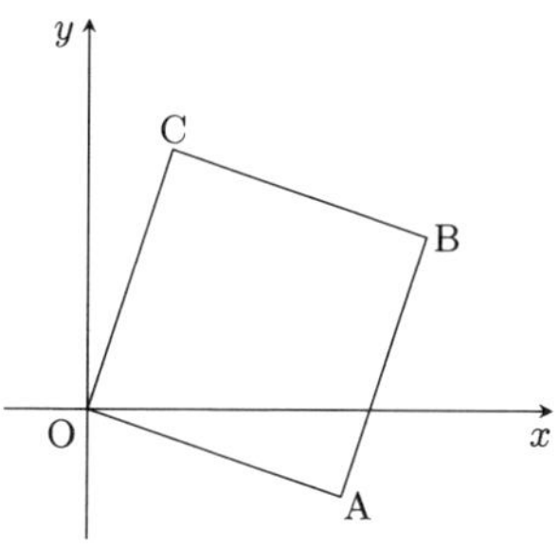

풀이 직선 OC의 기울기가 3이므로, 점 C$(c, 3c)$라 두면, 아래 그림에서 색칠한 삼각형은 합동이므로,

$$p = 3c,\ \ q = c$$

이다.

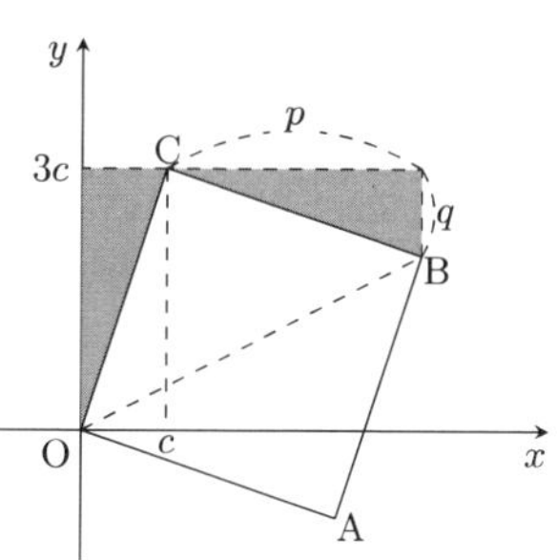

그러므로 점 B의 좌표는 $(c+3c, 3c-c) = (4c, 2c)$이다. 따라서 직선 OB의 기울기는 $\frac{1}{2}$이다.

예제 1.8

좌표평면 위에 세 점 A$(1, 7)$, B$(-2, 3)$, C$(3, 1)$이 있다. 직선 $y = k$가 삼각형 ABC의 넓이를 이등분할 때, k의 값을 구하시오.

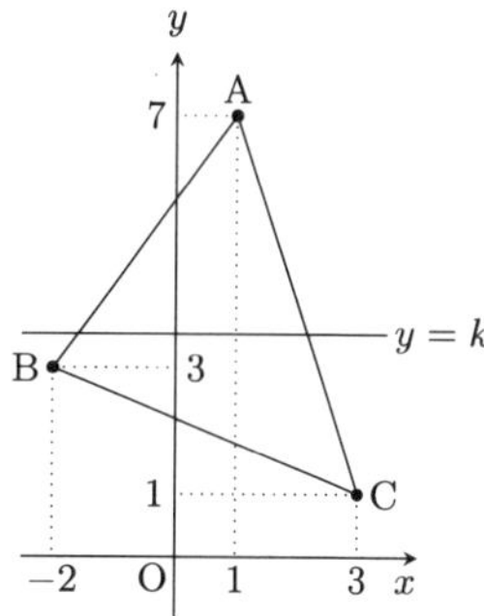

풀이 직선 $y = k$와 변 AB, AC와의 교점을 각각 P, Q라 하면,

$$\frac{\triangle APQ}{\triangle ABC} = \frac{\overline{AP}}{\overline{AB}} \times \frac{\overline{AQ}}{\overline{AC}} = \frac{7-k}{7-3} \times \frac{7-k}{7-1} = \frac{1}{2}$$

이다. 이를 정리하면

$$(7-k)^2 = 12,\ \ 7-k = 2\sqrt{3}\ \ (7-k > 0)$$

이다. 따라서 $k = 7 - 2\sqrt{3}\,(> 3)$이다.

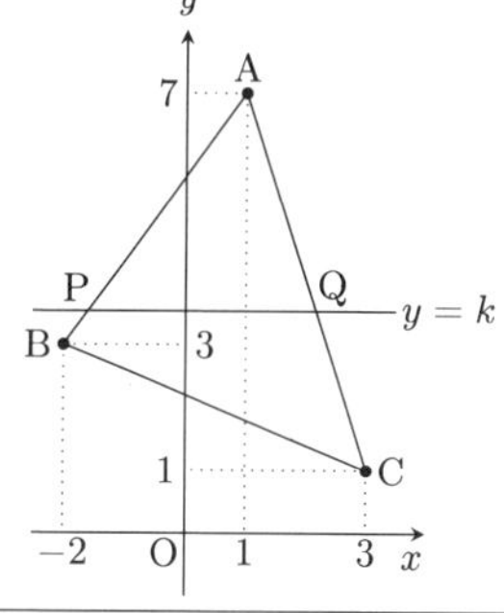

제 2 절 이차함수와 직선, 평행선

정리 2.1 (이차함수와 선분의 중점)
이차함수 $y = kx^2$과 직선 $y = mx + n$이 서로 다른 두 점 A, B에서 만나고, A, B의 x좌표는 각각 a, b라 하면, 선분 AB의 중점 M의 x좌표는 $\frac{m}{2k}$이다.

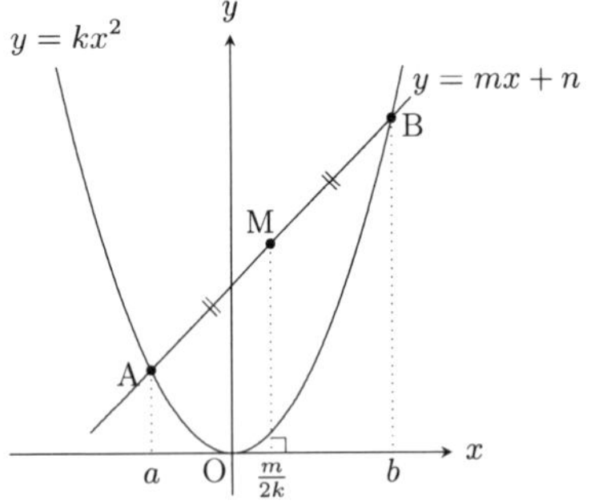

증명 $m = k(a + b)$으로부터 $a + b = \frac{m}{k}$이므로 선분 AB의 중점 M의 x좌표는 $\frac{a+b}{2} = \frac{m}{2k}$이다.

정리 2.2 (이차함수와 직선의 교점)
이차함수 $y = ax^2 \cdots$ ①과 직선 $y = mx + n \cdots$ ②의 교점의 x좌표는

$$ax^2 = mx + n, \ \ ax^2 - mx - n = 0$$

의 근(해)이다.

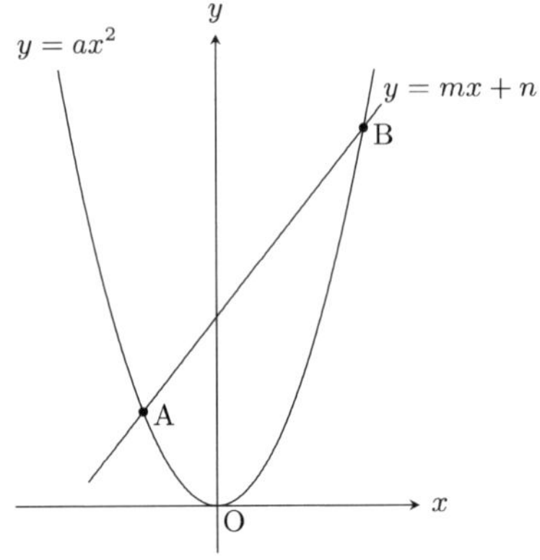

증명 이차함수 $y = ax^2 \cdots$ ①과 직선 $y = mx+n \cdots$ ②의 교점을 A, B라 하고, A, B의 x좌표를 각각 x_1, x_2라 하면, A, B의 y좌표는 각각

$$ax_1^2 = mx_1 + n, \ \ ax_2^2 = mx_2 + n$$

을 만족한다. 즉, x_1, x_2는

$$ax^2 = mx + n, \ \ ax^2 - mx - n = 0$$

의 근(해)이다.

정리 2.3 (이차함수와 직선에서 y좌표의 차)
이차함수 $y = kx^2(k > 0)$과 직선 $y = mx + n$이 서로 다른 두 점 A, B에서 만나고, A, B의 x좌표는 각각 a, b이다. 직선 $y = mx + n$ 위에 x좌표가 p인 점 P와 이차함수 $y = kx^2$ 위에 x좌표가 p인 점 Q가 있을 때, 선분 PQ의 길이는 $k|(a-p)(b-p)|$이다.

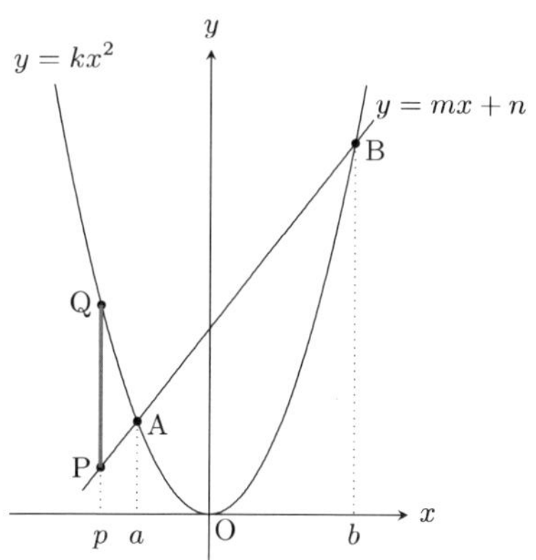

증명 그림과 같이 점 P, A, B에서 x축에 내린 수선의 발을 각각 P′, A′, B′라 한다.

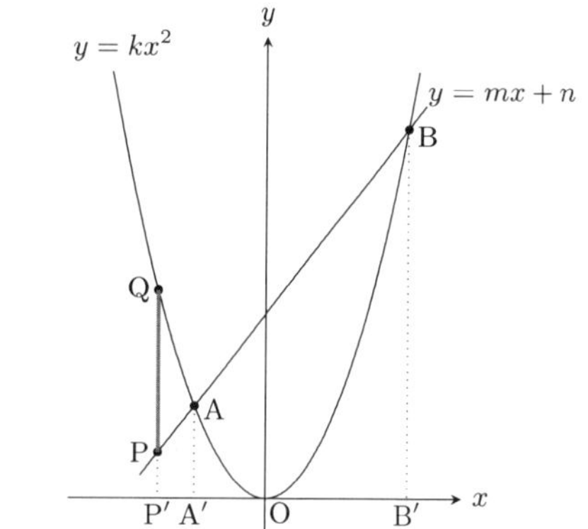

$y = kx^2$과 $y = mx + n$을 연립하여 푼 해가 $x = a$, $x = b$이므로,

$$kx^2 - mx - n = 0 = k(x-a)(x-b)$$

이다. 즉, $kx^2 - mx - n = k(a-x)(b-x)$이다. 이 식에 $x = p$를 대입하면

$$kp^2 - (mp + n) = k(a-p)(b-p)$$

이다. kp^2, $mp + n$은 각각 점 Q, P의 y좌표이므로,

$$\overline{\mathrm{PQ}} = k \times \overline{\mathrm{P'A'}} \times \overline{\mathrm{P'B'}} = k|(a-p)(b-p)|$$

이 성립한다.

정리 2.4 (이차함수와 직선의 방정식)

(1) 그림에서 두 점 P, Q를 지나는 직선의 방정식은

$$y = a(p+q)x - apq$$

이다. 단, $a > 0$이다.

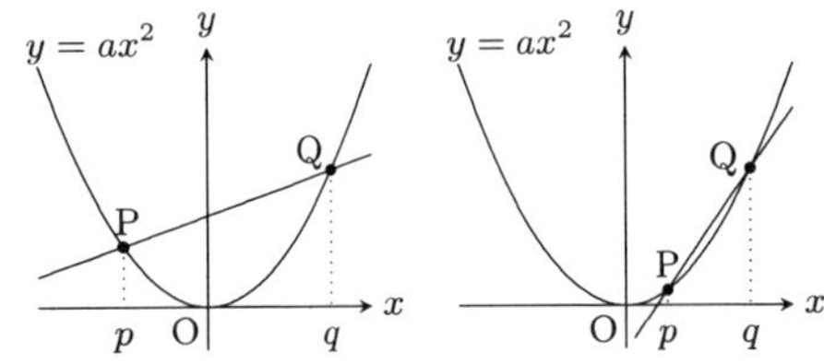

(2) 그림에서 점 P에서 접하는 직선의 방정식은

$$y = 2apx - ap^2$$

이다.

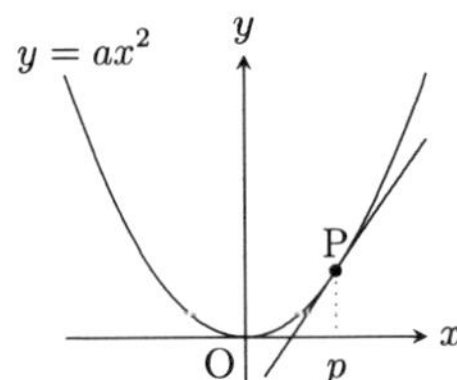

증명

(1) 직선의 기울기 m이라 하면,

$$m = \frac{aq^2 - ap^2}{q - p} = a(p+q)$$

이다. 직선의 방정식 $y = a(p+q)x + n$에 점 $\mathrm{P}(p, ap^2)$를 대입하면,

$$ap^2 = a(p+q) \times p + n, \;\; ap^2 = ap^2 + apq + n$$

이다. 즉, $n = -apq$이다.

(2) $\mathrm{Q}(q, aq^2)$가 $\mathrm{P}(p, ap^2)$와 일치하므로,

$$y = a(p+q)x - apq = 2apx - ap^2$$

이다.

정리 **2.5 (이차함수와 원점에서 직교하는 두 직선)**
이차함수 $y=ax^2$과 원점에서 직교하는 두 직선 $y=-\frac{1}{m}x$, $y=mx$이 각각 원점 이외의 점 A, B에서 만난다. 선분 AB와 y축과의 교점 C의 좌표는 $\left(0, \frac{1}{a}\right)$이다.

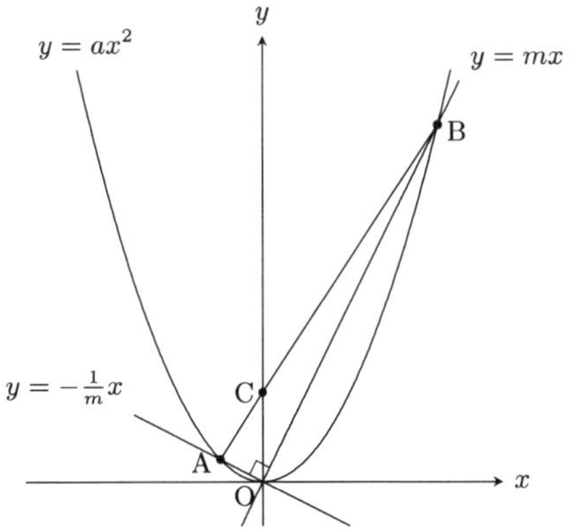

증명 $y=ax^2$과 $y=-\frac{1}{m}x$를 연립하여 풀면 $x=-\frac{1}{am}(x\neq 0)$이다. 이는 점 A의 x좌표이다.
또, $y=ax^2$과 $y=mx$를 연립하여 풀면, $x=\frac{m}{a}(x\neq 0)$이다. 이는 점 B의 x좌표이다.
따라서 점 C의 y좌표는 직선 AB의 y절편이므로

$$-a\times\left(-\frac{1}{am}\right)\times\frac{m}{a}=\frac{1}{a}$$

이다. 즉, 점 C $\left(0, \frac{1}{a}\right)$이다.

정리 **2.6 (이차함수와 평행선(1))**
그림과 같이, 이차함수 $y=ax^2$와 만나는 두 평행선 PQ, RS가 있다. 네 점 P, Q, R, S의 x좌표를 각각 p, q, r, s라 하면,

$$p+q=r+s$$

가 성립한다.

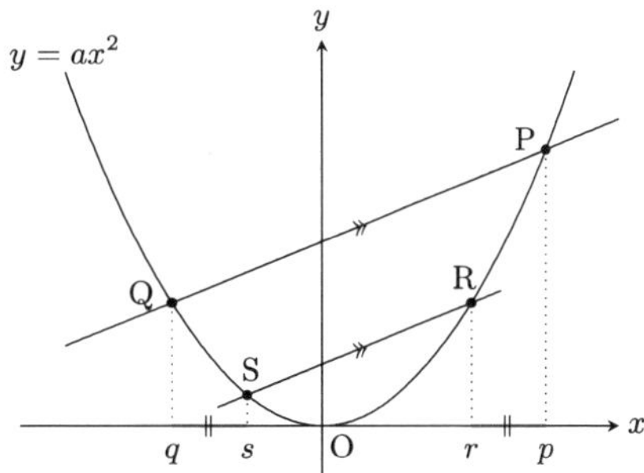

증명 직선 PQ와 RS가 평행하므로, 두 직선 PQ와 RS의 기울기가 같다. 직선 PQ의 기울기는 $a(p+q)$이고, 직선 RS의 기울기는 $a(r+s)$이므로,

$$a(p+q)=a(r+s)$$

이다. 따라서 $a\neq 0$이므로 $p+q=r+s$가 성립한다.

정리 **2.7 (이차함수와 평행선(2))**
그림과 같이, 이차함수 $y = ax^2 (a > 0)$와 원점에서 시작하는 꺾은선이 있다. 직선 $\mathrm{OP_1}$, $\mathrm{P_1P_2}$, $\mathrm{P_2P_3}$, $\mathrm{P_3P_4}$, $\mathrm{P_4P_5}$, $\cdots$의 기울기의 절댓값이 같을 때, $\mathrm{P_1}$의 x좌표를 $p(p > 0)$라 하면, $\mathrm{P_2}$, $\mathrm{P_3}$, $\mathrm{P_4}$, $\mathrm{P_5}$, $\cdots$, P_n의 x좌표는 순서대로 $-2p$, $3p$, $-4p$, $5p$, $\cdots$, $(-1)^{n+1}np$이다. 단, $n \geq 2$이다.

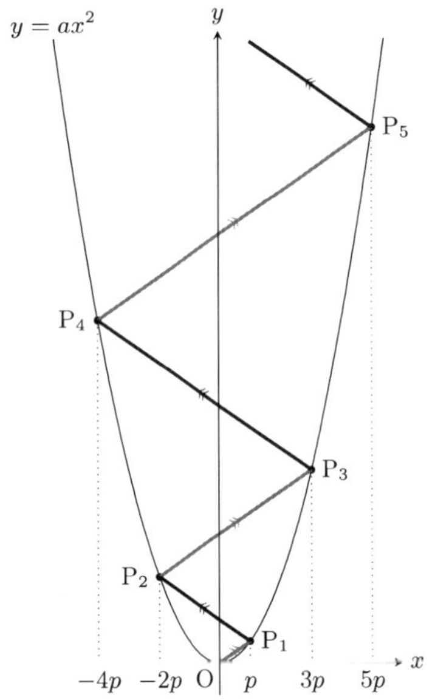

증명 점 $\mathrm{P_2}$, $\mathrm{P_3}$, $\mathrm{P_4}$, $\mathrm{P_5}$, $\cdots$의 x좌표를 각각 p_2, p_3, p_4, p_5, $\cdots$라 한다. 직선 $\mathrm{OP_1}$와 $\mathrm{P_1P_2}$의 기울기는 절댓값이 같으므로 부호만 다르다. 이차함수와 직선의 방정식의 성질에 의하여

$$a(0+p) = -a(p+p_2),\ \ p_2 = -2p\,(a > 0)$$

이다.
같은 방법으로 직선 $\mathrm{P_1P_2}$와 $\mathrm{P_2P_3}$의 기울기로부터

$$-a(p+p_2) = a(p_2+p_3),\ \ -a(p-2p) = a(-2p+p_3)$$

이다. 이를 정리하면 $p_3 = 3p$이다.
같은 방법으로 직선 $\mathrm{P_2P_3}$와 $\mathrm{P_3P_4}$의 기울기로부터

$$a(p_2+p_3) = -a(p_3+p_4),\ \ a(-2p+3p) = -a(3p+p_4)$$

이다. 이를 정리하면 $p_4 = -4p$이다.
이를 계속하면 P_n의 x좌표는 $(-1)^{n+1}np$이다. (단, $n \geq 2$이다.)

정리 2.8 (이차함수와 삼각형의 넓이)
그림과 같이, 이차함수 $y = ax^2$ 위의 세 점 P, Q, R의 x 좌표를 각각 p, q, $r(p > q > r)$라 한다. 단, $a > 0$이다.

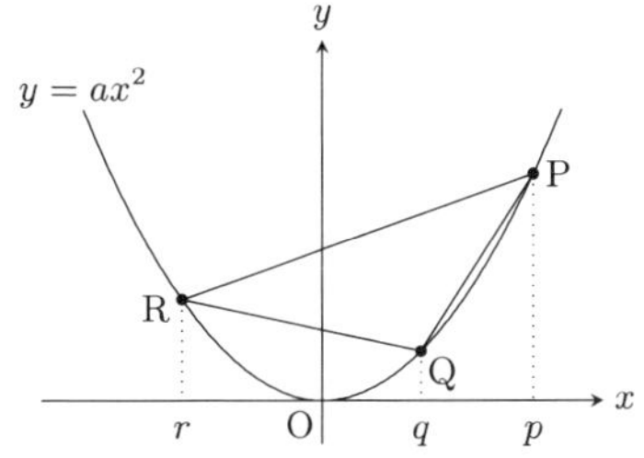

이 세 점을 연결하여 만든 삼각형 PQR의 넓이는

$$\frac{1}{2}a(p-r)(p-q)(q-r)$$

이다.

증명 직선 PR의 방정식은 $y = a(p+r)x - apr$이다. 점 Q를 지나 y축에 평행한 직선과 선분 PR의 교점을 S라 한다. 아래 그림에서, $\triangle\mathrm{SRQ} = \triangle\mathrm{SR'Q}$, $\triangle\mathrm{SPQ} = \triangle\mathrm{SP'Q}$이므로, $\triangle\mathrm{PQR} = \triangle\mathrm{SR'P'}$이다.

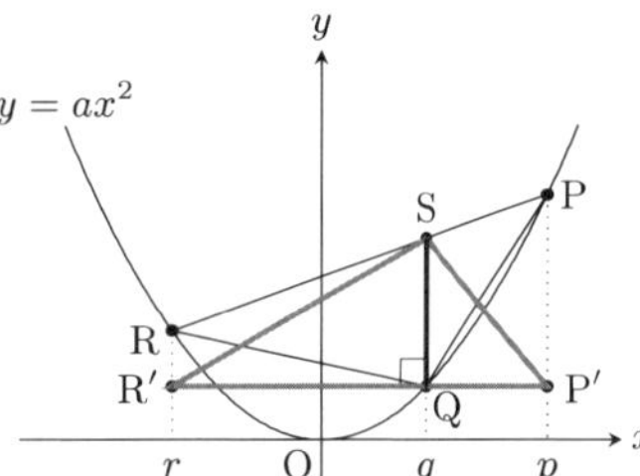

점 S의 y좌표는 $a(p+r)q - apr = apq + aqr - apr$이고, 점 Q의 y좌표는 aq^2이므로,

$$\overline{\mathrm{SQ}} = (apq + aqr - apr) - aq^2 = a(p-q)(q-r)$$

이다. 따라서

$$\begin{aligned}\triangle\mathrm{PQR} &= \triangle\mathrm{SR'P'}\\ &= \frac{1}{2} \times \overline{\mathrm{R'P'}} \times \overline{\mathrm{SQ}}\\ &= \frac{1}{2}a(p-r)(p-q)(q-r)\end{aligned}$$

이다.

예제 2.1

그림과 같이, 이차함수 $y = 2x^2$과 직선 l이 있다. 이때, 직선 l의 방정식을 구하시오.

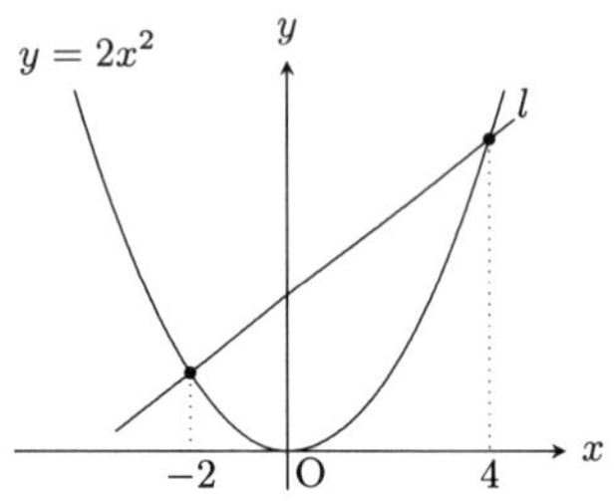

> **풀이** '이차함수와 직선의 방정식'의 정리로부터, 직선 l의 방정식의 기울기와 y절편은 각각
>
> $$2 \times (-2+4) = 4, \quad -2 \times (-2) \times 4 = 16$$
>
> 이다. 따라서 직선 l의 방정식은 $y = 4x + 16$이다.

예제 2.2

그림과 같이, 이차함수 $y = \frac{1}{3}x^2$과 원점에서 직교하는 두 직선 $y = -\frac{1}{m}x$, $y = mx$이 각각 원점 이외의 점 A, B에서 만난다. 이때, 직선 AB의 y절편을 구하시오.

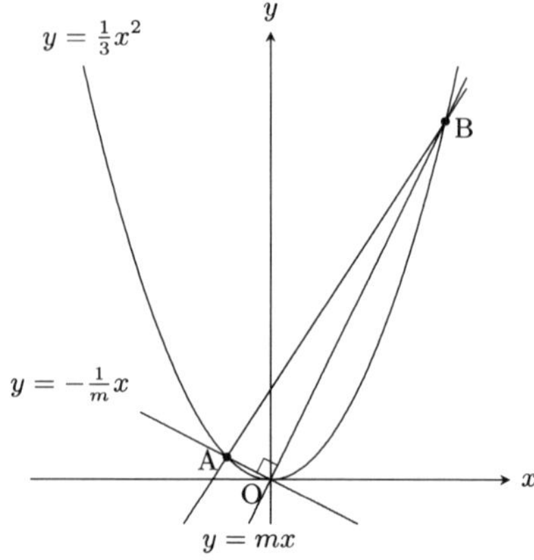

> **풀이** '이차함수와 원점에서 직교하는 두 직선'의 정리로부터 직선 AB의 y절편은 $\frac{1}{\frac{1}{3}} = 3$이다.

예제 2.3

그림과 같이, 함수 $y = x^2$위에 점 A$(-2, 4)$가 있다. 직선 OA에 평행하고 점 B$(1, 1)$을 지나는 직선과 $y = x^2$과의 교점 중 점 B가 아닌 점을 C라 할 때, 점 C의 x좌표를 구하시오.

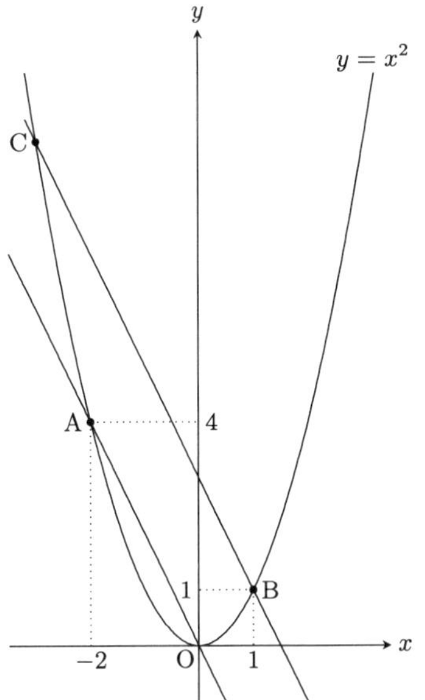

풀이 '이차함수와 평행선(1)'의 정리로부터 직선 OA와 BC가 평행하므로 점 O, A의 x좌표의 합과 점 B, C의 x좌표의 합이 같다. 점 C의 x좌표를 c라 하면,

$$0 + (-2) = 1 + c, \quad c = -3$$

이다. 따라서 점 C의 x좌표는 -3이다.

예제 2.4

그림과 같이, 이차함수 $y = ax^2 (a > 0)$와 원점에서 시작하는 꺾은선이 있다. 직선 OP_1, P_1P_2, P_2P_3, P_3P_4, P_4P_5, $\cdots$의 기울기의 절댓값이 모두 $\frac{1}{2}$이고, $P_1(2, 1)$일 때, 두 점 P_2, P_3의 x좌표를 각각 구하시오.

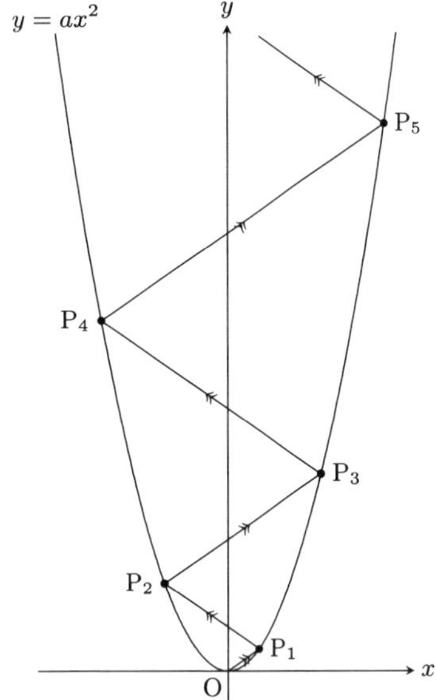

풀이 점 P_2, P_3의 x좌표를 각각 p_2, p_3라 하면, '이차함수와 평행선(2)'의 정리로부터

$$p_2 = -2 \times 2 = -4, \quad p_3 = 3 \times 2 = 6$$

이다. 따라서 점 P_2, P_3의 x좌표는 각각 -4, 6이다.

예제 2.5

그림과 같이, 이차함수 $y = \frac{1}{2}x^2$ 위의 세 점 P, Q, R의 x좌표를 각각 5, 2, -3일 때, 삼각형 PQR의 넓이를 구하시오.

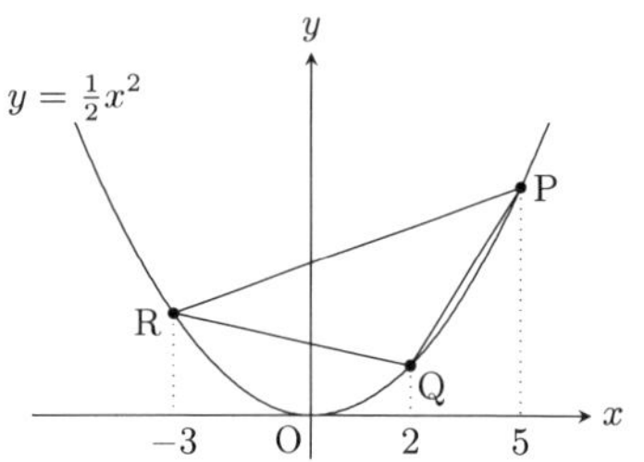

풀이 '이차함수와 삼각형의 넓이'의 정리로부터,

$$\triangle \mathrm{PQR} = \frac{1}{2} \times \frac{1}{2}\{5-(-3)\} \times (5-2) \times \{2-(-3)\} = 30$$

이다.

예제 2.6

그림과 같이, 이차함수 $y = x^2$위에 네 점 A, B, C, D가 있다. 네 점 A, B, C, D의 x의 x좌표는 각각 -1, 2, $-1-k$, $2+k$이다. 단, $k > 0$이다. 직선 CA와 직선 DB의 교점을 M이라 할 때, 점 M의 좌표를 구하시오.

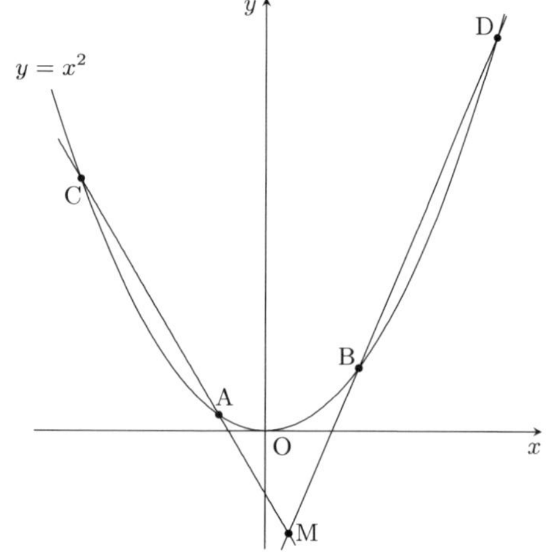

풀이 직선 CA의 방정식은

$$y = 1 \times \{-1 + (-1-k)\}x - 1 \times (-1) \times (-1-k),$$
$$y = (-2-k)x - 1 - k$$

이고, 직선 DB의 방정식은

$$y = 1 \times \{2 + (2+k)\}x - 1 \times 2 \times (2+k),$$
$$y = (4+k)x - 4 - 2k$$

이다. 두 직선의 방정식을 연립하여 풀면 $x = \frac{1}{2}$, $y = \frac{-4-3k}{2}$이다. 따라서 $\mathrm{M}\left(\frac{1}{2}, \frac{-4-3k}{2}\right)$이다.

제 3 절 이차함수와 도형

정리 3.1 (두 이차함수와 정사각형)
아래 그림([그림1], [그림2])에서 사각형 ABCD가 정사각형일 때,

$$\text{점 C의 } x\text{좌표} = \text{점 D의 } x\text{좌표} = \frac{2}{a-b}$$

이 성립한다. 단, $a > b$이다.

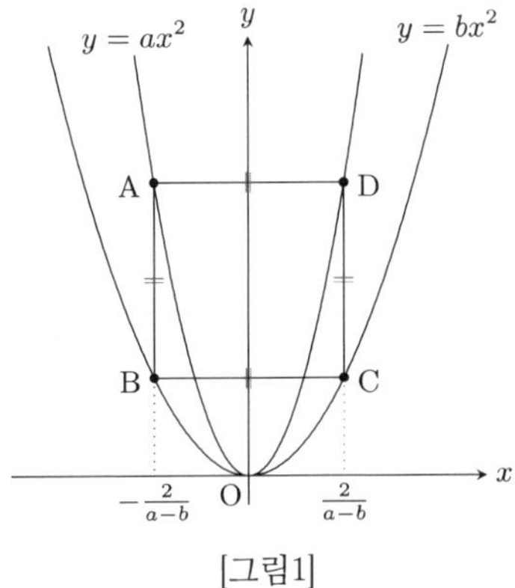

[그림1]

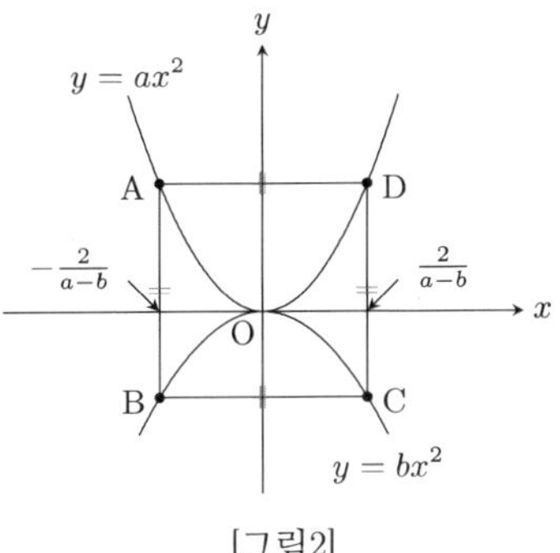

[그림2]

증명 [그림1]에서 점 C의 x좌표를 $p(p > 0)$이라 하면, $C(p, bp^2)$, $D(p, ap^2)$이다. 여기서,

$$\overline{AD} = p - (-p) = 2p,\ \ \overline{CD} = ap^2 - bp^2$$

이고, 사각형 ABCD가 정사각형이므로, $\overline{CD} = \overline{AD}$를 만족한다. 즉, $ap^2 - bp^2 = 2p$이다. 양변을 p로 나눈 후 정리하면, $p = \frac{2}{a-b}$이다.

정리 3.2 (이차함수와 정삼각형)
그림과 같이, 이차함수 $y = ax^2(a > 0)$위에 y축에 대칭인 두 점 A, B와 원점 O로 이루어진 삼각형 OAB가 정삼각형일 때,

$$(\text{비례상수 } a) \times (\text{점 A의 } x\text{좌표}) = \sqrt{3}$$

이 성립한다. 단, 점 A는 제1사분면 위에 있다.

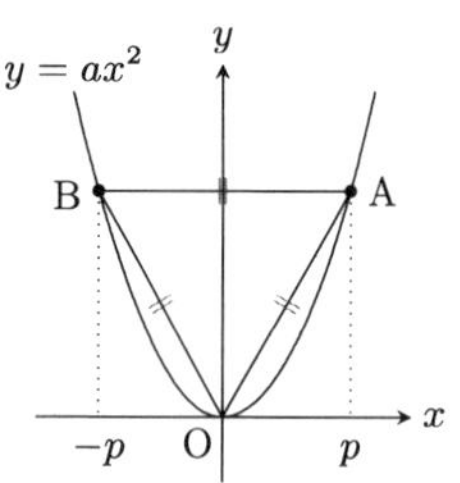

증명 점 A의 x좌표를 p라 하면, $A(p, \sqrt{3}p)$이다. 이를 $y = ax^2$에 대입하면

$$\sqrt{3}p = ap^2, \ \ p(ap - \sqrt{3}) = 0$$

이다. $p \neq 0$이므로, $ap = \sqrt{3}$이다.

정리 3.3 (이차함수와 정사각형)
그림과 같이, 이차함수 $y = ax^2(a > 0)$위에 y축에 대칭인 두 점 A, C와 원점 O, y축 위의 점 B(y좌표가 양수)로 이루어진 사각형 OABC가 정사각형일 때,

$$(\text{비례상수 } a) \times (\text{점 A의 } x\text{좌표}) = 1$$

이 성립한다. 단, 점 A는 제1사분면 위에 있다.

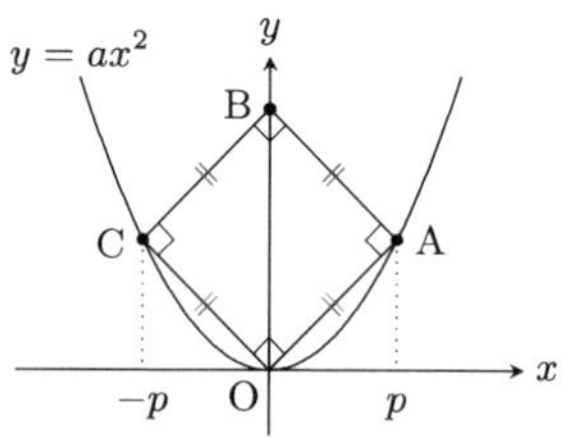

증명 점 A에서 x축에 내린 수선의 발을 H라 하면, $\angle OAH = 45°$이므로, 삼각형 OAH는 세 변의 길이의 비가 $1 : 1 : \sqrt{2}$인 직각삼각형이다. 점 A의 x의 좌표를 p라 하면, $A(p, p)$이다. 이를 $y = ax^2$에 대입하면

$$p = ap^2, \ \ p(ap - 1) = 0$$

이다. $p \neq 0$이므로, $ap = 1$이다.

정리 3.4 **(이차함수와 정육각형(1))**
그림과 같이, 이차함수 $y = ax^2(a > 0)$위에 y축에 대칭인 두 점 A, E와 y축 위의 점 C, 원점 O로 이루어진 육각형 OABCDE가 정육각형이고, 한 변의 길이가 p일 때,

$$\text{비례상수 } a = \frac{2}{3p}$$

이 성립한다.

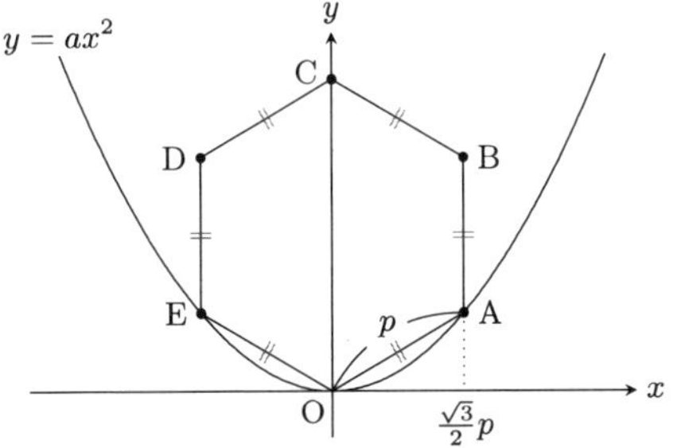

증명 $\overline{\text{OA}} = p$이므로, 점 A의 x좌표는 $\frac{\sqrt{3}}{2}p$이고, y좌표는 $\frac{1}{2}p$이다. 이를 $y = ax^2$에 대입하면

$$\frac{1}{2}p = \frac{3}{4}ap^2,\ \ p(3ap-2) = 0$$

이다. $p > 0$이므로, $a = \frac{2}{3p}$이다.

정리 3.5 **(이차함수와 정육각형(2))**
그림과 같이, 이차함수 $y = ax^2(a > 0)$위에 y축에 대칭인 두 점 A, F와 B, E로 이루어진 육각형 ABCDEF가 정육각형이고, 한 변의 길이가 p일 때,

$$\text{비례상수 } a = \frac{2}{3p}\sqrt{3},\ \ (\text{점 B의 } x\text{좌표}) = p$$

가 성립한다.

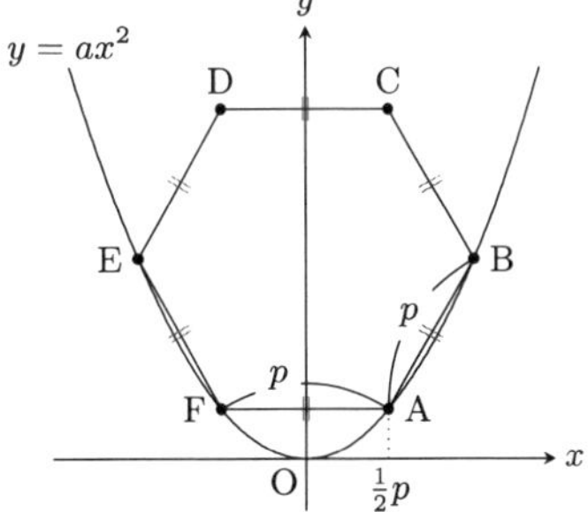

증명 $\overline{\text{FA}} = p$이므로 점 A의 x좌표는 $\frac{1}{2}p$이고, y좌표는 $\frac{1}{4}ap^2$이다. 그러므로 점 B의 x좌표는 p이고, y좌표는 $\frac{1}{4}ap^2 + \frac{\sqrt{3}}{2}p$이다. 이를 $y = ax^2$에 대입하면

$$\frac{1}{4}ap^2 + \frac{\sqrt{3}}{2}p = ap^2,\ \ p(3ap - 2\sqrt{3}) = 0$$

이다. $p > 0$이므로, $a = \frac{2}{3p}\sqrt{3}$이다.

정리 3.6 (이차함수와 원(1))

두 원 A, B의 중심은 이차함수 $y = ax^2(a > 0)$ 위에 있고, 원 A는 x축, y축, x축에 평행한 직선 $y = m$에 접하고, 원 B는 직선 m과 y축에 접한다. 또, 두 원 A, B의 공통접선을 l이라 한다.

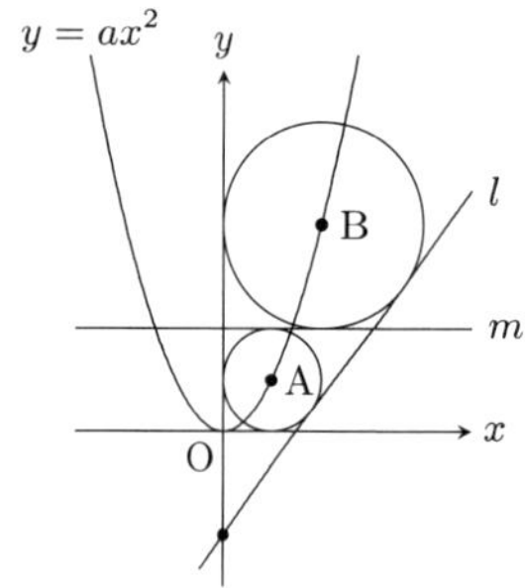

다음 관계가 성립한다.

(1) 원 A의 x좌표는 $\frac{1}{a}$이다.

(2) 원 B의 x좌표는 $\frac{2}{a}$이다.

(3) 직선 l의 y절편은 직선 AB의 y절편이다.

증명

(1) 점 A의 x좌표를 $p(p > 0$라 하면, y좌표는 ap^2이다. 점 A에서 x축과 y축에 내린 수선의 길이는 원 A의 반지름과 같다. 점 A의 x좌표와 y좌표는 같으므로,

$$p = ap^2, \;\; p = \frac{1}{a}\,(a \neq 0)$$

이다.

(2) 점 B의 x좌표를 $q(q > 0)$라 하면, y좌표는 aq^2이다. 점 B의 y좌표는 원 A의 지름과 원 B의 반지름의 합과 같으므로, $2p+q = aq^2$이다. 이 식에 $p = \frac{1}{a}$를 대입하면

$$\frac{2}{a} + q = aq^2, \;\; (aq)^2 - aq - 2 = 0$$

이다. 이를 인수분해하여 풀면

$$(aq-2)(aq+1) = 0, \;\; aq = 2\,(aq > 0)$$

이다. 따라서 $q = \frac{2}{a}$이다.

(3) 점 A에서 y축과 직선 l에 내린 두 수선의 길이는 같고, 원 A의 반지름과 일치한다. 점 B에서 y축과 직선 l에 내린 두 수선의 길이는 같고, 원 B의 반지름과 일치한다.
그러므로 두 점 A, B를 지나는 직선은 y축과 직선 l이 이루는 각의 이등분선이다.
따라서 직선 AB의 y절편과 직선 l의 y절편이 일치한다.

예제 3.1

그림과 같이, 두 이차함수 $y = 2x^2$, $y = \frac{1}{2}x^2$위에 네 점 A, B, C, D가 있다. 사각형 ABCD가 정사각형이고, 선분 AD가 x축에 평행할 때, 정사각형 ABCD의 넓이를 구하시오. 단, 좌표축의 단위 길이는 1이다.

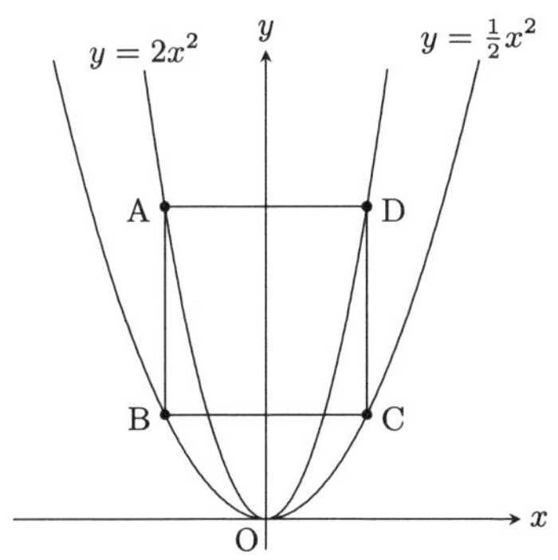

풀이 '두 이차함수와 정사각형'의 정리로부터 점 B, C의 x좌표는 각각 $-\frac{2}{2-\frac{1}{2}} = -\frac{4}{3}$, $\frac{2}{2-\frac{1}{2}} = \frac{4}{3}$이다. 따라서 정사각형 ABCD의 한 변의 길이는 $\frac{8}{3}$이다. 즉, 구하는 정사각형의 넓이는 $\frac{64}{9}$이다.

예제 3.2

그림과 같이, 이차함수 $y = \frac{\sqrt{3}}{2}x^2$위에 두 점 A, B를 잡으면, 삼각형 OAB는 정삼각형이다. 이때, 점 A의 좌표를 구하시오. 단, 점 A는 제1사분면 위에 있다.

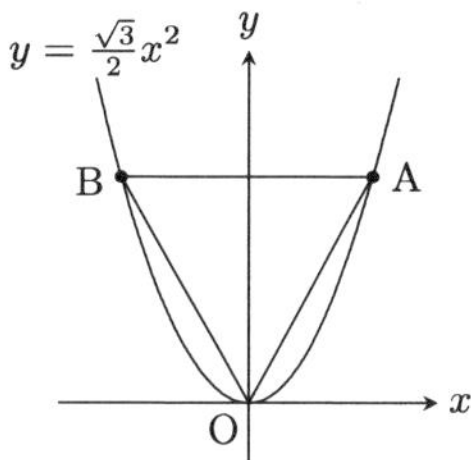

풀이 '이차함수와 정삼각형'의 정리로부터 점 A의 x좌표를 p라 할 때, $\frac{\sqrt{3}}{2} \times p = \sqrt{3}$이 성립한다. 이를 정리하면 $p = 2$이다. 따라서 점 A$(2, 2\sqrt{3})$이다.

예제 3.3

그림과 같이, 이차함수 $y = ax^2(a > 0)$위에 y축에 대칭인 두 점 A, C와 원점 O, y축 위의 점 B(0, 4)로 이루어진 사각형 OABC가 정사각형일 때, a의 값을 구하시오. 단, 점 A는 제1사분면 위에 있다.

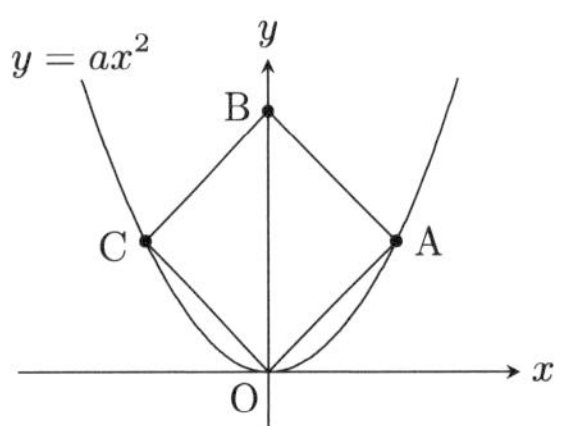

풀이 대각선 AB의 길이는 대각선 OB의 길이와 같으므로, $\overline{AB} = 4$이다. 즉, A의 x좌표는 2이다. '이차함수와 정사각형'의 정리로부터 $a \times 2 = 1$이므로 $a = \frac{1}{2}$이다.

예제 3.4

그림과 같이 정육각형 OABCDE의 세 꼭짓점 A, O, E는 함수 $y = ax^2$의 그래프 위에 있다. 점 C(0, 12)일 때, a의 값을 구하시오.

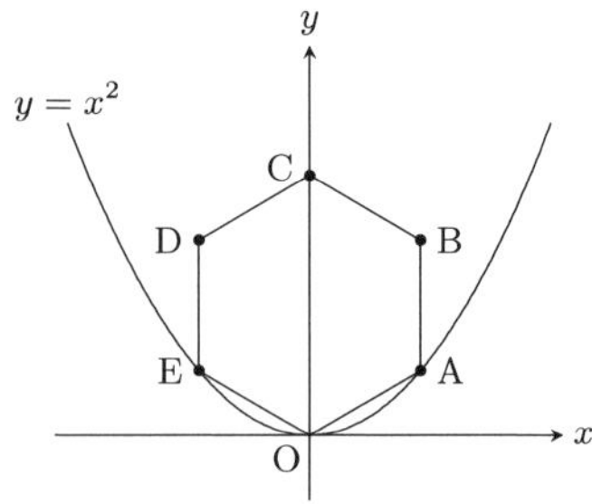

풀이 점 C(0, 12)이므로 정육각형의 한 변의 길이가 6이고, '이차함수와 정육각형(1)'의 정리로부터 $a = \frac{2}{3 \times 6} = \frac{1}{9}$이다.

예제 3.5

그림과 같이 정육각형 PQRSTU의 네 점 P, Q, T, U는 함수 $y = ax^2$의 그래프 위에 있고, 변 UP는 x축과 평행하다. 정육각형 PQRSTU의 한 변의 길이가 4일 때, a의 값을 구하시오.

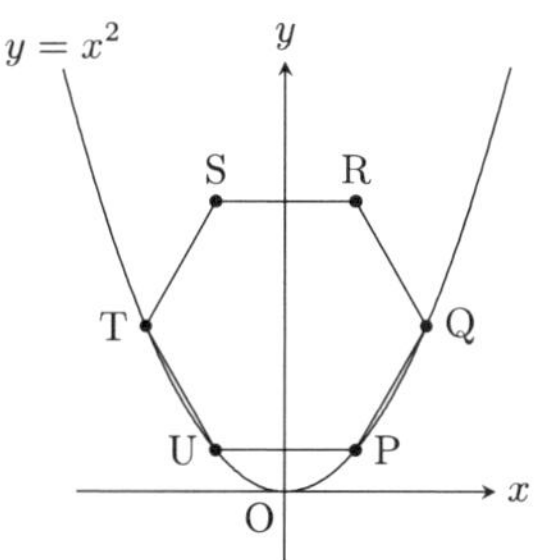

예제 3.6

두 원 A, B의 중심은 이차함수 $y = \frac{1}{3}x^2$위에 있고, 원 A는 x축, y축, x축에 평행한 직선 $y = m$에 접하고, 원 B는 직선 m과 y축에 접한다. 또, 두 원 A, B의 공통접선을 l이라 한다. 이때, 원 A, B의 중심의 좌표와 직선 l의 y절편을 각각 구하시오.

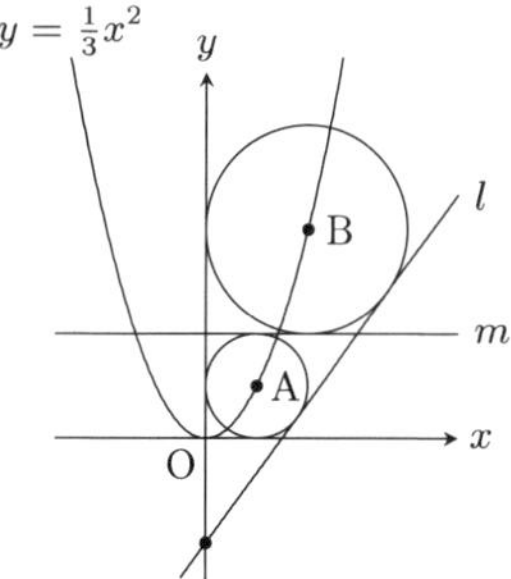

풀이 '이차함수와 정육각형(2)'의 정리로부터 $a = \frac{2}{3 \times 4} \times \sqrt{3} = \frac{\sqrt{3}}{6}$이다.

풀이 '이차함수와 원(1)'의 정리로부터 점 A, B의 x좌표는 각각 $\frac{1}{\frac{1}{3}} = 3$, $\frac{2}{\frac{1}{3}} = 6$이다. 이를 $y = \frac{1}{3}x^2$에 대입하면 각각 3, $y = 12$이다. 즉, A$(3, 3)$, B$(6, 12)$이다.
직선 l의 y절편은 직선 AB의 y절편과 같으므로, $-\frac{1}{3} \times 3 \times 6 = -6$이다.

제 4 절 이차함수와 비례

정리 4.1 **(이차함수에서의 비례관계(1))**
점 $\mathrm{P}(p, q)$를 지나고 기울기가 m인 직선 l이 이차함수 $y = kx^2$과 서로 다른 두 점 A, B에서 만나고, 점 P, A, B의 x축에 내린 수선의 발을 각각 P′, A′, B′라 한다. 또, 점 P를 지나는 l과 다른 직선이 이차함수 $y = kx^2$과 서로 다른 두 점 C, D에서 만나고, 점 C, D의 x축에 내린 수선의 발을 각각 C′, D′라 한다.

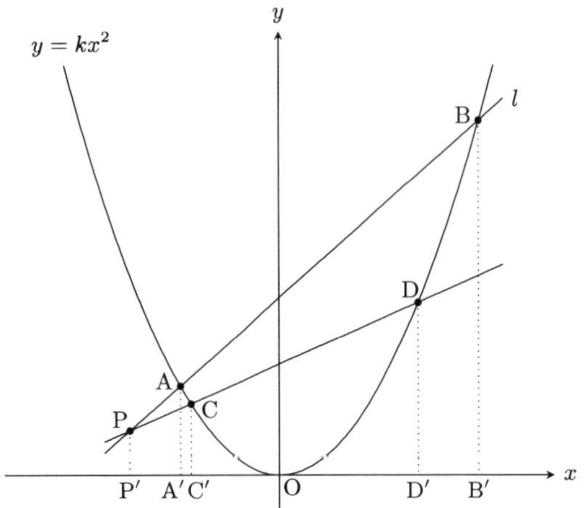

그러면, $\overline{\mathrm{P'A'}} \times \overline{\mathrm{P'B'}}$는 일정하고,

$$\overline{\mathrm{P'A'}} \times \overline{\mathrm{P'B'}} = \overline{\mathrm{P'C'}} \times \overline{\mathrm{P'D'}}$$

이 성립한다.

증명 점 A, B의 x좌표를 각각 a, b라 한다. 직선 l의 방정식이 $y = m(x-p)+q$이므로, 이차방정식

$$kx^2 - mx + (mp - q) = 0$$

의 해가 a, b이다. 근과 계수와의 관계에 의하여

$$a + b = \frac{m}{k}, \quad ab = \frac{mp-q}{k}$$

이다. 그러면,

$$\begin{aligned}\overline{\mathrm{P'A'}} \times \overline{\mathrm{P'B'}} &= (a-p) \times (b-p) \\ &= ab - (a+b) \times p + p^2 \\ &= \frac{mp-q}{k} - \frac{m}{k} \times p + p^2 \\ &= p^2 - \frac{q}{k}\ (\text{일정})\end{aligned}$$

이다. 같은 방법으로

$$\overline{\mathrm{P'C'}} \times \overline{\mathrm{P'D'}} = p^2 - \frac{q}{k}\ (\text{일정})$$

이다. 따라서

$$\overline{\mathrm{P'A'}} \times \overline{\mathrm{P'B'}} = \overline{\mathrm{P'C'}} \times \overline{\mathrm{P'D'}}$$

이 성립한다.

정리 4.2 **(이차함수에서의 비례관계(2))**
점 $P(p, 0)$를 지나고 기울기가 m인 직선 l이 이차함수 $y = kx^2$과는 서로 다른 두 점 A, B에서 만나고, y축과는 점 C에서 만난다. 점 A, B의 x축에 내린 수선의 발을 각각 A′, B′라 한다. 그러면,

$$\overline{PO}^2 = \overline{PA'} \times \overline{PB'},\ \ \overline{CO}^2 = \overline{AA'} \times \overline{BB'}$$

이 성립한다.

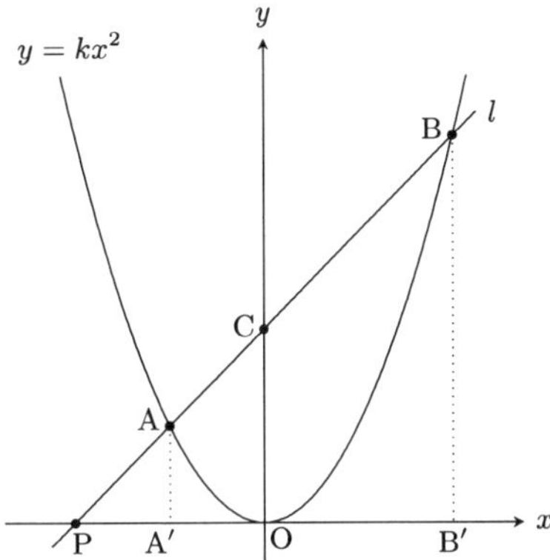

증명 점 A, B의 x좌표를 각각 a, b라 한다. 직선 l의 방정식이 $y = m(x-p)$이므로, 이차방정식

$$kx^2 - mx + mp = 0$$

의 해가 a, b이다. 근과 계수와의 관계에 의하여

$$a + b = \frac{m}{k},\ \ ab = \frac{mp}{k}$$

이다. 그러면,

$$\begin{aligned}\overline{P'A'} \times \overline{P'B'} &= (a-p) \times (b-p) \\ &= ab - (a+b) \times p + p^2 \\ &= \frac{mp}{k} - \frac{m}{k} \times p + p^2 \\ &= p^2 \\ &= \overline{PO}^2\end{aligned}$$

이다. 또, 세 직각삼각형 PAA′, PCO, PBB′는 닮음이고, $\overline{PA'} : \overline{PO} = \overline{PO} : \overline{PB'}$이 성립하므로,

$$\overline{AA'} : \overline{CO} = \overline{CO} : \overline{BB'}$$

이다. 즉 $\overline{CO}^2 = \overline{AA'} \times \overline{BB'}$이다.

정리 4.3 (두 이차함수의 닮음과 닮음비)
원점을 지나는 직선과 두 이차함수 $y = ax^2$과 $y = bx^2$의 교점을 지나는 직선이 한 직선 위에 있을 때, 원점 O를 닮음의 중심으로 한 닮음인 삼각형을 만들 수 있다. [그림1]~[그림4]에서 삼각형 OPR과 삼각형 OQS는 닮음이고, 닮음비는 $|b| : |a|$이다.

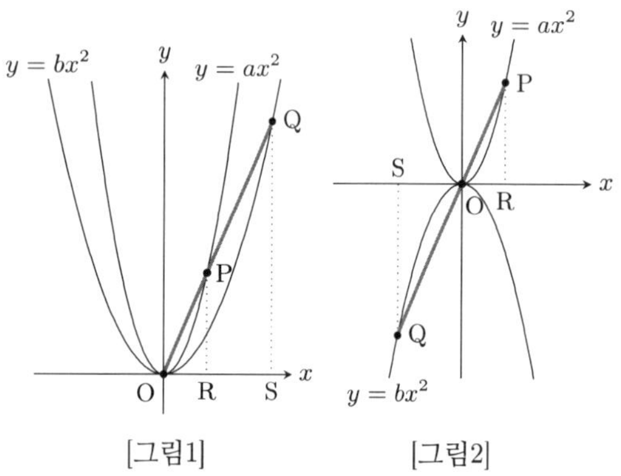

[그림1] [그림2]

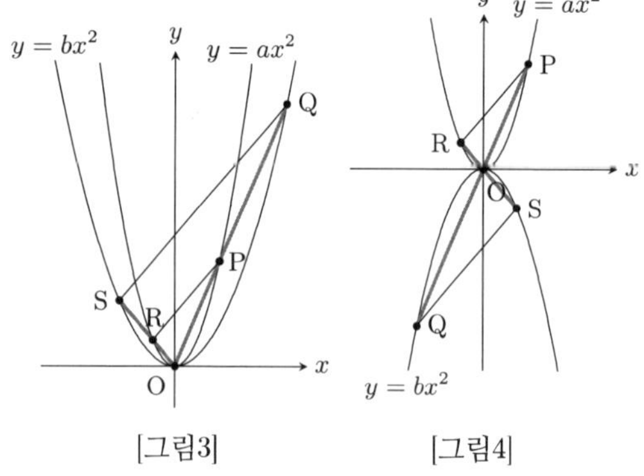

[그림3] [그림4]

증명 [그림1], [그림2]의 경우, 삼각형 OPR과 삼각형 OQS는 닮음이고, 점 P, Q의 x좌표를 각각 p, q라 하고, 직선 OP(또는 직선 OQ)의 기울기를 m이라 하면, 이차함수와 직선의 방정식의 성질에 의하여

$$a(0+p) = b(0+q) = m$$

이므로 $ap = bq$이다. 즉, $|p| : |q| = |b| : |a|$이다. 따라서 닮음비는 $\overline{OP} : \overline{OQ} = |p| : |q| = |b| : |a|$이다.
[그림3], [그림4]의 경우, $\overline{OP} : \overline{OQ} = |p| : |q| = |b| : |a|$ 이고, 점 R, S의 x좌표를 각각 r, s라 하고, 직선 OR (또는 OS)의 기울기를 n이라 하면, [그림1], [그림2]에서와 같은 방법으로, $\overline{OR} : \overline{OS} = |r| : |s| = |b| : |a|$ 이다. 또, $\angle O$는 공통이므로, 삼각형 OPR과 삼각형 OQS는 닮음이다.

정리 4.4 (이차함수와 원(2))
이차함수 $y = ax^2(a > 0)$과 원이 네 점 P, Q, R, S에서 만난다. 네 점 P, Q, R, S의 x좌표를 각각 p, q, r, s라 하면,

$$p+q+r+s=0$$

이 성립한다. 또, $a<0$인 경우에도 성립한다.

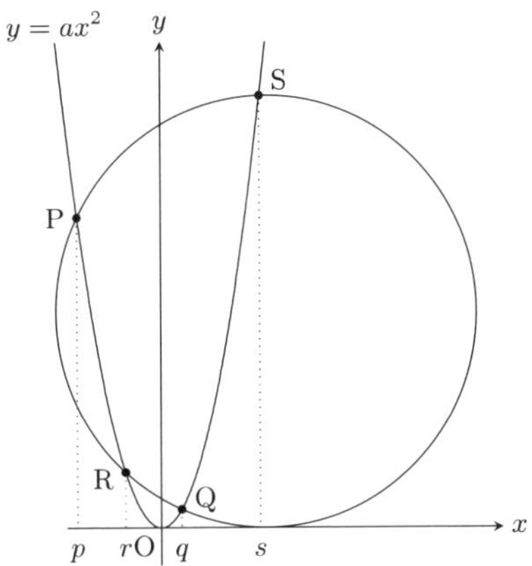

증명 직선 PQ, RS의 방정식이 각각

$$y=a(p+q)x-apq,\ y=a(r+s)x-ars$$

이고, 직선 PQ와 RS의 교점 T의 x좌표를 t라 하면,

$$t=\frac{pq-rs}{p+q-r-s}$$

이다.
그림과 같이, 점 P, Q, R, S, T에서 x축에 내린 수선의 발을 각각 P′, Q′, R′, S′, T′라 하면,

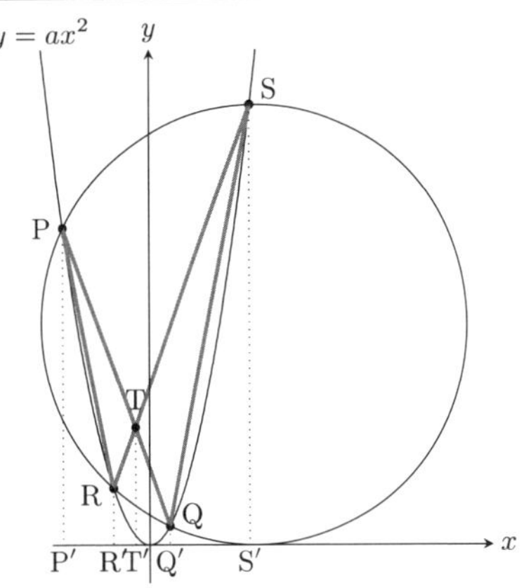

$$\overline{\mathrm{P'T'}}=t-p=\frac{(s-p)(p-r)}{p+q-r-s},$$
$$\overline{\mathrm{Q'T'}}=q-t=\frac{(q-r)(q-s)}{p+q-r-s},$$
$$\overline{\mathrm{R'T'}}=t-r=\frac{(q-r)(p-r)}{p+q-r-s},$$
$$\overline{\mathrm{S'T'}}=s-t=\frac{(p-s)(s-q)}{p+q-r-s}$$

이므로

$$\overline{\mathrm{P'T'}}\times\overline{\mathrm{Q'T'}}=\overline{\mathrm{R'T'}}\times\overline{\mathrm{S'T'}} \quad ①$$

이 성립한다. 또, 원과 비례의 성질(방멱의 원리)에 의하여

$$\overline{\mathrm{RT}}\times\overline{\mathrm{ST}}=\overline{\mathrm{PT}}\times\overline{\mathrm{QT}} \quad ②$$

이 성립한다. 식 ①과 ②를 변변 곱하면

$$\overline{\mathrm{P'T'}}\times\overline{\mathrm{Q'T'}}\times\overline{\mathrm{RT}}\times\overline{\mathrm{ST}}=\overline{\mathrm{R'T'}}\times\overline{\mathrm{S'T'}}\times\overline{\mathrm{PT}}\times\overline{\mathrm{QT}} \quad ③$$

이다. 세 점 P, T, Q와 R, T, S는 한 직선 위에 있으므로, 선분비에 의하여

$$\overline{\mathrm{RT}}:\overline{\mathrm{ST}}=\overline{\mathrm{R'T'}}:\overline{\mathrm{S'T'}},\ \overline{\mathrm{ST}}=\frac{\overline{\mathrm{RT}}\times\overline{\mathrm{S'T'}}}{\overline{\mathrm{R'T'}}} \quad ④$$
$$\overline{\mathrm{PT}}:\overline{\mathrm{QT}}=\overline{\mathrm{P'T'}}:\overline{\mathrm{Q'T'}},\ \overline{\mathrm{QT}}=\frac{\overline{\mathrm{PT}}\times\overline{\mathrm{Q'T'}}}{\overline{\mathrm{P'T'}}} \quad ⑤$$

이다. ③의 $\overline{\mathrm{ST}}$와 $\overline{\mathrm{QT}}$에 각각 ④, ⑤를 대입하여 정리하면

$$\overline{\mathrm{PT}}^2\times\overline{\mathrm{R'T'}}^2=\overline{\mathrm{RT}}^2\times\overline{\mathrm{P'T'}}^2$$

이다. 즉,

$$\overline{\mathrm{PT}}\times\overline{\mathrm{R'T'}}=\overline{\mathrm{RT}}\times\overline{\mathrm{P'T'}}$$

이다. 따라서

$$\overline{\mathrm{PT}}:\overline{\mathrm{P'T'}}=\overline{\mathrm{RT}}:\overline{\mathrm{R'T'}}$$

이다. 이는 직각삼각형에서 빗변과 밑변의 길이의 비와 같다. 즉, 직각삼각형에서 기울기가 같다. 그러므로 직선 PT(직선 PQ))와 직선 RT(직선 RS)의 기울기의 절댓값이 같다. 즉,

$$a(p+q)=-a(r+s),\ \ p+q=-r-s$$

이다.

예제 4.1

그림과 같이, 이차함수 $y = \frac{1}{2}x^2$위에 네 점 A, B, C, D가 있다. 점 A, B, C의 x좌표는 각각 -2, 4, -8이다. 직선 CA와 직선 DB의 교점이 $P(1, -13)$일 때, 점 D의 x좌표를 구하시오.

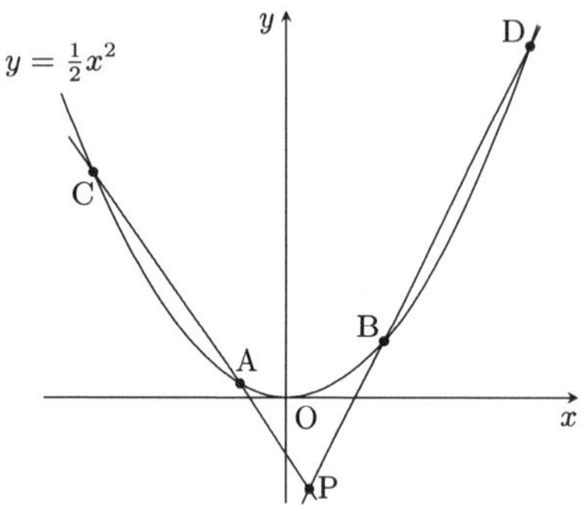

풀이 점 A, B, C, D, P에서 x축에 내린 수선의 발을 각각 A', B', C', D', P'라 한다.

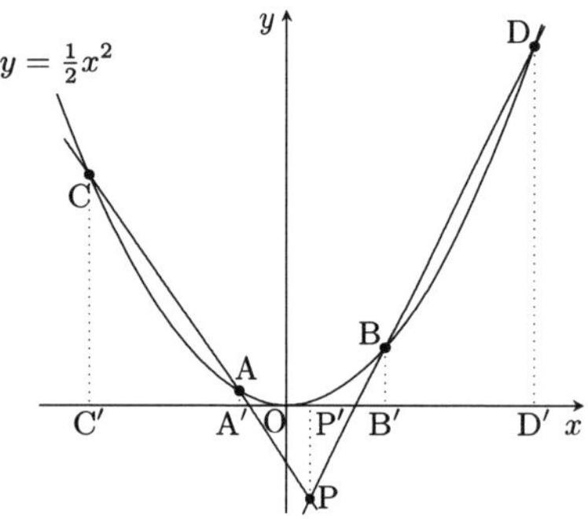

그러면, '이차함수의 비례관계(1)'의 정리로부터

$$\overline{P'A'} \times \overline{P'C'} = \overline{P'B'} \times \overline{P'D'}, \quad 3 \times 9 = 3 \times \overline{P'D'}$$

이 성립한다. 따라서 $\overline{P'D'} = 9$이다. 그러므로 점 D의 x좌표는 10이다.

예제 4.2

그림과 같이, 이차함수 $y = x^2$위에 두 점 A, B가 있고, 점 A의 x좌표가 -1이고, 직선 AB의 기울기가 1이다. 직선 OA, OB와 이차함수 $y = \frac{3}{2}x^2$과의 교점을 각각 C, D라 한다. 삼각형 OAB와 삼각형 OCD의 넓이의 비를 구하시오.

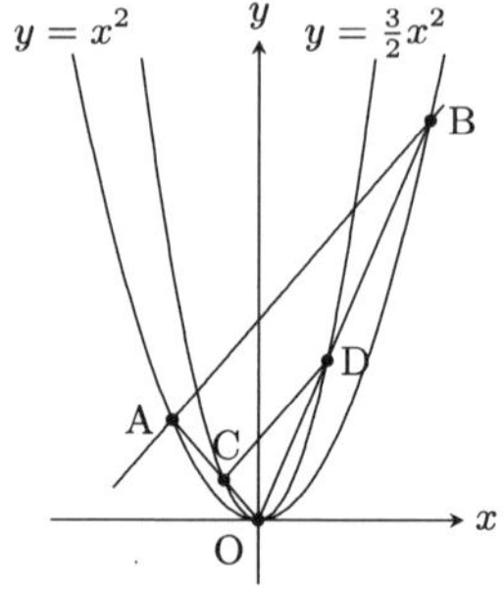

풀이 '두 이차함수의 닮음과 닮음비'의 정리로부터 삼각형 OAB와 삼각형 OCD의 닮음비는 $\frac{3}{2} : 1 = 3 : 2$이다. 그러므로 두 삼각형의 넓이의 비는 $9 : 4$이다.

제 5 절 연습 문제

연습문제 1.1

그림에서, 직선 l은 $y = \frac{4}{3}x$의 그래프이고, 직선 m은 직선 l과 x축과의 사이의 각을 이등분할 때, 직선 m의 방정식을 구하시오.

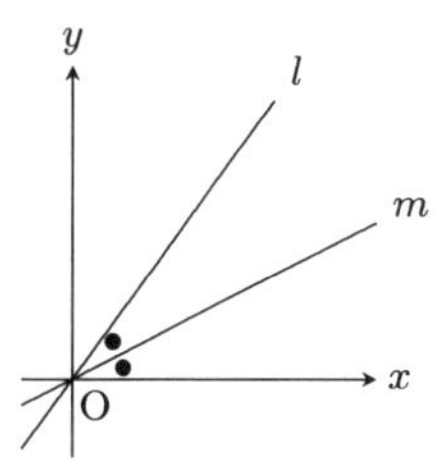

연습문제 1.2

그림에서, 직선 l은 방정식 $x+2y=6$의 그래프이고, x축, y축과 각각 A, B에서 만난다. 직선 m은 방정식 $ax-y=0(a>0)$의 그래프이다. 직선 l과 m의 교점은 C이다. $\angle\mathrm{BOC} = \angle\mathrm{BCO}$일 때, 점 C의 x좌표를 구하시오.

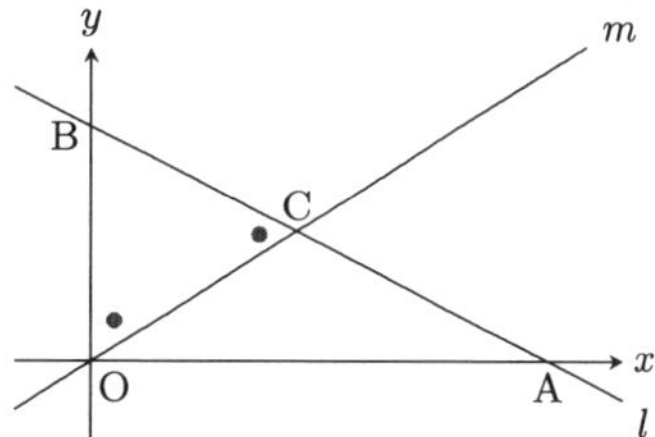

연습문제 1.3

좌표평면 위에 세 점 $\mathrm{O}(0,0)$, $\mathrm{A}(4,7)$, $\mathrm{B}(0,5)$가 있다. 점 B를 지나는 직선이 선분 OA와 만나는 점을 C, x축과 만나는 점을 D라 한다. 이때, $\triangle\mathrm{OBC} : \triangle\mathrm{OCD} = 2 : 3$이 되는 점 D의 좌표를 구하시오.

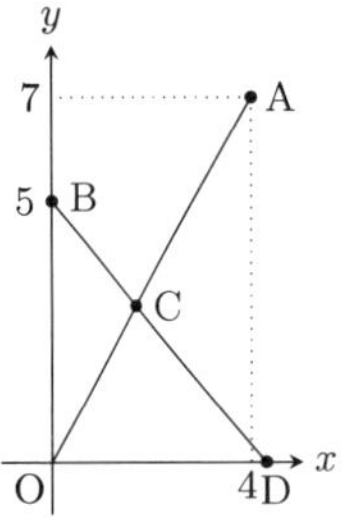

연습문제 1.4

그림과 같이, 이차함수 $y = \frac{1}{2}x^2$위에 점 $\mathrm{A}(-4,8)$이 있다. $y = \frac{1}{2}x^2$위의 점 B에 대하여, 선분 AB를 대각선으로 하는 정사각형의 두 변이 x축과 평행할 때, 점 B로 가능한 점을 모두 구하시오.

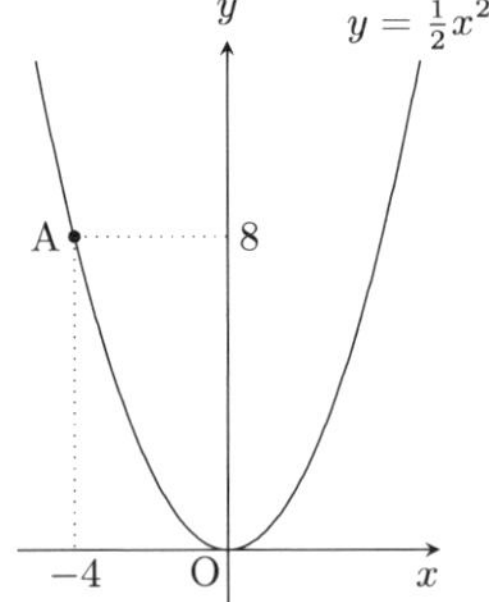

연습문제 1.5

그림과 같이, 점 A(0, 4)를 지나는 두 직선이 제1사분면에서 함수 $y = 3x^2$, $y = \frac{1}{2}x^2$와 각각 B, C, D, E에서 만나고, 점 B(1, 3), $\overline{\mathrm{AB}} = \overline{\mathrm{BC}}$이다. △CAD : △CDE = 1 : 2일 때, 점 D의 좌표를 구하시오.

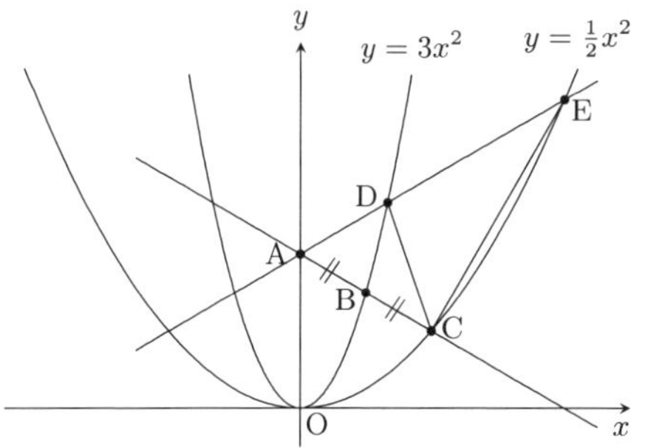

연습문제 1.6

그림과 같이, 좌표평면 위에 세 점 A(0, 3), B(−1, 0), C(4, 0)이 있다. 원점을 지나는 직선 l이 삼각형 ABC의 넓이를 이등분할 때, 이 직선 l의 기울기를 구하시오.

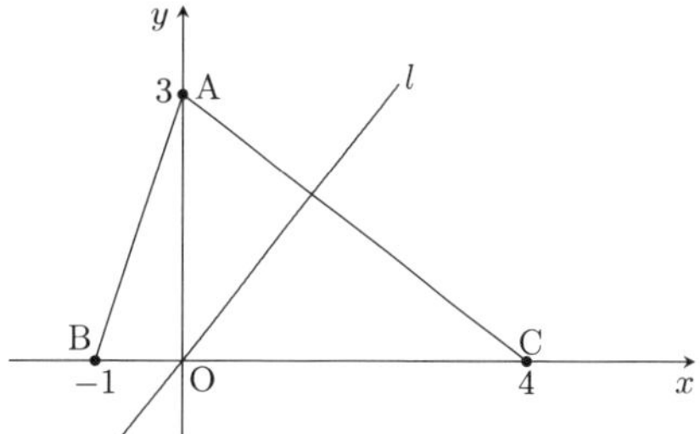

연습문제 1.7

그림과 같이, 좌표평면 위의 점 A는 함수 $y = 3x$의 그래프 위를 움직인다. 점 A에서 x축에 내린 수선의 발을 B라 하고, 선분 AB를 한 변으로 하는 정사각형 ABCD를 선분 AB의 오른쪽에 그린다. 단, 점 A의 x좌표는 양수이다.

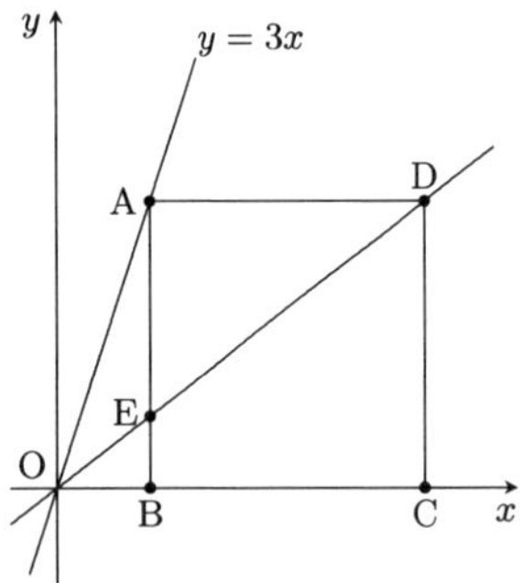

원점 O와 점 D를 지나는 직선 OD와 변 AB의 교점을 E라 한다. $\triangle \mathrm{AED} = 54$일 때, 점 D의 좌표를 구하시오.

연습문제 1.8

그림과 같이, 네 점 $\mathrm{A}(-4, 2)$, $\mathrm{B}(8, 8)$, $\mathrm{C}(2, 9)$, $\mathrm{D}(-2, 7)$를 꼭짓점으로 하는 사각형 ABCD가 있다. 직선 $y = mx$가 사각형 ABCD의 넓이를 이등분할 때, m의 값을 구하시오.

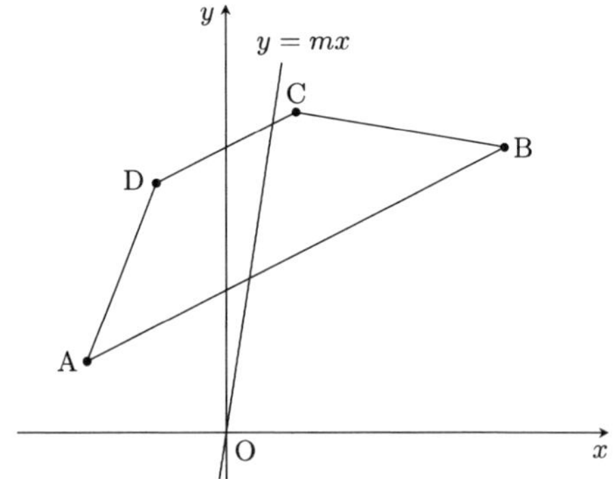

연습문제 1.9

두 직선 $y = ax + b$와 $y = bx + a$의 교점의 y좌표가 3이일 때, 두 직선과 y축으로 둘러싸인 삼각형의 넓이가 2일 때, a와 b의 값을 각각 구하시오. 단, $a > b > 0$이다.

연습문제 1.10

그림과 같이, 함수 $y = \frac{1}{4}x^2$위에 두 점 A$(-2, 1)$, B$(4, 4)$가 있다. 좌표평면 위에 사각형 ABCD가 정사각형이 되도록 점 C, D를 잡을 때, 직선 CD의 방정식을 구하시오.

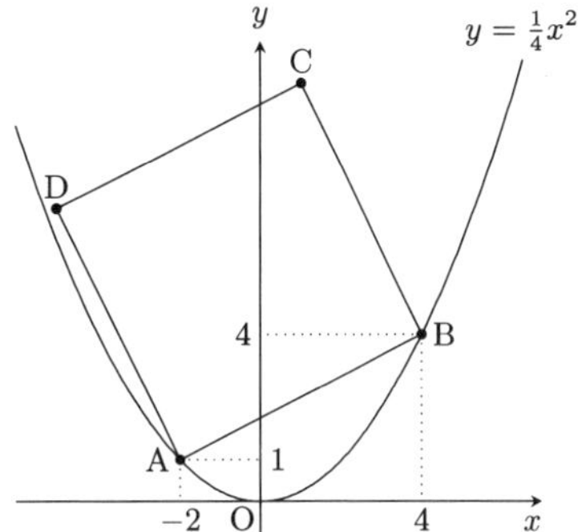

연습문제 1.11

그림과 같이, 사각형 ABCD는 $\triangle$OPQ에 내접하는 정사각형이다.

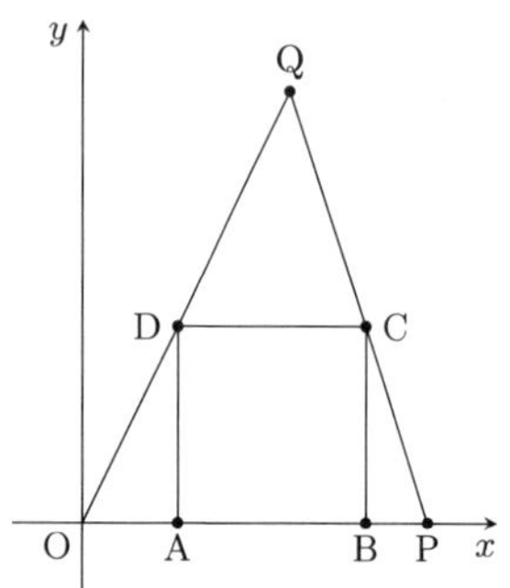

점 P$(5, 0)$, 점 Q$(3, 6)$에 대하여, 정사각형 ABCD의 한 변의 길이를 구하시오.

연습문제 1.12

그림과 같이, 좌표평면 위에 정사각형 OABC와 ADEF가 있다. 직선 BF의 방정식이 $y = \frac{1}{3}x + 4$일 때, 점 A와 점 E의 좌표를 각각 구하시오.

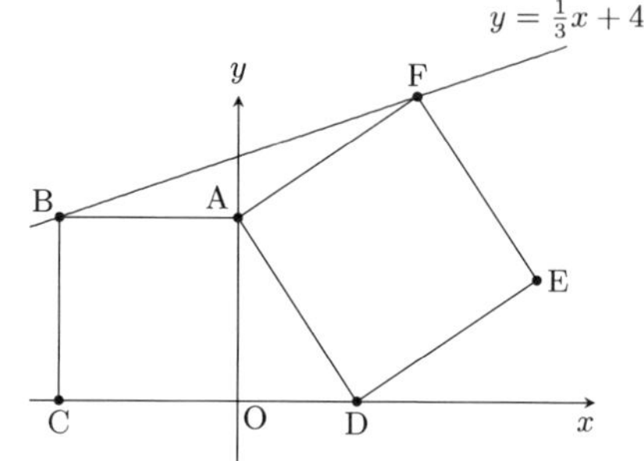

연습문제 1.13

그림과 같이, 두 직선 $y=\frac{7}{3}x$, $y=\frac{3}{7}x$와 직선 $y=-x+k$와의 교점을 각각 P, Q라 한다. $\triangle\mathrm{OPQ}=k$일 때, k의 값을 구하시오.

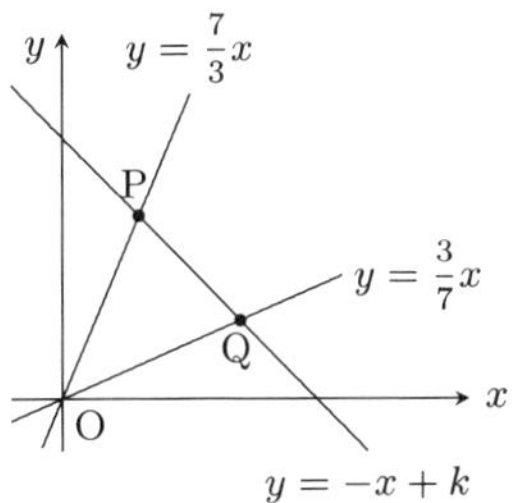

연습문제 1.14

그림과 같이, 네 점 A$(0,5)$, B$(-3,0)$, C$(6,0)$, D$(3,4)$가 있다. 점 E를 삼각형 ABE와 사각형 ABCD의 넓이가 같도록 x축에 잡는다. 이때, 점 E의 좌표로 가능한 점을 모두 구하시오.

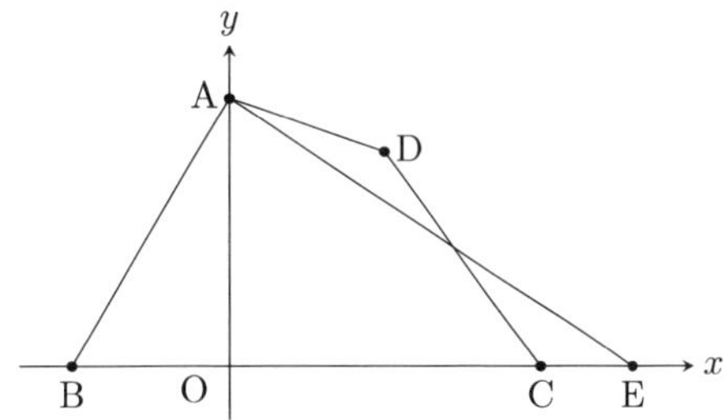

연습문제 1.15

그림과 같이, 세 점 A$(0,3)$, B$\left(3,\frac{1}{2}\right)$, C$(6,5)$를 꼭짓점으로 하는 삼각형 ABC가 있다. 점 B를 지나고 기울기가 -2인 직선 l에 대하여, l과 변 AC의 교점을 D라 한다. 점 D를 지나고 삼각형 ABC의 넓이를 이등분하는 직선과 변 BC의 교점의 좌표를 구하시오.

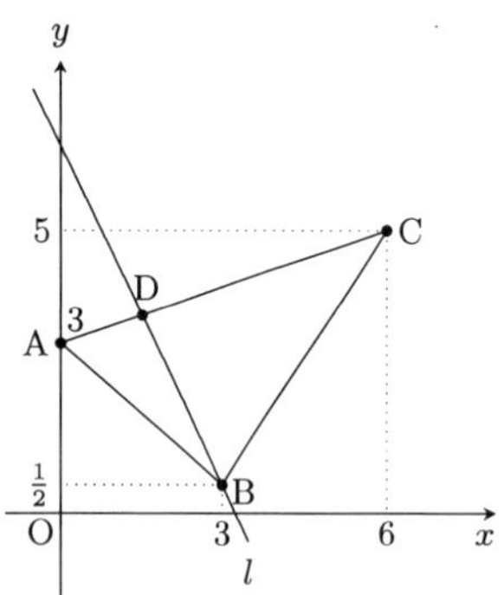

연습문제 1.16

그림과 같이, 이차함수 $y = a^2x^2$과 직선 $y = ax + 2$가 두 점 A, B에서 만난다. 단, $a > 0$이다. 삼각형 OAB가 직각삼각형일 때, a의 값을 모두 구하시오.

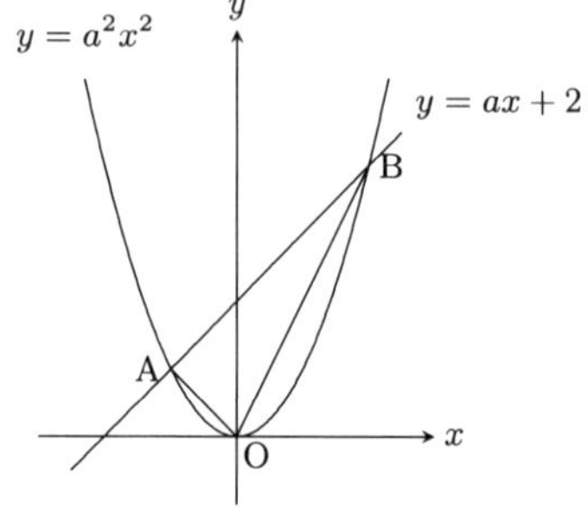

연습문제 1.17

그림과 같이, 함수 $y = 2x^2$위의 점 A, B와 함수 $y = \frac{1}{4}x^2$ 위의 점 C가 있다. 점 B와 C의 x좌표가 같고, 삼각형 ABC가 정삼각형일 때, 점 B의 x좌표를 구하시오. 단, 점 A의 x좌표는 음수이고, 점 B의 x좌표는 양수이다.

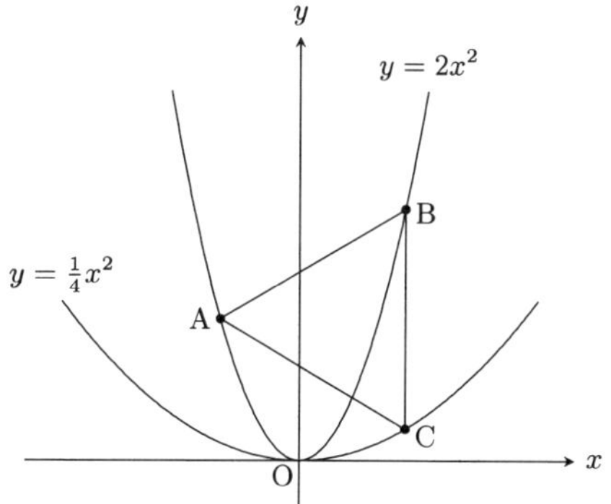

연습문제 1.18

그림과 같이, 이차함수 $y = x^2$위에 x좌표가 양수인 점 A와 직선 OA의 방정식 $y = mx$가 있다. 원점 O를 지나고, 직선 OA에 수직인 직선과 원점 O이외의 이차함수와의 교점을 B라 한다.

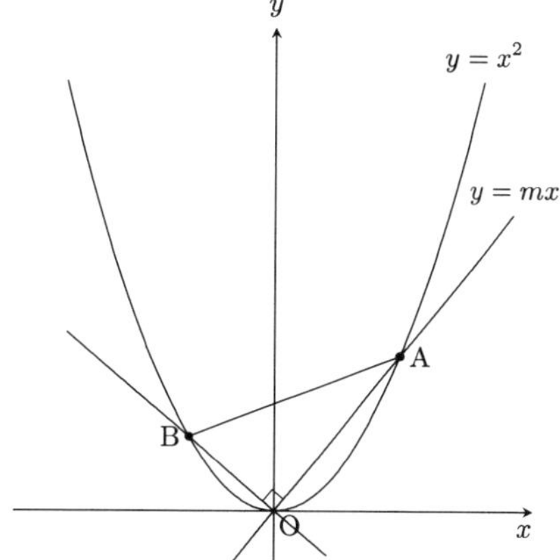

$\angle\text{OAB} = 30°$일 때, m^6의 값을 구하시오.

연습문제 1.19

그림과 같이, 함수 $y = \frac{1}{4}x^2(x \geq 0)$위의 두 점 A, C가 있고, 사각형 ABCD는 넓이가 1인 정사각형이다.

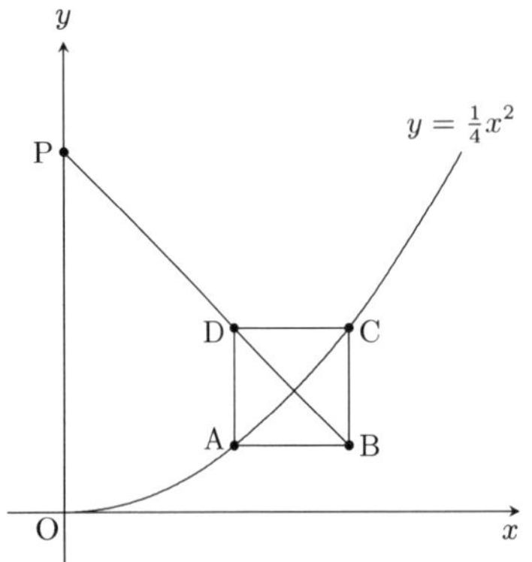

변 AB가 x축에 평행할 때, 두 점 B, D를 지나는 직선과 y축의 교점을 P라 한다. 선분 PD의 길이를 구하시오.

연습문제 1.20

이차함수 $y = x^2$ 위에 두 점 A, B가 있고, 점 A의 x좌표가 $a(a > 0)$이고, 점 B의 x좌표가 -2이다. 직선 AB와 y축과의 교점을 C라 한다. 점 C를 지나고, 직선 OA에 평행한 직선과 $y = x^2$의 교점 중 x좌표가 양수인 점을 E라 하고, 선분 OA, OE를 두 변으로 하는 평행사변형의 넓이를 S_1, $\triangle$OAB의 넓이를 S_2라 하면, $S_1 : S_2 = 1 : 2$이다. 이때, a의 값을 구하시오.

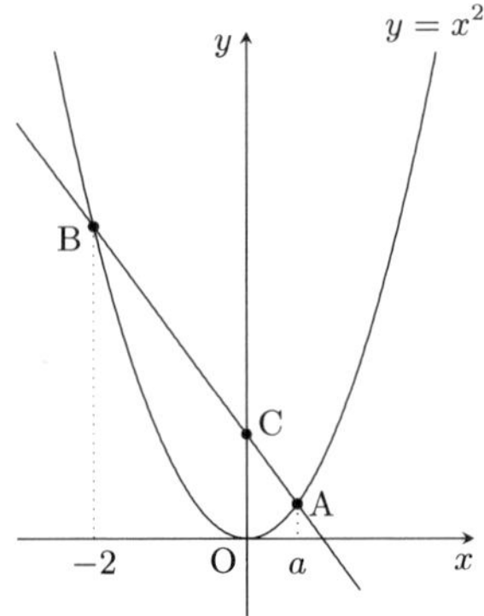

연습문제 1.21

그림과 같이, 좌표평면 위에 점 $A(4,2)$, $B(2,1)$, $C(2-\sqrt{3}, 2\sqrt{3}+1)$인 삼각형 ABC가 있다. $\angle$CAB의 이등분선과 직선 BC와의 교점을 D라 할 때, 선분 AD의 길이를 구하시오.

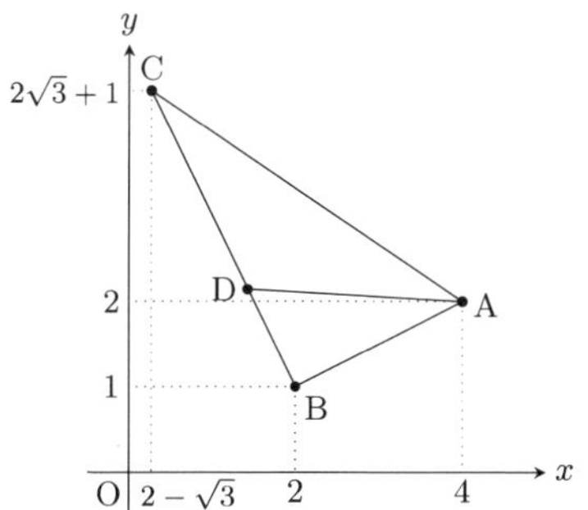

연습문제 1.22

[그림1]과 같이 정육각형 OABCDE의 세 꼭짓점 A, O, E는 함수 $y = x^2$의 그래프 위에 있다. 또, [그림2]와 같이 정육각형 PQRSTU의 네 점 P, Q, T, U는 함수 $y = x^2$의 그래프 위에 있고, 변 UP는 x축과 평행하다. 이때, 정육각형 OABCDE와 정육각형 PQRSTU의 넓이의 차를 구하시오.

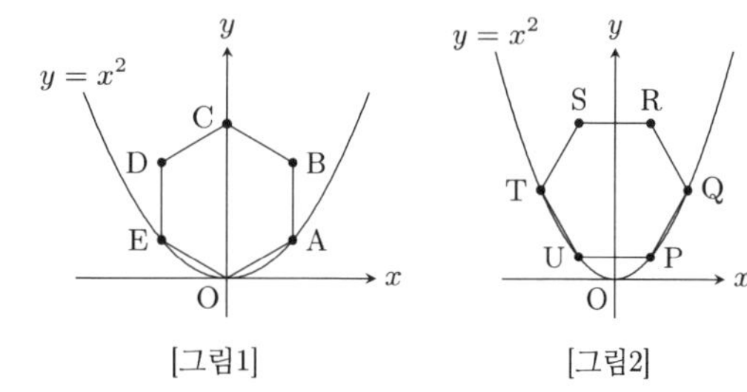

연습문제 1.23

그림과 같이, 좌표평면 위에 정사각형 ABCD와 EFGH가 있다. 점 A, E는 $y = 2x^2$위에 있고, 점 B, F, H는 $y = \frac{1}{2}x^2$ 위에 있다. 직선 $y = mx$가 두 정사각형 모두와 만날 때, m의 범위를 구하시오. 단, 선분 AB, 선분 EH는 x축에 평행이다.

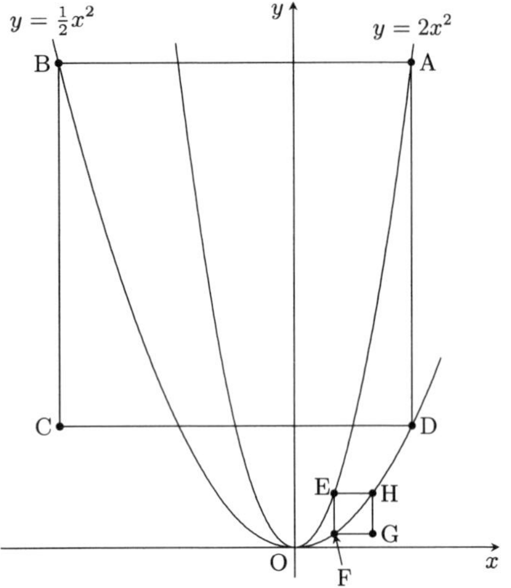

연습문제 1.24

그림과 같이, y축 위의 점 A(0, 4)를 지나고 x축에 평행한 직선과 함수 $y = x^2$의 교점 중 x좌표가 양수인 점을 B라 한다. 사각형 ACDB가 평행사변형이 되도록 함수 $y = x^2$ 위에 두 점 C, D를 잡는다. 직선 CD와 y축과의 교점을 E라 하고, 두 직선 AD와 BE의 교점을 F라 한다.

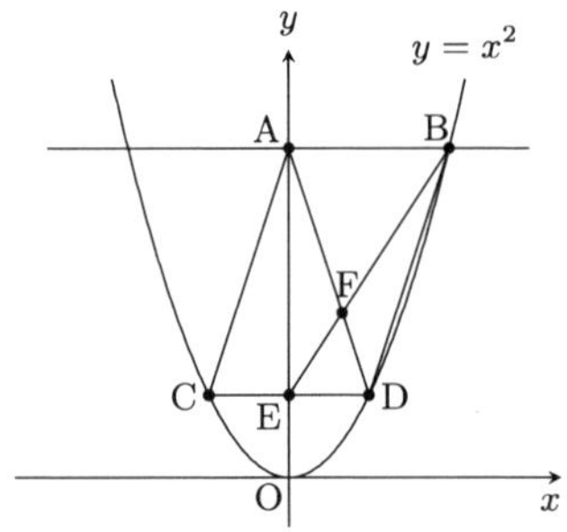

(1) 점 D의 좌표를 구하시오.

(2) 점 F의 좌표를 구하시오.

연습문제 1.25

그림과 같이, 점 A는 함수 $y=-x$ 위의 점으로 x좌표가 음수이다. 또, 점 B는 $y=\frac{1}{k}x$ 위의 점으로 x좌표가 양수이다. 단, $k>0$이다. $\triangle$OAB의 넓이를 S라 한다.

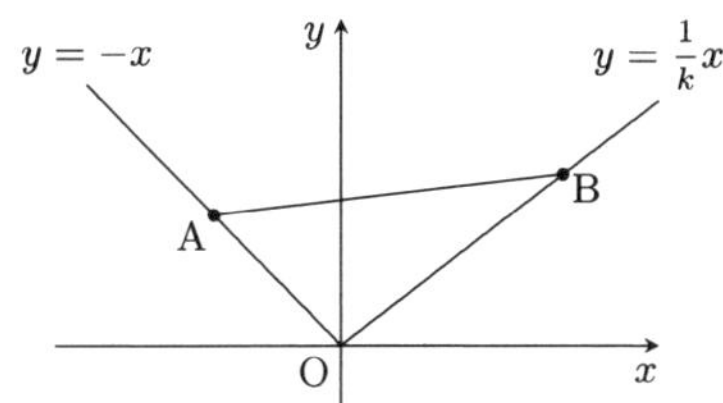

(1) 두 점 A, B의 y좌표가 모두 t로 같고, $k=\frac{1}{2}$일 때, S를 t에 대한 식으로 나타내시오.

(2) 두 점 A, B의 y좌표가 모두 3으로 같을 때, $S=5$를 만족하는 k의 값을 구하시오.

(3) $k=1$이고, 직선 AB의 기울기가 $\frac{1}{2}$, $S=36$일 때, 직선 AB와 y축과의 교점의 y좌표를 구하시오.

연습문제 1.26

그림과 같이, 점 A는 y축 위에, 점 B와 C는 이차함수 $y=-\frac{1}{4}x^2$위에, 점 D는 $y=\frac{1}{4}x^2$위에 있다. 사각형 ABCD는 평행사변형이고, 두 대각선은 점 E$(2,4)$에서 만난다.

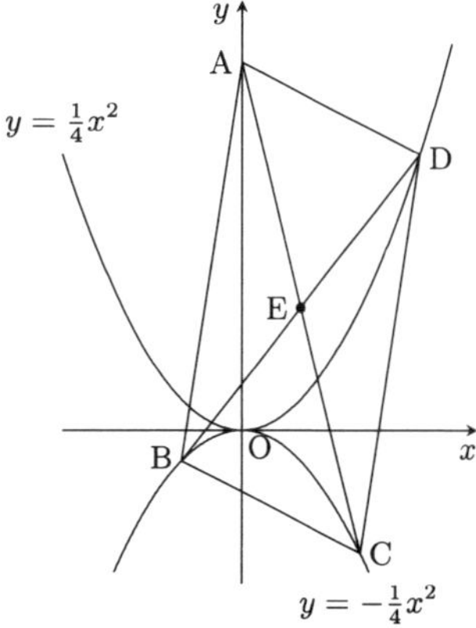

(1) 점 C의 좌표를 구하시오.

(2) 직선 BC의 방정식을 구하시오.

연습문제 1.27

그림과 같이, 좌표평면 위에 세 점 $A(-3,-2)$, $B(5,1)$, $D(1,7)$이 있다. 사각형 ABCD가 평행사변형이 되도록 점 C를 잡는다.

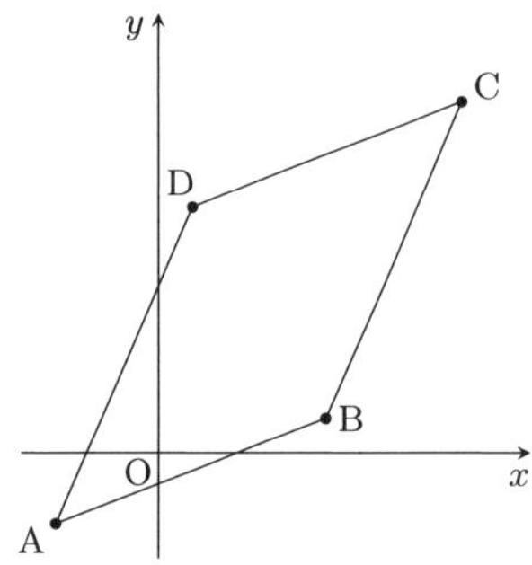

(1) 점 C의 좌표를 구하시오.

(2) 점 $E(-3,7)$를 지나고, 평행사변형 ABCD의 넓이를 이등분하는 직선의 방정식을 구하시오.

연습문제 1.28

그림과 같이, 함수 $y=\frac{1}{2}x^2$위에 x좌표가 각각 -4, 2인 점 A, B가 있다.

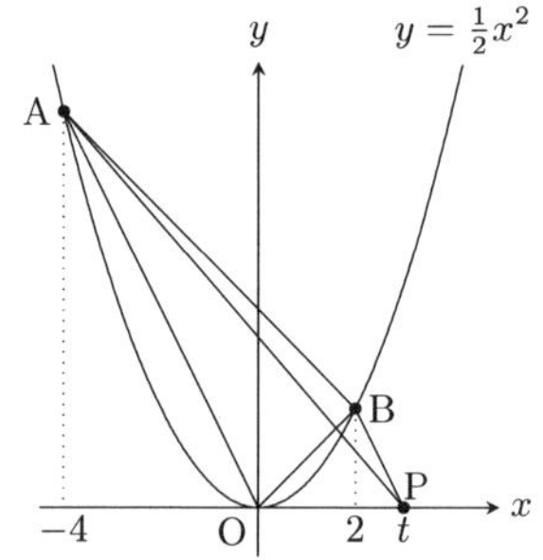

x축 위를 움직이는 점 P가 있다. 점 P의 x좌표를 t, $\triangle OAB$의 넓이를 S, $\triangle ABP$의 넓이를 T라 한다.

(1) $t>4$일 때, T를 t를 사용하여 나타내시오.

(2) $t>0$일 때, $T=\frac{1}{2}S$를 만족하는 t의 값을 모두 구하시오.

연습문제 1.29

그림과 같이, 함수 $y = \frac{1}{2}x^2$ 위에 세 점 A, B, C가 있고, 점 A의 x좌표는 음수이고, 점 B의 x좌표는 4이고, $\overline{AB} /\!/ \overline{OC}$이다. 점 B에서 x축에 내린 수선의 발을 D라 한다. $\triangle ODB : \triangle ACB = 4 : 3$일 때, 점 A와 점 C의 좌표를 각각 구하시오.

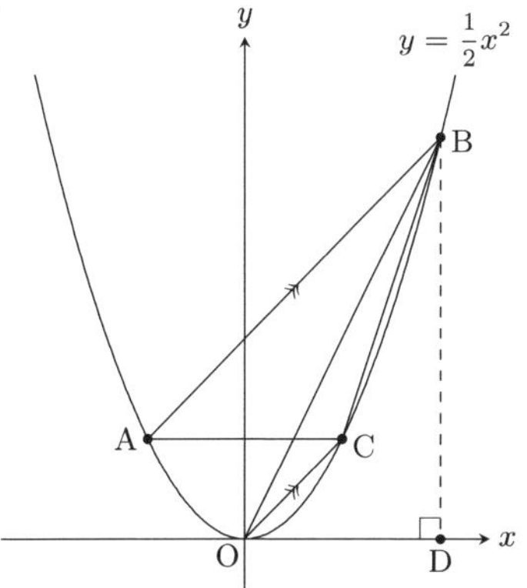

연습문제 1.30

그림과 같이, 이차함수 $y = \frac{1}{2}x^2$위에 x좌표가 음수인 점 A와 양수인 점 B가 있다. 점 A, B에서 x축에 내린 수선의 발을 각각 C, D라 하면, $\overline{CO} : \overline{OD} = 1 : 2$이다. 사다리꼴 ACDB의 넓이가 30이다.

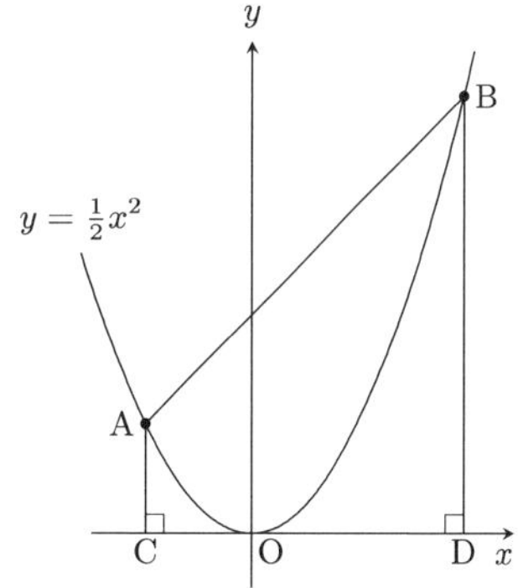

(1) 점 A의 x좌표를 구하시오.

(2) 직선 $y = px$가 선분 AB를 지나고 사다리꼴 ACDB의 넓이를 1 : 2로 나눌 때, p의 값을 구하시오.

연습문제 1.31

그림과 같이, 이차함수 $y = ax^2 (a > 0)$위에 x좌표가 2인 점 A를 지나고 y축에 평행한 직선과 x축과의 교점을 B라 하고, 선분 AB를 한 변으로 하는 정사각형을 그린다. 단, 점 C의 x좌표는 점 B의 x좌표보다 크다.

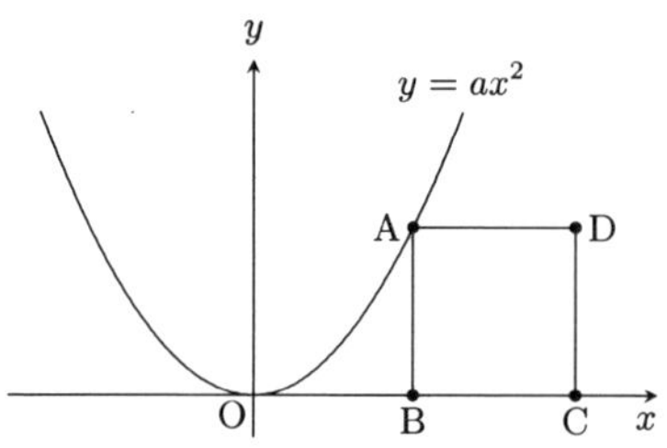

(1) C(4, 0)일 때, a의 값을 구하시오.

(2) $a = 1$일 때, 직선 AC의 방정식을 구하시오.

(3) $y = ax^2$위의 점으로 x좌표가 -1인 점을 E라 한다. 삼각형 BDE의 넓이가 140일 때, a의 값을 구하시오.

연습문제 1.32

그림과 같이, 좌표평면 위에 네 점 A(−4, 2), B(−6, −4), C(2, −4), D(2, 2)가 있다.

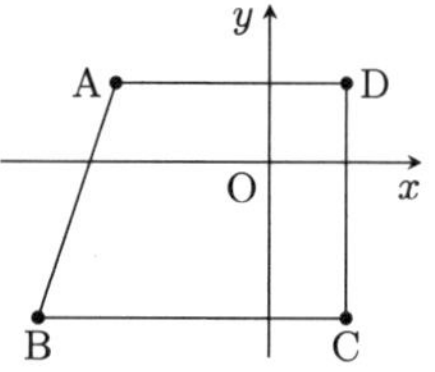

(1) 점 A를 지나는 직선 l이 사각형 ABCD의 넓이를 이등분할 때, 직선 l의 방정식을 구하시오.

(2) 사각형 ABCD를 y축을 회전축으로 하여 1회전하여 만들어진 입체의 부피를 구하시오.

연습문제 1.33

그림과 같이, 함수 $y = x^2$과 직선 $y = 2x + 3$이 두 점 A, B에서 만난다. 직선 $y = 2x + 3$과 x축의 교점을 C라 하고, 함수 $y = x^2$위의 점 D를 △OAC : △ABD = 1 : 32를 만족하도록 잡는다. 이때, 점 D로 가능한 점의 좌표를 모두 구하시오.

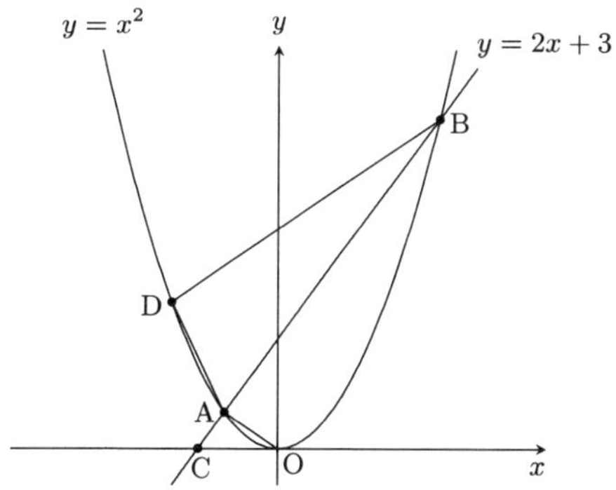

연습문제 1.34

그림과 같이, 직선 $y = x + 2$와 이차함수 $y = x^2$이 교점 중, x좌표가 양수인 점을 A, x좌표가 음수인 점을 B라 한다.

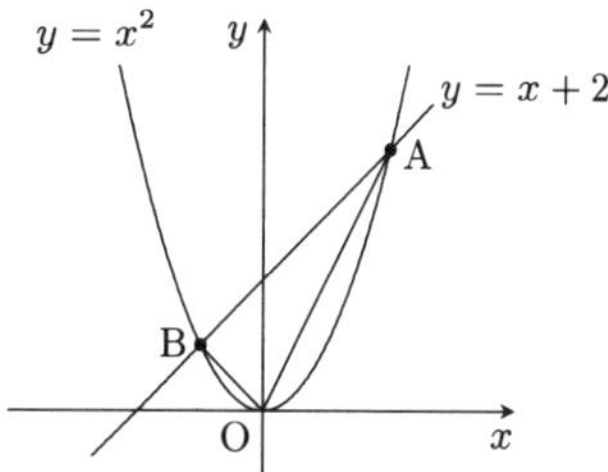

(1) 점 B를 지나고, △ABO의 넓이를 이등분하는 직선의 식을 구하시오.

(2) x축 위에 $\overline{\text{AP}} = \overline{\text{BP}}$인 점 P를 잡는다. 이때, 점 P의 x좌표를 구하시오.

(3) (2)에서, ∠APB의 이등분선과 ∠ABO의 이등분선의 교점의 좌표를 구하시오.

연습문제 1.35

그림과 같이, 이차함수 $y=x^2$위의 점 A, B에서 점 A의 x 좌표가 -1이고, 직선 AB의 기울기가 1이다. 직선 OA, OB와 이차함수 $y=\frac{3}{2}x^2$과의 교점을 각각 C, D라 한다.

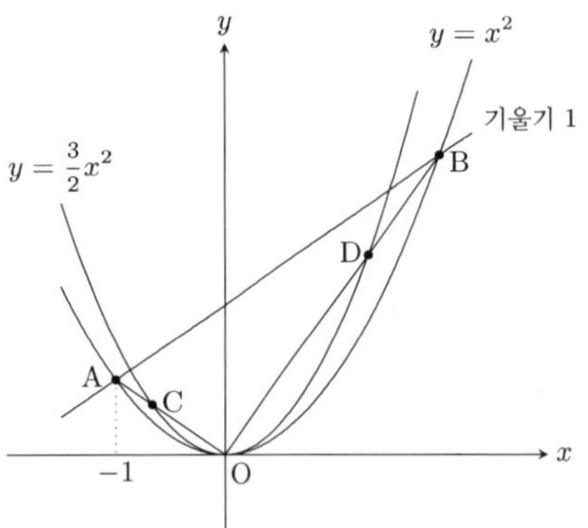

(1) 점 B의 좌표와 점 D의 좌표를 각각 구하시오.

(2) 삼각형 OAB와 삼각형 OCD의 넓이의 비를 구하시오.

(3) 원점 O를 지나는 직선이 사각형 ACDB의 넓이를 이등분할 때, 이 직선의 방정식을 구하시오.

연습문제 1.36

그림과 같이, 직선 $y=x$에 대하여 점 A$(2,1)$의 대칭점을 점 B라 한다. 또, x축에 대하여 점 B의 대칭점을 점 C라 한다.

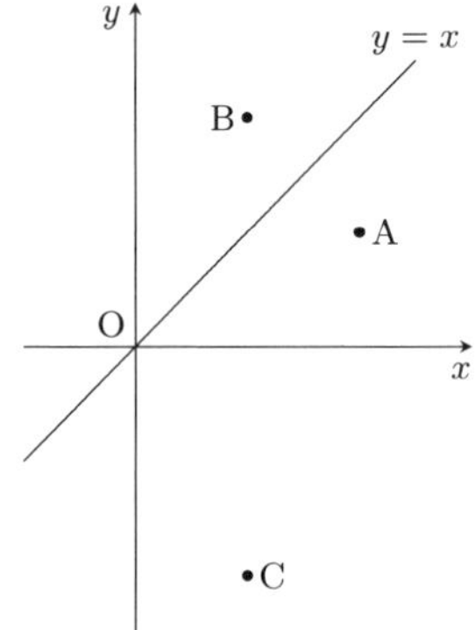

(1) $\angle$AOC의 크기를 구하시오.

(2) $\triangle$AOC의 넓이를 구하시오.

(3) 직선 AC와 x축의 교점을 P라 하고, 직선 BP와 직선 $y=x$의 교점을 Q라 한다. $\triangle$APQ의 둘레의 길이를 구하시오.

연습문제 1.37

그림과 같이, 두 점 A, B는 직선 $y=\frac{1}{2}x+\frac{9}{2}$위에, 두 점 C, D는 직선 $y=-\frac{1}{2}x+\frac{3}{2}$위에 있고, 직선 AC와 BD는 y축에 평행하고, $\overline{AC}=4$, $\overline{BD}=8$이다.

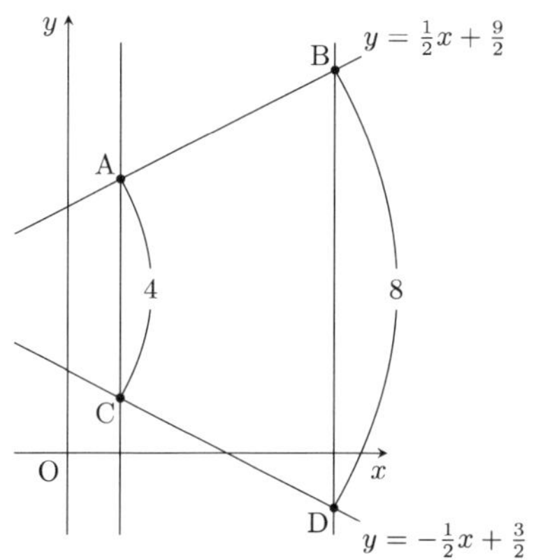

(1) 사다리꼴 ACDB의 넓이를 구하시오.

(2) 점 A를 지나고, 사다리꼴 ACDB의 넓이를 이등분하는 직선의 방정식을 구하시오.

연습문제 1.38

그림과 같이, 이차함수 $y=x^2$의 그래프 위에 두 점 A$(-1,1)$, B$(7,49)$가 있다. 선분 AB의 중점 M을 지나고, y축에 평행한 직선과 $y=x^2$의 그래프와의 교점을 C라 한다.

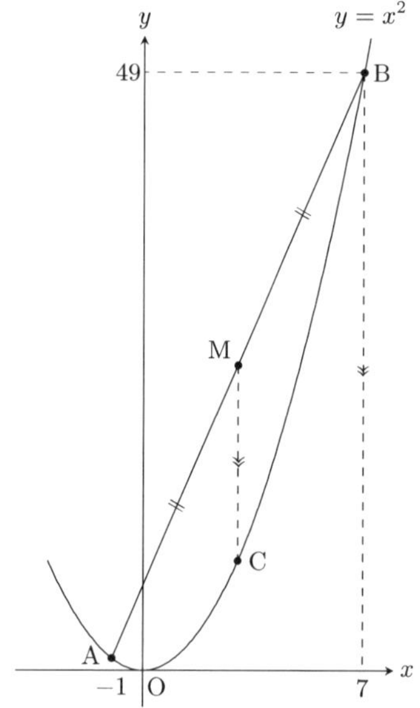

(1) 점 C의 좌표를 구하시오.

(2) 삼각형 ABC의 넓이를 구하시오.

(3) 선분 AC의 중점을 지나고, y축에 평행한 직선과 $y=x^2$의 그래프와의 교점을 D라 한다. 또, $y=x^2$의 그래프 위의 점 C와 점 B 사이에 점 E가 있고, 삼각형 ACD의 넓이와 삼각형 BCE의 넓이가 같을 때, 점 E의 좌표를 구하시오.

연습문제 1.39

그림과 같이, 이차함수 $y = x^2$위에 x좌표가 양수인 점 P를 잡는다. 점 P를 지나고 x축에 평행한 직선을 l이라 한다. 직선 l위에 x좌표가 점 P의 x좌표보다 $k(k > 0)$이 큰 점을 A라 하고, 직선 l과 이차함수 $y = x^2$의 교점 중 x좌표가 음수인 점을 B라 하고, 이차함수 $y = x^2$위에 x좌표가 점 A의 x좌표와 같은 점 C가 있다. 두 점 B, C를 지나는 직선을 m이라 한다.

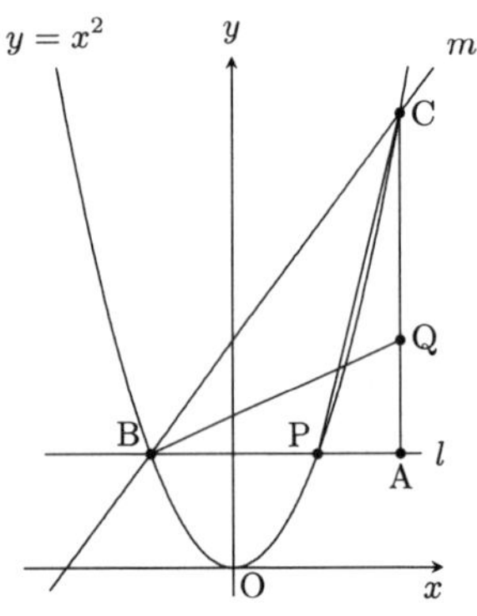

점 A와 점 C, 점 C와 점 P를 각각 연결하고, 선분 AC위의 점 Q에 대하여, 점 B와 점 Q를 연결한다.

(1) 점 P의 x좌표가 2이고, 직선 m의 기울기가 2이고, $\triangle\text{PCB} = \triangle\text{QCB}$일 때, 두 점 B, Q를 지나는 직선의 방정식을 구하시오.

(2) 직선 m의 기울기가 1이고, 점 Q가 선분 AC의 중점이고, 두 점 P, Q를 지나는 직선의 기울기가 2일 때, 점 A의 좌표를 구하시오.

연습문제 1.40

그림과 같이, 이차함수 $y = ax^2(a < 0)$의 그래프 위에 x좌표가 -8인 점을 A라 하고, 이차함수 $y = \frac{1}{4}x^2$의 그래프 위에 x좌표가 -8, 4인 점을 각각 B, C라 하고, 삼각형 ABC의 넓이가 108이다. 또, 함수 $y = \frac{1}{4}x^2$의 그래프 위에 점 P는 점 B와 원점 O의 사이에 있고, $\triangle\text{ABC} : \triangle\text{PBC} = 9 : 1$을 만족한다.

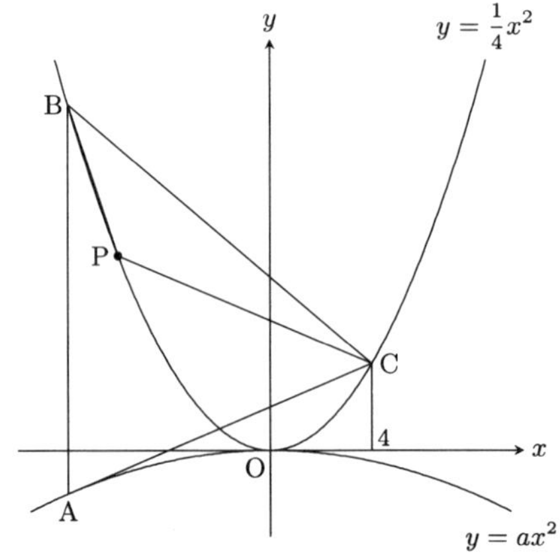

(1) a의 값을 구하시오.

(2) 점 P의 x좌표를 구하시오.

제 6 절 연습 문제 풀이

연습문제풀이 1.1 그림에서, 직선 l은 $y = \frac{4}{3}x$의 그래프이고, 직선 m은 직선 l과 x축과의 사이의 각을 이등분할 때, 직선 m의 방정식을 구하시오.

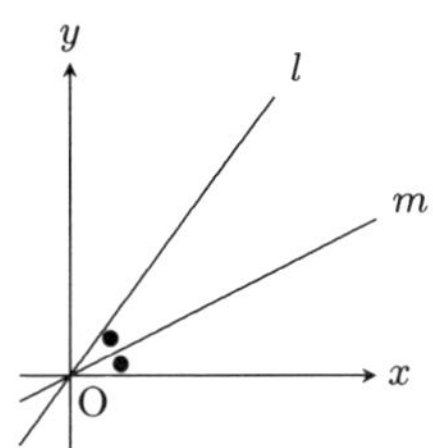

풀이 직선 l위의 점 A(3, 4), x축 위에 점 B(5, 0)을 잡으면, $\overline{OA} = \overline{OB} = 5$이다. 그러므로 직선 m은 선분 AB의 중점 M(4, 2)를 지난다. 따라서 직선 m의 방정식은 $y = \frac{1}{2}x$이다.

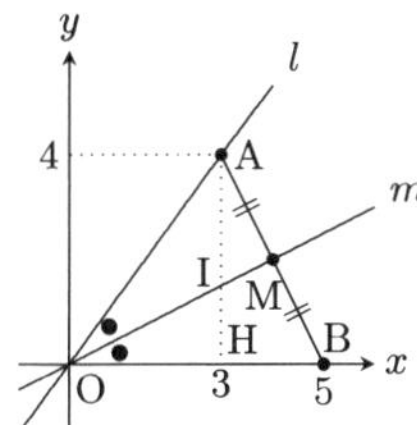

(다른 풀이) 그림과 같이 점 A에서 x축에 내린 수선의 발을 H라 하고, 직선 m과 선분 AH와의 교점을 I라 하면, 내각이등분선의 정리에 의하여

$$\overline{AI} : \overline{IH} = \overline{OA} : \overline{OH} = 5 : 3$$

이다. 그러므로 점 I의 y좌표는 $4 \times \frac{3}{5+3} = \frac{3}{2}$이다. 즉, $\text{I}\left(3, \frac{3}{2}\right)$이다.

따라서 직선 m(직선 OI)의 방정식은 $y = \frac{1}{2}x$이다.

연습문제풀이 1.2 그림에서, 직선 l은 방정식 $x + 2y = 6$의 그래프이고, x축, y축과 각각 A, B에서 만난다. 직선 m은 방정식 $ax - y = 0 (a > 0)$의 그래프이다. 직선 l과 m의 교점은 C이다. $\angle \text{BOC} = \angle \text{BCO}$일 때, 점 C의 x좌표를 구하시오.

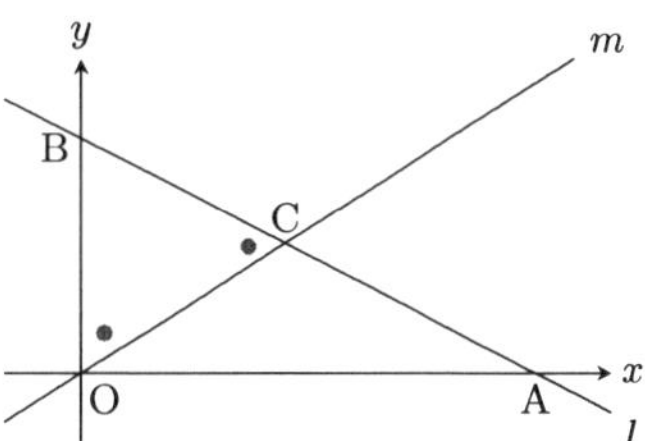

풀이 $\angle \text{BOC} = \angle \text{BCO}$이므로 $\overline{BC} = \overline{BO} = 3$이다. 직선 l의 기울기가 $-\frac{1}{2}$이므로, 직각삼각형 BCH의 세 변의 길이의 비는

$$\overline{CH} : \overline{BH} : \overline{BC} = 2 : 1 : \sqrt{5}$$

이다. 따라서 점 C의 x좌표를 c라 하면, $c = \overline{CH} = 3 \times \frac{2}{\sqrt{5}} = \frac{6\sqrt{5}}{5}$이다.

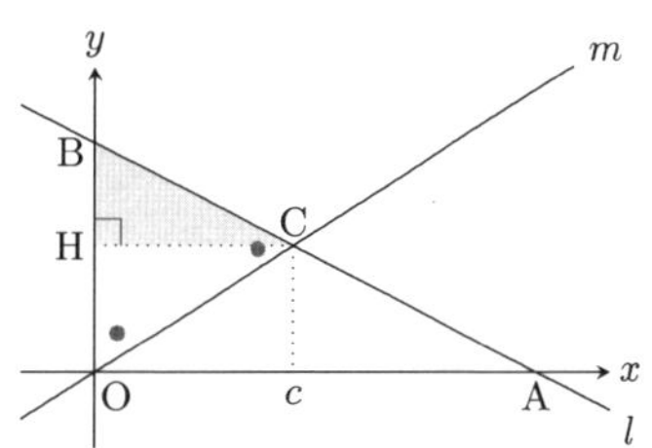

연습문제풀이 1.3 좌표평면 위에 세 점 O(0,0), A(4,7), B(0,5)가 있다. 점 B를 지나는 직선이 선분 OA와 만나는 점을 C, x축과 만나는 점을 D라 한다. 이때, $\triangle$OBC : $\triangle$OCD $= 2:3$이 되는 점 D의 좌표를 구하시오.

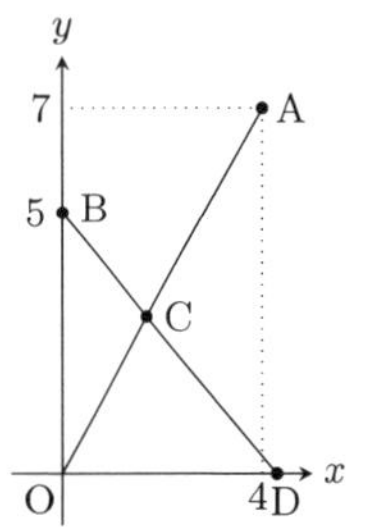

풀이 $\triangle$OBC : $\triangle$OCD $= \overline{BC} : \overline{CD} = 2:3$이므로 점 C의 y좌표를 c라 하면,

$$(5-c):c = 2:3, \quad c = 3$$

이다.

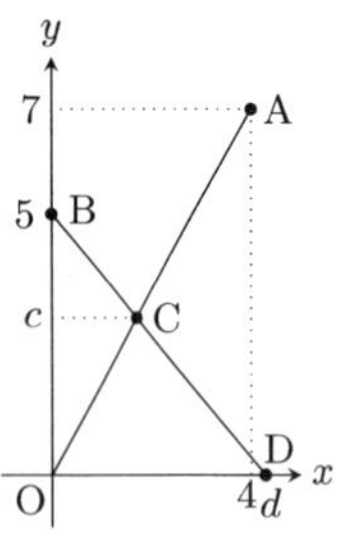

점 C는 직선 OA인 $y = \frac{7}{4}x$위의 점이므로 C$\left(\frac{12}{7}, 3\right)$이다. 이때, 점 D의 x좌표를 d라 하면,

$$d : \frac{12}{7} = (3+2):2, \quad d = \frac{30}{7}$$

이다. 따라서 D$\left(\frac{30}{7}, 0\right)$이다.

연습문제풀이 1.4 그림과 같이, 이차함수 $y = \frac{1}{2}x^2$위에 점 A$(-4,8)$이 있다. $y = \frac{1}{2}x^2$위의 점 B에 대하여, 선분 AB를 대각선으로 하는 정사각형의 두 변이 x축과 평행할 때, 점 B로 가능한 점을 모두 구하시오.

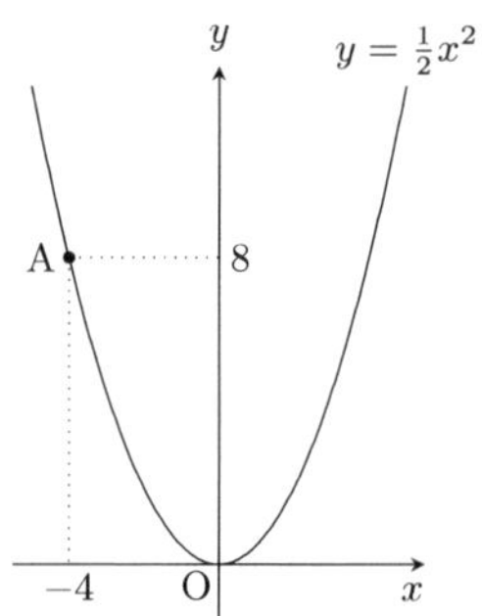

풀이 정사각형의 두 변이 x축에 평행하므로, 대각선 AB의 기울기는 ± 1이다.

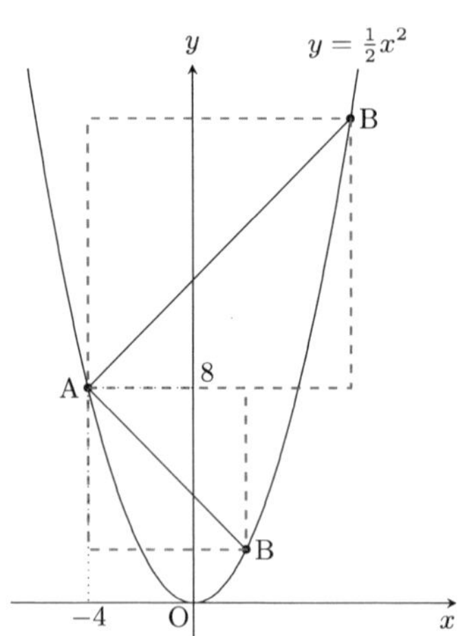

점 B의 x좌표를 b라 하면,

$$\frac{1}{2} \times (-4+b) = \pm 1, \quad b = 4 \pm 2 = 6, 2$$

이다. 따라서 $(2,2)$, $(6,18)$이다.

연습문제풀이 **1.5** 그림과 같이, 점 A$(0,4)$를 지나는 두 직선이 제1사분면에서 함수 $y = 3x^2$, $y = \frac{1}{2}x^2$와 각각 B, C, D, E에서 만나고, 점 B$(1,3)$, $\overline{\mathrm{AB}} = \overline{\mathrm{BC}}$이다. $\triangle\mathrm{CAD} : \triangle\mathrm{CDE} = 1 : 2$일 때, 점 D의 좌표를 구하시오.

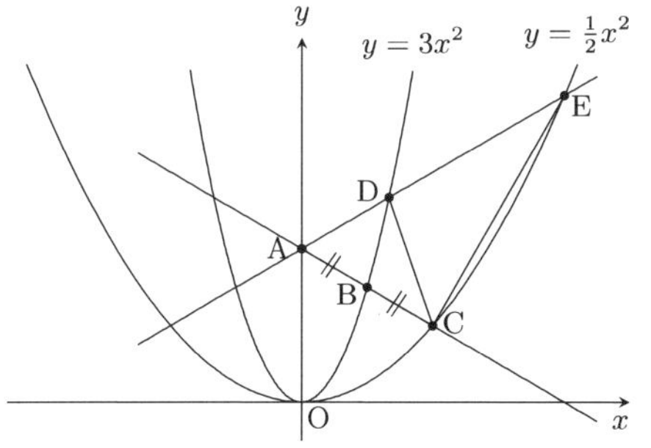

풀이 A$(0,4)$, B$(1,3)$이고, 점 B가 선분 AC의 중점이므로, C$(2,2)$이다. 또, $\triangle\mathrm{CAD} : \triangle\mathrm{CDE} = 1 : 2$이므로, $\overline{\mathrm{AD}} : \overline{\mathrm{DE}} = 1 : 2$이다. 즉, $\overline{\mathrm{AD}} : \overline{\mathrm{AE}} = 1 : 3$이다.
점 D, E의 x좌표를 각각 d, $3d$라 하면,

$$\mathrm{D}\left(d, 3d^2\right), \ \mathrm{E}\left(3d, \frac{9}{2}d^2\right)$$

이다. 직선 AD와 AE의 기울기가 같으므로

$$\frac{3d^2 - 4}{d - 0} = \frac{\frac{9}{2}d^2 - 4}{3d - 0}$$

이다. 이를 정리하면

$$18d^2 - 24 = 9d^2 - 8, \ d^2 = \frac{16}{9}$$

이다. $d > 0$이므로 $d = \frac{4}{3}$이다. 따라서 D$\left(\frac{4}{3}, \frac{16}{3}\right)$이다.

연습문제풀이 **1.6** 그림과 같이, 좌표평면 위에 세 점 A$(0,3)$, B$(-1,0)$, C$(4,0)$이 있다. 원점을 지나는 직선 l이 삼각형 ABC의 넓이를 이등분할 때, 이 직선 l의 기울기를 구하시오.

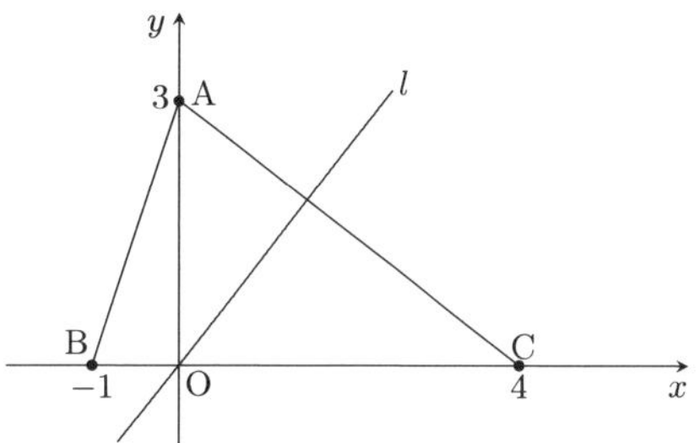

풀이 직선 l과 변 AC와의 교점을 P라 하면,

$$\frac{\triangle\mathrm{CPO}}{\triangle\mathrm{CAB}} = \frac{\overline{\mathrm{CP}}}{\overline{\mathrm{CA}}} \times \frac{\overline{\mathrm{CO}}}{\overline{\mathrm{CB}}} = \frac{1}{2}$$

이다.

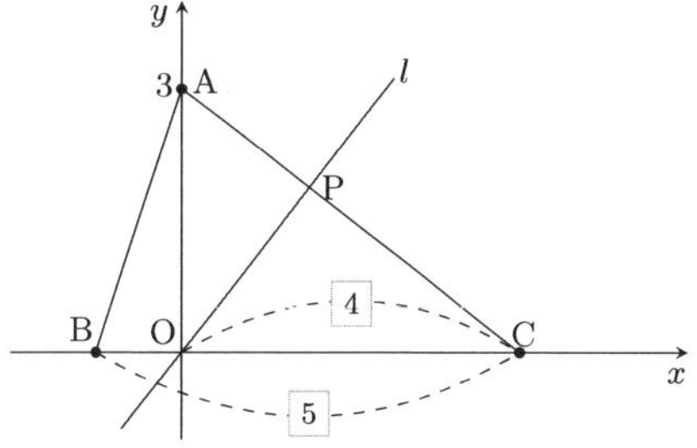

$\frac{\overline{\mathrm{CO}}}{\overline{\mathrm{CB}}} = \frac{4}{5}$이므로, $\frac{\overline{\mathrm{CP}}}{\overline{\mathrm{CA}}} = \frac{5}{8}$이다. 그러므로 점 P의 x좌표, y좌표는 각각 $4 \times \frac{3}{8} = \frac{3}{2}$, $3 \times \frac{5}{8} = \frac{15}{8}$이다. 즉, P$\left(\frac{3}{2}, \frac{15}{8}\right)$이다.
따라서 직선 l의 기울기는 $\frac{\frac{15}{8}}{\frac{3}{2}} = \frac{5}{4}$이다.

연습문제풀이 1.7 그림과 같이, 좌표평면 위의 점 A는 함수 $y = 3x$의 그래프 위를 움직인다. 점 A에서 x축에 내린 수선의 발을 B라 하고, 선분 AB를 한 변으로 하는 정사각형 ABCD를 선분 AB의 오른쪽에 그린다. 단, 점 A의 x좌표는 양수이다.

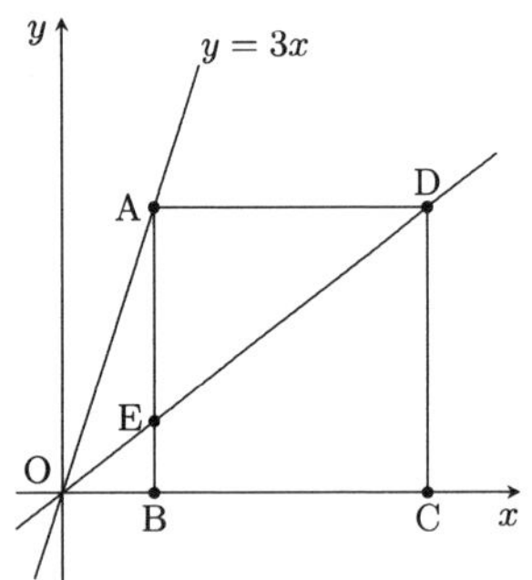

원점 O와 점 D를 지나는 직선 OD와 변 AB의 교점을 E라 한다. △AED = 54일 때, 점 D의 좌표를 구하시오.

풀이 A$(a, 3a)$라 하면, D$(4a, 3a)$이다.

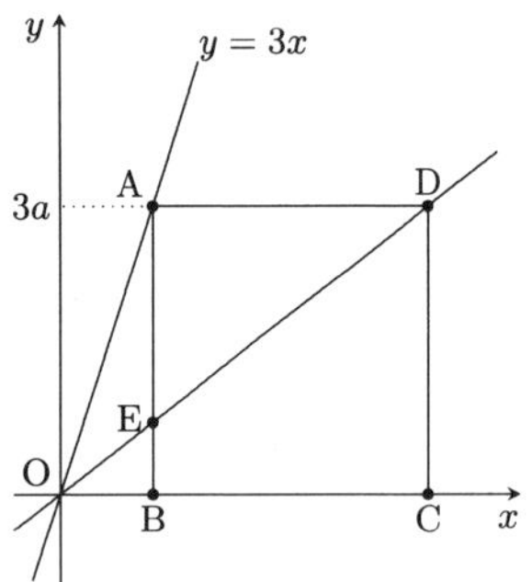

$\overline{AE} : \overline{EB} = \overline{AD} : \overline{OB} = 3 : 1$이므로,

$$\overline{AE} = \frac{3}{3+1} \times \overline{AB} = \frac{3}{4} \times 3a = \frac{9}{4}a$$

이다. 따라서

$$\triangle AED = \frac{1}{2} \times 3a \times \frac{9}{4}a = \frac{27}{8}a^2 = 54$$

이다. 이를 정리하면 $a^2 = 16$이다. 즉, $a = 4(a > 0)$이다. 따라서 점 D$(16, 12)$이다.

연습문제풀이 1.8 그림과 같이, 네 점 A$(-4, 2)$, B$(8, 8)$, C$(2, 9)$, D$(-2, 7)$를 꼭짓점으로 하는 사각형 ABCD가 있다. 직선 $y = mx$가 사각형 ABCD의 넓이를 이등분할 때, m의 값을 구하시오.

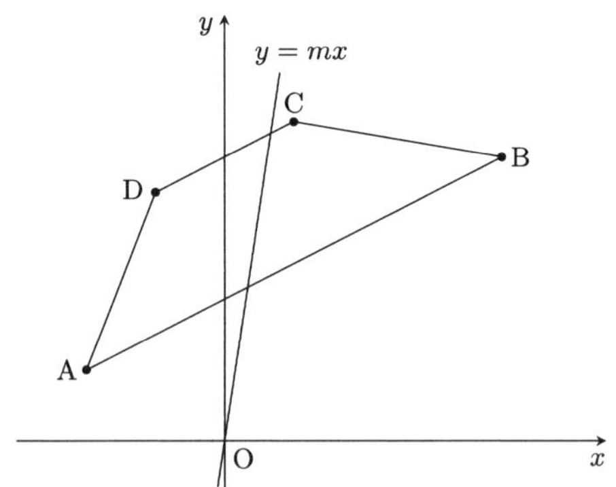

풀이 선분 AB와 DC는 기울기가 $\frac{1}{2}$이므로 평행하다. 그러므로 사각형 ABCD는 사다리꼴이다.
선분 AB의 중점을 M, 선분 CD의 중점을 N이라 하고, 선분 MN의 중점을 L이라 한다.

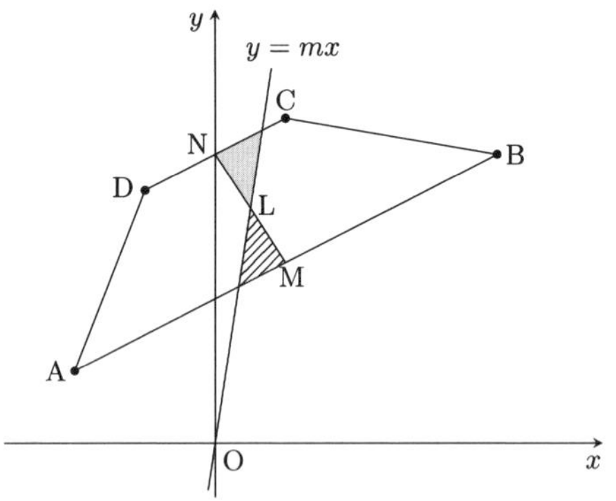

직선 MN이 사다리꼴 ABCD의 넓이를 이등분하고, $\overline{AB} \parallel \overline{CD}$과 $\overline{ML} = \overline{NL}$이므로, 색칠한 삼각형과 빗금친 삼각형이 합동이다. 즉, 두 부분의 넓이가 같다.
그러므로 직선 OL은 사다리꼴 ABCD의 넓이를 이등분한다.
M$(2, 5)$, N$(0, 8)$이므로 L$\left(1, \frac{13}{2}\right)$이다.
따라서 $m = \frac{13}{2}$이다.

연습문제풀이 1.9 두 직선 $y = ax+b$와 $y = bx+a$의 교점의 y좌표가 30일 때, 두 직선과 y축으로 둘러싸인 삼각형의 넓이가 2일 때, a와 b의 값을 각각 구하시오. 단, $a > b > 0$이다.

풀이 $y = ax + b$, $y = bx + a$에서 y를 소거하면

$$ax + b = bx + a, \quad (a-b)x = a - b$$

이다. $a > b$이므로 양변을 $a - b$로 나누면 $x = 1$이다. 즉, $a + b = 30$이다.

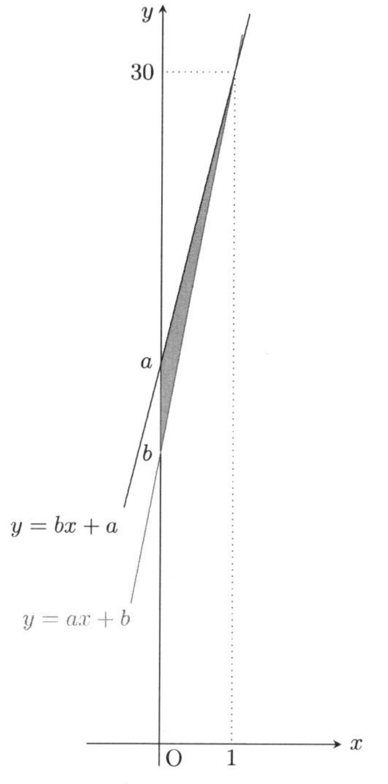

두 직선과 y축으로 둘러싸인 부분의 넓이가 2이므로

$$\frac{1}{2} \times (a-b) \times 1 = 2$$

이다. 즉, $a - b = 4$이다. 이 사실과 $a + b = 30$을 연립하여 풀면 $a = 17$, $b = 13$이다.

연습문제풀이 1.10 그림과 같이, 함수 $y = \frac{1}{4}x^2$위에 두 점 A$(-2, 1)$, B$(4, 4)$이 있다. 좌표평면 위에 사각형 ABCD가 정사각형이 되도록 점 C, D를 잡을 때, 직선 CD의 방정식을 구하시오.

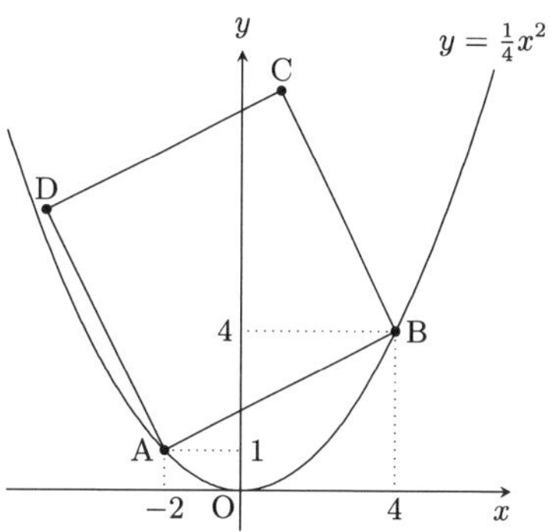

풀이 직선 AB의 방정식은

$$y = \frac{4-1}{4-(-2)}(x-4) + 4, \quad y = \frac{1}{2}x + 2$$

이다. 색칠한 두 직각삼각형이 합동이므로, 점 C의 좌표는 C$(1, 10)$이다.

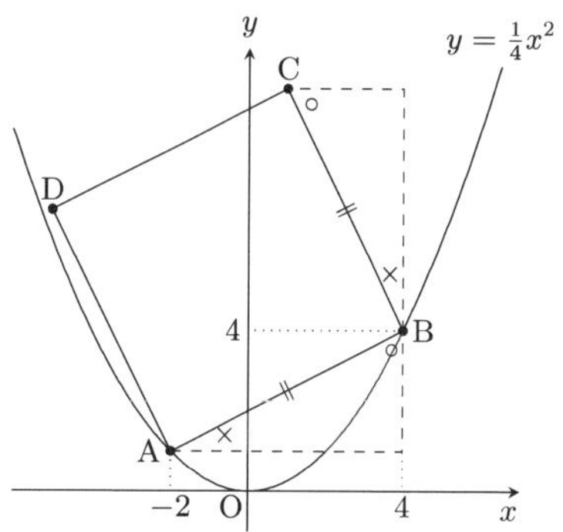

따라서 구하는 직선 CD의 방정식은

$$y = \frac{1}{2}(x-1) + 10, \quad y = \frac{1}{2}x + \frac{19}{2}$$

이다.

연습문제풀이 1.11 그림과 같이, 사각형 ABCD는 $\triangle$OPQ에 내접하는 정사각형이다.

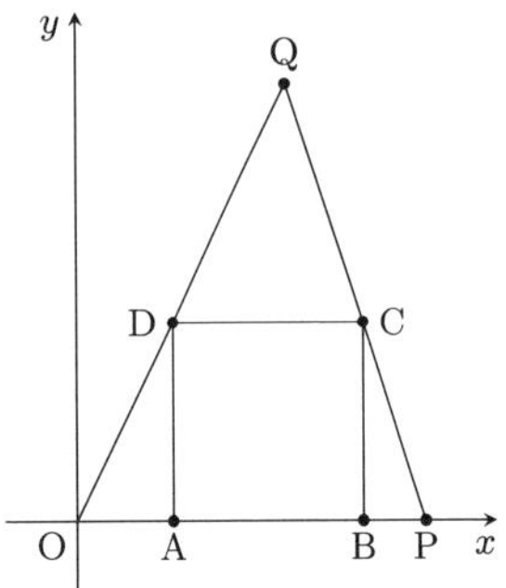

점 P(5, 0), 점 Q(3, 6)에 대하여, 정사각형 ABCD의 한 변의 길이를 구하시오.

풀이 $A(a, 0)$라 한다. 사각형 ABCD는 정사각형이므로, 점 D와 A의 x좌표가 같다. 또, 점 D는 직선 OQ($y = 2x$)위의 점이므로, $D(a, 2a)$이다.
또, 점 C는 점 D와 y좌표가 같고, 직선 PQ위의 점이다. 직선 PQ의 기울기가 $\frac{0-6}{5-3} = -3$이고, 점 P(5, 0)를 지나므로, 직선 PQ의 방정식은 $y = -3(x-5)$이다. 그러므로 점 C의 x좌표는

$$2a = -3(x-5), \ \ x = 5 - \frac{2}{3}a$$

이다. $\overline{AD} = \overline{CD}$이므로,

$$2a = \left(5 - \frac{2}{3}a\right) - a, \ \ a = \frac{15}{11}$$

이다. 따라서 정사각형 ABCD의 한 변의 길이는 $2a = \frac{30}{11}$이다.

연습문제풀이 1.12 그림과 같이, 좌표평면 위에 정사각형 OABC와 ADEF가 있다. 직선 BF의 방정식이 $y = \frac{1}{3}x + 4$일 때, 점 A와 점 E의 좌표를 각각 구하시오.

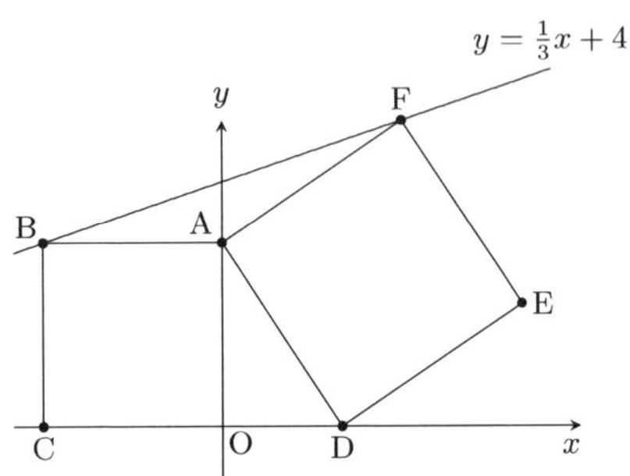

풀이 점 B가 직선 $y = \frac{1}{3}x + 4$ 위에 있으므로, 점 $B\left(b, \frac{1}{3}b + 4\right)(b < 0)$라 두면, 사각형 OABC가 정사각형이므로, $\overline{OC} = \overline{CB}$이다. 그러므로

$$-b = \frac{1}{3}b + 4, \ \ b = -3$$

이다. 즉, A(0, 3)이다.

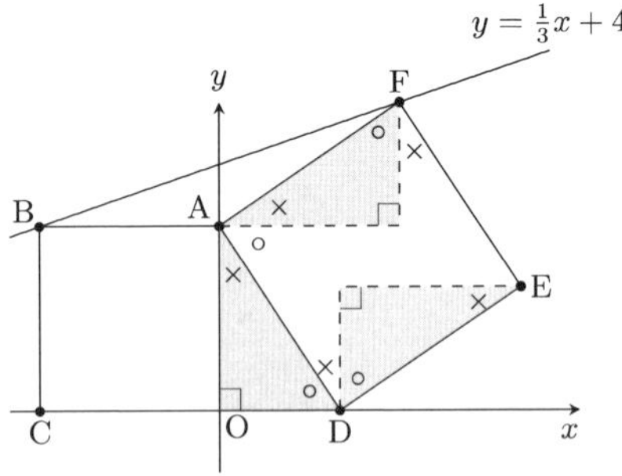

그림에서, 색칠한 삼각형은 합동인 직각삼각형이므로, $D(d, 0)$이라 두면, $F(3, 3+d)$이다. 점 F가 직선 $y = \frac{1}{3}x + 4$위에 있으므로,

$$3 + d = \frac{1}{3} \times 3 + 4, \ \ d = 2$$

이다. 따라서 $E(d+3, d) = E(5, 2)$이다.

연습문제풀이 **1.13** 그림과 같이, 두 직선 $y = \frac{7}{3}x$, $y = \frac{3}{7}x$와 직선 $y = -x + k$와의 교점을 각각 P, Q라 한다. $\triangle\text{OPQ} = k$일 때, k의 값을 구하시오.

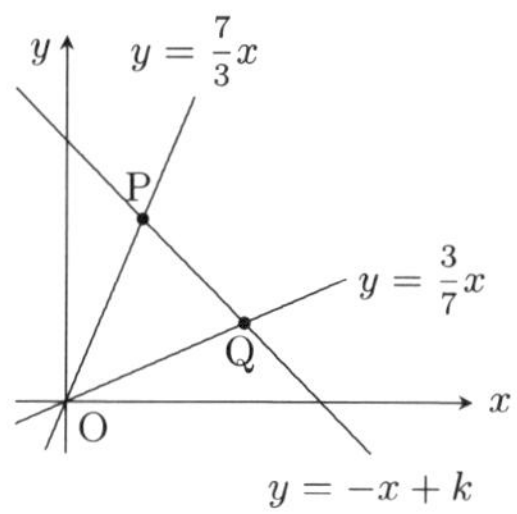

풀이 그림과 같이 두 점 A, B의 좌표를 각각 $\text{A}(0, k)$, $\text{B}(k, 0)$이라 하면, $\triangle\text{OPQ} = \frac{1}{2}k^2$이다.

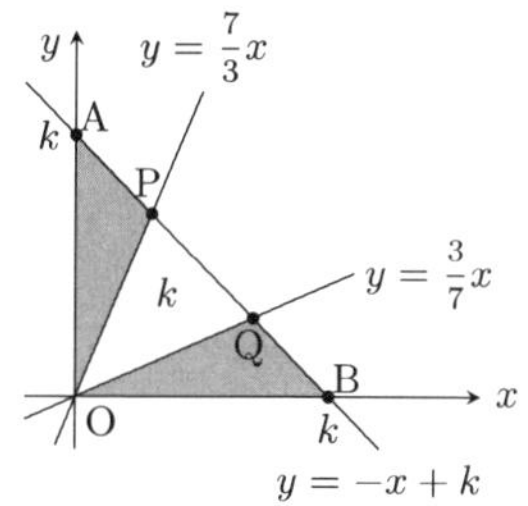

점 P의 x좌표는 $\frac{7}{3}x = -x + k$로부터 $x = \frac{3}{10}k$이다. 따라서

$$\triangle\text{OAP} = \frac{1}{2} \times k \times \frac{3}{10}k = \frac{3}{20}k^2$$

이다. $\triangle\text{OAP} \equiv \triangle\text{OBQ}$이므로,

$$\triangle\text{OAB} = 2 \times \triangle\text{OAP} + \triangle\text{OPQ}$$

이다. 즉,

$$\frac{1}{2}k^2 = 2 \times \frac{3}{20}k^2 + k$$

이다. 이를 정리하면 $k = 5(k \neq 0)$이다.

연습문제풀이 **1.14** 그림과 같이, 네 점 $\text{A}(0, 5)$, $\text{B}(-3, 0)$, $\text{C}(6, 0)$, $\text{D}(3, 4)$가 있다. 점 E를 삼각형 ABE와 사각형 ABCD의 넓이가 같도록 x축에 잡는다. 이때, 점 E의 좌표로 가능한 점을 모두 구하시오.

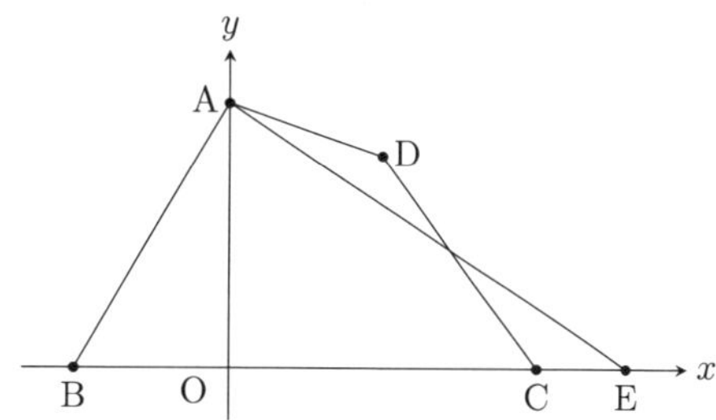

풀이 점 D를 지나 직선 AC에 평행한 직선과 x축과의 교점을 $\text{P}(p, 0)$이라 하면,

$$\begin{aligned}\triangle\text{ABP} &= \triangle\text{ABC} + \triangle\text{ACP}\\ &= \triangle\text{ABC} + \triangle\text{ACD}\\ &= \square\text{ABCD}\end{aligned}$$

이므로 점 P가 점 E의 조건을 만족한다. $\frac{-4}{p-3} = -\frac{5}{6}$이므로 $p = \frac{39}{5}$이다. 따라서 $\text{E}\left(\frac{39}{5}, 0\right)$이다.

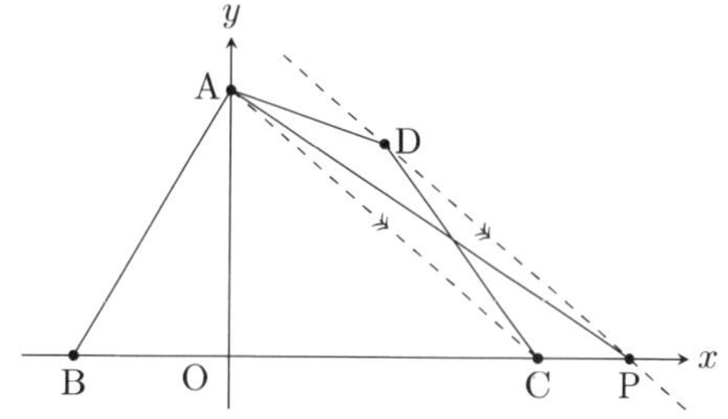

이제 x축의 음의 부분에서 $\overline{\text{PB}} = \overline{\text{BQ}}$인 점을 $\text{Q}(q, 0)$라 하면, $\triangle\text{ABQ} = \triangle\text{ABP}$이므로, 점 Q는 점 E의 조건을 만족한다. $\frac{39}{5} + 3 = -3 - q$이므로 $\text{E}\left(-\frac{69}{5}, 0\right)$이다.
따라서 구하는 점 E는 $\left(\frac{39}{5}, 0\right)$, $\left(-\frac{69}{5}, 0\right)$이다.

연습문제풀이 1.15 그림과 같이, 세 점 A(0, 3), B$\left(3, \frac{1}{2}\right)$, C(6, 5)를 꼭짓점으로 하는 삼각형 ABC가 있다. 점 B를 지나고 기울기가 -2인 직선 l에 대하여, l과 변 AC의 교점을 D라 한다. 점 D를 지나고 삼각형 ABC의 넓이를 이등분하는 직선과 변 BC의 교점의 좌표를 구하시오.

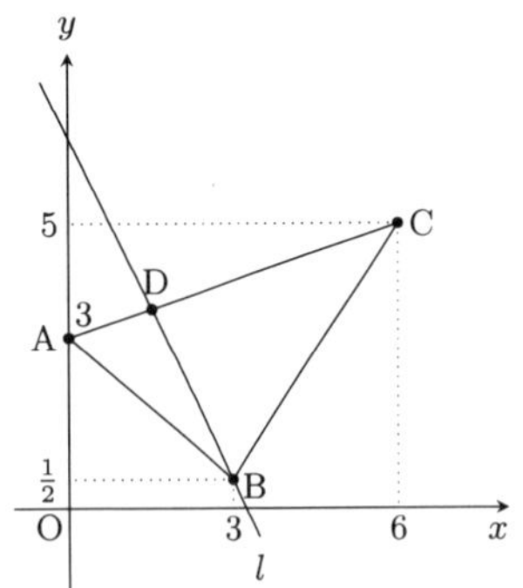

풀이 직선 l의 방정식은

$$y = -2(x-3) + \frac{1}{2},\ \ y = -2x + \frac{13}{2}$$

이다. 직선 AC의 방정식은

$$y = \frac{5-3}{6-0}x + 3,\ \ y = \frac{1}{3}x + 3$$

이다. 그러므로 점 D의 x좌표는

$$-2x + \frac{13}{2} = \frac{1}{3}x + 3,\ \ x = \frac{3}{2}$$

이다.

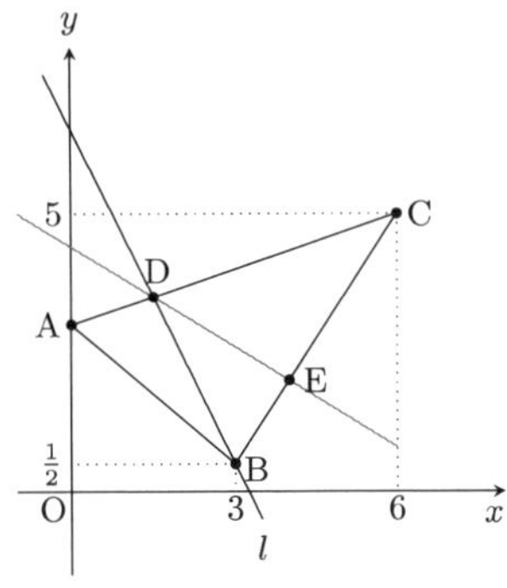

구하는 교점을 E라 하면,

$$\frac{\triangle DEC}{\triangle ABC} = \frac{\overline{CD}}{\overline{CA}} \times \frac{\overline{CE}}{\overline{CB}} = \frac{6-\frac{3}{2}}{6-0} \times \frac{\overline{CE}}{\overline{CB}} = \frac{3}{4} \times \frac{\overline{CE}}{\overline{CB}} = \frac{1}{2}$$

이다. 따라서 $\frac{\overline{CE}}{\overline{CB}} = \frac{2}{3}$이다.
그러므로 점 E의 x좌표와 y좌표는 각각

$$6 - (6-3) \times \frac{2}{3} = 4,\ \ 5 - \left(5 - \frac{1}{2}\right) \times \frac{2}{3} = 2$$

이다. 즉, E(4, 2)이다.

연습문제풀이 1.16 그림과 같이, 이차함수 $y = a^2x^2$과 직선 $y = ax + 2$가 두 점 A, B에서 만난다. 단, $a > 0$이다. 삼각형 OAB가 직각삼각형일 때, a의 값을 모두 구하시오.

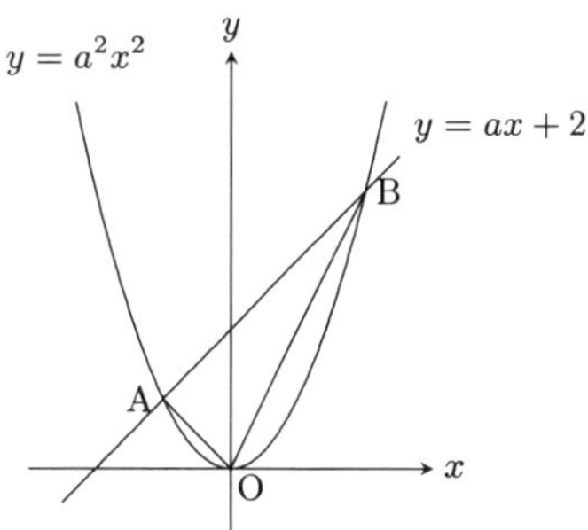

풀이 점 A, B의 x좌표는 $a^2x^2 = ax + 2$의 두 근이다.

$$a^2x^2 - ax - 2 = 0,\ \ (ax+1)(ax-2) = 0$$

을 풀면 $x = -\frac{1}{a},\ \frac{2}{a}$이다.

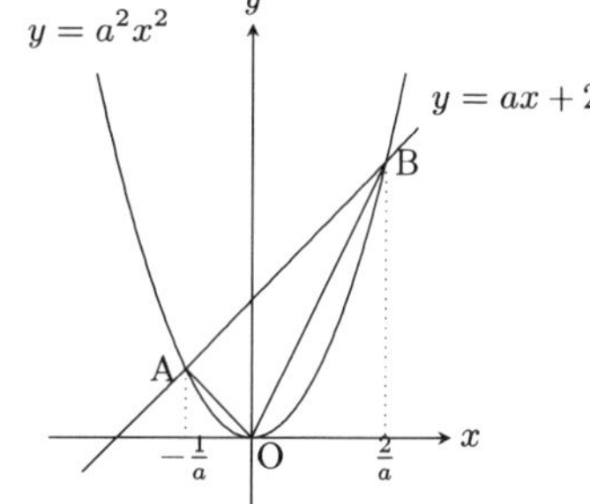

그러므로

$$(\text{직선 OA의 기울기}) = a^2 \times \left(-\frac{1}{a} + 0\right) = -a \qquad ①$$

$$(\text{직선 OB의 기울기}) = a^2 \times \left(\frac{2}{a} + 0\right) = 2a \qquad ②$$

$$(\text{직선 AB의 기울기}) = a^2 \times \left(-\frac{1}{a} + \frac{2}{a}\right) = a \qquad ③$$

이다.

(i) $\angle\text{AOB} = 90^\circ$일 때, ① × ② = -1이므로,

$$-2a^2 = -1,\ \ a^2 = \frac{1}{2}$$

이다. $a > 0$이므로 $a = \frac{\sqrt{2}}{2}$이다.

(ii) $\angle\text{OAB} = 90^\circ$일 때, ① × ③ = -1이므로,

$$-a^2 = -1,\ \ a^2 = 1$$

이다. $a > 0$이므로 $a = 1$이다.

(iii) $\angle\text{OBA} = 90^\circ$일 때, ② × ③ = -1이므로, $2a^2 = -1$이다. 이를 만족하는 a는 존재하지 않는다.

따라서 구하는 a의 값은 $\frac{\sqrt{2}}{2}$, 1이다.

연습문제풀이 1.17 그림과 같이, 함수 $y = 2x^2$위의 점 A, B와 함수 $y = \frac{1}{4}x^2$위의 점 C가 있다. 점 B와 C의 x좌표가 같고, 삼각형 ABC가 정삼각형일 때, 점 B의 x좌표를 구하시오. 단, 점 A의 x좌표는 음수이고, 점 B의 x좌표는 양수이다.

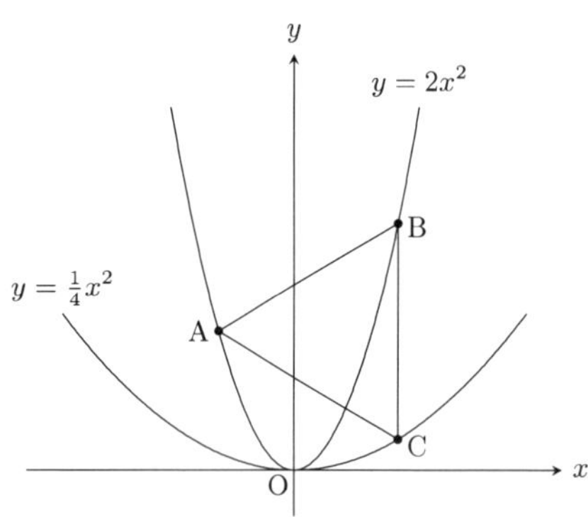

풀이 점 A, B의 x좌표를 각각 a, b라 하면, 직선 AB의 기울기는 $\frac{1}{\sqrt{3}}$이므로,

$$2 \times (a+b) = \frac{1}{\sqrt{3}},\ \ a+b = \frac{\sqrt{3}}{6}$$

이다. 변 BC의 중점을 M이라 하면, 선분 AM과 x축이 평행하므로,

$$\frac{2b^2 + \frac{1}{4}b^2}{2} = 2a^2,\ \ a^2 = \frac{9}{16}b^2$$

이다. $a < 0$, $b > 0$이므로 $a = -\frac{3}{4}b$이다. 이를 $a + b = \frac{\sqrt{3}}{6}$에 대입하여 b를 구하면, $b = \frac{2\sqrt{3}}{3}$이다.

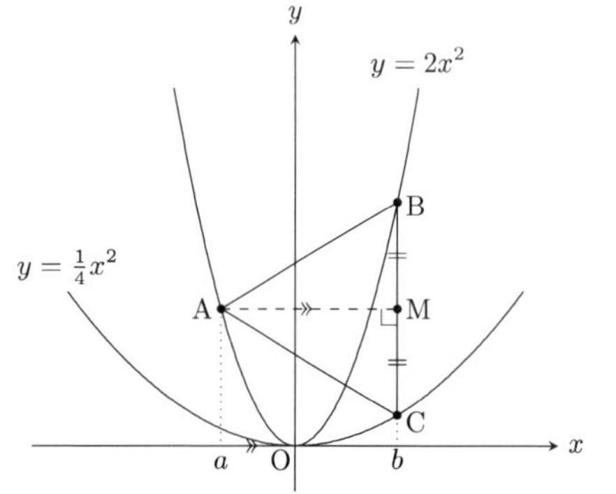

연습문제풀이 1.18 그림과 같이, 이차함수 $y = x^2$위에 x좌표가 양수인 점 A와 직선 OA의 방정식 $y = mx$가 있다. 원점 O를 지나고, 직선 OA에 수직인 직선과 원점 O이외의 이차함수와의 교점을 B라 한다.

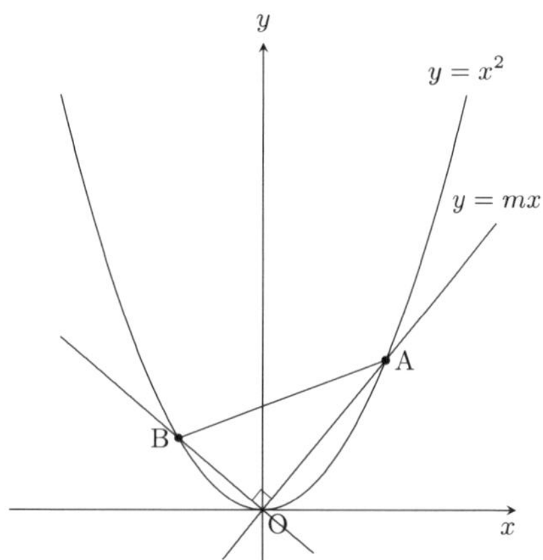

$\angle OAB = 30°$일 때, m^6의 값을 구하시오.

풀이 삼각형 OAB는 한 내각이 30°인 직각삼각형이므로, $\overline{OA} : \overline{OB} = \sqrt{3} : 1$이다. 그러므로 $\overline{OA}^2 = 3 \times \overline{OB}^2$이다.
점 A가 $y = x^2$과 $y = mx$의 교점이므로 $A(m, m)$이고, 점 B는 $y = x^2$과 $y = -\frac{1}{m}x$의 교점이므로 $B\left(-\frac{1}{m}, \frac{1}{m^2}\right)$이다. 이를 $\overline{OA}^2 = 3 \times \overline{OB}^2$에 대입하면

$$m^2 + m^4 = 3 \times \left(\frac{1}{m^2} + \frac{1}{m^4}\right)$$

이다. 양변에 m^4을 곱한 후 정리하면

$$m^6 - 3 + m^8 - 3m^2 = 0,\ \ (m^6 - 3)(1 + m^2) = 0$$

이다. 따라서 $m^6 = 3$이다.

연습문제풀이 **1.19** 그림과 같이, 함수 $y = \frac{1}{4}x^2(x \geq 0)$ 위의 두 점 A, C가 있고, 사각형 ABCD는 넓이가 1인 정사각형이다.

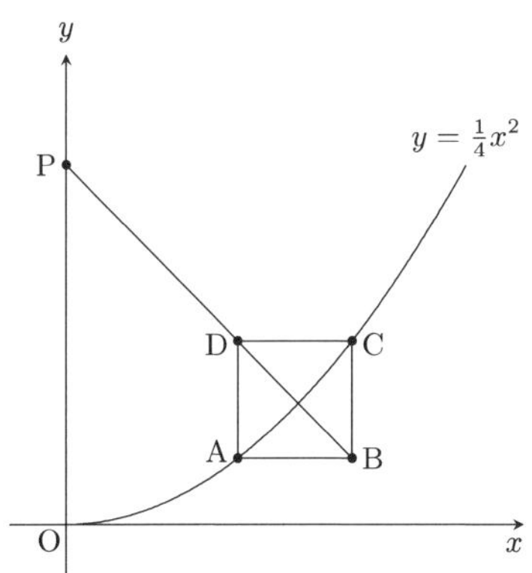

변 AB가 x축에 평행할 때, 두 점 B, D를 지나는 직선과 y축의 교점을 P라 한다. 선분 PD의 길이를 구하시오.

풀이 점 A, C의 x좌표를 각각 a, c라 하면, 변 AB가 x축에 평행하므로, 직선 AC의 기울기는 1이다. 그러므로

$$\frac{1}{4} \times (a+c) = 1, \quad a+c=4$$

이다. 또, $\overline{\text{AB}} = 1$이므로, $c-a=1$이다.
$a+c=4$와 $c-a=1$을 연립하여 풀면 $a = \frac{3}{2}$이다.

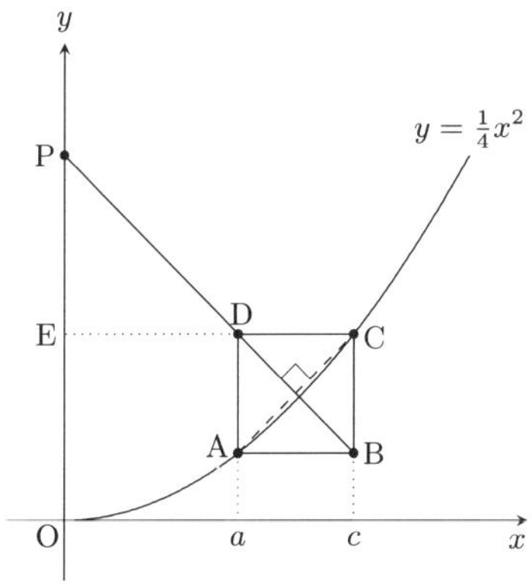

그러므로 직선 BD의 기울기는 -1이다. 점 D에서 y축에 내린 수선의 발을 E라 하면, 삼각형 DPE가 직각이등변삼각형이므로,

$$\overline{\text{PD}} = \sqrt{2} \times \overline{\text{ED}} = \sqrt{2}a = \frac{3\sqrt{2}}{2}$$

이다.

연습문제풀이 **1.20** 이차함수 $y = x^2$ 위에 두 점 A, B가 있고, 점 A의 x좌표가 $a(a > 0)$이고, 점 B의 x좌표가 -2이다. 직선 AB와 y축과의 교점을 C라 한다. 점 C를 지나고, 직선 OA에 평행한 직선과 $y = x^2$의 교점 중 x좌표가 양수인 점을 E라 하고, 선분 OA, OE를 두 변으로 하는 평행사변형의 넓이를 S_1, △OAB의 넓이를 S_2라 하면, $S_1 : S_2 = 1 : 2$이다. 이때, a의 값을 구하시오.

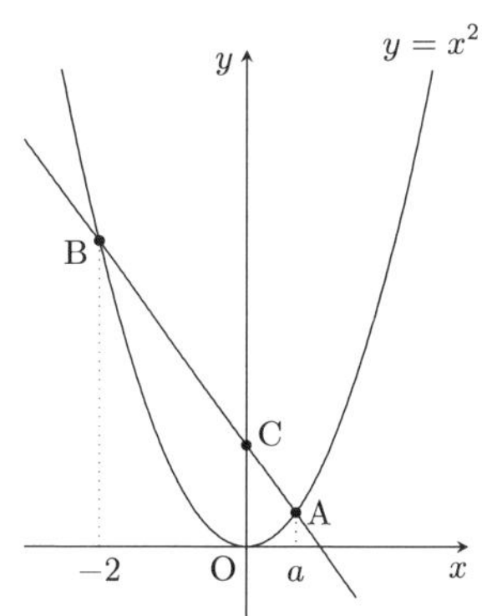

풀이 점 C의 y좌표는 $-1 \times (-2) \times a = 2a$이다.

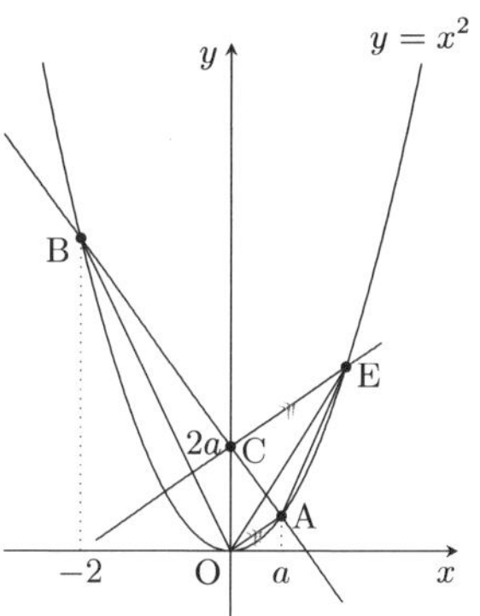

그림에서 $\overline{\text{CE}} \,/\!/\, \overline{\text{OA}}$이므로,

$$S_1 = 2 \times \triangle\text{EOA} = 2 \times \triangle\text{COA} = 2 \times \frac{2a \times a}{2} = 2a^2,$$
$$S_2 = \frac{2a \times (a+2)}{2} = a^2 + 2a$$

이다. $S_1 : S_2 = 1 : 2$이므로

$$2a^2 \times 2 = a^2 + 2a, \quad a(3a-2) = 0$$

이다. $a > 0$이므로 $a = \frac{2}{3}$이다.

연습문제풀이 1.21 그림과 같이, 좌표평면 위에 점 $A(4,2)$, $B(2,1)$, $C(2-\sqrt{3}, 2\sqrt{3}+1)$인 삼각형 ABC가 있다. ∠CAB의 이등분선과 직선 BC와의 교점을 D라 할 때, 선분 AD의 길이를 구하시오.

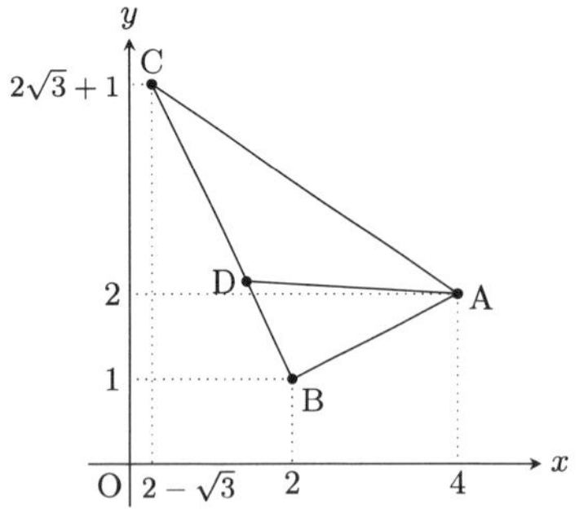

풀이 세 변의 길이를 구하면,

$$\overline{AB} = \sqrt{(4-2)^2 + (2-1)^2} = \sqrt{5},$$

$$\overline{BC} = \sqrt{(-\sqrt{3})^2 + (2\sqrt{3})^2} = \sqrt{15},$$

$$\overline{CA} = \sqrt{\{(2-\sqrt{3})-4\}^2 + \{(2\sqrt{3}+1)-2\}^2} = 2\sqrt{5}$$

이다. 따라서 $\overline{AB} : \overline{BC} : \overline{CA} = 1 : \sqrt{3} : 2$이다. 즉, 삼각형 ABC는 한 내각이 30°인 직각삼각형이다.

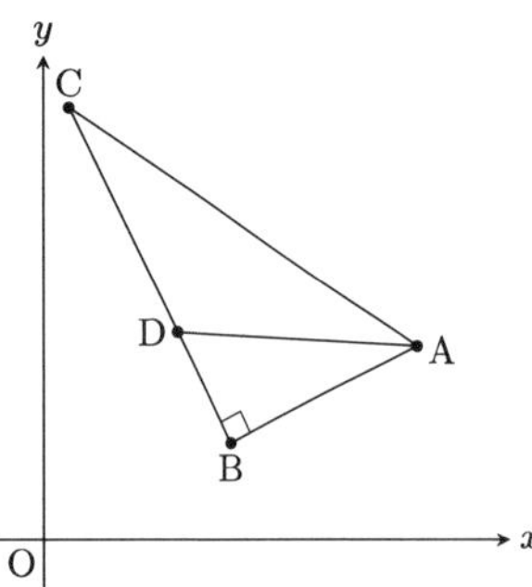

그러므로 삼각형 ADB는 한 내각이 30°인 직각삼각형이다. 따라서

$$\overline{AD} = \overline{AB} \times \frac{2}{\sqrt{3}} = \frac{2\sqrt{15}}{3}$$

이다.

연습문제풀이 1.22 [그림1]과 같이 정육각형 OABCDE의 세 꼭짓점 A, O, E는 함수 $y = x^2$의 그래프 위에 있다. 또, [그림2]와 같이 정육각형 PQRSTU의 네 점 P, Q, T, U는 함수 $y = x^2$의 그래프 위에 있고, 변 UP는 x축과 평행하다. 이때, 정육각형 OABCDE와 정육각형 PQRSTU의 넓이의 차를 구하시오.

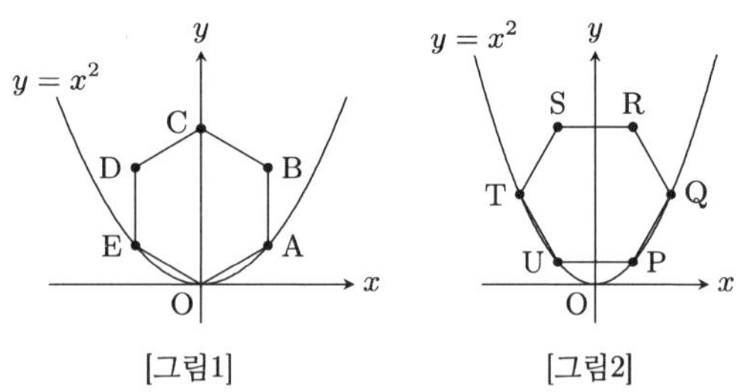

[그림1] [그림2]

풀이 점 A의 x좌표를 $\sqrt{3}a$라 하면, 직선 OA의 기울기가 $\frac{1}{\sqrt{3}}$이므로

$$1 \times (0 + \sqrt{3}a) = \frac{1}{\sqrt{3}}, \quad a = \frac{1}{3}$$

이다. 즉, $\overline{OA} = 2a = \frac{2}{3}$이다. 정육각형 OABCDE의 넓이는

$$\frac{\sqrt{3}}{4} \times \left(\frac{2}{3}\right)^2 \times 6 = \frac{2\sqrt{3}}{3}$$

이다.

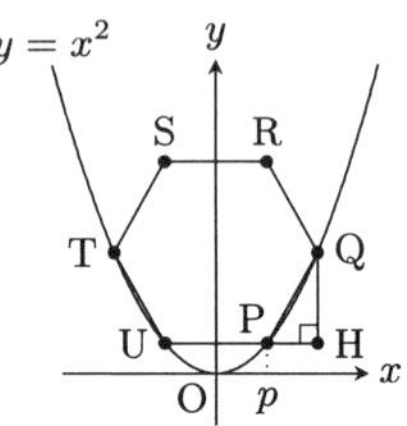

점 P의 x좌표를 p라 하면, $\overline{PQ} = \overline{UP} = 2p$이다. 점 Q에서 직선 UP에 내린 수선의 발을 H라 하면, 삼각형 PQH는 한 내각이 60°인 직각삼각형이므로 $\overline{PH} = \overline{PQ} \times \frac{1}{2} = p$이다. 따라서 점 Q의 x좌표는 $2p$이다. 직선 PQ의 기울기가 $\sqrt{3}$이므로

$$1 \times (p + 2p) = \sqrt{3}, \quad p = \frac{\sqrt{3}}{3}$$

이다. 즉, $\overline{PQ} = 2p = \frac{2\sqrt{3}}{3}$이다. 정육각형 PQRSTU의 넓이는

$$\frac{\sqrt{3}}{4} \times \left(\frac{2\sqrt{3}}{3}\right)^2 \times 6 = 2\sqrt{3}$$

이다.
따라서 구하는 두 정육각형의 넓이의 차는 $2\sqrt{3} - \frac{2\sqrt{3}}{3} = \frac{4\sqrt{3}}{3}$이다.

연습문제풀이 **1.23** 그림과 같이, 좌표평면 위에 정사각형 ABCD와 EFGH가 있다. 점 A, E는 $y = 2x^2$위에 있고, 점 B, F, H는 $y = \frac{1}{2}x^2$위에 있다. 직선 $y = mx$가 두 정사각형 모두와 만날 때, m의 범위를 구하시오. 단, 선분 AB, 선분 EH는 x축에 평행이다.

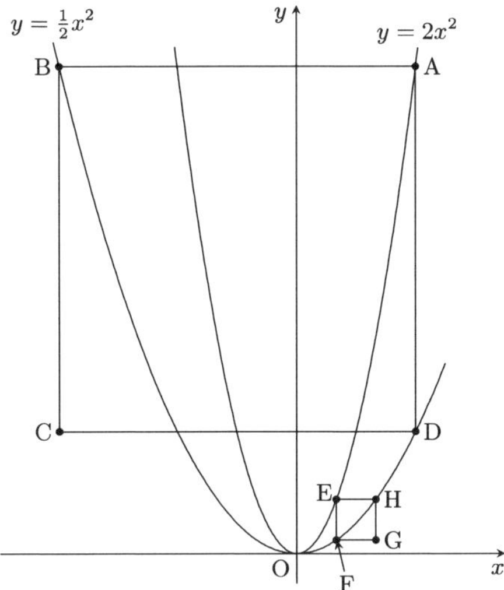

풀이 $\mathrm{A}(a, 2a^2)$이라 두면, $\mathrm{D}\left(a, \frac{1}{2}a^2\right)$이다. 점 B의 x좌표를 $b(b < 0)$라 하면, 점 A와 B의 y좌표가 같으므로,

$$\frac{1}{2}b^2 = 2a^2,\ \ b = -2a$$

이다. $\overline{\mathrm{AB}} = \overline{\mathrm{AD}}$이므로,

$$a - (-2a) = 2a^2 - \frac{1}{2}a^2,\ \ 3a = \frac{3}{2}a^2$$

이다. $a > 0$이므로 $a = 2$이다.
점 $\mathrm{E}(e, 2e^2)$이라 두면, $\mathrm{F}\left(e, \frac{1}{2}e^2\right)$, $\mathrm{H}(2e, 2e^2)$, $\mathrm{G}\left(2e, \frac{1}{2}e^2\right)$이고, $\overline{\mathrm{EF}} = \overline{\mathrm{EH}}$이므로

$$2e^2 - \frac{1}{2}e^2 = 2e - e,\ \ \frac{3}{2}e^2 = e$$

이다. $e > 0$이므로 $e = \frac{2}{3}$이다.
$y = mx$가 정사각형 ABCD, EFGH 모두와 만나므로, $m > 0$이다.
정사각형 ABCD와 만나기 위해서는 m이 직선 OD의 기울기보다 같거나 커야 하는데, 직선 OD의 기울기는 $\frac{\frac{1}{2}a^2}{a} = \frac{1}{2}a = 1$이므로 $m \geq 1$이다.
정사각형 EFGH와 만나기 위해서는 m이 직선 OG의 기울기보다 같거나 커야 하고, 직선 OE의 기울기보다는 같거나 작아야 한다. 직선 OG, OE의 기울기는 각각

$$\frac{\frac{1}{2}e^2}{2e} = \frac{1}{6},\ \ \frac{2e^2}{e} = \frac{4}{3}$$

이므로 $\frac{1}{6} \leq m \leq \frac{4}{3}$이다.
따라서 구하는 m의 범위는 $1 \leq m \leq \frac{4}{3}$이다.

연습문제풀이 **1.24** 그림과 같이, y축 위의 점 A$(0,4)$를 지나고 x축에 평행한 직선과 함수 $y=x^2$의 교점 중 x좌표가 양수인 점을 B라 한다. 사각형 ACDB가 평행사변형이 되도록 함수 $y=x^2$ 위에 두 점 C, D를 잡는다. 직선 CD와 y축과의 교점을 E라 하고, 두 직선 AD와 BE의 교점을 F라 한다.

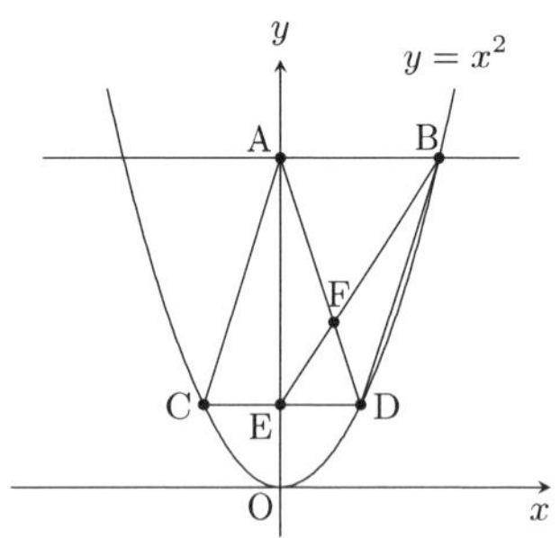

(1) 점 D의 좌표를 구하시오.

(2) 점 F의 좌표를 구하시오.

풀이

(1) 점 B의 y좌표가 4이므로 B$(2,4)$이다. 사각형 ACDB가 평행사변형이므로, $\overline{\mathrm{ED}}=\frac{1}{2}\times\overline{\mathrm{AB}}=1$이다. 따라서 D$(1,1)$이다.

(2) 두 직선 AD, BE의 방정식은 각각 $y=-3x+4$, $y=\frac{3}{2}x+1$이므로 두 직선의 교점의 x좌표는

$$-3x+4=\frac{3}{2}x+1,\quad x=\frac{2}{3}$$

이다. 따라서 F$\left(\frac{2}{3},2\right)$이다.
(다른 풀이) $\overline{\mathrm{AB}}\,/\!/\,\overline{\mathrm{ED}}$이므로, 삼각형 ABF와 삼각형 DEF는 닮음비가 $\overline{\mathrm{AB}}:\overline{\mathrm{DE}}=2:1$인 닮음이다. 그러므로 점 F의

- x좌표는 점 D의 x좌표 $\times\frac{2}{3}$이고,
- y좌표는 $1+$(점 B와 E의 y좌표의 차) $\times\frac{1}{3}$

이다. 즉, F$\left(\frac{2}{3},2\right)$이다.

연습문제풀이 **1.25** 그림과 같이, 점 A는 함수 $y=-x$ 위의 점으로 x좌표가 음수이다. 또, 점 B는 $y=\frac{1}{k}x$ 위의 점으로 x좌표가 양수이다. 단, $k>0$이다. $\triangle$OAB의 넓이를 S라 한다.

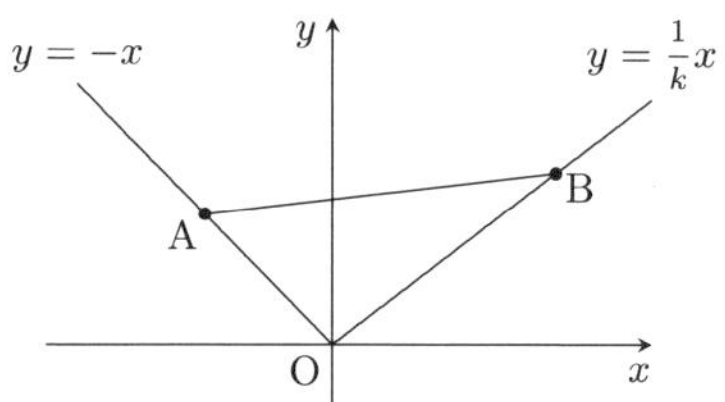

(1) 두 점 A, B의 y좌표가 모두 t로 같고, $k=\frac{1}{2}$일 때, S를 t에 대한 식으로 나타내시오.

(2) 두 점 A, B의 y좌표가 모두 3으로 같을 때, $S=5$를 만족하는 k의 값을 구하시오.

(3) $k=1$이고, 직선 AB의 기울기가 $\frac{1}{2}$, $S=36$일 때, 직선 AB와 y축과의 교점의 y좌표를 구하시오.

풀이

(1) 직선 AB가 x축에 평행하므로, A$(-t,t)$, B(kt,t)이다.
$S=\frac{1}{2}(kt+t)t=\frac{1}{2}(k+1)t^2$이다.
$k=\frac{1}{2}$이므로, $S=\frac{3}{4}t^2$이다.

(2) $S=\frac{1}{2}(k+1)t^2$에 $t=3$, $S=5$를 대입하면

$$5=\frac{9}{2}(k+1),\quad k=\frac{1}{9}$$

이다.

(3) 점 A, B의 x좌표를 각각 a, b라 하고, 직선 AB의 y절편을 c라 하면, $-a=\frac{1}{2}a+c$에서 $a=-\frac{2}{3}c$이고, $b=\frac{1}{2}b+c$에서 $b=2c$이다. 따라서

$$S=\frac{1}{2}c(b-a)=\frac{4}{3}c^2$$

이다. $S=36$이므로 $c^2=27$이다. $c>0$이므로 $c=3\sqrt{3}$이다.

연습문제풀이 **1.26** 그림과 같이, 점 A는 y축 위에, 점 B와 C는 이차함수 $y=-\frac{1}{4}x^2$위에, 점 D는 $y=\frac{1}{4}x^2$위에 있다. 사각형 ABCD는 평행사변형이고, 두 대각선은 점 E$(2,4)$에서 만난다.

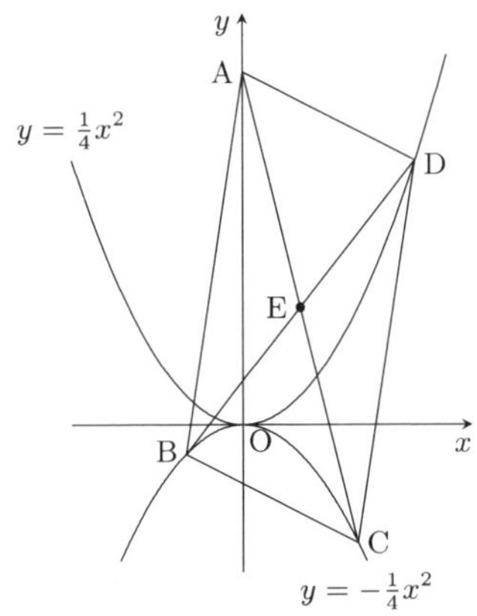

(1) 점 C의 좌표를 구하시오.

(2) 직선 BC의 방정식을 구하시오.

풀이

(1) 점 E는 평행사변형의 대각선 $\overline{\mathrm{AC}}$의 중점이므로 C의 x좌표는 4이고, 점 C는 $y=-\frac{1}{4}x^2$위의 점이므로, C$(4,-4)$이다.

(2) 점 A의 y좌표를 a라 하면, 대각선 AC의 중점이 E이므로 $a=12$이다. 또, 점 B, D의 x좌표를 각각 b, d라 하면, 대각선 BD의 중점이 E이므로

$$\frac{b+d}{2}=2,\quad \frac{-\frac{1}{4}b^2+\frac{1}{4}d^2}{2}=4$$

이다. 즉,

$$b+d=4,\ \ d^2-b^2=(d+b)(d-b)=32$$

이다. 그러므로 $d-b=8$이고, 즉, $b=-2$, $d=6$이다. 따라서 직선 BC의 방정식은

$$y=-\frac{1}{4}\times(-2+4)x-\left(-\frac{1}{4}\right)\times(-2)\times4$$

이다. 즉, $y=-\frac{1}{2}x-2$이다.

연습문제풀이 **1.27** 그림과 같이, 좌표평면 위에 세 점 A$(-3,-2)$, B$(5,1)$, D$(1,7)$이 있다. 사각형 ABCD가 평행사변형이 되도록 점 C를 잡는다.

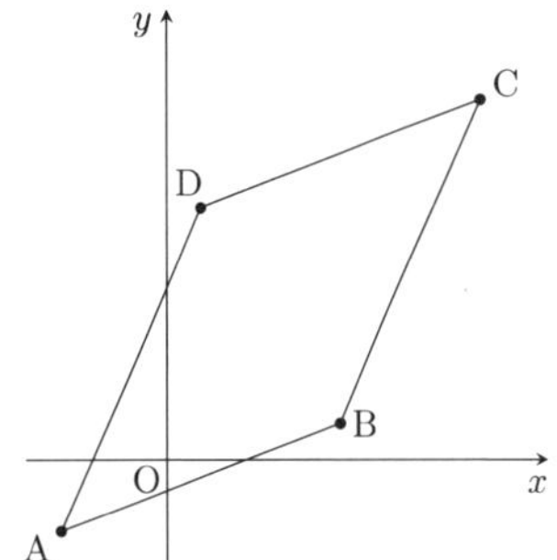

(1) 점 C의 좌표를 구하시오.

(2) 점 E$(-3,7)$를 지나고, 평행사변형 ABCD의 넓이를 이등분하는 직선의 방정식을 구하시오.

풀이

(1) 점 C의 좌표를 (a,b)라 하자. 사각형 ABCD는 평행사변형이므로 두 대각선은 중점에서 만난다. 그러므로

$$\frac{-3+a}{2}=\frac{5+1}{2},\quad \frac{-2+b}{2}=\frac{1+7}{2}$$

이다. 이를 풀면, $a=9$, $b=10$이다. 즉, C$(9,10)$이다.

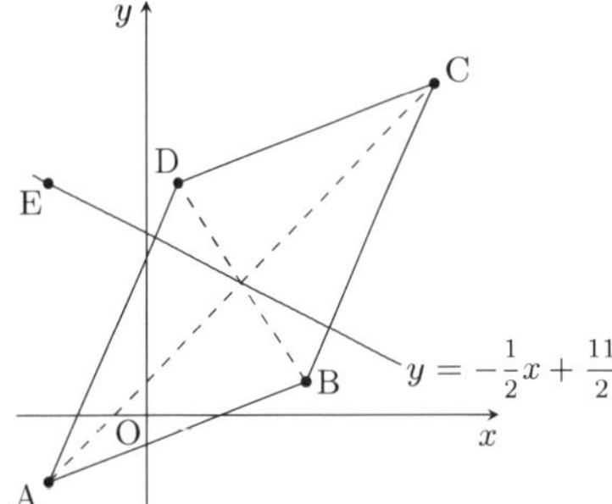

(2) 평행사변형은 넓이를 이등분하는 직선은 대각선의 교점을 지난다. 대각선의 교점이 $(3,4)$이므로, 구하는 직선은

$$y=\frac{4-7}{3-(-3)}\{x-(-3)\}+7,\ \ y=-\frac{1}{2}x+\frac{11}{2}$$

이다.

연습문제풀이 1.28 그림과 같이, 함수 $y = \frac{1}{2}x^2$위에 x좌표가 각각 -4, 2인 점 A, B가 있다.

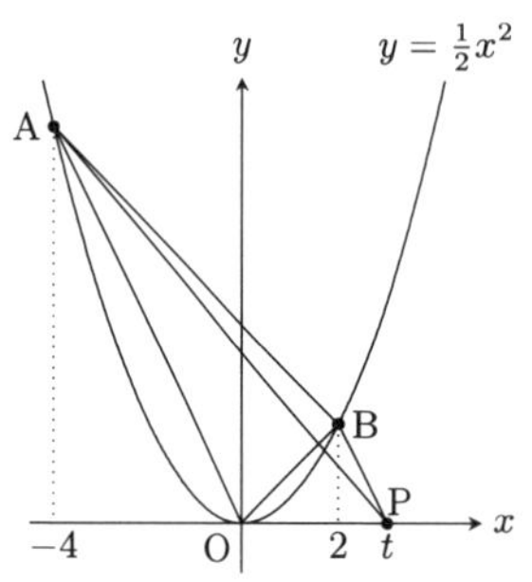

x축 위를 움직이는 점 P가 있다. 점 P의 x좌표를 t, $\triangle$OAB의 넓이를 S, $\triangle$ABP의 넓이를 T라 한다.

(1) $t > 4$일 때, T를 t를 사용하여 나타내시오.

(2) $t > 0$일 때, $T = \frac{1}{2}S$를 만족하는 t의 값을 모두 구하시오.

풀이

(1) 직선 AB의 방정식의 기울기와 y절편은 각각

$$\frac{1}{2} \times (-4+2) = -2, \quad -\frac{1}{2} \times (-4) \times 2 = 4$$

이므로, 직선 AB의 방정식은 $y = -x + 4$이다. 또, $S = \triangle\text{OAB} = \frac{1}{2} \times 4 \times \{2-(-4)\} = 12$이다.
직선 AB와 x축과의 교점을 Q라 하면, Q$(4, 0)$이다.
$t > 4$일 때,

$$S : T = \overline{\text{OQ}} : \overline{\text{QP}} = 4 : (t-4) = 12 : T$$

이다. 즉, $T = 3t - 12$이다.

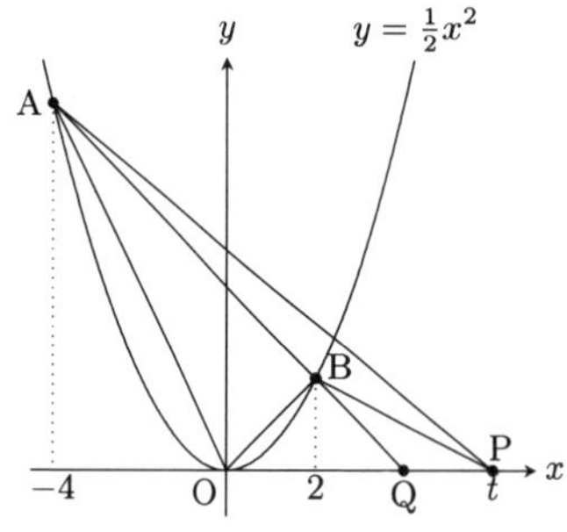

(2) $T = \frac{1}{2}S$일 때, $S : T = 2 : 1$이므로, $\overline{\text{OQ}} : \overline{\text{QP}} = 2 : 1$이다. 따라서 $t = 4 \times \frac{1}{2} = 2$ 또는 $t = 4 \times \frac{3}{2} = 6$이다.

연습문제풀이 1.29 그림과 같이, 함수 $y = \frac{1}{2}x^2$ 위에 세 점 A, B, C가 있고, 점 A의 x좌표는 음수이고, 점 B의 x좌표는 4이고, $\overline{\text{AB}} /\!/ \overline{\text{OC}}$이다. 점 B에서 x축에 내린 수선의 발을 D라 한다. $\triangle\text{ODB} : \triangle\text{ACB} = 4 : 3$일 때, 점 A와 점 C의 좌표를 각각 구하시오.

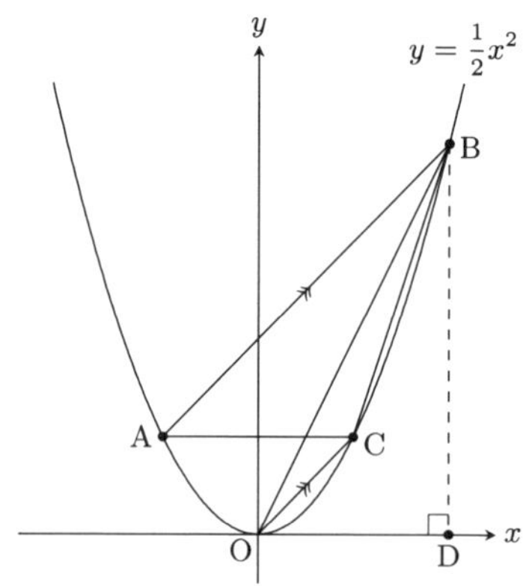

풀이 점 B의 y좌표는 8이므로, $\triangle\text{ODB} = \frac{1}{2} \times 4 \times 8 = 16$이고, $\triangle\text{ACB} = \triangle\text{ODB} \times \frac{3}{4} = 12$이다.
$\overline{\text{AB}} /\!/ \overline{\text{OC}}$이므로 $\triangle\text{AOB} = \triangle\text{ACB} = 12$이다.
그림과 같이 y축 위에 점 E$(0, 6)$을 잡는다.

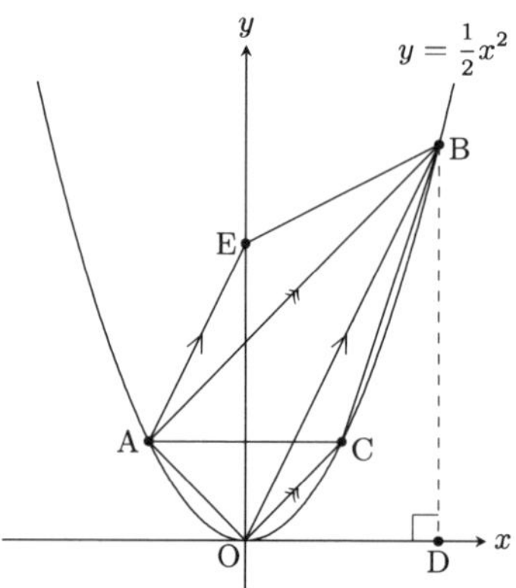

그러면, $\triangle\text{EOB} = \frac{1}{2} \times 4 \times 6 = 12$이므로 $\triangle\text{EOB} = \triangle\text{AOB}$이다. 따라서 $\overline{\text{AE}} /\!/ \overline{\text{OB}}$이다.
직선 AE의 방정식은 $y = 2x + 6$이고, 점 A의 x좌표는

$$\frac{1}{2}x^2 = 2x + 6, \quad (x+2)(x-6) = 0$$

의 해 중에서 $x < 0$을 만족하는 $x = -2$이다. 즉, A$(-2, 2)$이다.
점 C의 x좌표를 c라 하면, $\overline{\text{AB}} /\!/ \overline{\text{OC}}$로부터 기울기가 같으므로

$$\frac{1}{2} \times (-2+4) = \frac{1}{2} \times (0+c), \quad c = 2$$

이다. 따라서 C$(2, 2)$이다.

연습문제풀이 1.30 그림과 같이, 이차함수 $y = \frac{1}{2}x^2$위에 x좌표가 음수인 점 A와 양수인 점 B가 있다. 점 A, B에서 x축에 내린 수선의 발을 각각 C, D라 하면, $\overline{\text{CO}} : \overline{\text{OD}} = 1 : 2$이다. 사다리꼴 ACDB의 넓이가 30이다.

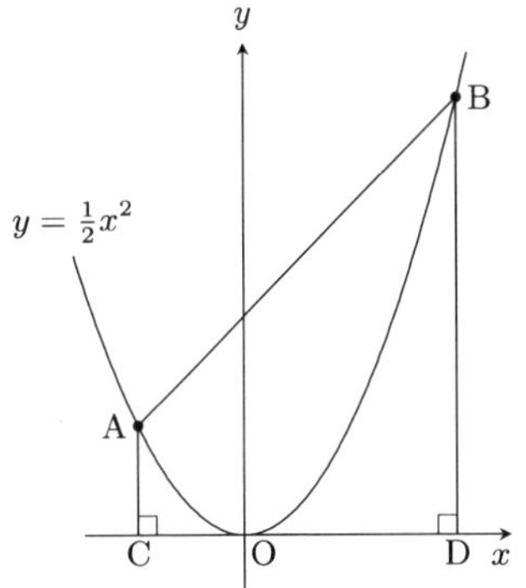

(1) 점 A의 x좌표를 구하시오.

(2) 직선 $y = px$가 선분 AB를 지나고 사다리꼴 ACDB의 넓이를 1 : 2로 나눌 때, p의 값을 구하시오.

풀이

(1) 점 A의 x좌표를 $-a(a > 0)$이라 하면, $\overline{\text{CO}} : \overline{\text{OD}} = 1 : 2$로부터 점 B의 x좌표는 $2a$이다. 사다리꼴 ACDB의 넓이가 30이므로,

$$\frac{1}{2} \times \left(\frac{1}{2}a^2 + 2a^2\right) \times 3a = 30$$

이다. 이를 정리하면 $a^3 = 8$이다. $a > 0$이므로 $a = 2$이다. 따라서 A의 x좌표는 -2이다.

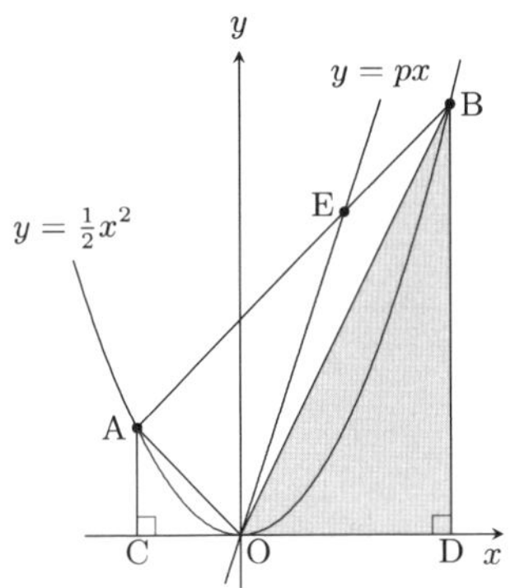

(2) 삼각형 OAC의 넓이는 2이고, 삼각형 OBD의 넓이는 16이므로, 삼각형 OAB의 넓이는 12이다. 그러므로 선분 AB 위에 $\overline{\text{AE}} : \overline{\text{EB}} = 2 : 1$이 되는 점 E를 잡으면, 사각형 OEAC의 넓이는 10이므로 주어진 조건을 만족한다. 직선 AB의 기울기가 1이므로, 점 E의 좌표는 $(2, 6)$이다. 따라서 구하는 $p = \frac{6}{2} = 3$이다.

연습문제풀이 1.31 그림과 같이, 이차함수 $y = ax^2(a > 0)$위에 x좌표가 2인 점 A를 지나고 y축에 평행한 직선과 x축과의 교점을 B라 하고, 선분 AB를 한 변으로 하는 정사각형을 그린다. 단, 점 C의 x좌표는 점 B의 x좌표보다 크다.

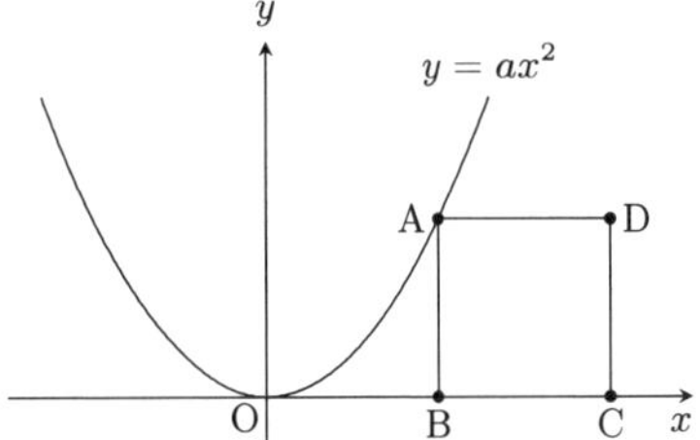

(1) C(4, 0)일 때, a의 값을 구하시오.

(2) $a = 1$일 때, 직선 AC의 방정식을 구하시오.

(3) $y = ax^2$위의 점으로 x좌표가 -1인 점을 E라 한다. 삼각형 BDE의 넓이가 140일 때, a의 값을 구하시오.

풀이

(1) C(4, 0)일 때, $\overline{\text{AB}} = \overline{\text{CB}} = 4 - 2 = 2$이므로, A(2, 2)이다. 점 A가 $y = ax^2$위의 점이므로, $2 = a \times 2^2$이다. 따라서 $a = \frac{1}{2}$이다.

(2) $a = 1$일 때, A(2, 4)이므로 점 C의 x좌표는 $2 + 4 = 6$이다. 즉, C(6, 0)이다. 그러므로 직선 AC의 방정식은

$$y = \frac{4 - 0}{2 - 6}(x - 6), \quad y = -x + 6$$

이다.

(3) 직선 BD의 방정식이 $y = x - 2$이므로, 그림에서 점 E′의 x좌표는 $a = x - 2$에서 $x = a + 2$이다.

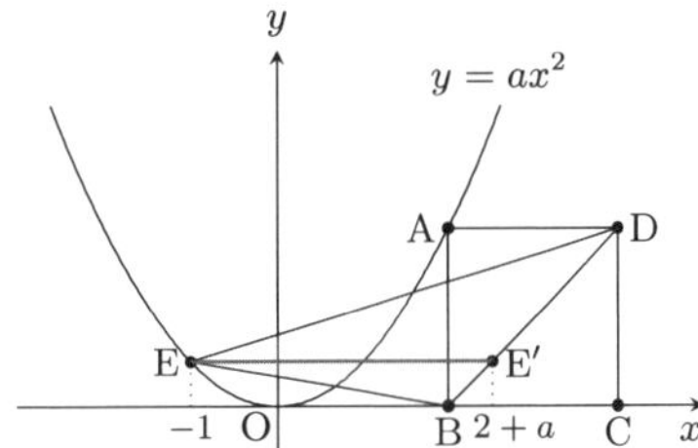

그러므로

$$\triangle\text{BDE} = \frac{\{(a + 2) + 1\} \times 4a}{2} = 140$$

이다. 이를 정리하면

$$a^2 + 3a - 70 = 0, \quad (a - 7)(a + 10) = 0$$

이다. $a > 0$이므로 $a = 7$이다.

연습문제풀이 **1.32** 그림과 같이, 좌표평면 위에 네 점 A$(-4, 2)$, B$(-6, -4)$, C$(2, -4)$, D$(2, 2)$가 있다.

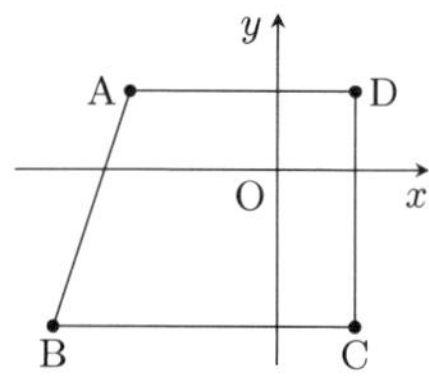

(1) 점 A를 지나는 직선 l이 사각형 ABCD의 넓이를 이등분할 때, 직선 l의 방정식을 구하시오.

(2) 사각형 ABCD를 y축을 회전축으로 하여 1회전하여 만들어진 입체의 부피를 구하시오.

풀이

(1) 사각형 ABCD는 사다리꼴이고, $\overline{\mathrm{AD}} < \overline{\mathrm{BC}}$이므로, 문제의 직선 l은 변 BC와 만난다. 이 교점을 E라 하면, $\overline{\mathrm{AD}} + \overline{\mathrm{BC}} = 6 + 8 = 14$이므로 $\overline{\mathrm{BE}} = 14 \div 2 = 7$이다. 따라서 E$(1, -4)$이다. 그러므로 직선 l(직선 AE)의 방정식은

$$y = \frac{-4-2}{1+4}(x-1) - 4,\ \ y = -\frac{6}{5}x - \frac{14}{5}$$

이다.

(2) 직선 AB와 y축과의 교점을 F라 한다.

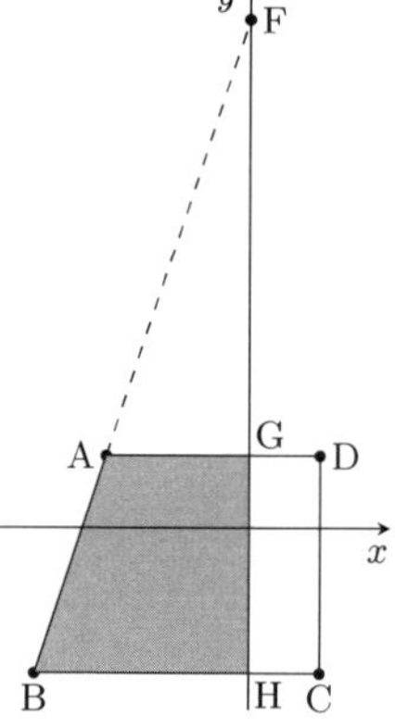

그림과 같이 점 G, H를 잡으면

$$\overline{\mathrm{FG}} : \overline{\mathrm{FH}} = \overline{\mathrm{AG}} : \overline{\mathrm{BH}} = 2 : 3$$

이므로,

$$\overline{\mathrm{FG}} = \overline{\mathrm{GH}} \times \frac{2}{3-2} = 6 \times 2 = 12$$

이다. 즉, $\overline{\mathrm{FH}} = 18$이다. 그러므로 구하는 부피는

$$\frac{1}{3} \times 6^2\pi \times 18 - \frac{1}{3} \times 4^2\pi \times 12 = 152\pi$$

이다.

연습문제풀이 **1.33** 그림과 같이, 함수 $y = x^2$과 직선 $y = 2x + 3$이 두 점 A, B에서 만난다. 직선 $y = 2x + 3$과 x축의 교점을 C라 하고, 함수 $y = x^2$위의 점 D를 $\triangle\mathrm{OAC} : \triangle\mathrm{ABD} = 1 : 32$를 만족하도록 잡는다. 이때, 점 D로 가능한 점의 좌표를 모두 구하시오.

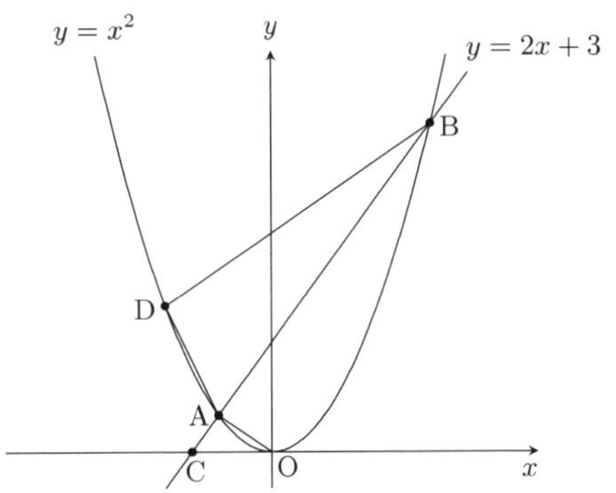

풀이 $y = x^2$과 $y = 2x + 3$을 연립하여 풀면

$$x^2 = 2x + 3,\ \ (x+1)(x-3) = 0$$

이므로, $x = -1,\ 3$이다. 즉, $\mathrm{A}(-1, 1)$, $\mathrm{B}(3, 9)$이다.
그러므로 $\triangle\mathrm{OAC} : \triangle\mathrm{OAB} = \overline{\mathrm{AC}} : \overline{\mathrm{AB}} = 1 : 8$이다.
y축 위에 $\triangle\mathrm{OAC} : \triangle\mathrm{ABE} = 1 : 32$가 되는 점 E를 잡으면,

$$\triangle\mathrm{OAB} : \triangle\mathrm{ABE} = 8 : 32 = 1 : 4$$

이다. 따라서 점 E의 좌표는 $(0, 15)$이다.

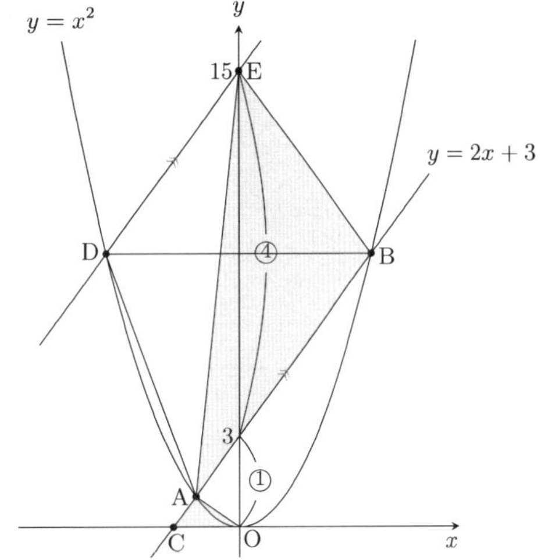

구하는 점 D는 점 E를 지나고 $y = 2x + 3$에 평행한 직선 $y = 2x + 15$와 $y = x^2$의 교점이다.

$$x^2 = 2x + 15,\ \ (x+3)(x-5) = 0$$

이다. 따라서 $x = -3,\ 5$이다. 따라서 가능한 점 D의 좌표는 $(-3, 9)$, $(5, 25)$이다.

연습문제풀이 1.34 그림과 같이, 직선 $y = x + 2$와 이차함수 $y = x^2$이 교점 중, x좌표가 양수인 점을 A, x좌표가 음수인 점을 B라 한다.

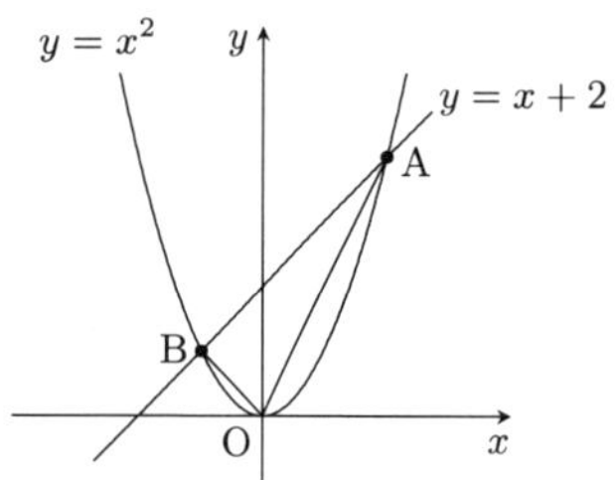

(1) 점 B를 지나고, △ABO의 넓이를 이등분하는 직선의 식을 구하시오.

(2) x축 위에 $\overline{AP} = \overline{BP}$인 점 P를 잡는다. 이때, 점 P의 x좌표를 구하시오.

(3) (2)에서, ∠APB의 이등분선과 ∠ABO의 이등분선의 교점의 좌표를 구하시오.

풀이

(1) $x^2 = x + 2$에서

$$x^2 - x - 2 = 0,\ \ (x+1)(x-2) = 0$$

이다. 그러므로 $x = -1,\ 2$이다. 즉, $A(2, 4)$, $B(-1, 1)$이다. 구하는 직선은 점 B와 선분 OA의 중점 $(1, 2)$를 지나므로,

$$y = \frac{2-1}{1-(-1)}(x-1) + 2,\ \ y = \frac{1}{2}x + \frac{3}{2}$$

이다.

(2) 점 P는 선분 AB의 수직이등분선과 x축과의 교점이다. 선분 AB의 중점의 좌표가 $\left(\frac{1}{2}, \frac{5}{2}\right)$이고, 선분 AB와 직교하는 직선의 기울기는 -1이므로, 선분 AB의 수직이등분선은

$$y = -\left(x - \frac{1}{2}\right) + \frac{5}{2},\ \ y = -x + 3$$

이다. 그러므로 점 P의 x좌표는 3이다.

(3) ∠APB의 이등분선이 선분 AB의 수직이등분선이다. 또, 직선 AB의 기울기가 1이고, 직선 BO의 기울기가 -1이므로, ∠ABO의 이등분선은 x축에 평행한다. 즉, $y = 1$이다. 따라서 구하는 교점의 좌표는 $(2, 1)$이다.

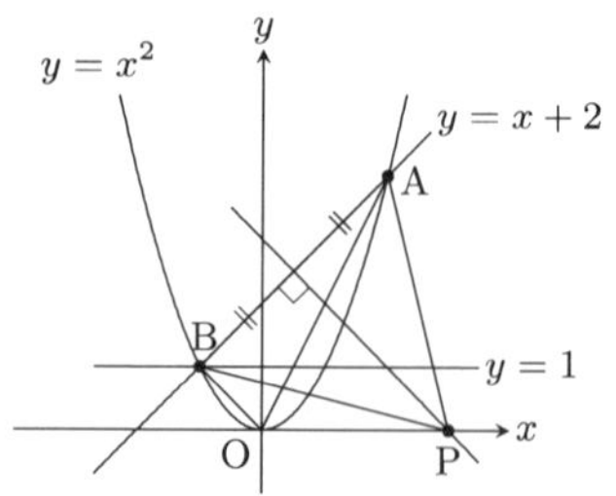

연습문제풀이 **1.35** 그림과 같이, 이차함수 $y = x^2$위의 점 A, B에서 점 A의 x좌표가 -1이고, 직선 AB의 기울기가 1이다. 직선 OA, OB와 이차함수 $y = \frac{3}{2}x^2$과의 교점을 각각 C, D라 한다.

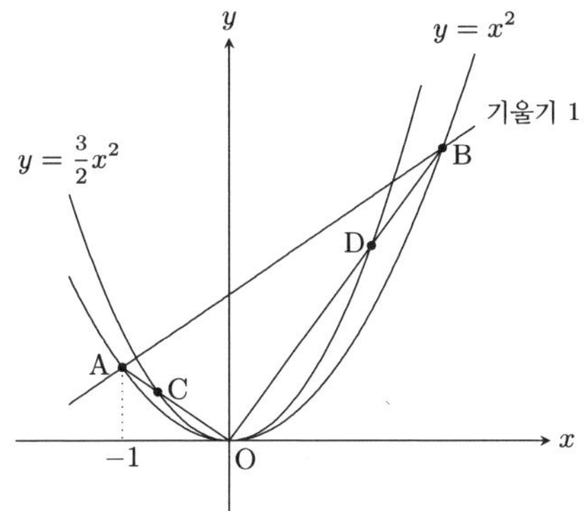

(1) 점 B의 좌표와 점 D의 좌표를 각각 구하시오.

(2) 삼각형 OAB와 삼각형 OCD의 넓이의 비를 구하시오.

(3) 원점 O를 지나는 직선이 사각형 ACDB의 넓이를 이등분할 때, 이 직선의 방정식을 구하시오.

풀이

(1) 점 B의 x좌표를 b라 하면, 직선 AB의 기울기가 1이므로, $1\times(-1+b) = 1$이다. 따라서 $b = 2$이다. 즉, $\mathrm{B}(2, 4)$이다.
직선 OB의 방정식은 $y = 2x$이므로 점 D의 x좌표는 $\frac{3}{2}x^2 = 2x$의 해인데, $x \neq 0$이므로 $x = \frac{4}{3}$이다. 따라서 $\mathrm{D}\left(\frac{4}{3}, \frac{8}{3}\right)$이다.

(2) (1)로부터 $\overline{\mathrm{OB}} : \overline{\mathrm{OD}} = 2 : \frac{4}{3} = 3 : 2$이다.
직선 OA이 방정식이 $y = -x$이므로 점 C의 x좌표는 $\frac{3}{2}x^2 = -x$의 해인데, $x \neq 0$이므로 $x = -\frac{2}{3}$이다. 즉, $\mathrm{C}\left(-\frac{2}{3}, \frac{2}{3}\right)$이다. 또, $\overline{\mathrm{OA}} : \overline{\mathrm{OC}} = 1 : \frac{2}{3} = 3 : 2$이다.
따라서 삼각형 OAB와 삼각형 OCD는 닮음(SAS닮음)이고, 닮음비는 $3 : 2$이다. 그러므로 삼각형 OAB와 삼각형 OCD의 넓이의 비는 $9 : 4$이다.

(3) 선분 AB의 중점을 M이라 하면, 삼각형 OAB와 삼각형 OCD는 닮음이므로 직선 OM이 선분 CD의 중점 N을 지난다. 그러므로 직선 OM은 사각형 ACDB의 넓이를 이등분한다.

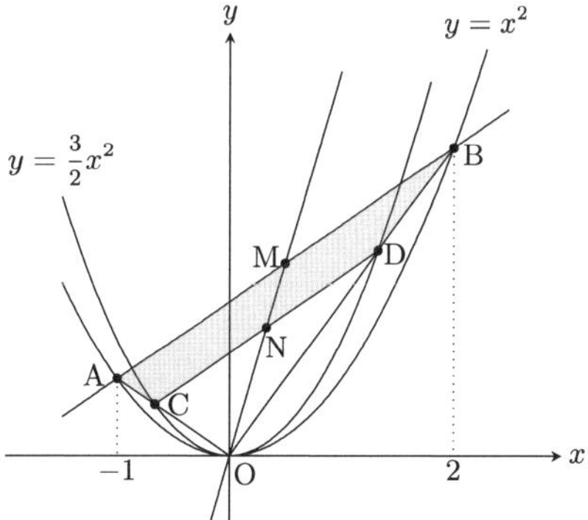

직선 OM의 방정식은 점 $\mathrm{M}\left(\frac{1}{2}, \frac{5}{2}\right)$을 지나므로, $y = 5x$이다.

연습문제풀이 **1.36** 그림과 같이, 직선 $y = x$에 대하여 점 A(2, 1)의 대칭점을 점 B라 한다. 또, x축에 대하여 점 B의 대칭점을 점 C라 한다.

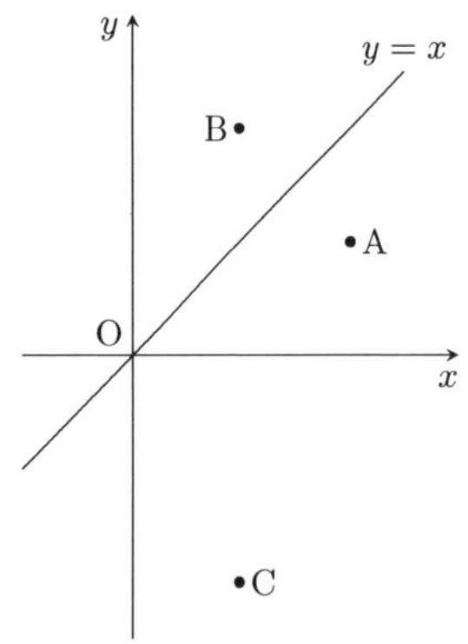

(1) $\angle$AOC의 크기를 구하시오.

(2) $\triangle$AOC의 넓이를 구하시오.

(3) 직선 AC와 x축의 교점을 P라 하고, 직선 BP와 직선 $y = x$의 교점을 Q라 한다. $\triangle$APQ의 둘레의 길이를 구하시오.

풀이

(1) 두 점 A, B는 직선 $y = x$에 대하여 대칭이고, 두 점 B, C는 x축에 대하여 대칭이므로, 아래 그림에서 색칠한 두 삼각형은 합동이다. 따라서 $\angle \mathrm{AOC} = 90°$이다.

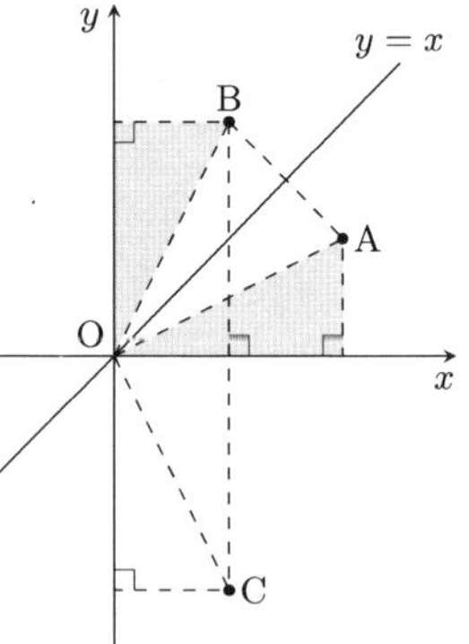

(2) $\triangle$AOC는 $\overline{\mathrm{OA}} = \overline{\mathrm{OC}} = \sqrt{5}$인 직각이등변삼각형이므로, $\triangle \mathrm{AOC} = \frac{5}{2}$이다.

(3) $\overline{\mathrm{QA}} = \overline{\mathrm{QB}}$, $\overline{\mathrm{PB}} = \overline{\mathrm{PC}}$이므로 $\triangle$APQ의 둘레의 길이는

$$\overline{\mathrm{AP}} + \overline{\mathrm{PQ}} + \overline{\mathrm{QA}} = \overline{\mathrm{AP}} + \overline{\mathrm{PC}} = \overline{\mathrm{AC}} = \sqrt{10}$$

이다.

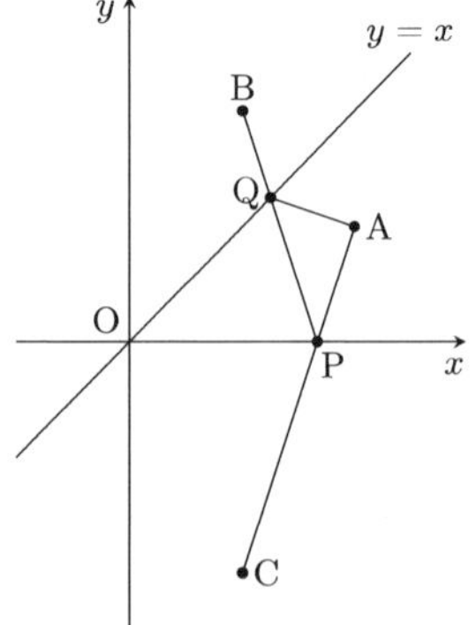

연습문제풀이 **1.37** 그림과 같이, 두 점 A, B는 직선 $y = \frac{1}{2}x + \frac{9}{2}$위에, 두 점 C, D는 직선 $y = -\frac{1}{2}x + \frac{3}{2}$위에 있고, 직선 AC와 BD는 y축에 평행하고, $\overline{\mathrm{AC}} = 4$, $\overline{\mathrm{BD}} = 8$이다.

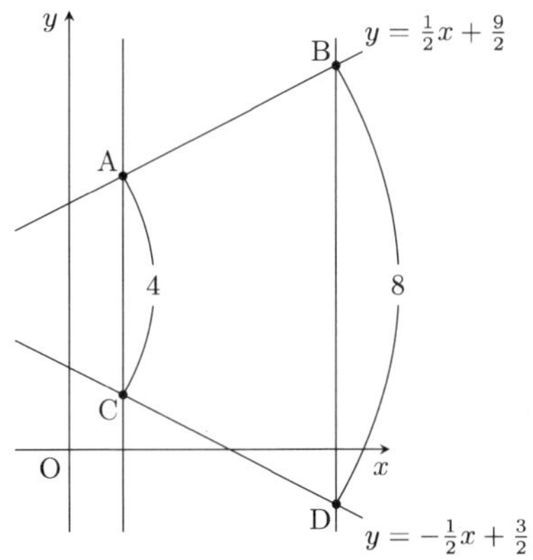

(1) 사다리꼴 ACDB의 넓이를 구하시오.

(2) 점 A를 지나고, 사다리꼴 ACDB의 넓이를 이등분하는 직선의 방정식을 구하시오.

풀이

(1) 점 A의 x좌표를 a라 하면,

$$\mathrm{A}\left(a, \frac{1}{2}a + \frac{9}{2}\right), \ \mathrm{C}\left(a, -\frac{1}{2}a + \frac{3}{2}\right)$$

이다. $\overline{\mathrm{AC}} = 4$이므로

$$\left(\frac{1}{2}a + \frac{9}{2}\right) - \left(-\frac{1}{2}a + \frac{3}{2}\right) = 4, \ a = 1$$

이다. 따라서 $\mathrm{A}(1, 5)$이다.
점 B의 x좌표를 b라 하면, BD의 길이가 8이므로,

$$\left(\frac{1}{2}b + \frac{9}{2}\right) - \left(-\frac{1}{2}b + \frac{3}{2}\right) = 8, \ b = 5$$

이다. 사다리꼴 ACDB의 넓이는

$$\frac{4+8}{2} \times (5-1) = 24$$

이다.

(2) $\overline{\mathrm{AC}} < \overline{\mathrm{BD}}$이므로, 조건을 만족하는 직선과 변 BC의 만난다. 이 교점을 E라 하고, $\overline{\mathrm{DE}} = k$라 두면,

$$\overline{\mathrm{AC}} + k = \overline{\mathrm{BD}} - k, \ 4 + k = 8 - k, \ k = 2$$

이다. 즉, $\mathrm{E}(5, 1)$이다.
점 $\mathrm{A}(1, 5)$와 점 E를 지나는 직선을 구하면,

$$y = \frac{1-5}{5-1}(x-1) + 5, \ y = -x + 6$$

이다.

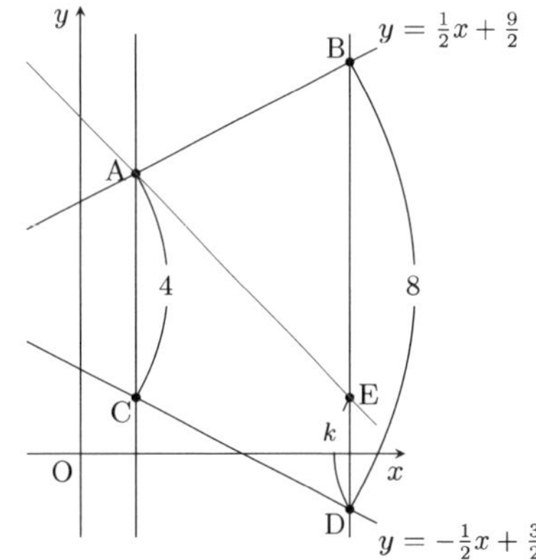

연습문제풀이 1.38 그림과 같이, 이차함수 $y = x^2$의 그래프 위에 두 점 $A(-1, 1)$, $B(7, 49)$가 있다. 선분 AB의 중점 M을 지나고, y축에 평행한 직선과 $y = x^2$의 그래프와의 교점을 C라 한다.

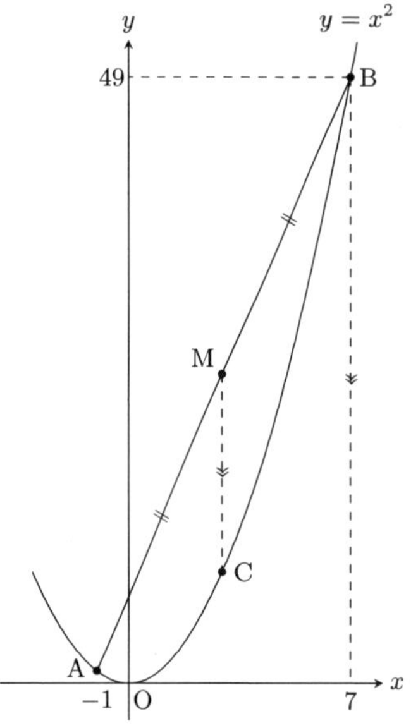

(1) 점 C의 좌표를 구하시오.

(2) 삼각형 ABC의 넓이를 구하시오.

(3) 선분 AC의 중점을 지나고, y축에 평행한 직선과 $y = x^2$의 그래프와의 교점을 D라 한다. 또, $y = x^2$의 그래프 위의 점 C와 점 B 사이에 점 E가 있고, 삼각형 ACD의 넓이와 삼각형 BCE의 넓이가 같을 때, 점 E의 좌표를 구하시오.

풀이

(1) 점 M의 x좌표는 $\frac{-1+7}{2} = 3$이다. 점 C의 y좌표는 $3^2 = 9$이다. 따라서 $C(3, 9)$이다.

(2) 점 M의 y좌표는 $\frac{1+49}{2} = 25$이다. 따라서

$$\triangle ABC = \frac{(25-9)\times(7+1)}{2} = 64$$

이다.

(3) 선분 AC의 중점을 N이라 하면,

$$\triangle ACD = \frac{\overline{ND}\times(3+1)}{2} = 2\times\overline{ND}$$

이다. 한편 점 E를 지나 y축에 평행한 직선과 변 BC와의 교점을 F라 하면,

$$\triangle BCE = \frac{\overline{FE}\times(7-3)}{2} = 2\times\overline{FE}$$

이다. 삼각형 ACD의 넓이와 삼각형 BCE의 넓이가 같으므로, $\overline{ND} = \overline{FE}$이다.
$N(1, 5)$이므로 $D(1, 1)$이다. 즉, $\overline{ND} = 4$이다.
직선 BC의 방정식은 $y = 10x - 21$이므로 $E(e, e^2)$이라 하면, $\overline{ND} = \overline{FE}$로 부터

$$4 = 10e - 21 - e^2,\ \ e^2 - 10e + 25 = 0,\ \ (e-5)^2 = 0$$

이므로 $e = 5$이다. 즉, $E(5, 25)$이다.

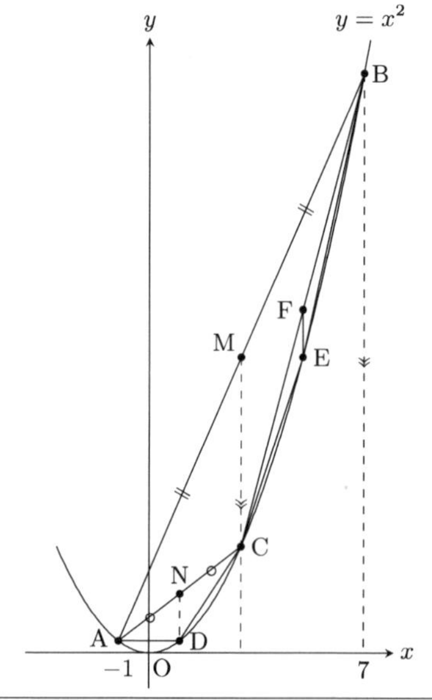

연습문제풀이 **1.39** 그림과 같이, 이차함수 $y = x^2$위에 x좌표가 양수인 점 P를 잡는다. 점 P를 지나고 x축에 평행한 직선을 l이라 한다. 직선 l위에 x좌표가 점 P의 x좌표보다 $k(k > 0)$이 큰 점을 A라 하고, 직선 l과 이차함수 $y = x^2$의 교점 중 x좌표가 음수인 점을 B라 하고, 이차함수 $y = x^2$ 위에 x좌표가 점 A의 x좌표와 같은 점 C가 있다. 두 점 B, C를 지나는 직선을 m이라 한다.

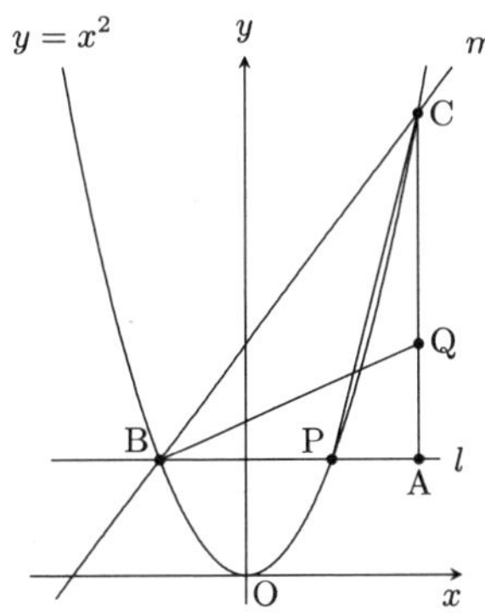

점 A와 점 C, 점 C와 점 P를 각각 연결하고, 선분 AC위의 점 Q에 대하여, 점 B와 점 Q를 연결한다.

(1) 점 P의 x좌표가 2이고, 직선 m의 기울기가 2이고, $\triangle\text{PCB} = \triangle\text{QCB}$일 때, 두 점 B, Q를 지나는 직선의 방정식을 구하시오.

(2) 직선 m의 기울기가 1이고, 점 Q가 선분 AC의 중점이고, 두 점 P, Q를 지나는 직선의 기울기가 2일 때, 점 A의 좌표를 구하시오.

풀이

(1) m의 기울기는 2이므로 $k = 2$이다. 그러므로 $\overline{\text{BA}} = 6$이다.

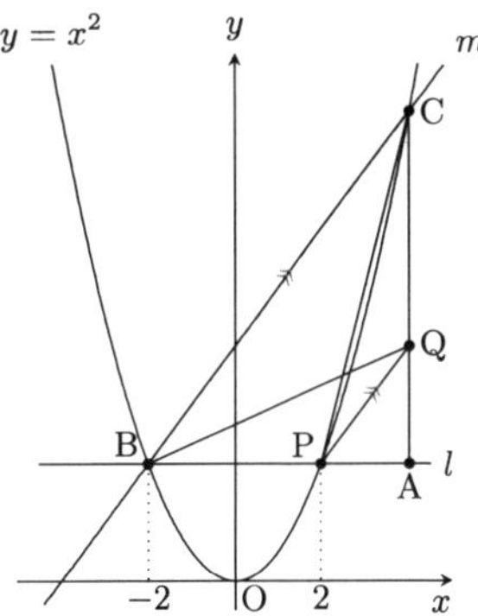

$\triangle\text{PCB} = \triangle\text{QCB}$이므로, $\overline{\text{PQ}} \parallel \overline{\text{CB}}$이다. 따라서 직선 PQ의 기울기는 2이다. 즉, $\overline{\text{AQ}} = 2 \times \overline{\text{AP}} = 4$이다. 그러므로 직선 BQ의 기울기는 $\frac{2}{3}$이다. 따라서 구하는 직선의 방정식은 $y = \frac{2}{3}x + \frac{16}{3}$이다.

(2) 직선 m의 기울기가 1이므로 $k = 1$이다. 직선 PQ의 기울기는 2이므로 $\overline{\text{QA}} = 2 \times \overline{\text{AP}} = 2$이다. 즉, $\overline{\text{CA}} = 4$이다. 따라서 $\overline{\text{AB}} = \overline{\text{CA}} = 4$이다. 즉, $\overline{\text{BP}} = 3$이다. 그러므로 $\text{P}\left(\frac{3}{2}, \frac{9}{4}\right)$이다. 즉, $\text{A}\left(\frac{5}{2}, \frac{9}{4}\right)$이다.

연습문제풀이 1.40 그림과 같이, 이차함수 $y = ax^2(a < 0)$의 그래프 위에 x좌표가 -8인 점을 A라 하고, 이차함수 $y = \frac{1}{4}x^2$의 그래프 위에 x좌표가 -8, 4인 점을 각각 B, C라 하고, 삼각형 ABC의 넓이가 108이다. 또, 함수 $y = \frac{1}{4}x^2$의 그래프 위에 점 P는 점 B와 원점 O의 사이에 있고, $\triangle\text{ABC} : \triangle\text{PBC} = 9 : 1$을 만족한다.

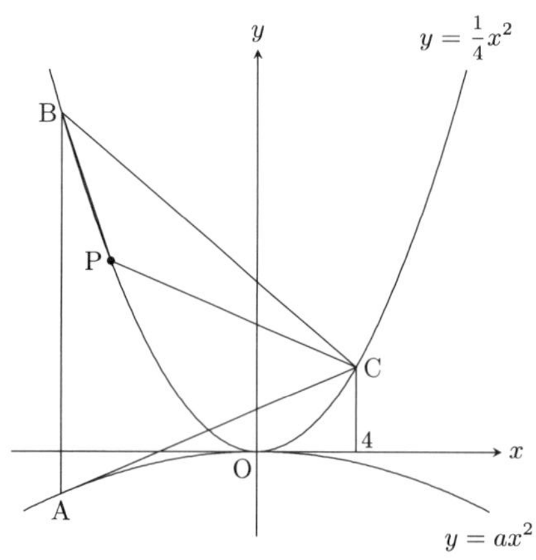

(1) a의 값을 구하시오.

(2) 점 P의 x좌표를 구하시오.

풀이

(1) 점 C에서 선분 AB에 내린 수선의 발을 C′라 하고, 점 P를 지나고 선분 AB에 평행한 직선과 선분 BC와의 교점을 P′라 한다.

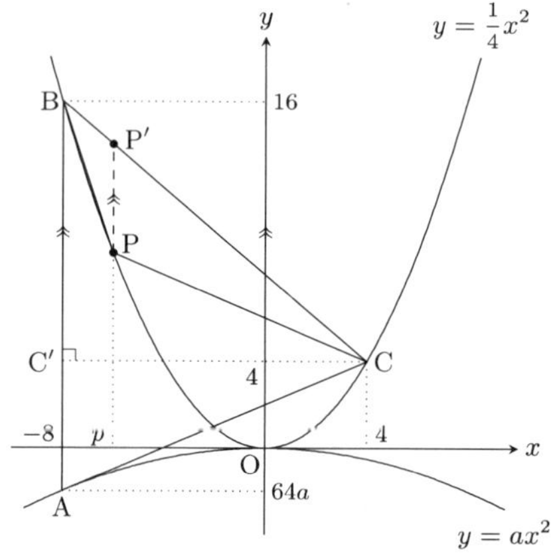

그러면, 삼각형 ABC의 넓이가 108이므로,

$$\begin{aligned}\triangle\text{ABC} &= \frac{\overline{\text{AB}} \times \overline{\text{CC}'}}{2} \\ &= \frac{(16 - 64a) \times (4 + 8)}{2} \\ &= 108\end{aligned}$$

이다. 이를 정리하면 $(1-4a) \times 8 = 9$이다. 즉, $a = -\frac{1}{32}$이다.

(2) 점 P의 x좌표를 p라 하면, 점 P $\left(p, \frac{1}{4}p^2\right)$이고, 점 P′는 직선 BC의 방정식 $y = -x + 8$ 위에 있으므로, 점 P′$(p, -p + 8)$이다.
$\triangle\text{PBC} = \frac{\overline{\text{PP}'} \times \overline{\text{CC}'}}{2}$이고, $\triangle\text{ABC} : \triangle\text{PBC} = 9 : 1$이므로

$$\overline{\text{AB}} : \overline{\text{PP}'} = 9 : 1, \ \ (16 + 2) : \overline{\text{PP}'} = 9 : 1$$

이다. 즉, $\overline{\text{PP}'} = 2$이다. 그러므로

$$\overline{\text{PP}'} = (-p + 8) - \frac{1}{4}p^2 = 2, \ \ p^2 + 4p - 24 = 0$$

이다. $p < 0$이므로 근의 공식으로부터 $p = -2 - 2\sqrt{7}$이다.

제 2 장

점검 모의고사

- 알림사항

- 각 모의고사마다 총 4개의 문항으로 이루어져 있으며, 제한시간은 $30 \sim 40$분입니다.

- 각 모의고사의 정답률 $50 \sim 100\%$ 수준의 문제입니다.

제 1 절 점검 모의고사 1회

문제 1.1

그림과 같이, 이차함수 $y = ax^2(a > 0)$과 직선 l이 두 점 $\mathrm{A}(1-\sqrt{5}, 3-\sqrt{5})$, $\mathrm{B}(1+\sqrt{5}, b)$에서 만난다.

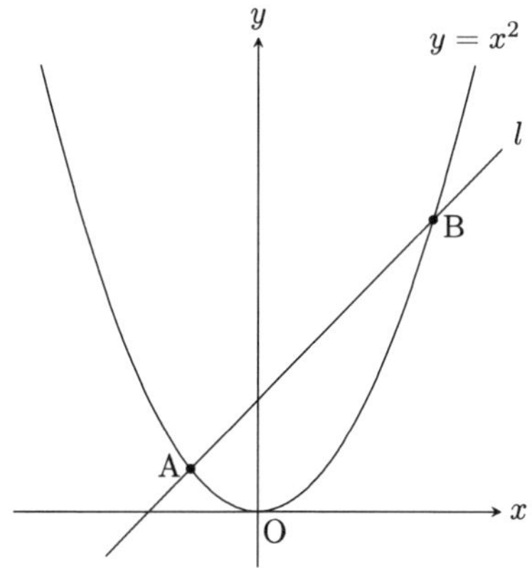

(1) a, b의 값을 구하시오.

(2) 직선 l의 방정식을 구하시오.

(3) 삼각형 OAB의 넓이를 구하시오.

(4) 이차함수 위에 $\triangle\mathrm{OAB} = \triangle\mathrm{PAB}$를 만족하는 점 P가 원점 O이외에 세 점이 있다. 이 점을 x좌표가 작은 수부터 P_1, P_2, P_3라 할 때, 삼각형 $\mathrm{P}_1\mathrm{P}_2\mathrm{P}_3$의 넓이를 구하시오.

문제 1.2

그림과 같이, 직선 $y=x+4$와 직선 l, x축, y축과의 교점을 각각 A, B, C라 하고, 직선 l과 y축과의 교점을 D라 한다. 점 A의 x좌표가 1이고, 직선 l의 기울기가 음수이다.

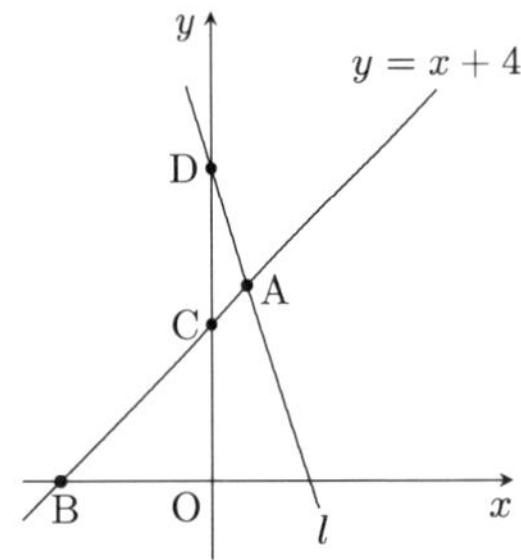

(1) △ADC의 넓이가 2일 때, 직선 l의 방정식을 구하시오.

(2) (1)에서, 직선 l위에 점 E를 △CBE = 8이 되도록 잡는다. 이때, 점 E의 좌표를 구하시오. 단, 점 E의 x좌표는 1보다 크다.

문제 1.3

이차함수 $y=\frac{1}{36}x^2$과 직선 $y=\frac{1}{3}x+n(n>0)$의 교점을 A, B라 하고, 직선과 x축과의 교점을 C, y축과의 교점을 D라 한다. 단, 점 A는 점 B보다 왼쪽에 있다. $\overline{\text{CA}}:\overline{\text{AD}}=1:2$이다.

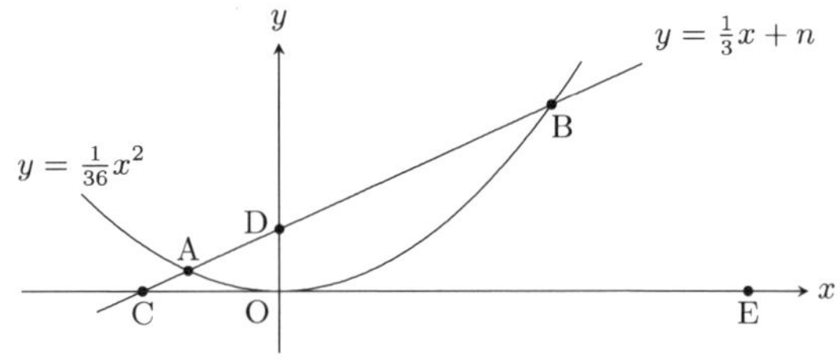

(1) n의 값을 구하시오.

(2) x축 위에, x좌표가 양수인 점 E가 있고, 이차함수 위에 점 F가 있다. 사각형 AEBF가 평행사변형이 될 때, 점 E의 좌표를 구하시오.

문제 1.4

그림과 같이, 이차함수 $y = x^2$와 $y = 2x$와의 교점 중 원점이 아닌 점을 A라 하고, 이차함수 $y = -2x^2$와 $y = 2x$와의 교점 중 원점이 아닌 점을 B라 한다. 또, 점 $\mathrm{C}(-2, 0)$, $\mathrm{D}(5, 0)$이다. 네 점 A, B, C, D는 한 원 위에 있다. 이때, 짧은 호 AD의 길이를 구하시오.

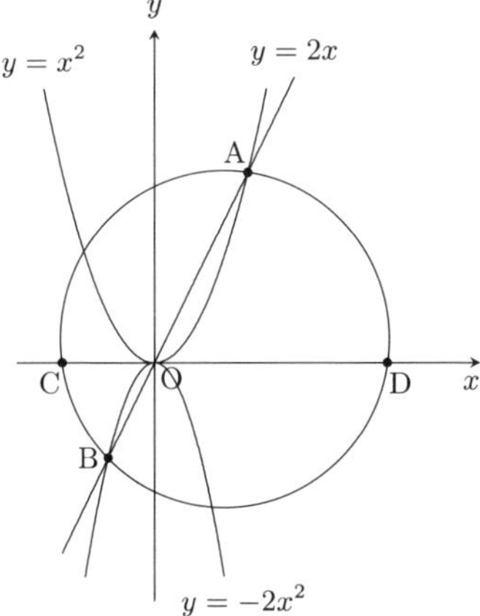

제 2 절 점검 모의고사 2회

문제 2.1

그림과 같이, 이차함수 $y = ax^2 (a > 0)$과 직선 $y = 2x + b$가 두 점 A, B에서 만나고, 두 점 A, B의 x좌표가 각각 -1, 2이다. 또, y축 위에 $\triangle \mathrm{OAB} = \triangle \mathrm{OAC}$를 만족하는 점 C가 있다. 단, 점 C의 y좌표는 양수이다.

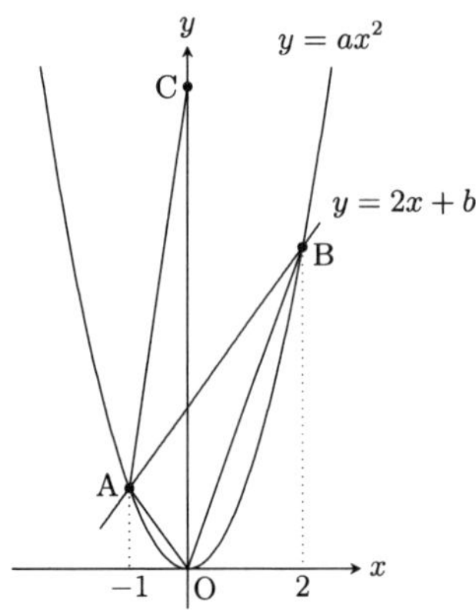

(1) a, b의 값을 구하시오.

(2) 삼각형 OAB의 넓이를 구하시오.

(3) 사각형 OBCA의 넓이를 구하시오.

(4) 점 A에서 직선 BC에 내린 수선의 길이를 구하시오.

문제 2.2

그림과 같이, 함수 $y = ax^2(a > 0)$과 직선 $y = -3x + 12$가 두 점 A, B에서 만나고, 직선 $y = -3x + 12$가 x축, y축과 각각 C, D에서 만나고, 점 A, B의 y좌표의 비가 $4 : 1$이다. 또, 점 D를 지나고 기울기가 양수인 직선이 $y = ax^2$과 두 점 E, F에서 만나고, $\triangle\text{AEF} : \triangle\text{ABF} = 7 : 6$이다.

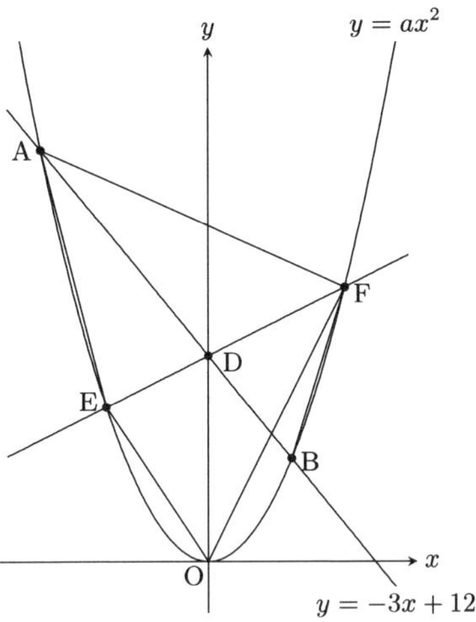

(1) a의 값을 구하시오.

(2) 삼각형 ODE의 넓이는 삼각형 ODF의 넓이의 몇 배인가?

문제 2.3

그림과 같이, 직선 $y=-\frac{1}{2}x+2$과 기울기가 1인 직선 l이 점 P에서 만나고, x축 위에 점 A$(-1,0)$이 있다. x축과 직선 $y=-\frac{1}{2}x+2$의 교점을 B라 하고, 직선 $y=-\frac{1}{2}x+2$위에 x좌표가 -1인 점을 C라 하고, x축과 직선 l의 교점을 Q라 하고, 점 P의 x좌표를 t라 한다.

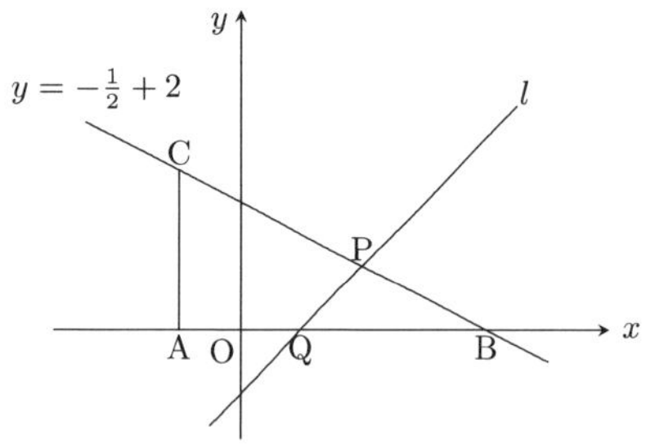

(1) 점 Q의 x좌표를 t를 이용하여 나타내시오.

(2) $\triangle BPQ=\triangle ABC\times\frac{3}{5}$일 때, t의 값을 구하시오.

문제 2.4

그림과 같이, 좌표평면 위에 O$(0,0)$, A$(15,0)$, B$(8,14)$가 있다. y축의 양의 부분 위의 점 C에 대하여, $\angle AOB=\angle ACB$가 성립할 때, 점 C의 좌표를 구하시오.

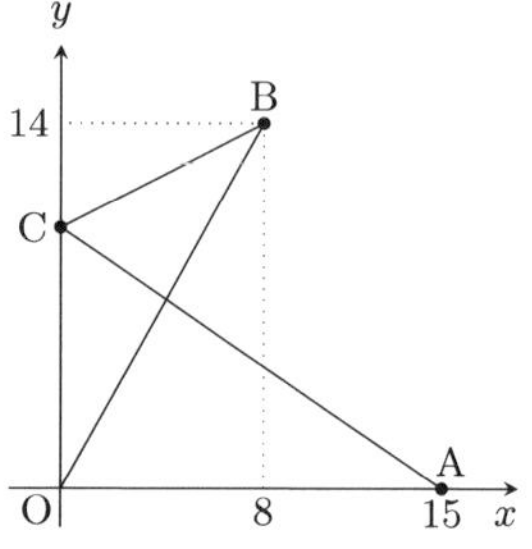

제 3 절 점검 모의고사 3회

문제 3.1

그림과 같이, 이차함수 $y = \frac{1}{a^2}x^2$과 직선 $l : y = \frac{1}{a}x + b$가 두 점 A, B에서 만난다. 직선 m과 l은 평행하고, 점 P는 직선 m 위를 움직인다. 점 B의 좌표가 $(2a, 2a)$이다.

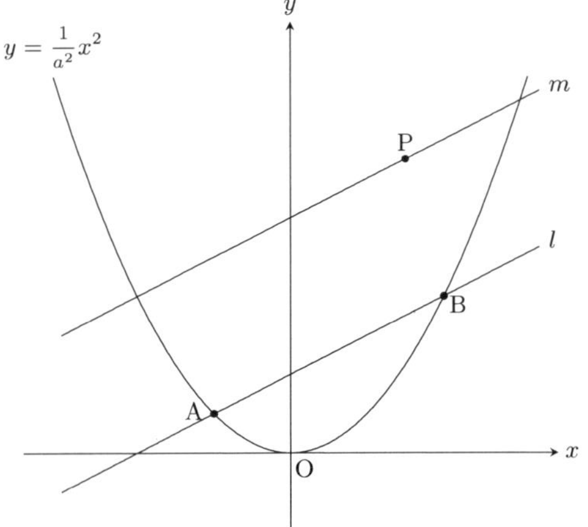

(1) a, b의 값을 구하시오.

(2) 점 A의 좌표를 구하시오.

(3) 삼각형 PAB의 넓이가 12일 때, 직선 m의 방정식을 구하시오.

(4) (3)에서, 삼각형 POB의 넓이가 9일 때, 점 P의 좌표로 가능한 점을 모두 구하시오.

문제 3.2

그림과 같이, 함수 $y = 2x^2$과 직선 $y = x + 1$이 두 점 A, B에서 만나고, 점 A의 x좌표는 양수이다. 또, 함수 $y = 2x^2$과 직선 $y = -\frac{3}{2}x + \frac{1}{2}$이 두점 C, D에서 만나고, 점 D의 x좌표는 음수이다.

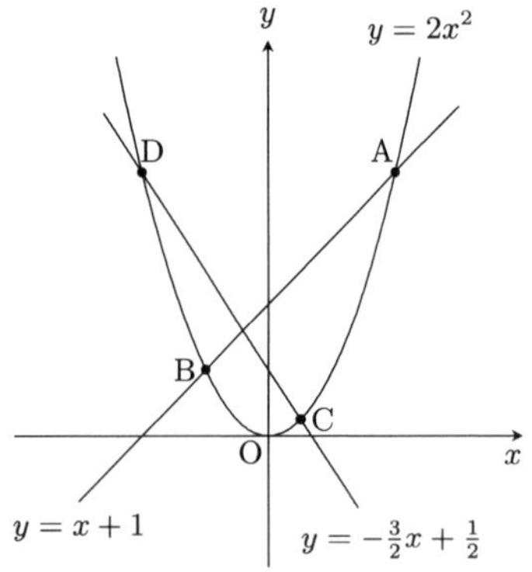

(1) 점 D의 좌표를 구하시오.

(2) 직선 AD위에 점 E를, 삼각형 BDE의 넓이와 사각형 ADBC의 넓이가 같도록 잡는다. 이때, 점 E의 좌표를 구하시오. 단, 점 E의 x좌표는 양수이다.

(3) 점 B를 지나고 사각형 ADBC의 넓이를 이등분하는 직선과 직선 AD와의 교점을 F라 한다. 이때, 점 F의 좌표를 구하시오.

문제 3.3

그림과 같이, 직선 $y=-x+a$과 x축, y축과의 교점을 각각 A, B라 하고, 직선 $y=ax-1$과 x축, y축과의 교점을 각각 C, D라 하고, 두 직선 $y=-x+a$과 $y=ax-1$의 교점을 P라 한다. 단, $a>1$이다.

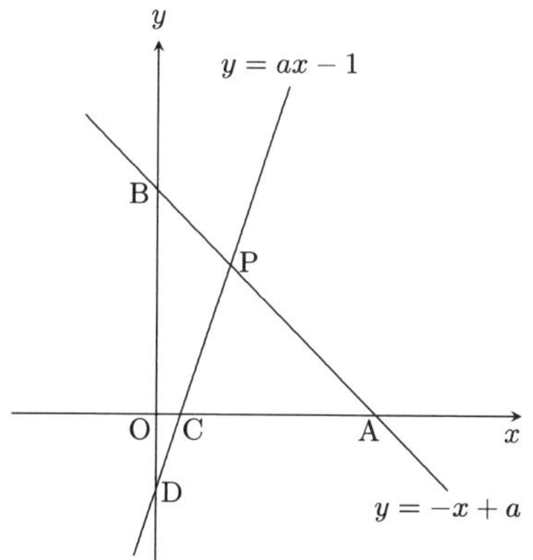

(1) 점 B를 지나고 직선 $y=ax-1$에 평행한 직선과 x축과의 교점을 Q라 할 때, 점 Q의 좌표를 구하시오.

(2) 다음 보기 중 옳은 것을 모두 고르시오.

① 점 P는 직선 $x=1$위에 있다.
② $\overline{AP}:\overline{PB}=a:1$이다.
③ $\overline{OA}>\overline{DP}$이다.
④ $\triangle APC$는 예각삼각형이다.

문제 3.4

그림과 같이, 함수 $y=\frac{1}{9}x^2$과 직선 l이 두 점 A, B에서 만난다. 점 A, B의 x좌표는 각각 3, -6이다. 또, 원점 O를 중심으로 하고 점 A를 지나는 원 O의 원주 위에 점 C, D, E가 있고, 점 C는 직선 l과 원 O와의 교점이고, 두 점 D, E는 x축 위의 점이다. 이때, 호 AE와 호 CD의 길이의 비를 구하시오. 단, 호 AE, 호 CD의 중심각은 모두 180° 이하이다.

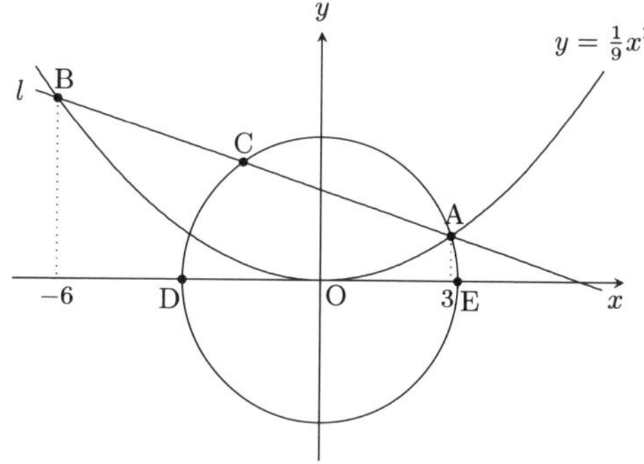

제 4 절 점검 모의고사 4회

문제 4.1

그림과 같이, 좌표평면 위에 두 점 A$(-2, 3)$, B$(4, 1)$이 있다. x축 위의 점 P$(p, 0)$에 대하여, 평행사변형 APBQ를 그린다.

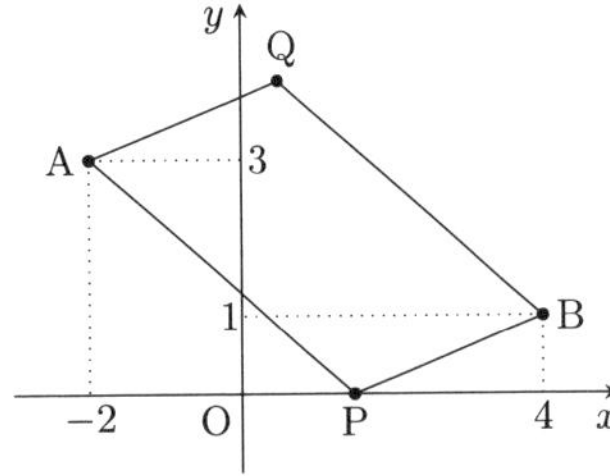

(1) 평행사변형 APBQ가 마름모일 때, p의 값을 구하시오.

(2) 평행사변형 APBQ의 둘레의 길이가 최소일 때, p의 값을 구하시오.

문제 4.2

그림과 같이, 이차함수 $y = x^2$위에 x좌표가 2인 점 P가 있다. 점 P를 지나는 두 직선 $y = -x + 6$, $y = x + 2$이 이차함수와 만나는 점 P가 아닌 점을 각각 A, B라 한다. 또, 세 점 P, A, B를 지나는 원 C가 있다. 원 C는 직선 $y = -x + 6$, $y = x + 2$에 의해 각각 두 부분으로 나뉘는데, 원 C의 중심을 포함하지 않는 부분의 넓이를 각각 S_1, S_2라 할 때, $S_1 + S_2$를 구하시오.

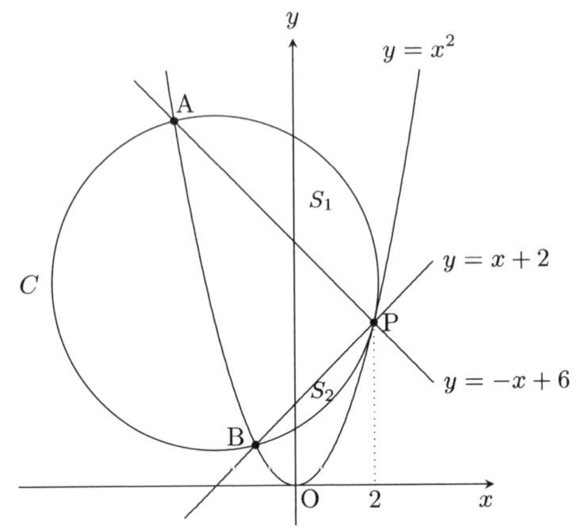

문제 4.3

그림과 같이, 이차함수 $y = \frac{1}{2}x^2$ 위에 점 A, B, C, D가 있다. 선분 AB와 CD의 교점을 E라 한다. 점 A의 x좌표는 -1이고, 점 B의 x좌표는 3이고, 점 C의 x좌표는 $-\frac{3}{2}$이고, 삼각형 ACE와 삼각형 BDE의 넓이는 같다.

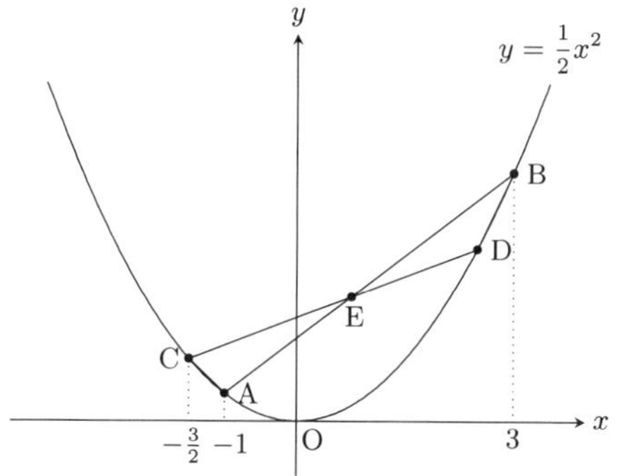

(1) 직선 BC의 방정식을 구하시오.

(2) 점 D의 좌표를 구하시오.

(3) 사각형 ADBC의 넓이를 구하시오.

문제 4.4

그림과 같이, 이차함수 $y=\frac{1}{2}x^2$위의 두 점 A, B를 지나는 직선 $y=x+4$가 x축과 만나는 점을 P라 한다. 또, 이차함수 위의 점 C를 지나고 직선 AB에 평행한 직선과 이차함수와의 교점을 D라 하고, x축과의 교점을 Q라 한다. 점 A, C의 x좌표는 각각 4, m이고, $m>4$이다.

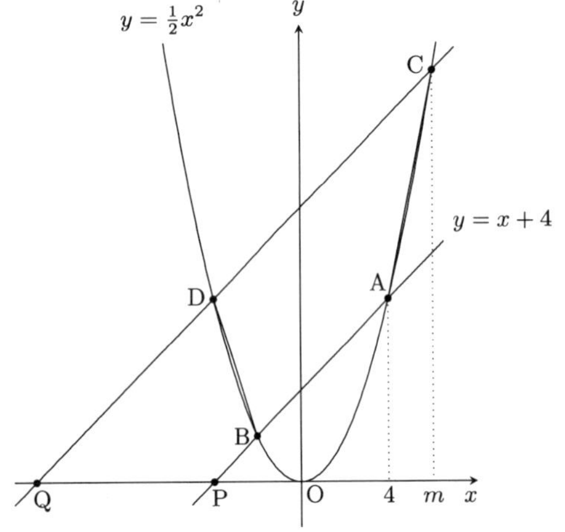

(1) 두 점 D, Q의 x좌표를 각각 m을 사용하여 나타내시오.

(2) 선분 CD와 선분 DQ의 길이의 비가 5 : 4일 때, m의 값을 구하시오.

(3) (2)에서 사각형 ACDB와 사각형 BDQP의 넓이의 비를 구하시오.

제 5 절 점검 모의고사 5회

문제 5.1

그림과 같이, 이차함수 $y = kx^2 (k > 0)$과 직선 l이 두 점 A, B에서 만나고, 점 B의 y좌표가 3이다. 또, 직선 l과 x축과의 교점이 C(4, 0)이고, $\overline{AB} : \overline{BC} = 3 : 1$이다. 단, 점 A의 x좌표는 -3보다 작다.

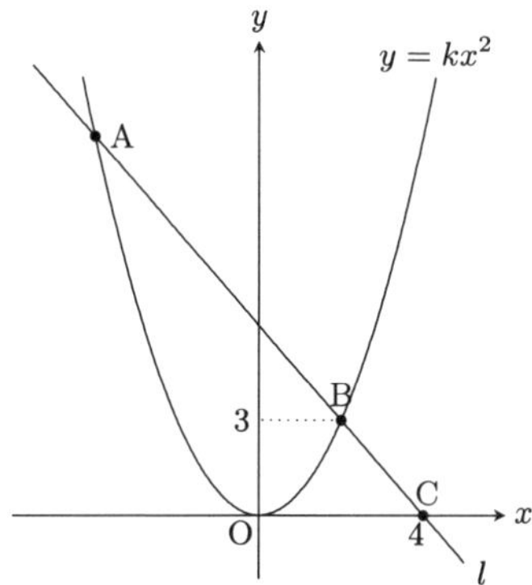

(1) 점 A, B의 x좌표를 각각 구하시오.

(2) 이차함수 $y = kx^2$위에 x좌표가 -3인 점 D가 있다. 또, 직선 l위의 점 E를 사각형 OBAD와 삼각형 OBE의 넓이가 같도록 잡는다. 이때, 점 E의 좌표를 구하시오. 단, 점 E의 x좌표는 -3보다 작다.

문제 5.2

그림과 같이, 이차함수 $y = x^2$위의 점 $\mathrm{A}(-1, 1)$을 지나고 기울기가 양수인 직선 l이 있다. 직선 l은 이차함수와의 교점 중 A가 아닌 점을 B라 하고, x축과의 교점을 C라 하면, $\overline{\mathrm{CA}} : \overline{\mathrm{AB}} = 1 : 8$이 성립한다.

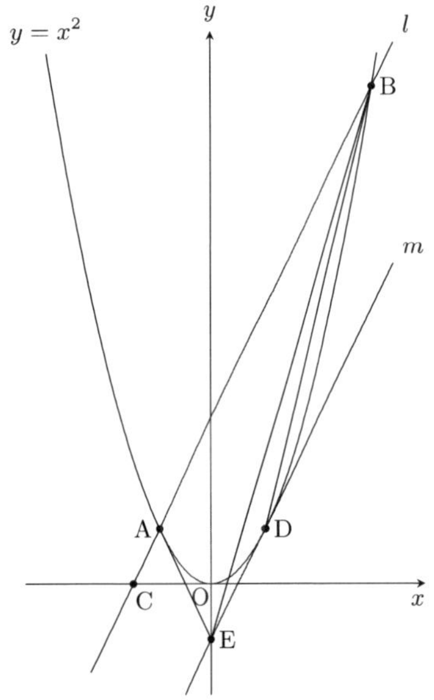

(1) 점 B의 좌표와 직선 l의 방정식을 구하시오.

(2) 이차함수 위의 점 $\mathrm{D}(1, 1)$을 지나고 직선 l에 평행한 직선을 m이라 하고, 직선 m과 y축과의 교점을 E라 한다. 삼각형 AEB의 넓이를 구하시오.

(3) (2)에서 점 E를 지나고, 사각형 AEDB의 넓이를 이등분하는 직선의 방정식을 구하시오.

문제 5.3

좌표평면 위에 세 점 A$(6, 6)$, B$(0, 4)$, C$(8, 0)$을 꼭짓점으로 하는 삼각형 ABC가 있다.

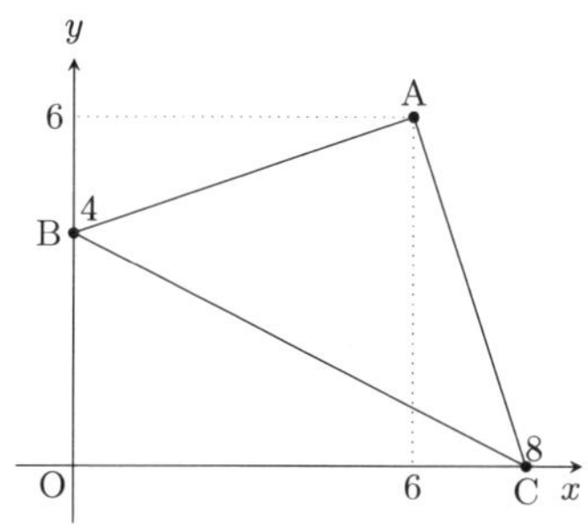

(1) 점 B를 지나고, 삼각형 ABC의 넓이를 이등분하는 직선의 방정식을 구하시오.

(2) 변 BC위의 점 D$(2, 3)$을 지나고, 삼각형 ABC의 넓이를 이등분하는 직선의 방정식을 구하시오.

문제 5.4

그림과 같이, $y = \frac{1}{2}x^2$과 직선 $y = x + 12$가 두 점 A, B에서 만나고, y축 위의 두 점 P, Q에 대하여 $\angle\text{APB} = \angle\text{AQB} = 90°$를 만족한다. 이때, 점 P, Q의 좌표와 사각형 APBQ의 외접원의 반지름을 구하시오. 단, 점 A의 x좌표는 점 B의 x좌표보다 작고, 점 P의 y좌표는 점 Q의 y좌표보다 크다.

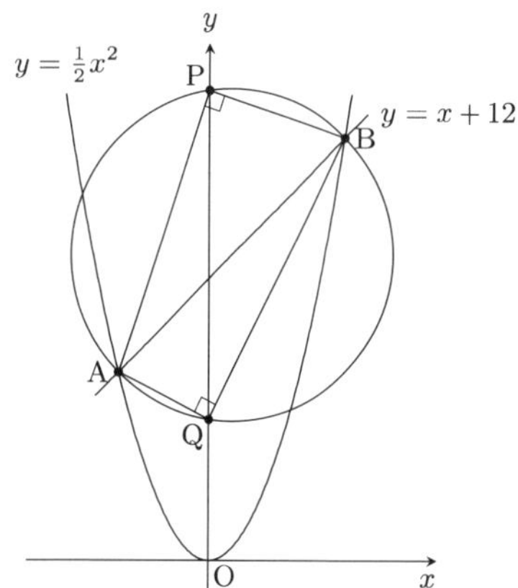

제 6 절 점검 모의고사 6회

문제 6.1

그림과 같이, 이차함수 $y = ax^2$위에 두 점 $\mathrm{A}(-2, 1)$, $\mathrm{B}(b, b)$가 있다. 점 C는 x좌표는 점 B와 같고, y좌표는 점 A와 같다. 단, $b > 0$이다.

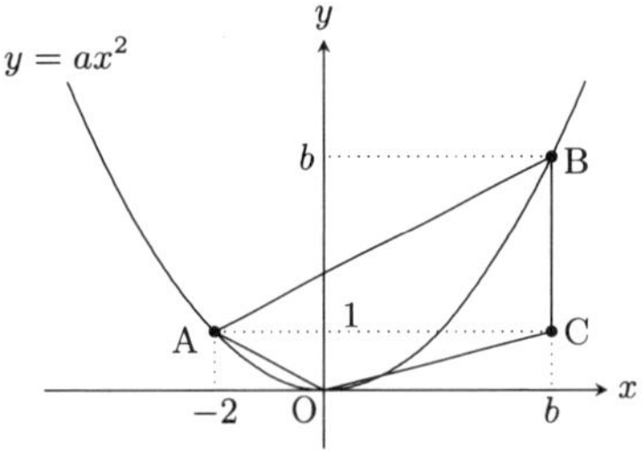

(1) 사각형 OABC의 넓이를 구하시오.

(2) 점 C를 지나고 직선 OB에 평행한 직선 위에 점 D가 있다. 사각형 OABC의 넓이와 삼각형 ABD의 넓이가 같을 때, 가능한 점 D의 좌표를 모두 구하시오.

문제 6.2

그림과 같이, 좌표평면 위에 사각형 OABC와 점 D, F를 잡는다. $\mathrm{A}\left(\frac{17}{2}, 0\right)$, $\mathrm{B}(6, 6)$, $\mathrm{D}(2, 5)$, $\mathrm{F}\left(\frac{9}{2}, 0\right)$이다. 사각형 OABC의 내부의 점 E를 잡고, 선분 DE, EF를 그린다.

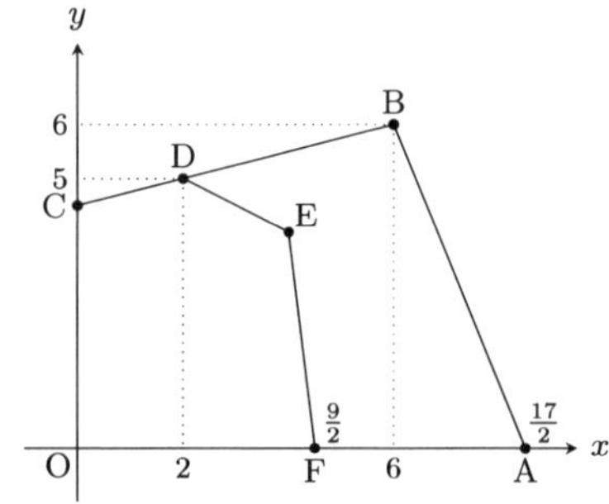

(1) 점 C의 좌표를 구하고, 사각형 OABC의 넓이를 구하시오.

(2) 오각형 OFEDC의 넓이가 사각형 OABC의 넓이의 절반이 되도록 하는 점 E 중 x좌표와 y좌표가 모두 자연수인 것을 모두 구하시오.

문제 6.3

그림과 같이, 이차함수 $y = \frac{1}{2}x^2$ 위의 점 중 x좌표가 -1, 3인 점을 각각 A, B라 한다. 또, 이차함수 $y = \frac{1}{2}x^2$위에 $\overline{\mathrm{PA}} = \overline{\mathrm{PB}}$를 만족하는 점 P를 x좌표가 작은 수부터 P_1, P_2라 한다.

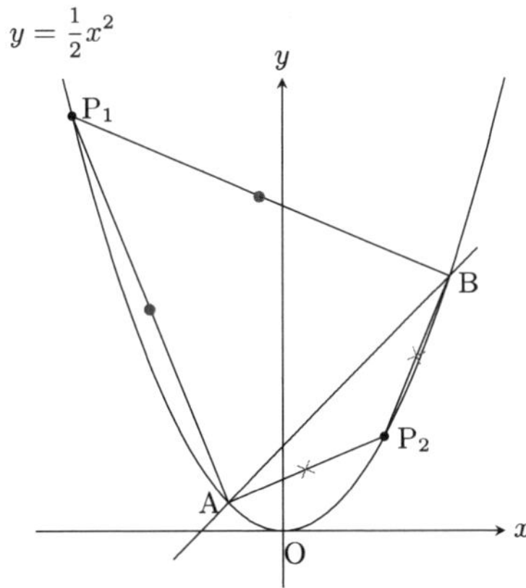

(1) 직선 AB의 방정식을 구하시오.

(2) 직선 $\mathrm{P}_1\mathrm{P}_2$의 방정식을 구하시오.

(3) 직선 AB와 직선 $\mathrm{P}_1\mathrm{P}_2$의 교점을 H라 할 때, 선분 $\mathrm{P}_1\mathrm{H}$의 길이는 선분 $\mathrm{P}_2\mathrm{H}$의 길이의 몇 배인가?

문제 6.4

그림과 같이, 좌표평면에 $\mathrm{O}(0,0)$, $\mathrm{A}(3\sqrt{7},1)$, $\mathrm{B}(0,10)$이 있다. 사각형 OABC를 y축에 대하여 대칭이 되도록 점 C를 잡는다. 사각형 OABC에 내접하는 원의 중심을 P라 한다. 이 원의 반지름을 구하시오.

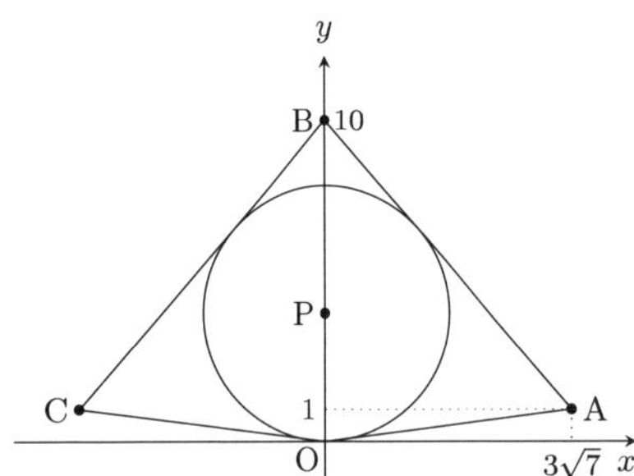

제 7 절 점검 모의고사 7회

문제 7.1

그림과 같이, 이차함수 $y = \frac{1}{2}x^2$과 직선 $y = ax + b$의 교점을 A, B라 하고, y축에 대하여 점 B의 대칭이동한 점을 C라 한다. 두 점 A, B의 x좌표는 각각 -2, 4이다.

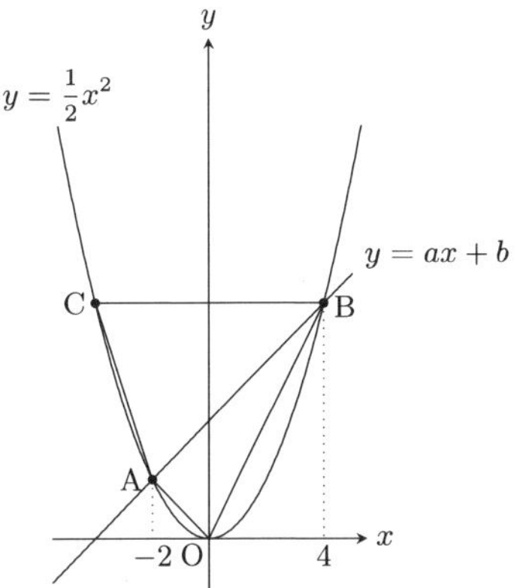

(1) 삼각형 OAB와 삼각형 ACB의 넓이의 비를 구하시오.

(2) 이차함수 $y = \frac{1}{2}x^2$ 위에 삼각형 ABD와 사각형 AOBC의 넓이가 같도록 하는 제2사분면 위의 점 D의 좌표를 구하시오.

문제 7.2

그림과 같이, 점 A $\left(\frac{13}{12}, \frac{169}{144}\right)$를 지나고 기울기가 3인 직선 l과 이차함수 $y=x^2$의 점 A이외의 교점을 B라 하고, 점 B를 지나는 직선 m과 이차함수 $y=x^2$의 점 B이외의 교점을 C라 한다. △ABC는 $\angle A = 90°$, $\overline{AB}=\overline{AC}$인 직각이등변삼각형이다.

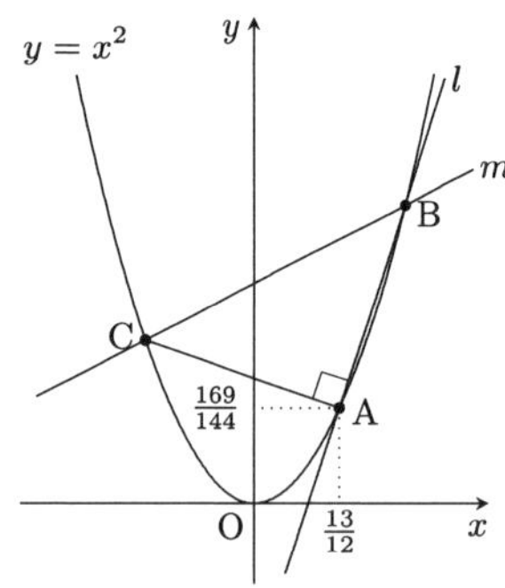

(1) 점 B의 x좌표를 구하시오.

(2) 직선 m의 방정식을 구하시오.

(3) 변 BC의 중점을 M이라 할 때, $\overline{AM}+\overline{BM}+\overline{CM}$의 길이를 구하시오.

문제 7.3

그림과 같이, 두 함수 $y=-2x+8$와 $y=\frac{1}{2}x+3$의 교점이 A, $y=\frac{1}{2}x+3$과 y축과의 교점이 B, $y=2x+8$과 x축과의 교점이 C이다. 두 선분 OA와 BC의 교점이 M이고, 선분 OA위에 $\overline{\mathrm{AM}}=\overline{\mathrm{DM}}$인 점 D를 잡는다.

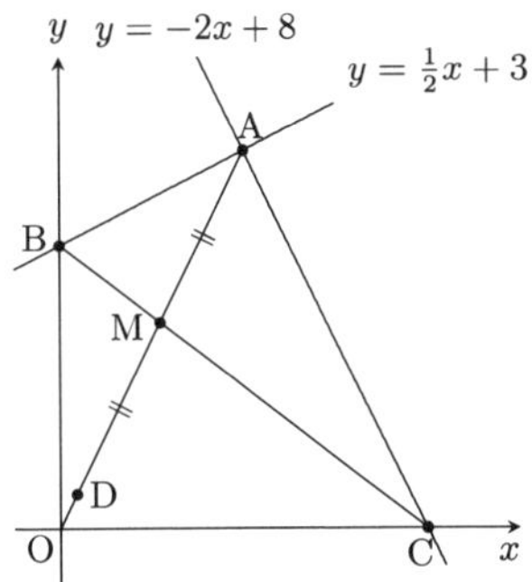

(1) 점 D의 좌표를 구하시오.

(2) 사각형 ABDC의 넓이와 사각형 ABEC의 넓이가 같도록 선분 OC위에 점 E를 잡을 때, 점 E의 좌표를 구하시오.

문제 7.4

그림과 같이, 함수 $y=\frac{1}{2}x^2$ 위에 두 점 A, B가 있다. 두 점 A, B의 x좌표는 각각 6, -2이다. 선분 AB 위에 점 P를 잡고, 점 P를 지나 x축에 평행한 직선과 선분 OA와의 교점을 Q라 하고, 점 Q의 x좌표를 t라 한다. 단, $0 \le t \le 6$이다.

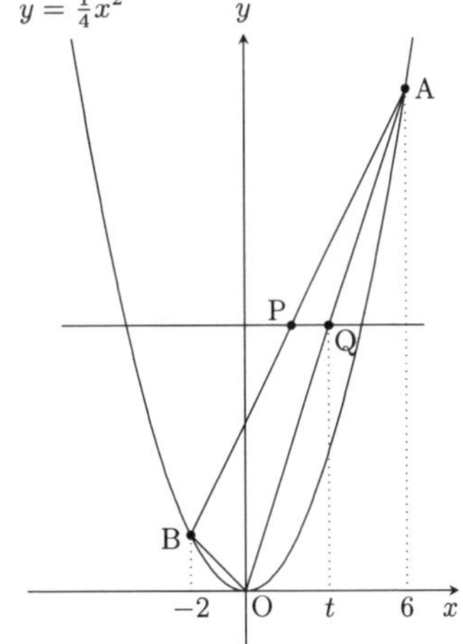

(1) 점 P의 좌표를 t를 사용하여 나타내시오.

(2) 삼각형 OAB의 넓이가 삼각형 APQ의 넓이의 4배일 때, t의 값을 구하시오.

제 8 절 점검 모의고사 8회

문제 8.1

그림과 같이, 이차함수 $y = x^2$과 직선 l과의 교점을 각각 A, B라 하고, 직선 m과의 교점을 각각 C, D라 한다. 직선 l과 직선 m은 평행하고, 점 A의 x좌표는 -3이고, 점 B의 x좌표는 4이고, 점 C의 x좌표는 -1이다.

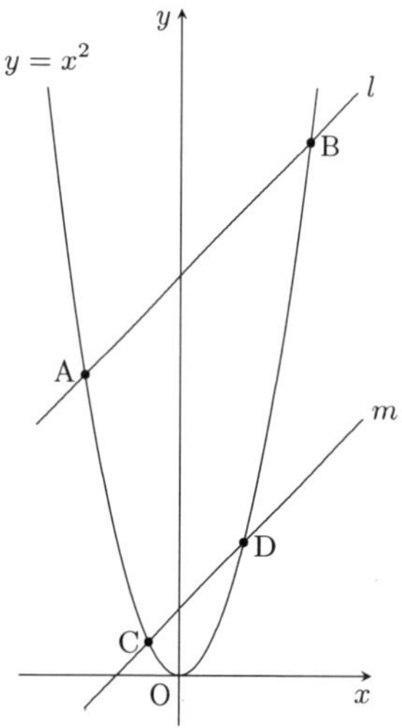

(1) 직선 AB의 방정식을 구하시오.

(2) 점 D의 좌표를 구하시오.

(3) 사각형 ACDB의 넓이를 구하시오.

(4) 원점을 지나는 직선 $y = ax$가 사각형 ACDB의 넓이를 이등분할 때, a의 값을 구하시오.

문제 8.2

좌표평면 위에 세 점 A$(-2, 0)$, B$(4, 2)$, C$\left(\frac{1}{4}, \frac{23}{4}\right)$가 있다.

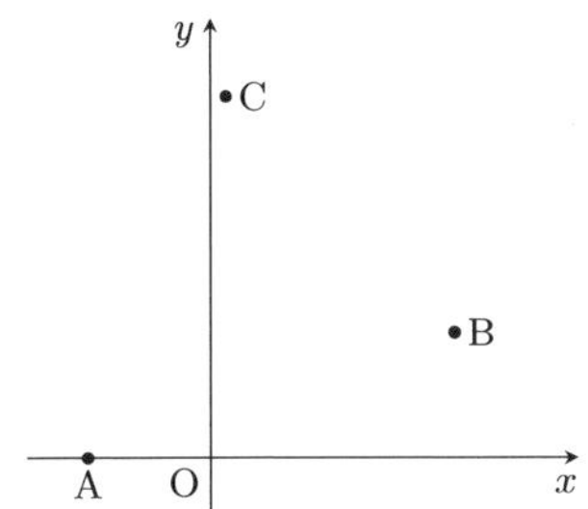

(1) 직선 BC의 방정식을 구하시오.

(2) △ABC의 넓이를 구하시오.

(3) b는 상수이고, 직선 l의 방정식이 $y = 2x + b$이다. 직선 l이 △ABC의 넓이를 이등분할 때, b의 값을 구하시오.

문제 8.3

그림과 같이, 점 A가 $y = ax^2$과 $y = 2x + 4$의 교점 중 x좌표가 6인 점이고, 점 B는 $y = 2x+4$와 y축과의 교점이다. 점 C는 x축 위의 점으로 x좌표가 양수이고, 삼각형 OAB와 삼각형 OAC의 넓이가 같다.

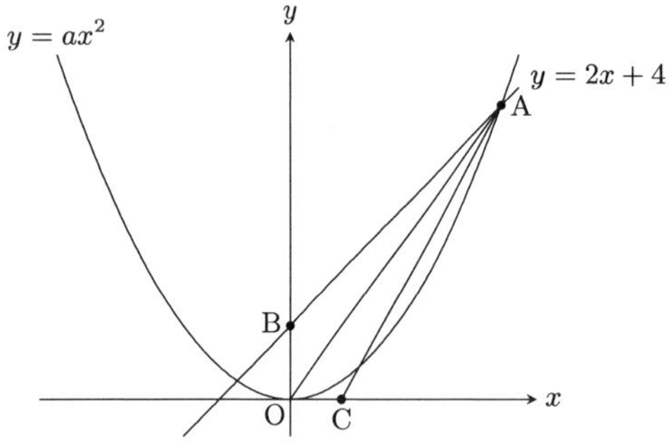

(1) 직선 BC의 방정식을 구하시오.

(2) $y = x - 1$위의 점 D에 대하여 삼각형 ABC와 삼각형 DBC의 넓이가 같을 때, 가능한 점 D를 모두 구하시오.

문제 8.4

그림과 같이, 이차함수 $y = \frac{1}{3}x^2$은 직선 $y = \frac{1}{3}x + 2$와는 두 점 A, D에서 만나고, 직선 $y = \frac{1}{3}x + k$와는 두 점 B, C에서 만난다. 단, $0 < k < 2$이다. 직선 $y = \frac{1}{3}x + k$는 x축과 점 P에서 만난다.

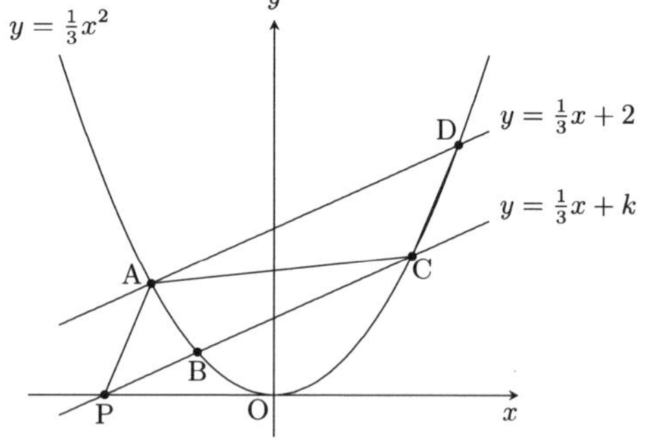

(1) 삼각형 ACD의 넓이가 $\frac{25}{6}$일 때, k의 값을 구하시오.

(2) 사각형 APCD가 평행사변형이 되기 위한 k의 값을 구하시오.

제 9 절　점검 모의고사 9회

문제 9.1

그림과 같이, 이차함수 $y = ax^2(a > 0)$의 그래프 위에 x좌표가 양수인 두 점 A, B를 잡고, 점 A, B에서 y축에 내린 수선의 발을 각각 C, D라 하면, $\angle\text{AOC} = 30°$, $\angle\text{BOD} = 45°$이다. 점 C에서 직선 OA에 내린 수선의 발을 H라 하고, 점 B에서 직선 OA에 내린 수선의 발을 I라 하고, 직선 BD와 직선 OA의 교점을 J라 한다.

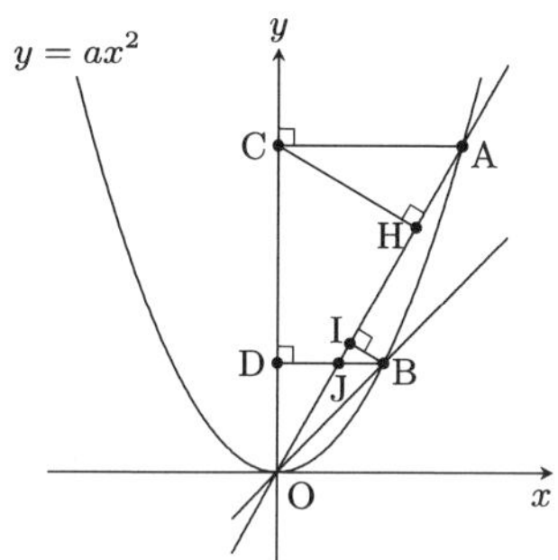

점 A의 x좌표가 2일 때, 다음 물음에 답하시오.

(1) a의 값을 구하시오.

(2) 점 B의 좌표를 구하시오.

(3) 점 H의 좌표를 구하시오.

(4) 선분 IJ의 길이를 구하시오.

문제 9.2

그림과 같이, 함수 $y = x^2$의 그래프 위에 x좌표가 각각 -2, 1, 3인 세 점 A, B, C가 있고, x좌표가 -2보다 작은 점 P, 점 B와 C 사이에 점 Q가 있다.

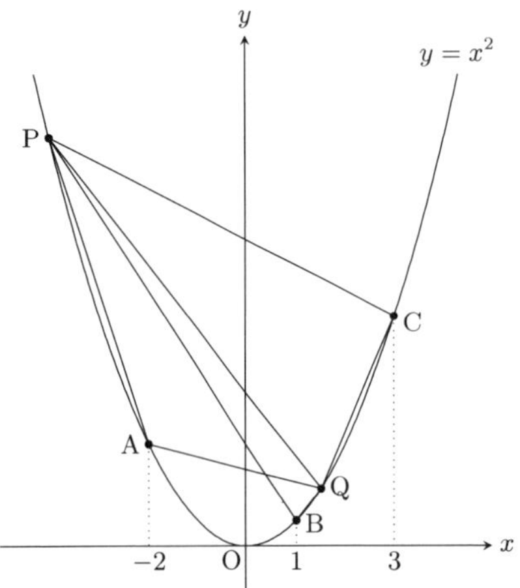

(1) $\triangle$PAQ : $\triangle$PCQ $= 2 : 3$일 때, 직선 PQ와 직선 AC의 교점의 좌표를 구하시오.

(2) $\triangle$PAQ : $\triangle$PBQ $= 5 : 2$일 때, 직선 PQ와 직선 AB의 교점의 좌표를 구하시오.

문제 9.3

그림과 같이, 네 점 A$(1,5)$, B$(2,1)$, C$(4,1)$, D$(6,5)$를 꼭짓점으로 하는 사각형 ABCD가 있다.

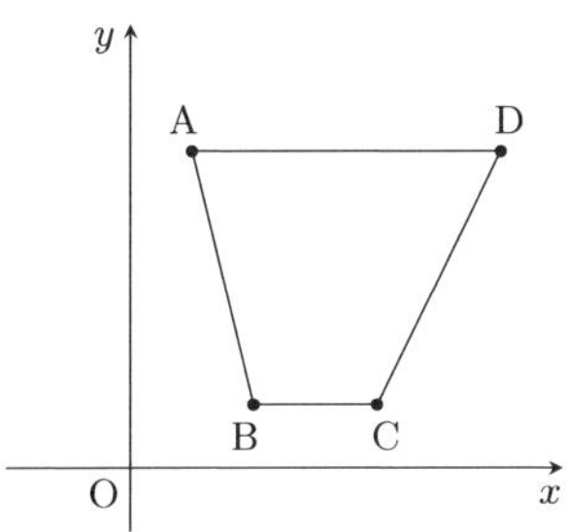

(1) 변 CD의 중점 M를 지나고, 변 AB와 평행한 직선과 변 AD와의 교점을 E라 할 때, 점 E의 좌표를 구하시오.

(2) 점 G$(4,0)$을 지나고, 사각형 ABCD의 넓이를 이등분하는 직선의 방정식을 구하시오.

문제 9.4

그림과 같이, 이차함수 $y = ax^2(a > \frac{1}{4})$위에 x좌표가 -2인 점 A가 있고, 점 A를 지나는 직선 $y = -x + b$과 $y = ax^2$의 점 A 이외의 교점을 P라 하고, 점 A를 지나는 $y = x + c$과 $y = ax^2$의 점 A 이와의 교점을 Q라 한다.

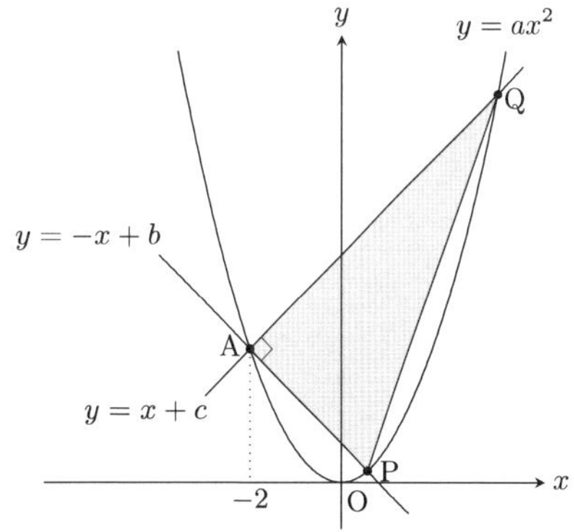

(1) 두 점 P, Q의 x좌표를 각각 a를 사용하여 나타내시오.

(2) 삼각형 APQ의 넓이가 14일 때, a의 값을 구하시오.

제 10 절 점검 모의고사 10회

문제 10.1

그림과 같이, 이차함수 $y = \frac{1}{4}x^2$ 위에 두 점 A$(-4, 4)$, C$(6, 9)$가 있고, 원점과 점 C사이에 점 B가 있고, 사각형 ABCD가 평행사변형이 되도록 좌표평면 위에 점 D를 잡는다.

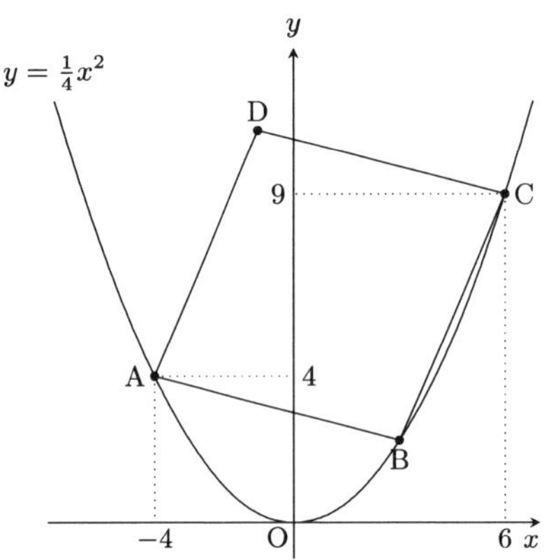

(1) 점 D가 y축 위에 있을 때, 점 B의 좌표를 구하시오.

(2) 점 D가 $y = -\frac{9}{2}x$위의 점일 때, 평행사변형 ABCD의 넓이를 구하시오.

문제 10.2

그림과 같이, 좌표평면 위에 세 직선 AB, BC, CA의 방정식은 각각 $y=-x+5$, $y=5x-19$, $y=2x-1$이다.

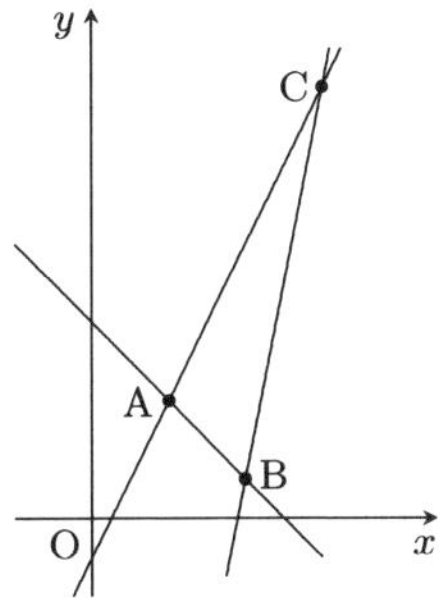

(1) 점 A의 좌표를 구하시오.

(2) 점 A를 지나고, 삼각형 ABC의 넓이를 이등분하는 직선의 방정식을 구하시오.

(3) 원점을 지나는 직선 $y=mx$가 삼각형 ABC의 변 또는 내부를 지날 때, m의 범위를 구하시오.

문제 10.3

그림과 같이, 두 이차함수 $y = x^2$, $y = \frac{1}{2}x^2$과 두 직선 $y = ax$, $y = (a+1)x$이 O, A, B, C에서 만난다. 단, $a > 0$이다.

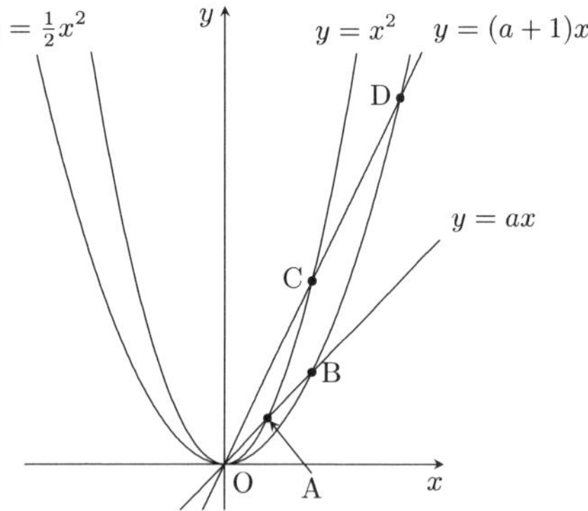

(1) $a = 1$일 때, $\triangle$OAC의 넓이를 구하시오.

(2) 직선 BD의 기울기가 5일 때, 사각형 ABDC의 넓이를 구하시오.

문제 10.4

그림과 같이, 함수 $y = -\frac{2}{9}x^2$과 직선 $y = \frac{4}{3}x - 6$이 두 점 A, B에서 만난다. 점 C, D는 함수 $y = -\frac{2}{9}x^2$위에 있고, 점 C의 x좌표는 6이다. 직선 $y = \frac{4}{3}x - 6$과 선분 CD의 교점이 E이다. 삼각형 ADE의 넓이와 삼각형 BCE의 넓이가 같다.

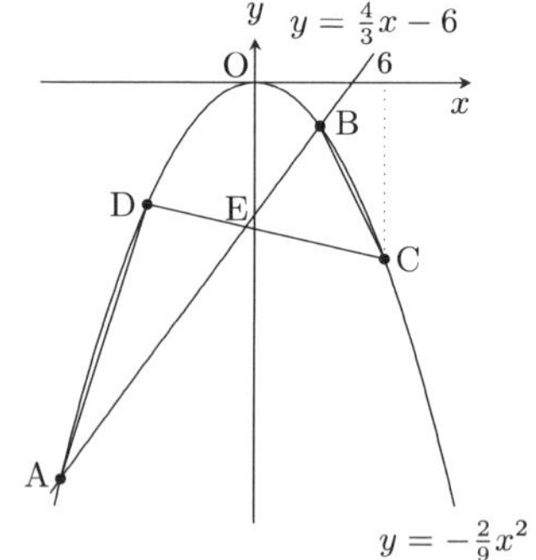

(1) 점 D의 좌표를 구하시오.

(2) 삼각형 ACD의 넓이를 구하시오.

제 11 절 점검 모의고사 11회

문제 11.1

그림과 같이, 세 직선이 만나는 점을 연결하여 삼각형 ABC를 만든다. 점 A의 좌표는 $(-1, 1)$이고, 직선 AB의 기울기는 3이고, 직선 AC의, 방정식은 $ax + by - 3 = 0$이고, 직선 BC의 방정식은 $2bx + 3ay - 7b + 1 = 0$이다. 단, a, b는 상수이다. 변 BC위의 점 D$(-2, -7)$를 지나는 직선을 m이라 한다.

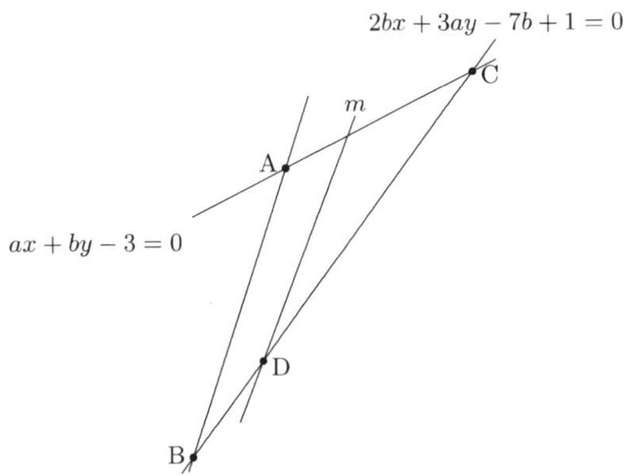

(1) 상수 a, b의 값을 구하시오.

(2) 점 B의 좌표를 구하시오.

(3) 두 직선 BD, DC의 길이의 비 $\overline{\mathrm{BD}} : \overline{\mathrm{DC}}$를 구하시오.

(4) 직선 m이 삼각형 ABC의 넓이를 이등분할 때, 직선 m의 방정식을 구하시오.

문제 11.2

그림과 같이, x축 위에 두 점 A, B가 있고, 함수 $y = \frac{1}{4}x^2$ 위에 두 점 C, D가 있고, y축 위에 점 E가 있다.

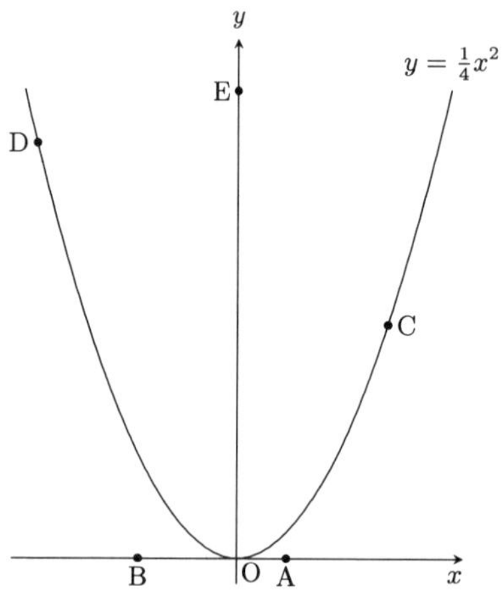

네 점 A, B, C, D의 x좌표는 각각 2, −4, 6, −8이고, 점 E의 y좌표가 $p(p > 0)$일 때, 다음 물음에 답하시오.

(1) 점 $\mathrm{F}(7, 0)$에 대하여 $\triangle\mathrm{ACE} = \triangle\mathrm{AFE}$일 때, p의 값을 구하시오.

(2) 오각형 EDBAC의 넓이를 S라 한다. 점 $\mathrm{F}(7, 0)$에 대하여, $\triangle\mathrm{EFG} = S$를 만족하는 x축 위의 점 G를 모두 구하시오.

문제 11.3

그림과 같이, 함수 $y = \frac{1}{2}x^2$위에 두 점 A$(-2, 2)$, C$(4, 8)$이 있다. 점 B는 함수 $y = \frac{1}{2}x^2$위를 점 A에서 점 C로 이동한다. 선분 AC의 중점 M에 대하여 점 B의 대칭인 점 D를 잡아서 평행사변형 ABCD를 만든다.

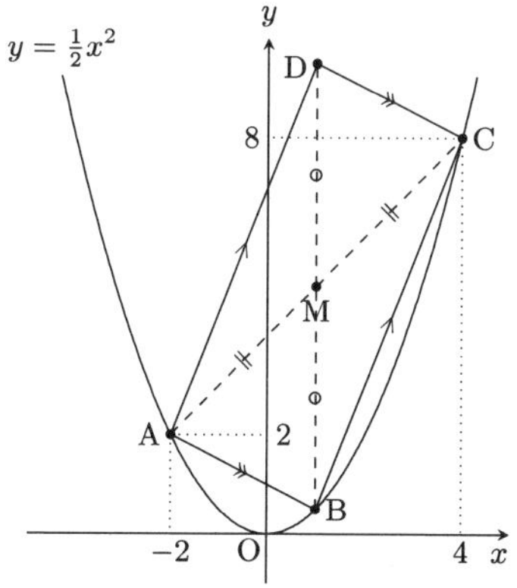

(1) 변 AB가 x축에 평행할 때, 점 D의 좌표를 구하시오.

(2) 점 D가 직선 $y = \frac{1}{2}x + 8$위에 있을 때, 가능한 점 B의 x좌표를 모두 구하시오.

문제 11.4

그림과 같이, 두 이차함수 $y = ax^2$, $y = \frac{1}{3}x^2$과 두 직선 $y = 2x$, $y = bx$가 있다. 단, $a > \frac{1}{3}$, $0 < b < 2$이다. 직선 $y = 2x$는 이차함수 $y = ax^2$, $y = \frac{1}{3}x^2$과 각각 원점이 아닌 점 A, B에서 만나고, 직선 $y = bx$는 이차함수 $y = ax^2$, $y = \frac{1}{3}x^2$과 각각 원점이 아닌 점 C, D에서 만난다. $\overline{\text{OA}} = \overline{\text{AB}}$, 점 C의 x좌표는 2이다.

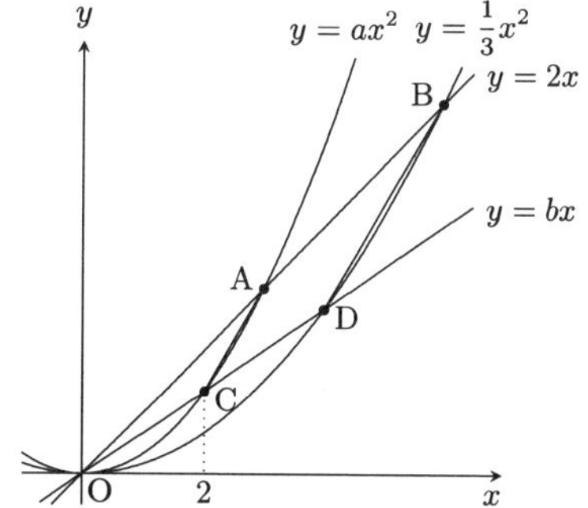

(1) a, b의 값을 각각 구하시오.

(2) 삼각형 AOC와 사각형 ACDB의 넓이의 비를 구하시오.

제 12 절 점검 모의고사 12회

문제 12.1

그림과 같이, 직선 $l : y = mx + n$이 두 이차함수 $y = x^2$, $y = ax^2$과 각각 두 점 A, B, 두 점 C, D에서 만난다. 점 A, B의 x좌표는 각각 -4, 5이고, $\overline{\text{AB}} : \overline{\text{DB}} = 3 : 1$이다. 단, $a < 1$이다.

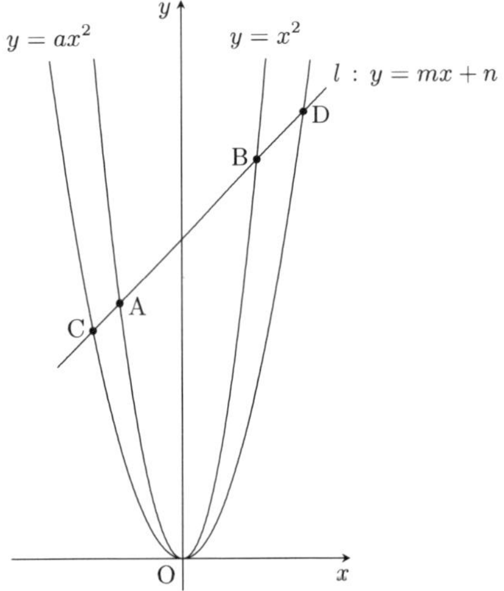

(1) m, n, a의 값을 각각 구하시오.

(2) 점 C의 x좌표를 구하시오.

(3) 직선 l과 y축의 교점을 E라 하고, 선분 OD위의 점 F에 대하여 직선 EF가 △OCD의 넓이를 이등분할 때, 점 F의 x좌표를 구하시오.

문제 12.2

그림과 같이, 네 점 O$(0, 0)$, A$(0, 4)$, B$(4, 6)$, C$(6, 0)$을 꼭짓점으로 하는 사각형 OABC가 있다.

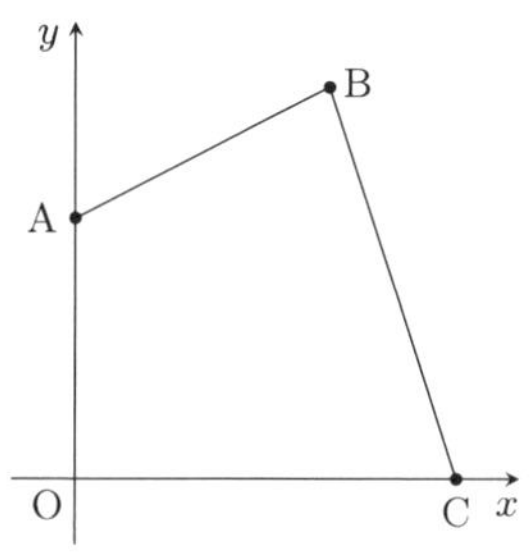

(1) 직선 BC의 방정식을 구하시오.

(2) 사각형 OABC의 넓이를 구하시오.

(3) 점 A를 지나고, 사각형 OABC의 넓이를 이등분하는 직선을 m이라 하고, 직선 m이 변 OC, 변 BC와 만나는 지 다음과 같이 확인하였다. 다음의 (가), (나), (다)에 들어갈 숫자나 문자를 답하시오.

> △OAC의 넓이는 (가)이다. 사각형 OABC의 넓이의 절반은 (나)이다. 그러므로 직선 m은 변 (다)와 만난다.

(4) (3)에서 직선 m과 변 (다)의 교점의 좌표를 구하시오.

문제 12.3

그림과 같이, 이차함수 $y = \frac{1}{2}x^2$위에 두 점 A$(-2, 2)$와 B$(6, 18)$이 있다.

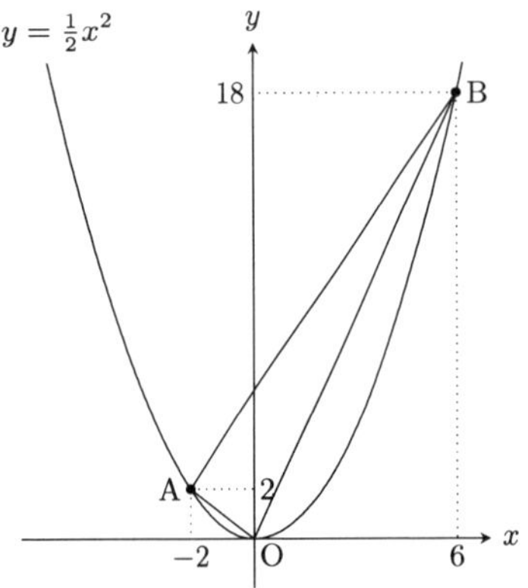

(1) 삼각형 OAB의 넓이를 구하시오.

(2) 직선 $y = -3$ 위의 점 P를 삼각형 OAB와 삼각형 PAB의 넓이가 같도록 잡는다. 이때, 가능한 점 P의 좌표를 모두 구하시오.

문제 12.4

그림과 같이, 두 점 A, B는 함수 $y = \frac{1}{2}x^2$위에 있고, 사각형 OABC가 마름모가 되도록 점 C를 잡는다. 또, 대각선 AC와 OB의 교점 M의 좌표는 $(1, 1)$이다. 점 M을 지나는 직선과 변 AB, 변 OC, 함수 $y = \frac{1}{2}x^2$의 교점을 각각 P, Q, R이라 한다. 단, 점 R의 x좌표는 음수이다.

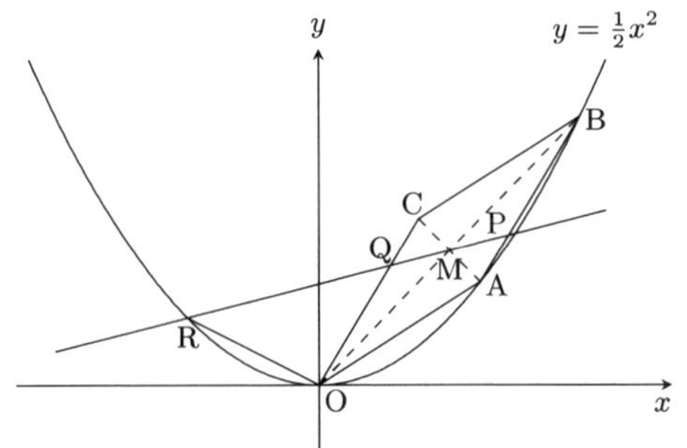

(1) 두 점 A, C의 좌표를 각각 구하시오.

(2) 사각형 OAPR의 넓이와 마름모 OABC의 넓이가 같을 때, 삼각형 OQR의 넓이를 구하시오.

제 13 절 점검 모의고사 13회

문제 13.1

그림과 같이, 함수 $y = \frac{1}{2}x^2$의 그래프 위에 세 점 A, B, C가 있다. 직선 OA, 직선 BC의 기울기는 모두 1이고, 직선 AB의 기울기는 -1이다. 점 B의 x좌표는 -4이다.

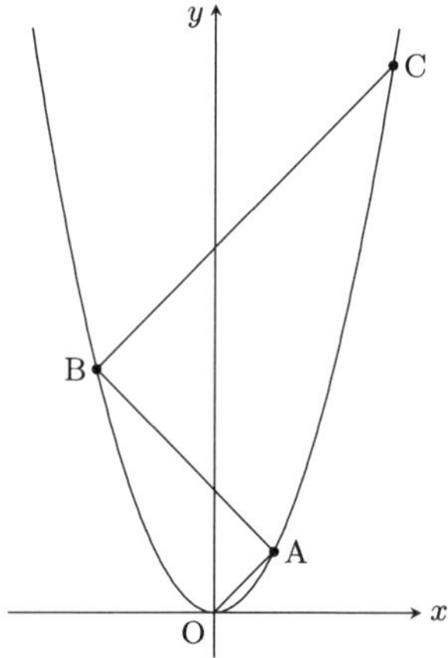

(1) 점 A의 좌표를 구하시오.

(2) 직선 AB의 방정식을 구하시오.

(3) 점 C의 좌표를 구하시오.

(4) △OAB와 △ABC의 넓이의 비를 구하시오.

문제 13.2

[그림1]에서 사각형 ABCD는 한 변의 길이가 1인 정사각형이고, 꼭짓점 C는 이차함수 $y = \frac{1}{2}x^2$위의 점이고, 변 AB는 y축 위에 있다. 직선 l은 기울기가 -1이고, 점 D를 지난다.

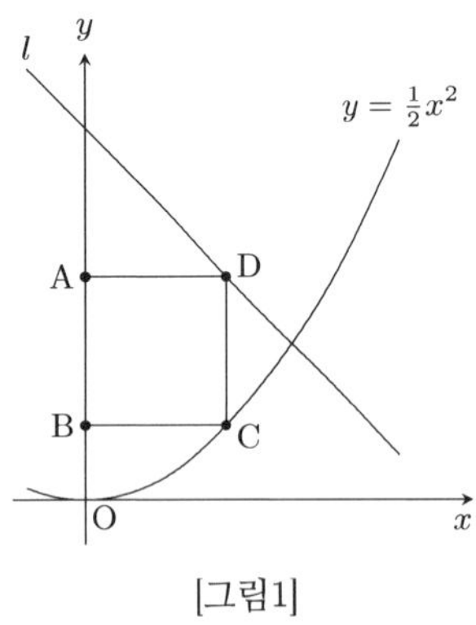

[그림1]

(1) 점 D의 좌표를 구하시오.

(2) 직선 l의 방정식을 구하시오.

(3) [그림2]와 같이 선분 CD와 함수 $y = \frac{1}{2}x^2$과 직선 l로 둘러싸인 부분에 정사각형 EFGH를 그린다. 여기서 변 EF는 선분 CD위에 있고, 꼭짓점 G는 함수 $y = \frac{1}{2}x^2$위에, 꼭짓점 H는 직선 l위에 있다. 이때, 정사각형 EFGH의 한 변의 길이를 구하시오.

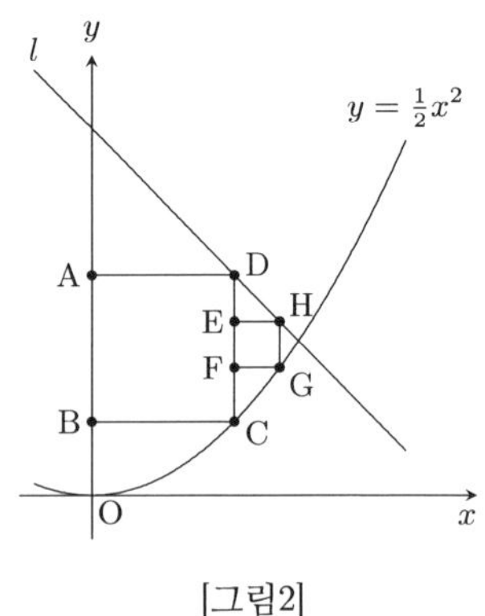

[그림2]

문제 13.3

그림과 같이, 이차함수 $y = ax^2 (a > 0)$ 위에 네 점 A, B, C, D가 있다. 선분 AB, CD의 교점을 E라 한다. 점 A의 좌표는 $\left(-1, \frac{1}{2}\right)$이고, 점 B, C의 x좌표는 각각 3, $-\frac{3}{2}$이다. △ACE와 △BDE의 넓이가 같다.

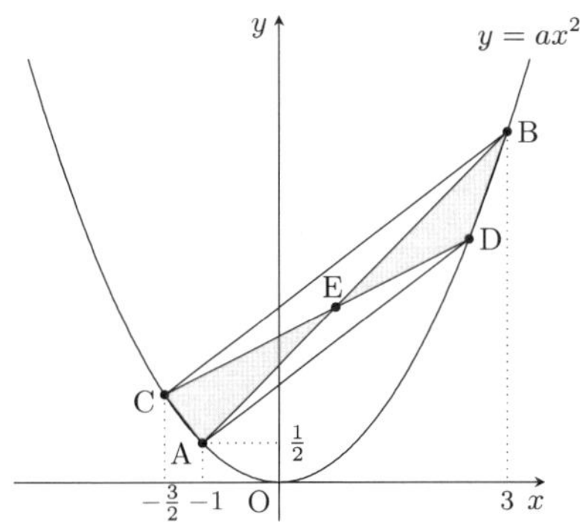

(1) 점 D의 좌표를 구하시오.

(2) 사각형 ADBC의 넓이를 구하시오.

문제 13.4

그림과 같이, 점 A$(-2, 0)$과 x좌표가 6인 점 B에 대하여, 직선 AB와 y축과의 교점을 C라 한다. 또, 점 B를 지나고 기울기가 $\frac{1}{2}$인 직선과 y축과의 교점을 D라 하고, 점 D의 y좌표가 점 C의 y좌표보다 크다. 삼각형 ABD의 넓이가 6일 때, 두 점 A, B를 지나는 직선의 방정식을 구하시오.

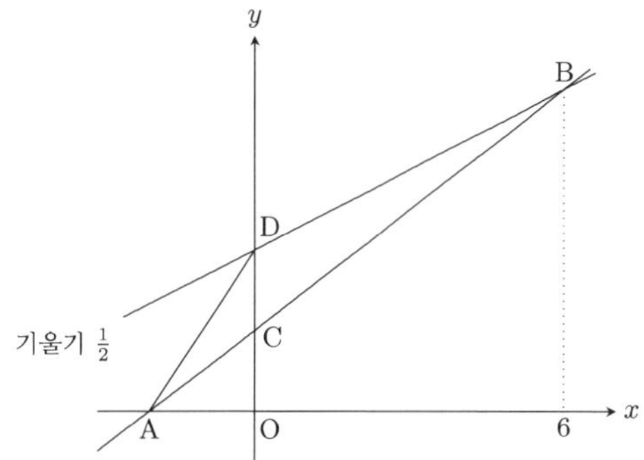

제 14 절 점검 모의고사 14회

문제 14.1

그림과 같이, 함수 $y = \frac{1}{2}x^2$위에 세 점 A, B, C가 있다. 세 점 A, B, C의 x좌표는 각각 -2, -1, 3이다. 삼각형 ABC를 지나고 직선 AB에 평행한 직선을 l이라 한다. 직선 l과 변 AC, BC와의 교점을 각각 D, E라 한다.

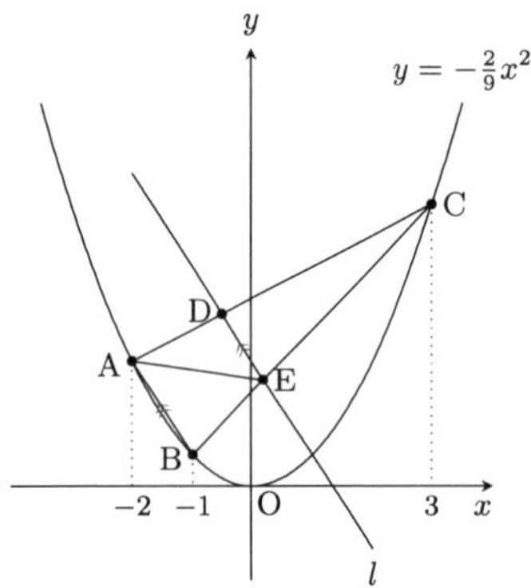

삼각형 ADE의 넓이가 삼각형 ABC의 넓이의 $\frac{3}{16}$일 때, 직선 l과 y축과의 교점으로 가능한 점의 좌표를 모두 구하시오.

문제 14.2

그림과 같이, 점 P, Q는 이차함수 $y = \frac{1}{2}x^2$ 위의 점으로, x좌표는 각각 -2, 4이다. l은 점 P를 지나고 기울기가 $-\frac{1}{2}$인 직선이다. 그림에서 사각형 ABCD는 직사각형이고, 꼭짓점 A는 선분 PQ 위에, 꼭짓점 B는 직선 l위에, 꼭짓점 C는 이차함수 위에 각각 있다. 변 AB와 y축은 평행하다.

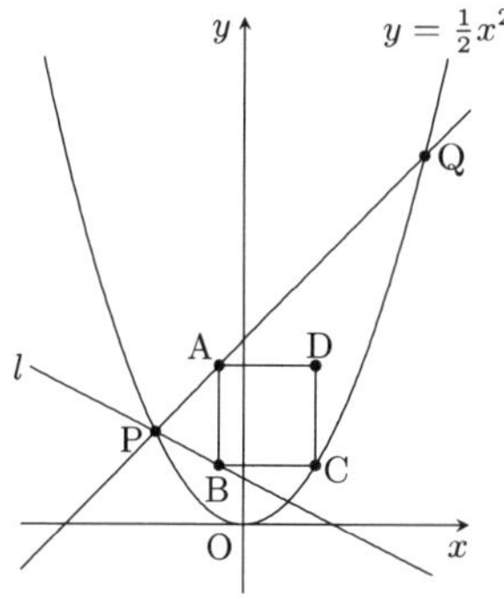

(1) 점 C의 x좌표를 t라 할 때, 점 A의 x좌표를 t를 사용하여 나타내시오.

(2) 사각형 ABCD가 정사각형일 때, 점 C의 x좌표를 구하시오.

문제 14.3

그림과 같이, 한 변의 길이가 $2\sqrt{3}$인 정사각형 OABC와 한 변의 길이가 4인 정삼각형의 절반인 삼각형 BAD가 좌표평면 위에 있다.

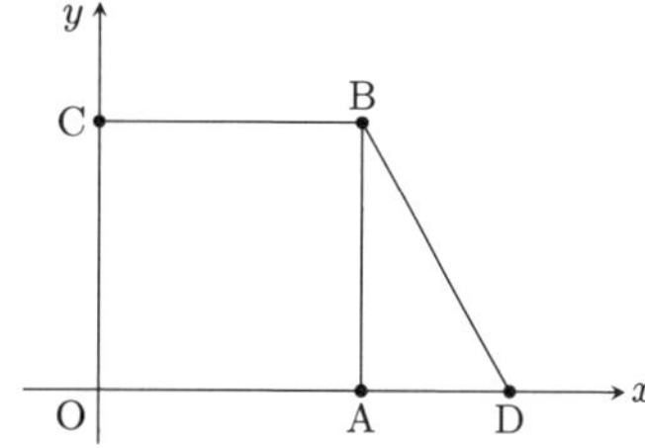

(1) 점 A를 직선 BD에 대하여 대칭이동한 점 A′의 좌표를 구하시오.

(2) 변 OC위에 점 P, 변 BD위의 점 Q에 대하여, $\overline{\mathrm{AP}} + \overline{\mathrm{PQ}} + \overline{\mathrm{QA}}$가 최소일 때, $(\overline{\mathrm{AP}} + \overline{\mathrm{PQ}} + \overline{\mathrm{QA}})^2$의 값을 구하시오.

문제 14.4

그림과 같이, 두 이차함수와 직선 l과의 교점을 각각 왼쪽부터 A, B, C, D라 한다. 점 A, D의 x좌표가 각각 -2, 3이고, 직선 l의 y절편이 3이다. 또, 점 B의 y좌표는 $\frac{9}{4}$이다.

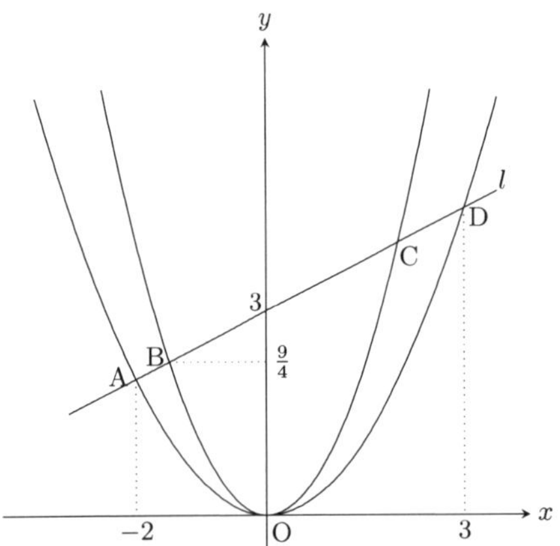

(1) 두 점 A, D를 지나는 이차함수를 구하시오.

(2) 직선 l의 방정식을 구하시오.

(3) 점 C의 좌표를 구하시오.

제 15 절 점검 모의고사 15회

문제 15.1

그림과 같이, 이차함수 $y = ax^2$과 직선 $y = 2x + b$가 점 A, B에서 만난다. 점 A, B의 x좌표는 각각 -1, 5이다.

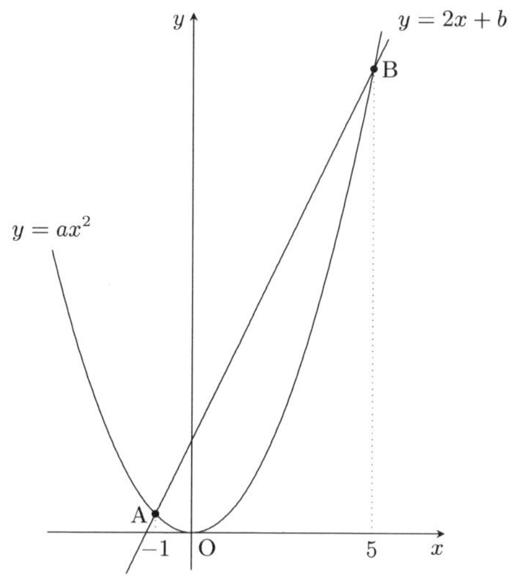

(1) a, b의 값을 각각 구하시오.

(2) 점 B의 y좌표를 구하시오.

(3) $\triangle$OAB의 넓이가 $\triangle$PAB의 넓이와 같을 때, 이차함수 $y = ax^2$위의 점 P의 x좌표를 구하시오. 단, $0 < x < 5$이다.

문제 15.2

그림에서 점 A, B의 좌표는 각각 $(0,1)$, $(6,4)$이다. 선분 AB 위의 점 P에서 x축에 내린 수선의 발을 Q라 하고, 직선 OB와 직선 PQ의 교점을 R이라 한다.

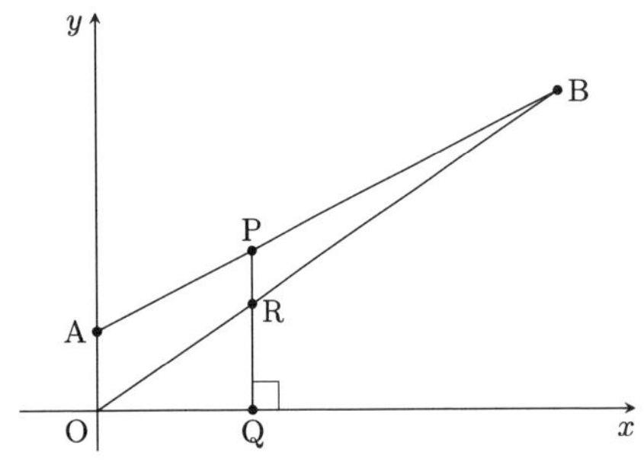

(1) 직선 OB, AB의 방정식을 각각 구하시오.

(2) 삼각형 OQR의 넓이와 삼각형 BPR의 넓이가 같을 때, 점 P의 좌표를 구하시오.

문제 15.3

그림과 같이, 함수 $y=\frac{1}{2}x^2(x>0)$의 그래프 위를 움직이는 서로 다른 두 점 P, Q가 있다. 점 P에서 x축, y축에 내린 수선이 발을 각각 A, B라 하고, 점 Q에서 x축에 내린 수선의 발을 C라 한다. 또, x축에 위에 점 $D(12,0)$이 있다.

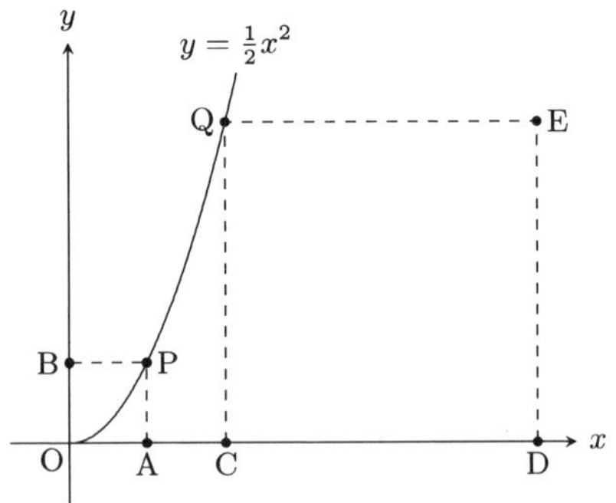

사각형 OAPB와 사각형 CDEQ가 모두 정사각형일 때, 두 정사각형의 넓이를 동시에 이등분하는 직선의 방정식을 구하시오.

문제 15.4

그림에서, 두 점 A, B는 이차함수 $y = \frac{1}{2}x^2$과 직선 $y = x + 4$의 교점이다. 점 C, D는 이차함수 $y = \frac{1}{2}x^2$위의 점이고, 직선 CA와 직선 DB의 교점을 M이라 하면, $\overline{\text{MA}} : \overline{\text{MC}} = \overline{\text{MB}} : \overline{\text{MD}} = 1 : 3$이다. 이때, 점 D의 좌표를 구하시오. 단, 점 A, C는 제2사분면 위에 있고, 점 B, D는 제1사분면 위에 있다.

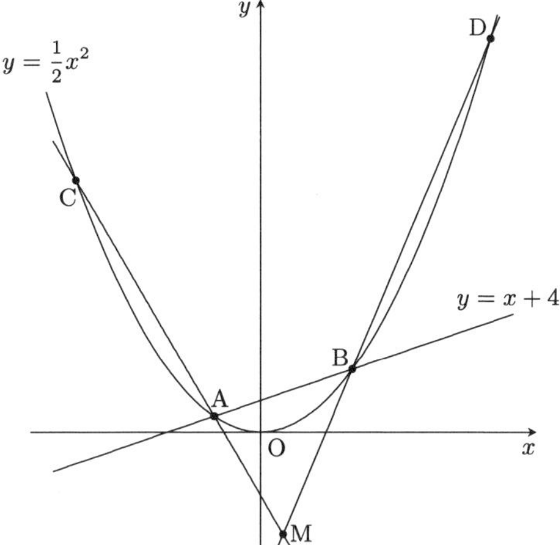

제 16 절 점검 모의고사 16회

문제 16.1

그림과 같이, $y = x^2$의 그래프 위에 두 점 A, B가 있다. 점 B의 x좌표는 점 A의 x좌표보다 크고, 직선 AB의 기울기는 1이다.

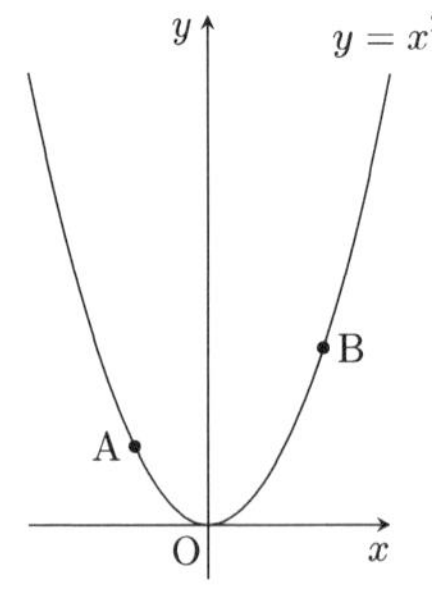

(1) 점 A의 x좌표가 -1일 때, $\triangle$AOB의 넓이를 구하시오.

(2) $\overline{\mathrm{AB}} = 2$일 때, 점 B의 x좌표를 구하시오.

(3) $\angle\mathrm{AOB} = 90°$일 때, 점 B의 x좌표를 구하시오.

문제 16.2

그림과 같이, 직선 $y=-\frac{4}{3}x+\frac{17}{3}$과 $y=\frac{3}{2}x$, $y=-\frac{1}{5}x$이 각각 A, B에서 만난다.

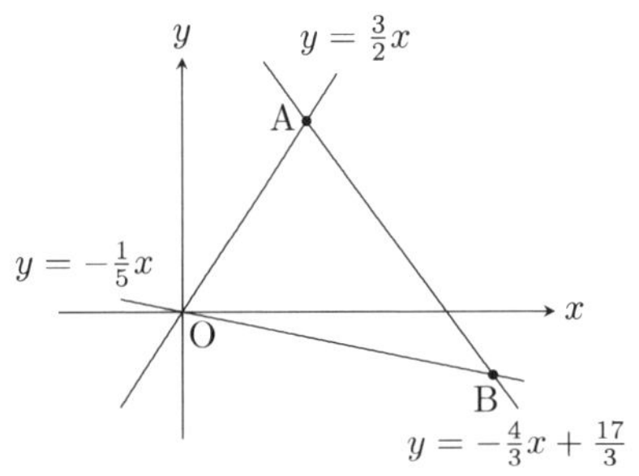

(1) 이 세 직선으로 둘러싸인 삼각형 OAB의 넓이를 구하시오. 단, O는 원점이다.

(2) 원점 O에서 변 AB에 내린 수선의 발을 H라 할 때, 선분 OH의 길이를 구하시오. 단, 중학교 수준으로 구해야 한다.

문제 16.3

그림과 같이, 함수 $y=2x^2$위에 두 점 A$(-1,2)$, D$(2,8)$가 있고, 함수 $y=\frac{1}{2}x^2$위에 x좌표가 b인 점 B가 있다. 단, $b\geq 2$이다. 선분 AD와 y축과의 교점을 지나고, 기울기가 $\frac{1}{2}$인 직선 l이 평행사변형 ABCD의 넓이를 이등분할 때, 점 C의 좌표를 구하시오.

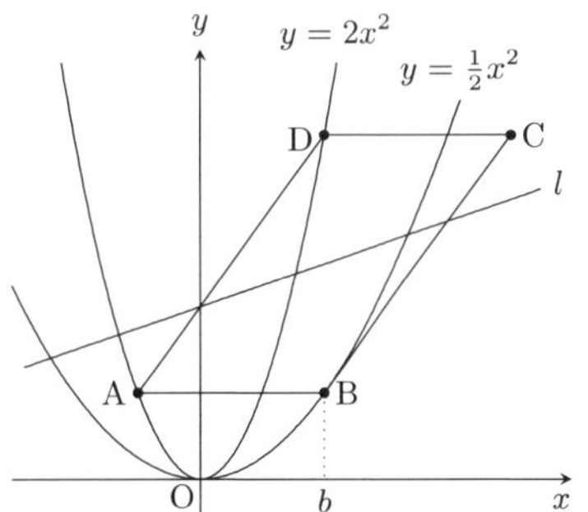

문제 16.4

그림과 같이, 좌표평면 위에 이차함수 $y = x^2$와 두 점 $\mathrm{A}(a, a^2)$, $\mathrm{B}(-1, 6)$가 있다. 점 B를 지나고, 직선 OA에 평행한 직선 l과 $y = x^2$과의 교점을 C, D라 하고, y축과의 교점을 E라 한다. 단, O는 원점이고, $a > 0$이다.

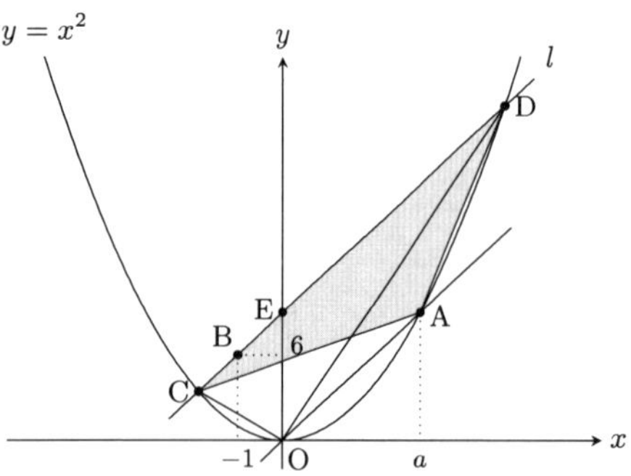

(1) 점 E의 좌표를 a를 사용하여 나타내시오.

(2) 직선 AE와 x축이 평행할 때, a의 값을 구하시오.

(3) (2)에서, 삼각형 ACD의 넓이를 구하시오.

제 17 절 점검 모의고사 17회

문제 17.1

그림과 같이, 함수 $y = x^2$과 x축 위의 점 P를 지나는 두 직선이 네 점 A, B, C, D에서 만난다.

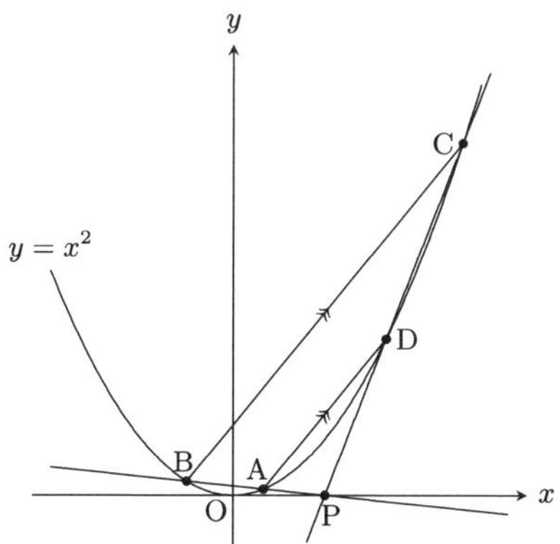

$A\left(\frac{1}{3}, \frac{1}{9}\right)$, $B\left(-\frac{1}{2}, \frac{1}{4}\right)$, $\overline{AD} \mathbin{/\!/} \overline{BC}$이다.

(1) 점 P의 좌표를 구하시오.

(2) 두 점 C, D를 지나는 직선의 방정식의 기울기를 구하시오.

문제 17.2

그림과 같이, 함수 $y = ax^2$의 그래프와 직선 $y = bx$가 있다. 정사각형 ABCD의 꼭짓점 A, C는 이차함수 $y = ax^2$의 그래프 위에 있고, 변 AB는 y축과 평행하고, 점 A의 좌표는 $(-9, 27)$이다. 단, 점 C의 y좌표는 27보다 작다.

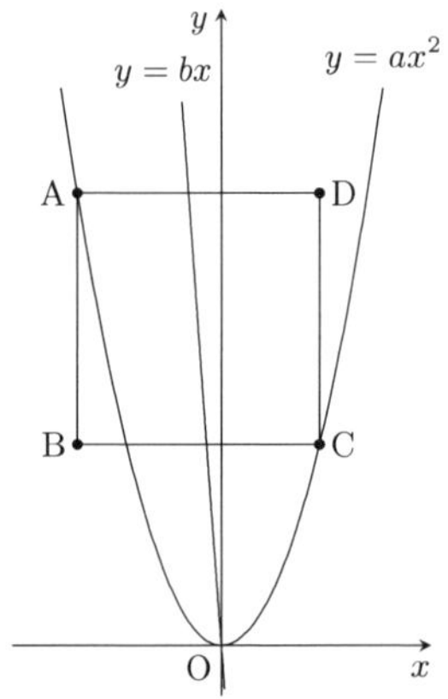

(1) a의 값을 구하시오.

(2) 점 C의 좌표를 구하시오.

(3) 직선 $y = bx$가 정사각형 ABCD의 넓이를 이등분할 때, b의 값을 구하시오.

문제 17.3

그림과 같이, 함수 $y = -\frac{1}{2}x^2$의 그래프 위에 x좌표가 각각 $-2, 6$인 점 A, B가 있고, 함수 $y = \frac{12}{x}(x > 0)$의 그래프 위에 x좌표가 6인 점 C가 있다. 함수 $y = \frac{12}{x}(x > 0)$의 그래프 위에 x좌표, y좌표가 모두 자연수인 점 P를 잡는다. $\triangle$ABP와 $\triangle$ABC의 넓이가 같을 때, 점 C이외의 점 P의 좌표를 구하시오.

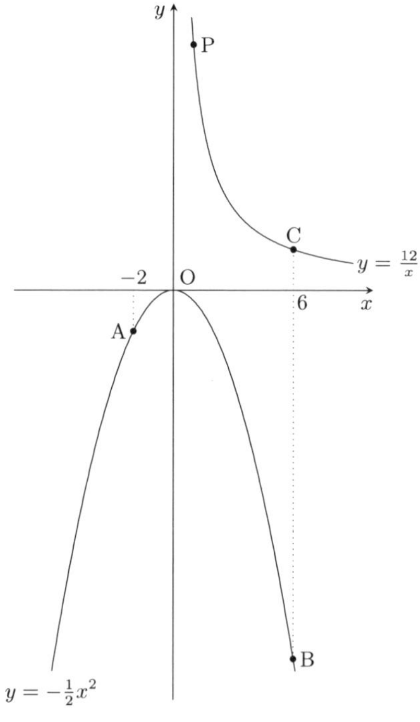

문제 17.4

그림과 같이, 점 O는 원점이고, 직선 $l : y = x - 6$, 직선 $m : y = -7x + 10$이다. 또, 점 A$(3, -3)$, B$(5, -1)$, C$(1, 3)$, D$(0, 10)$, E$(8, 8)$이고, 점 M은 두 직선 l과 m의 교점이다. 점 F는 직선 l위의 점이고, 점 A, B, F의 순으로 나열된다. 사각형 AFDC와 사각형 ABEC의 넓이가 같을 때, 점 F의 좌표를 구하시오.

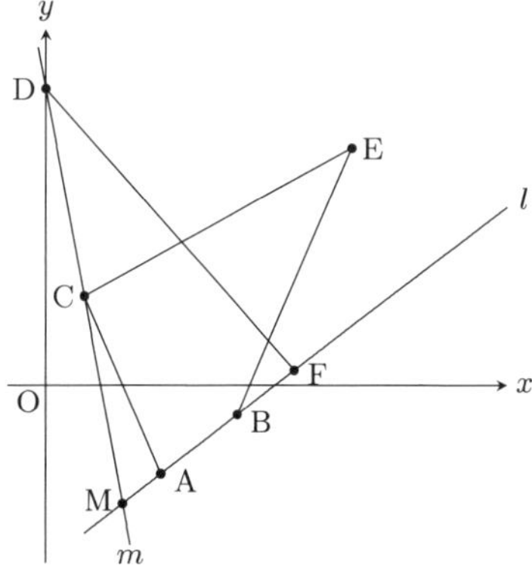

제 18 절 점검 모의고사 18회

문제 18.1

그림과 같이, 네 점 A, B, C, D는 이차함수 $y = x^2$ 위에 있고, 점 A의 x좌표는 $a(a > 2)$이고, 점 D의 x좌표는 -1이다. 직선 AB와 직선 CD의 기울기는 모두 1이다.

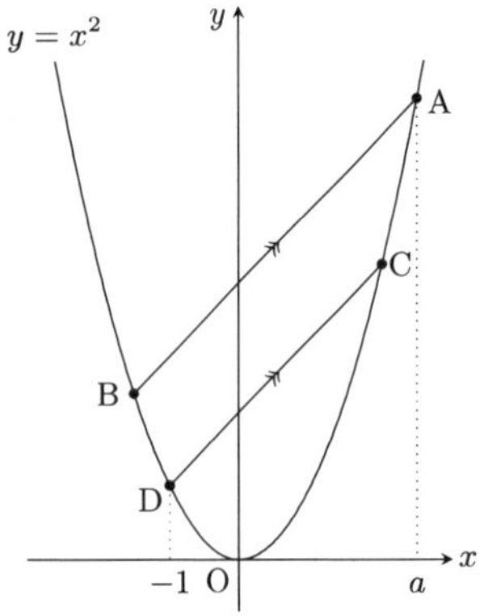

(1) 점 C의 좌표와 선분 CD의 길이를 구하시오.

(2) 직선 AB의 방정식, 점 B의 x좌표, 그리고 선분 AB의 길이를 각각 a를 사용하여 나타내시오.

(3) 사각형 ABDC의 넓이 S를 a를 사용하여 나타내시오.

문제 18.2

좌표평면 위에 다섯 점 A$(-2, 5)$, B$(-5, 2)$, C$(-3, -1)$, D$(1, -1)$, E$(4, 3)$가 있다. 점 A를 지나고 오각형 ABCDE의 넓이를 이등분하는 직선의 방정식을 구하시오.

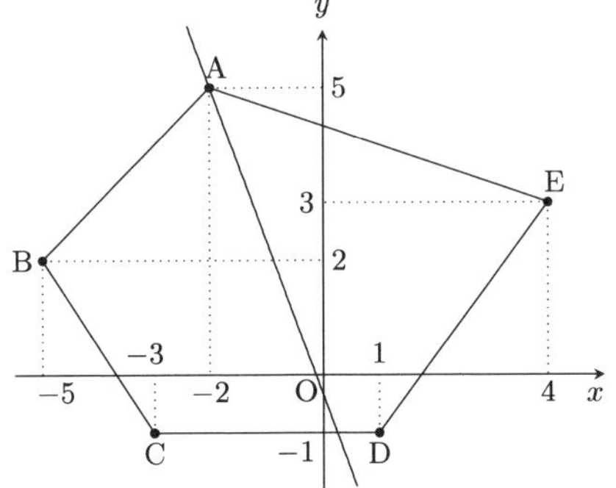

문제 18.3

그림과 같이, 이차함수 $y = ax^2 (a > 1)$과 직선 l이 두 점 A, C에서 만나고, 직선 l과 y축, x축과의 교점을 각각 B, D라 한다. 점 A의 x좌표는 1이고, 점 B의 y좌표는 1이다.

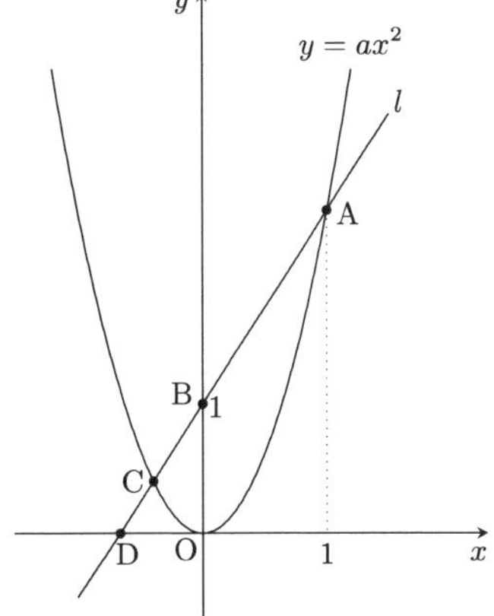

(1) $\overline{AB} : \overline{BD} = 3 : 2$일 때, 점 D와 C의 좌표를 각각 구하시오.

(2) 점 A를 지나고 x축에 수직인 직선과 이차함수 $y = -2x^2$의 교점을 P라 한다. $\triangle$BAP가 $\overline{BA} = \overline{BP}$인 이등변삼각형일 때, a의 값을 구하시오.

문제 18.4

그림과 같이, 두 이차함수 $y = \frac{1}{8}x^2$, $y = ax^2(a > 0)$ 위에 각각 점 A, B가 있다. 점 A의 x좌표는 4이고, 점 B의 x좌표는 2이다. 사각형 OABC가 정사각형이 되도록 점 C를 잡는다.

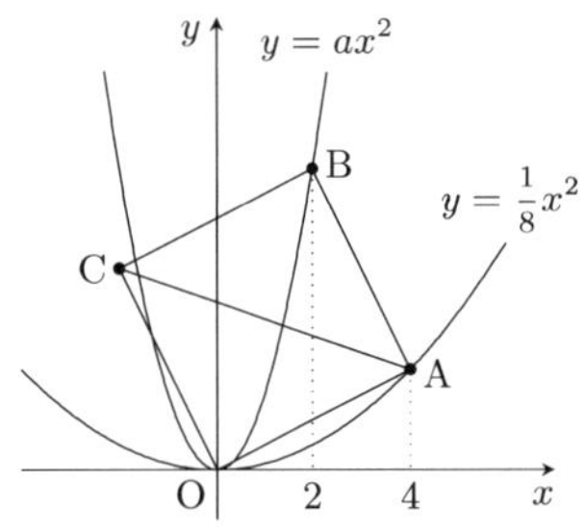

(1) 직선 AC의 방정식을 구하시오.

(2) 직선 AC와 평행한 직선을 m이라 한다. 정사각형 OABC를 직선 m으로 나누면, 두 부분의 넓이의 비가 1 : 7일 때, 직선 m의 방정식을 모두 구하시오.

제 19 절 점검 모의고사 19회

문제 19.1

그림과 같이, $y = x^2$과 직선 $y = x + 2$가 두 점 A, B에서 만난다. 직선 AB와 x축과의 교점을 C라 하고, x축 위에 $\overline{\mathrm{AO}} \mathbin{/\!/} \overline{\mathrm{BD}}$를 만족하는 점 D를 잡는다. 단, 점 A의 x좌표는 음수이다.

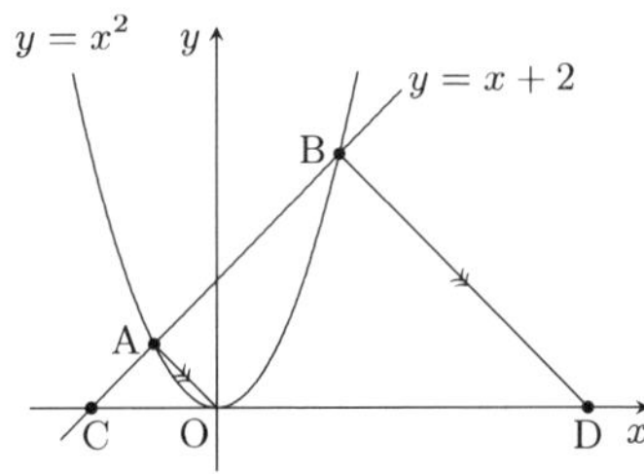

(1) △ACO의 넓이를 구하시오.

(2) 사다리꼴 AODB의 넓이를 구하시오.

(3) 점 E가 직선 AB위의 점으로, △ACO와 △BDE의 넓이의 비가 1 : 32를 만족할 때, 점 E의 좌표를 모두 구하시오.

문제 19.2

그림과 같이, 좌표평면 위에 네 점 A, B, C, D가 있다. 점 B$(-2, -3)$, 점 D$(4, 5)$, 점 C의 x좌표가 2일 때, 다음 물음에 답하시오.

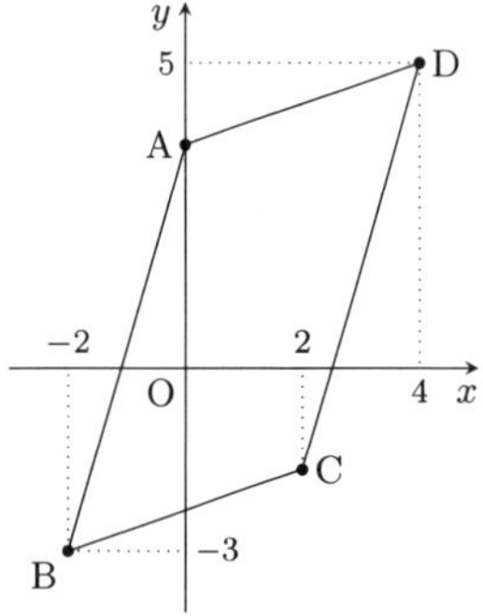

(1) 직선 BC의 기울기가 $\frac{1}{3}$일 때, 점 C의 y좌표를 구하시오.

(2) (1)에서, 사각형 ABCD가 평행사변형일 때, 점 A의 좌표를 구하시오.

문제 19.3

그림에서, 사각형 ABCD는 정사각형이고, 변 AB는 x축 위에 있고, 점 A의 x좌표는 2이다. 점 D는 $y = x^2$위에 있고, 직선 BD와 $y = x^2$의 교점 중 점 D가 아닌 점을 E라 한다. 선분 AE와 y축과의 교점을 F라 한다.

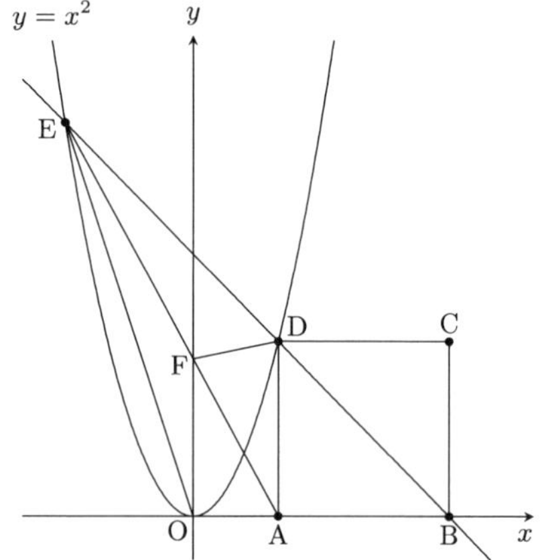

(1) 점 F의 좌표를 구하시오.

(2) 삼각형 OEF와 삼각형 FED의 넓이의 비를 구하시오.

문제 19.4

그림과 같이, 이차함수 $y = ax^2$ 위에 두 점 $\mathrm{A}(-4, 8)$, $\mathrm{B}(b, 2)$가 있다.

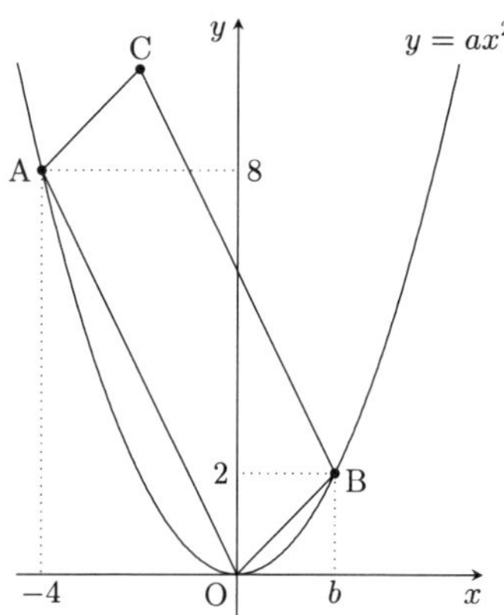

사각형 AOBC가 평행사변형이 되도록 점 C를 잡고, 평행사변형 AOBC를 변 AB를 축으로 하여 1회전시켜 만들어진 입체의 부피를 구하시오.

제 20 절 점검 모의고사 20회

문제 20.1

그림과 같이, 직선 $y = x + 4$가 함수 $y = \frac{1}{2}x^2(x \le 0)$, y축, $y = \frac{1}{9}x^2(x \ge 0)$와 각각 점 A, C, B에서 만난다. 점 A의 y 좌표는 $(-2, 2)$이다.

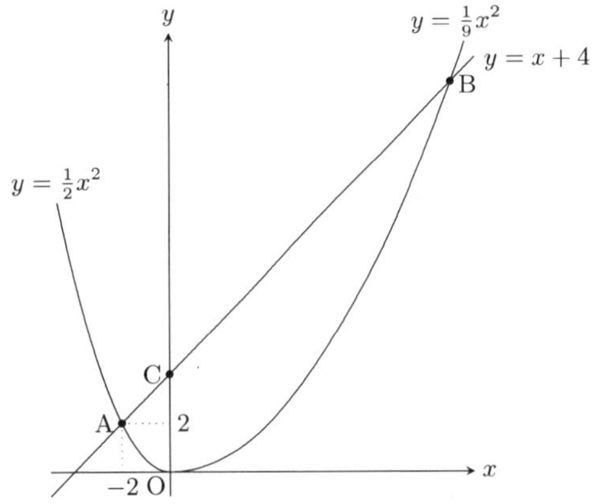

(1) 원점 O를 지나는 직선 $y = mx$가 선분 AB와 만나는 점을 D라 한다. $\triangle$OAD : $\triangle$OBD = 1 : 2일 때, m의 값을 구하시오.

(2) 점 C를 지나고 직선 OA에 평행한 직선과 함수 $y = \frac{1}{2}x^2(x \le 0)$, $y = \frac{1}{9}x^2(x >\ge 0)$와 교점을 각각 E, F 라 한다. 이때, 사각형 OAEF의 넓이는 삼각형 OAB의 넓이의 몇 배인지 구하시오.

문제 20.2

그림과 같이, 이차함수 $y = \frac{1}{4}x^2$의 그래프 위에 세 점 A, P, Q가 있다. 점 A, P, Q의 x좌표가 각각 -4, n, $n-1$이다. 단, n은 자연수이다.

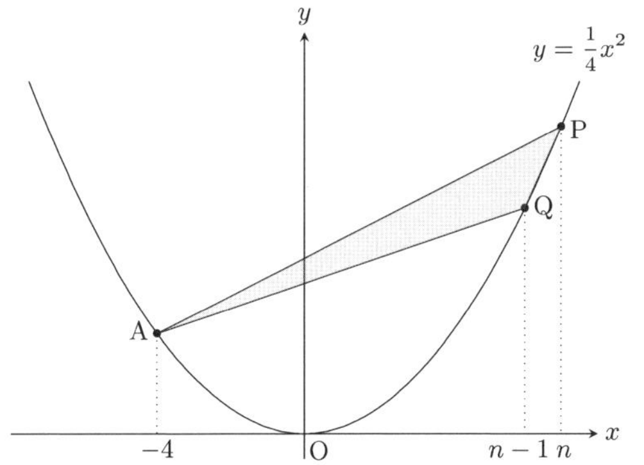

(1) 직선 AP의 방정식을 구하시오.

(2) 삼각형 APQ의 넓이를 n을 사용하여 나타내시오.

(3) 삼각형 APQ의 넓이가 25보다 클 때, n의 최솟값을 구하시오.

문제 20.3

그림과 같이, x좌표가 2인 점 A에서 만나는 두 직선 $y = -2x + 7$과 $y = ax + \frac{5}{3}$이 있다. 단, a는 상수이다. 점 B는 $y = ax + \frac{5}{3}$와 x축과의 교점이고, 점 C는 직선 $y = 2x + 7$과 x축과의 교점이다. 또, 점 B를 지나고 직선 $y = -2x + 7$에 평행한 직선과 y축과의 교점을 D라 한다.

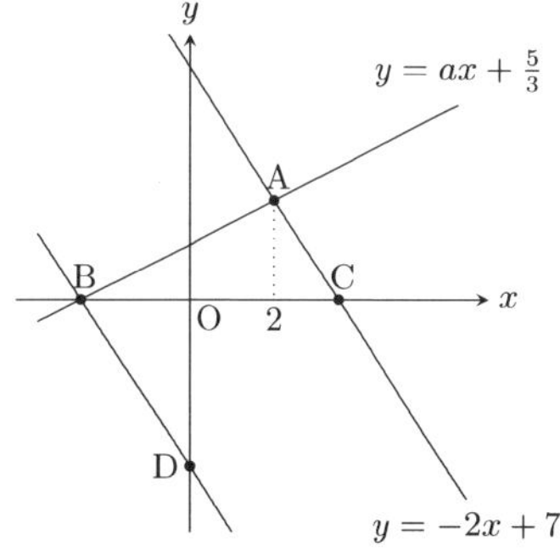

(1) 직선 BD의 방정식을 구하시오.

(2) 점 P가 직선 $y = -2x + 7$위의 점으로 x좌표가 $t(t > 2)$이고, 삼각형 PAB와 사각형 ABDC의 넓이가 같을 때, t의 값을 구하시오.

문제 20.4

그림과 같이, 좌표평면에 원점 O, 점 P(8, 0), 점 Q(8, 16), R(0, 16)가 있고, 직선 $y = 2x$위에 점 A와, $y = 4x$위에 점 B가 있다. 한 변의 길이가 $3\sqrt{2}$인 정사각형 X의 대각선이 선분 AB이다. 두 점 A, B의 x좌표가 같고, 양수이다. 직사각형 OPQR에서 정사각형 X를 제거한 부분을 Y라 한다. 점 S(4, 8)을 지나고 Y의 넓이를 이등분하는 직선 l의 방정식을 구하시오.

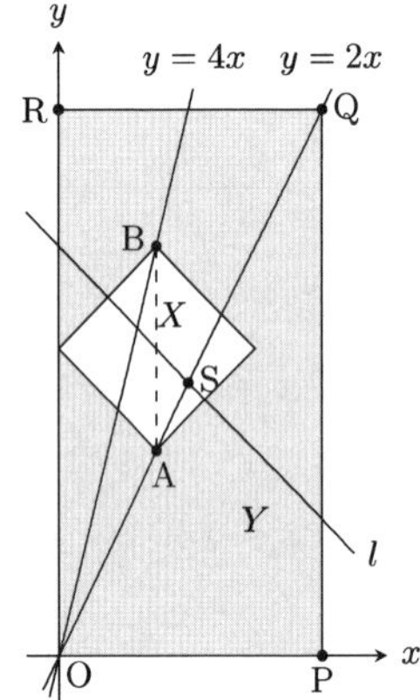

제 3 장

점검 모의고사 풀이

- 알림사항

- 답만 확인하고 넘어가지 말고, 풀이까지 하나하나 확인해야합니다.
- 풀이 중 이해가 되지 않는 부분은 http://mathlove.net 에 들어와서 질문하기 바랍니다.

제 1 절 점검 모의고사 1회 풀이

문제 1.1 그림과 같이, 이차함수 $y = ax^2(a > 0)$과 직선 l이 두 점 $\mathrm{A}(1-\sqrt{5}, 3-\sqrt{5})$, $\mathrm{B}(1+\sqrt{5}, b)$에서 만난다.

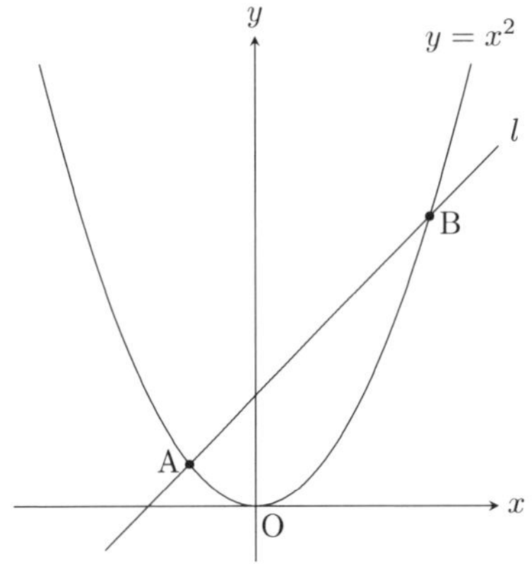

(1) a, b의 값을 구하시오.

(2) 직선 l의 방정식을 구하시오.

(3) 삼각형 OAB의 넓이를 구하시오.

(4) 이차함수 위에 $\triangle\mathrm{OAB} = \triangle\mathrm{PAB}$를 만족하는 점 P가 원점 O이외에 세 점이 있다. 이 점을 x좌표가 작은 수부터 P_1, P_2, P_3라 할 때, 삼각형 $\mathrm{P}_1\mathrm{P}_2\mathrm{P}_3$의 넓이를 구하시오.

풀이

(1) $3-\sqrt{5} = a(1-\sqrt{5})^2$이므로 $a = \frac{1}{2}$이다. 그러므로 $b = \frac{1}{2} \times (1+\sqrt{5})^2 = 3+\sqrt{5}$이다.

(2) 직선 l의 기울기는 $\frac{1}{2} \times \{(1-\sqrt{5}) + (1+\sqrt{5})\} = 1$이고, 직선 l의 y절편은 $-\frac{1}{2} \times (1-\sqrt{5}) \times (1+\sqrt{5}) = 2$이므로, 직선 l의 방정식은 $y = x+2$이다.

(3) $\triangle\mathrm{OAB} = \frac{\overline{\mathrm{OC}} \times \{(1+\sqrt{5})-(1-\sqrt{5})\}}{2} = \frac{2 \times 2\sqrt{5}}{2} = 2\sqrt{5}$이다.

(4) $\mathrm{D}(0, 4)$라 하면, $\triangle\mathrm{DAB} = \triangle\mathrm{OAB}$이므로 점 D를 지나 l에 평행한 직선과 $y = \frac{1}{2}x^2$과의 교점이 P_1, P_3이다. 또, 원점 O를 지나 직선 l에평행한 직선과 $y = \frac{1}{2}x^2$과의 교점이 P_2이다.
점 P_1, P_3의 x좌표는

$$\frac{1}{2}x^2 = x+4, \quad (x+2)(x-4) = 0$$

의 해이므로 $x = -2, 4$이다. 따라서

$$\triangle\mathrm{P}_1\mathrm{P}_2\mathrm{P}_3 = \triangle\mathrm{P}_1\mathrm{OP}_3 = \frac{\overline{\mathrm{OD}} \times (4+2)}{2} = \frac{4 \times 6}{2} = 12$$

이다.

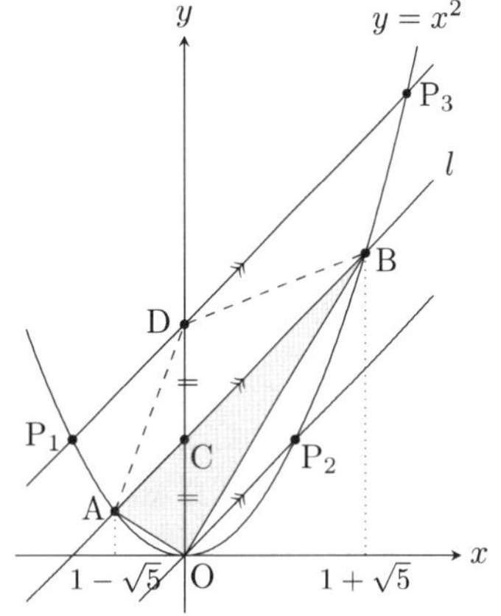

문제 1.2 그림과 같이, 직선 $y = x + 4$와 직선 l, x축, y축과의 교점을 각각 A, B, C라 하고, 직선 l과 y축과의 교점을 D라 한다. 점 A의 x좌표가 1이고, 직선 l의 기울기가 음수이다.

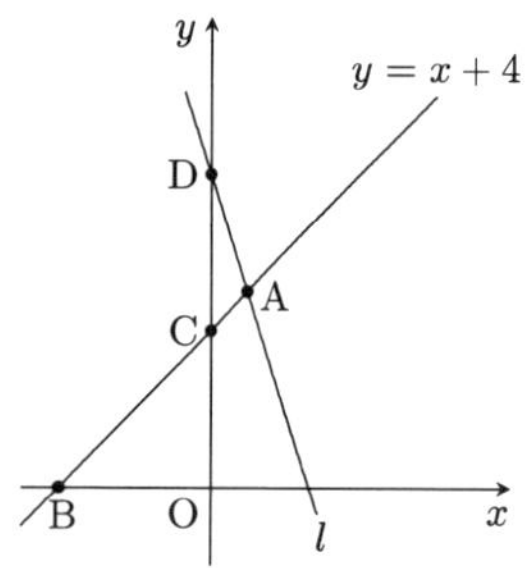

(1) △ADC의 넓이가 2일 때, 직선 l의 방정식을 구하시오.

(2) (1)에서, 직선 l위에 점 E를 △CBE = 8이 되도록 잡는다. 이때, 점 E의 좌표를 구하시오. 단, 점 E의 x좌표는 1보다 크다.

풀이

(1) 우선 점 A, B, C의 좌표를 구하면, 점 A$(1, 5)$, 점 B$(-4, 0)$, C$(0, 4)$이다.
점 D의 y좌표를 d라 하면, △ADC의 넓이가 2이므로,

$$\frac{1}{2} \times (d - 4) \times 1 = 2$$

에서 $d = 8$이다. 즉, D$(0, 8)$이다.
그러므로 직선 l의 방정식, 즉, 직선 AD의 방정식은

$$y = \frac{5 - 8}{1 - 0}x + 8, \ \ y = -3x + 8$$

이다.

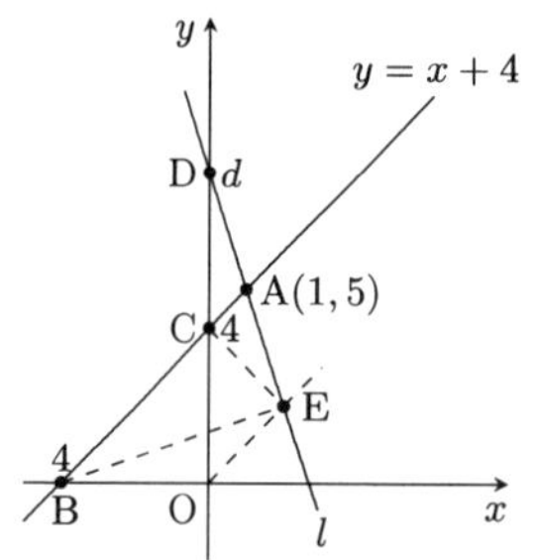

(2) $\triangle\text{CBO} = \frac{1}{2} \times 4 \times 4 = 8$이다. △CBE = 8이므로, △CBE = △CBO이다. 즉, $\overline{\text{OE}} \,/\!/\, \overline{\text{BC}}$이다.
그러므로 점 E는 원점 O를 지나고 $y = x+4$에 평행한 직선과 직선 l의 교점이다. 원점 O를 지나고 $y = x+4$에 평행한 직선의 방정식이 $y = x$이므로 $x = -3x+8$를 풀면 $x = 2$이다. 즉 E$(2, 2)$이다.

문제 1.3 이차함수 $y = \frac{1}{36}x^2$과 직선 $y = \frac{1}{3}x + n(n > 0)$의 교점을 A, B라 하고, 직선과 x축과의 교점을 C, y축과의 교점을 D라 한다. 단, 점 A는 점 B보다 왼쪽에 있다. $\overline{\text{CA}} : \overline{\text{AD}} = 1 : 2$이다.

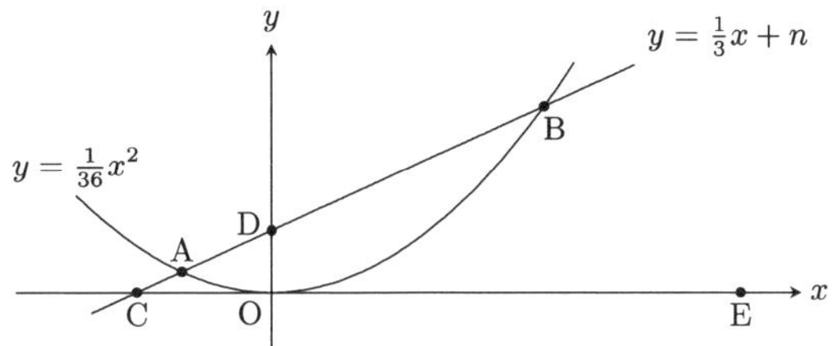

(1) n의 값을 구하시오.

(2) x축 위에, x좌표가 양수인 점 E가 있고, 이차함수 위에 점 F가 있다. 사각형 AEBF가 평행사변형이 될 때, 점 E의 좌표를 구하시오.

풀이

(1) $y = \frac{1}{3}x + n$의 x절편과 y절편이 각각 $-3n$, n이므로 $\overline{\text{CA}} : \overline{\text{AD}} = 1 : 2$로부터

$$\text{A}\left(\frac{2}{1+2} \times (-3), \frac{1}{1+2} \times n\right) = \text{A}\left(-2n, \frac{n}{3}\right)$$

이다. 점 A는 이차함수 $y = \frac{1}{36}x^2$위의 점이므로

$$\frac{n}{3} = \frac{1}{36} \times (-2n)^2, \ \ n(n-3) = 0$$

이다. $n > 0$이므로 $n = 3$이다.

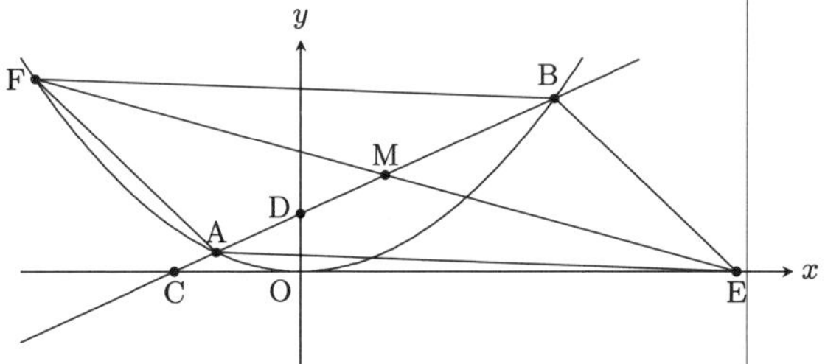

(2) (1)에서 $n = 3$이므로 A$(-6, 1)$이다. 점 B의 x좌표를 b라 하면

$$\frac{1}{36}(-6 + b) = \frac{1}{3}, \ \ b = 18$$

이다. 따라서 B$(18, 9)$이다.
선분 AB의 중점을 M이라 하면, M$(6, 5)$이다. E$(e, 0)$, F$\left(f, \frac{1}{36}f^2\right)$라 두면, 점 M은 선분 EF의 중점이므로

$$e + f = 6 \times 2 = 12, \ \ 0 + \frac{1}{36}f^2 = 5 \times 2 = 10$$

이다. 두번째 식을 정리하면 $f^2 = 360$이다. $f < 0$이므로 $f = -6\sqrt{10}$이다. 이를 첫번째 식에 대입하면 $e = 12 + 6\sqrt{10}$이다. 따라서 E$(12 + 6\sqrt{10}, 0)$이다.

문제 1.4 그림과 같이, 이차함수 $y = x^2$와 $y = 2x$와의 교점 중 원점이 아닌 점을 A라 하고, 이차함수 $y = -2x^2$와 $y = 2x$와의 교점 중 원점이 아닌 점을 B라 한다. 또, 점 $C(-2, 0)$, $D(5, 0)$이다. 네 점 A, B, C, D는 한 원 위에 있다. 이때, 짧은 호 AD의 길이를 구하시오.

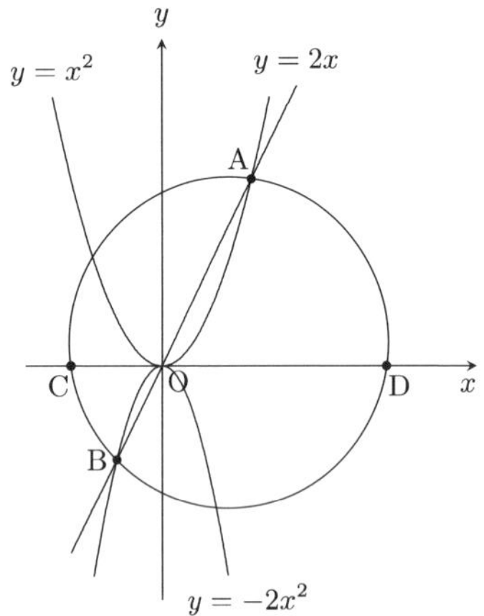

풀이 $y = x^2$과 $y = 2x$를 연립하여 풀면 $x = 2$ 또는 0이다. $x \neq 0$이므로 $A(2, 4)$이다.
$y = -2x^2$과 $y = 2x$를 연립하여 풀면 $x = -1$ 또는 0이다. $x \neq 0$이므로 $B(-1, -2)$이다.
직선 AC의 기울기가 1이므로 $\angle ACD = 45°$이다. 원의 중심을 P라 하면, $\angle APD = 90°$이다. 즉, 삼각형 APD는 직각이등변삼각형이다.
점 A에서 x축에 내린 수선의 발을 H라 하면, $\overline{AH} = 4$, $\overline{HD} = 3$이므로 삼각형 AHD는 세 변의 길이가 비가 $3 : 4 : 5$인 직각삼각형이다. 즉, $\overline{AD} = 5$이다.
따라서 $\overline{PD} = \frac{5}{\sqrt{2}} = \frac{5\sqrt{2}}{2}$이다. 그러므로 구하는 짧은 호 AD의 길이는 $\frac{5\sqrt{2}}{4}\pi$이다.

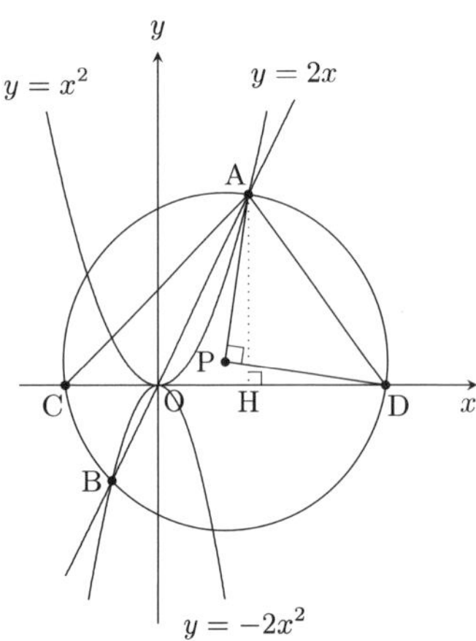

제 2 절 점검 모의고사 2회 풀이

문제 2.1 그림과 같이, 이차함수 $y = ax^2(a > 0)$과 직선 $y = 2x + b$가 두 점 A, B에서 만나고, 두 점 A, B의 x좌표가 각각 -1, 2이다. 또, y축 위에 $\triangle\mathrm{OAB} = \triangle\mathrm{OAC}$를 만족하는 점 C가 있다. 단, 점 C의 y좌표는 양수이다.

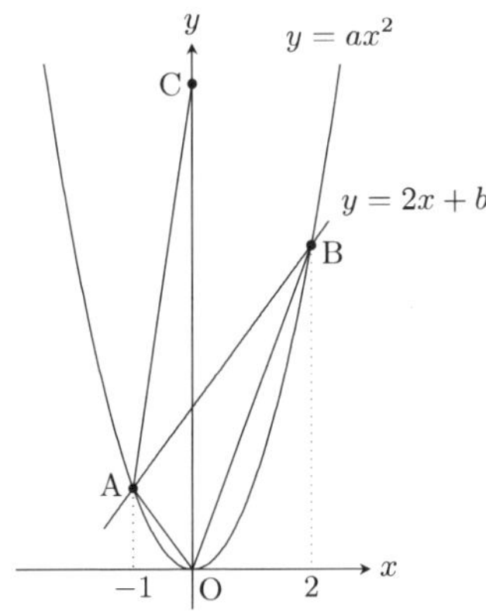

(1) a, b의 값을 구하시오.

(2) 삼각형 OAB의 넓이를 구하시오.

(3) 사각형 OBCA의 넓이를 구하시오.

(4) 점 A에서 직선 BC에 내린 수선의 길이를 구하시오.

풀이

(1) 직선 AB의 기울기와 y절편으로부터

$$a \times (-1 + 2) = 2, \quad -a \times (-1) \times 2 = b$$

가 성립한다. 이를 풀면 $a = 2$, $b = 4$이다.

(2) 직선 AB와 y축과의 교점을 D라 하면,

$$\triangle\mathrm{OAB} = \frac{\overline{\mathrm{OD}} \times (2+1)}{2} = \frac{4 \times 3}{2} = 6$$

이다.

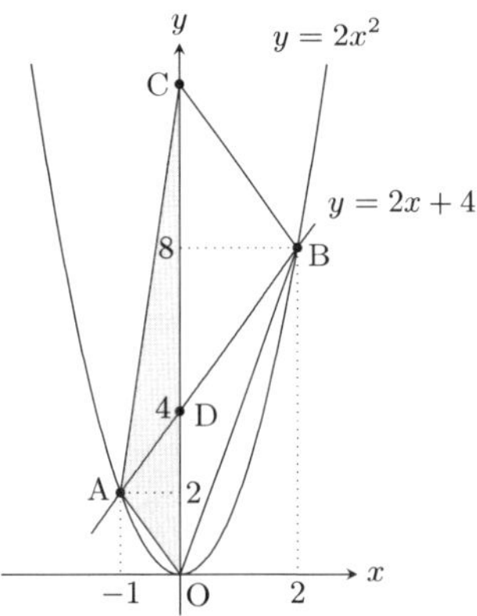

(3) 사각형 OBCA의 넓이는 $\triangle\mathrm{OAC} \times \dfrac{\overline{\mathrm{AB}}}{\overline{\mathrm{AD}}} = 6 \times 3 = 18$이다.

(4) $\triangle\mathrm{OAB} = \triangle\mathrm{OAC}$이므로 $\overline{\mathrm{BC}} \,/\!/\, \overline{\mathrm{OA}}$이다. 점 B에서 직선 OA에 내린 수선의 길이를 h라 한다. $\overline{\mathrm{OA}} = \sqrt{(-1)^2 + 2^2} = \sqrt{5}$이므로

$$\triangle\mathrm{OAB} = \frac{\sqrt{5} \times h}{2} = 6$$

이다. 이를 정리하면 $h = \frac{12\sqrt{5}}{5}$이다.

문제 2.2 그림과 같이, 함수 $y = ax^2(a > 0)$과 직선 $y = -3x+12$가 두 점 A, B에서 만나고, 직선 $y = -3x+12$가 x축, y축과 각각 C, D에서 만나고, 점 A, B의 y좌표의 비가 $4:1$이다. 또, 점 D를 지나고 기울기가 양수인 직선이 $y = ax^2$과 두 점 E, F에서 만나고, $\triangle\text{AEF} : \triangle\text{ABF} = 7 : 6$이다.

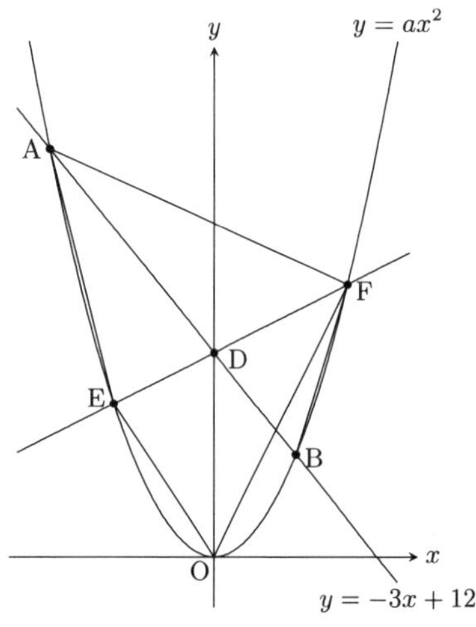

(1) a의 값을 구하시오.

(2) 삼각형 ODE의 넓이는 삼각형 ODF의 넓이의 몇 배인가?

풀이

(1) 점 B의 x좌표를 $b(b>0)$라 하면, $\text{B}(b, ab^2)$이다. 점 A, B의 y좌표의 비가 $4:1$이므로, 점 A의 y좌표는 $4ab^2$이고, 점 A의 x좌표는 $-2b$이다. 즉, $\text{A}(-2b, 4ab^2)$이다.
직선 AB의 방정식의 기울기와 y절편이 각각 -3, 12이므로,

$$a \times (-2b + b) = -3, \quad -a \times (-2b) \times b = 12$$

이다. 이를 연립하여 풀면 $b = 2$, $a = \frac{3}{2}$이다.
(다른 풀이) 점 B의 x좌표를 $b(b>0)$라 하면, $\text{B}(b, ab^2)$이다. 점 A, B의 y좌표의 비가 $4:1$이므로, 점 A의 y좌표는 $4ab^2$이고, 점 A의 x좌표는 $-2b$이다. 즉, $\text{A}(-2b, 4ab^2)$이다.
점 A, B가 $y = -3x+12$위의 점이므로,

$$(6b + 12) : (-3b + 12) = 4 : 1, \quad 18b = 36$$

이다. 따라서 $b = 2$이다. 즉, $\text{B}(2, 6)$이다.
그러므로 $6 = a \times 2^2$에서 $a = \frac{3}{2}$이다.

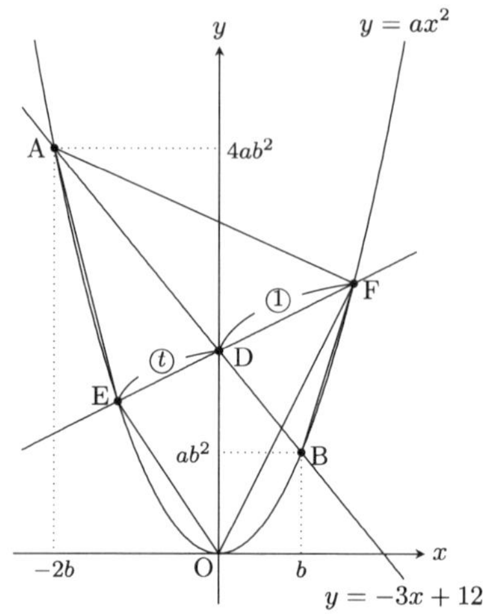

(2) $\triangle\text{ODE} : \triangle\text{ODF} = \overline{\text{ED}} : \overline{\text{DF}} = t : 1$라고 하면,

$$\triangle\text{ADE} : \triangle\text{ADF} = t : 1 = 2t : 2$$
$$\triangle\text{ADF} : \triangle\text{BDF} = 2 : 1$$

이다. 따라서

$$\triangle\text{ADE} : \triangle\text{ADF} : \triangle\text{BDF} = 2t : 2 : 1$$

이다. 이로부터

$$\triangle\text{AEF} : \triangle\text{ABF} = (2t + 2) : (2 + 1) = 7 : 6$$

이다. 이를 정리하면

$$3 \times 7 = (2t + 2) \times 6, \quad t = \frac{3}{4}$$

이다. 따라서 삼각형 ODE의 넓이는 삼각형 ODF의 넓이의 $\frac{3}{4}$배다.

문제 2.3 그림과 같이, 직선 $y=-\frac{1}{2}x+2$과 기울기가 1인 직선 l이 점 P에서 만나고, x축 위에 점 $\mathrm{A}(-1,0)$이 있다. x축과 직선 $y=-\frac{1}{2}x+2$의 교점을 B라 하고, 직선 $y=-\frac{1}{2}x+2$ 위에 x좌표가 -1인 점을 C라 하고, x축과 직선 l의 교점을 Q라 하고, 점 P의 x좌표를 t라 한다.

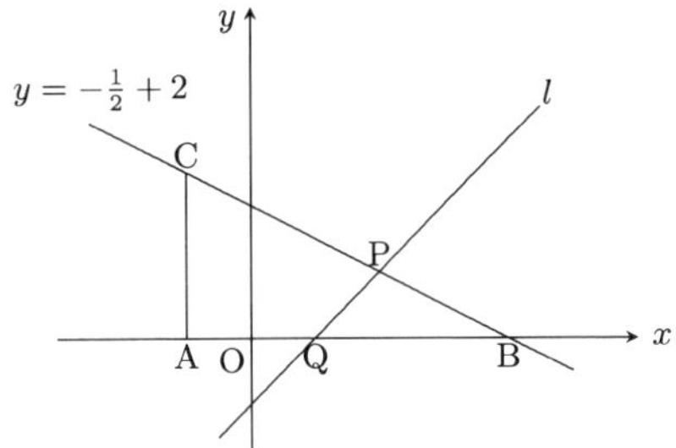

(1) 점 Q의 x좌표를 t를 이용하여 나타내시오.

(2) $\triangle\mathrm{BPQ}=\triangle\mathrm{ABC}\times\frac{3}{5}$일 때, t의 값을 구하시오.

풀이

(1) 점 P는 직선 $y=-\frac{1}{2}x+2$위의 점이므로, $\mathrm{P}\left(t,-\frac{1}{2}t+2\right)$이다. 점 P에서 x축에 내린 수선의 발을 R이라 하면, 직선 l의 기울기가 1이므로,

$$\overline{\mathrm{QR}}=\overline{\mathrm{PR}}=-\frac{1}{2}t+2$$

이다. 따라서 점 Q의 x좌표는 $t-\left(-\frac{1}{2}t+2\right)=\frac{3}{2}t-2$ 이다.

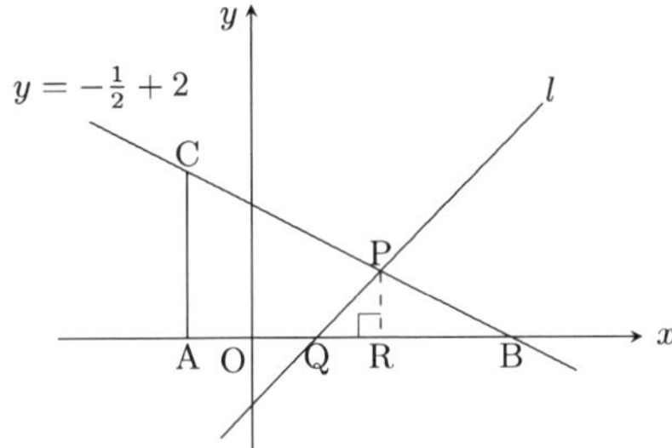

(2) $y=-\frac{1}{2}x+2$에서 $y=0$을 대입하면 $x=4$이고, $x=-1$을 대입이면 $y=\frac{5}{2}$이다. 그러므로 $\mathrm{B}(4,0)$, $\mathrm{C}\left(-1,\frac{5}{2}\right)$이다.

$$\triangle\mathrm{ABC}=\frac{1}{2}\times5\times\frac{5}{2}=\frac{25}{4}$$

이고,

$$\begin{aligned}\triangle\mathrm{BPQ}&=\frac{1}{2}\times\left(6-\frac{3}{2}t\right)\times\left(2-\frac{1}{2}t\right)\\&=\frac{3}{8}(4-t)^2\end{aligned}$$

이다. $\triangle\mathrm{BPQ}=\triangle\mathrm{ABC}\times\frac{3}{5}$이므로,

$$\frac{3}{8}(4-t)^2=\frac{15}{4},\ \ (4-t)^2=10$$

이다. 점 Q는 선분 AB위의 점이므로, $4-t=\sqrt{10}(>0)$이다. 따라서 $t=4-\sqrt{10}$이다.

문제 2.4 그림과 같이, 좌표평면 위에 O$(0,0)$, A$(15,0)$, B$(8,14)$가 있다. y축의 양의 부분 위의 점 C에 대하여, $\angle$AOB $=$ $\angle$ACB가 성립할 때, 점 C의 좌표를 구하시오.

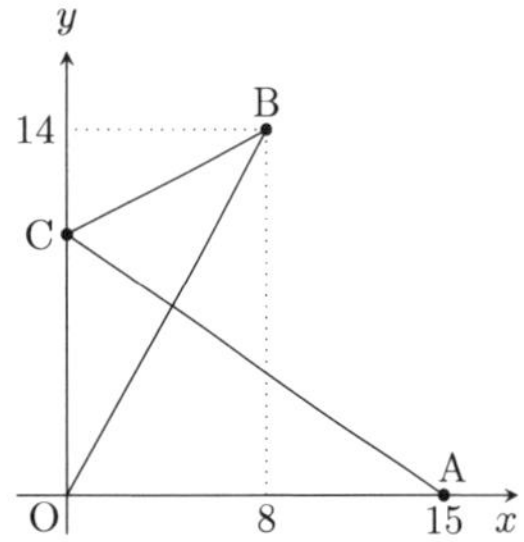

(풀이) 세 점 O, A, B에서 같은 거리에 있는 점을 P라 하면, 점 P는 삼각형 OAB의 외심으로, 선분 OA의 수직이등분선 $x = \frac{15}{2}$와 선분 AB의 수직이등분선 $y = \frac{1}{2}x + \frac{5}{4}$의 교점이다. 그러므로 점 P의 y좌표는 $\frac{1}{2} \times \frac{15}{2} + \frac{5}{4} = 5$이다. 즉, P$\left(\frac{15}{2}, 5\right)$이다.

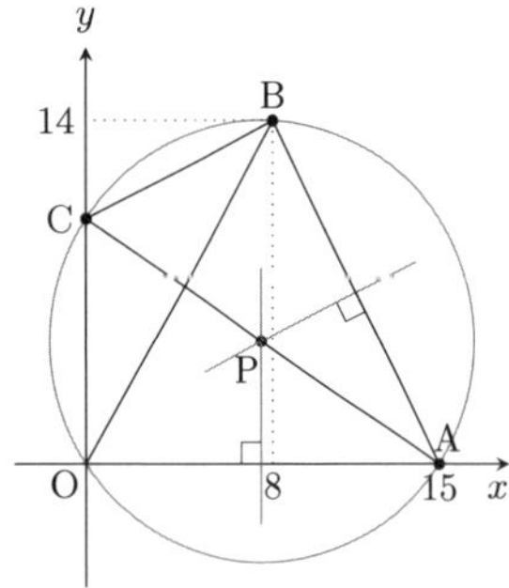

$\angle$AOB $=$ $\angle$ACB이므로, 점 C는 삼각형 OAB의 외접원의 위에 있다. 그림에서 선분 OC의 중점이 $(0,5)$이므로 C$(0,10)$이다.

제 3 절 점검 모의고사 3회 풀이

문제 3.1 그림과 같이, 이차함수 $y = \frac{1}{a^2}x^2$과 직선 l : $y = \frac{1}{a}x + b$가 두 점 A, B에서 만난다. 직선 m과 l은 평행하고, 점 P는 직선 m 위를 움직인다. 점 B의 좌표가 $(2a, 2a)$이다.

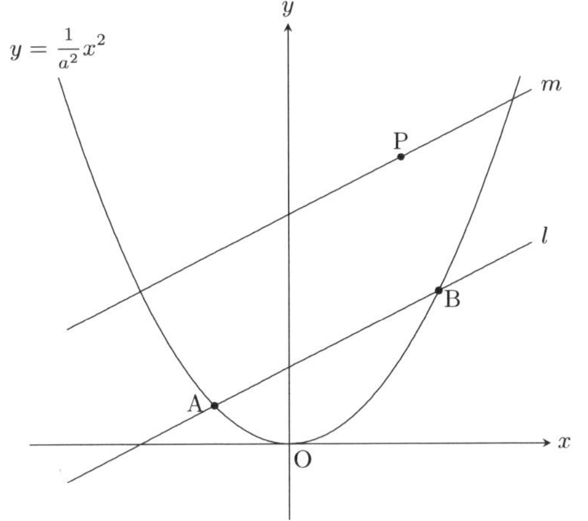

(1) a, b의 값을 구하시오.

(2) 점 A의 좌표를 구하시오.

(3) 삼각형 PAB의 넓이가 12일 때, 직선 m의 방정식을 구하시오.

(4) (3)에서, 삼각형 POB의 넓이가 9일 때, 점 P의 좌표로 가능한 점을 모두 구하시오.

풀이

(1) 점 B는 이차함수와 직선 l의 교점이므로,

$$2a = \frac{1}{a^2} \times (2a)^2, \;\; 2a = \frac{1}{a} \times 2a + b$$

를 만족한다. 이를 풀면 $a = 2$, $b = 2$이다.

(2) (1)로부터 점 A의 x좌표는

$$\frac{1}{4}x^2 = \frac{1}{2}x + 2, \;\; (x+2)(x-4) = 0$$

의 해이다. $x < 0$이므로 $x = -2$이다. 즉, A$(-2, 1)$이다.

(3) 직선 m과 y축과의 교점을 C$(0, c)$라 하면,

$$\triangle\text{PAB} = \triangle\text{CAB} = \frac{(c-2)(4+2)}{2} = 12$$

이다. 이를 풀면 $c = 6$이다. 따라서 구하는 직선 m의 방정식은 $y = \frac{1}{2}x + 6$이다.

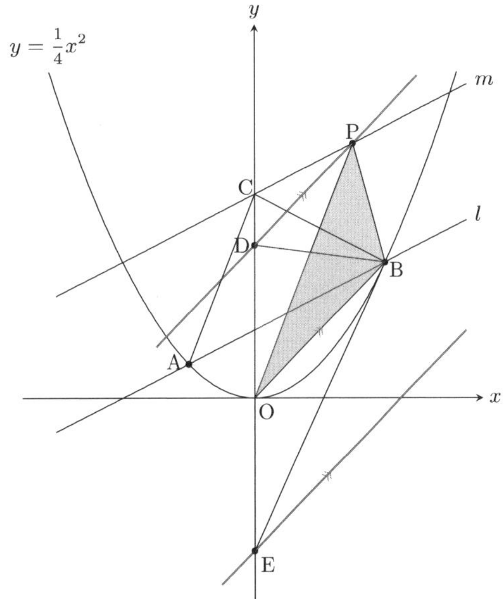

(4) 점 D$(0, d)(d > 0)$라 하면, $\triangle\text{DOB} = \frac{d \times 4}{2} = 9$로부터 $d = \frac{9}{2}$이다. 점 D를 지나고 직선 OB에 평행한 직선 $y = x + \frac{9}{2}$과 직선 m과의 교점이 점 P이다. 이 점의 x좌표는 $\frac{1}{2}x + 6 = x + \frac{9}{2}$의 해이다. 즉, $x = 3$이다. 따라서 P$\left(3, \frac{15}{2}\right)$이다.
같은 방법으로 그림의 점 E를 지나고 직선 OB에 평행한 직선 $y = x - \frac{9}{2}$와 직선 m과의 교점을 구하면, P$\left(21, \frac{23}{2}\right)$이다.

문제 3.2 그림과 같이, 함수 $y = 2x^2$과 직선 $y = x + 1$이 두 점 A, B에서 만나고, 점 A의 x좌표는 양수이다. 또, 함수 $y = 2x^2$과 직선 $y = -\frac{3}{2}x + \frac{1}{2}$이 두점 C, D에서 만나고, 점 D의 x좌표는 음수이다.

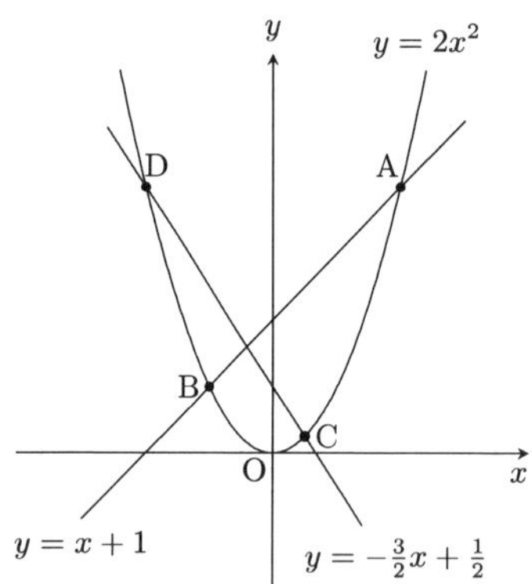

(1) 점 D의 좌표를 구하시오.

(2) 직선 AD위에 점 E를, 삼각형 BDE의 넓이와 사각형 ADBC의 넓이가 같도록 잡는다. 이때, 점 E의 좌표를 구하시오. 단, 점 E의 x좌표는 양수이다.

(3) 점 B를 지나고 사각형 ADBC의 넓이를 이등분하는 직선과 직선 AD와의 교점을 F라 한다. 이때, 점 F의 좌표를 구하시오.

풀이

(1) 점 D의 x좌표는

$$2x^2 = -\frac{3}{2}x + \frac{1}{2},\ \ (x+1)(4x-1) = 0$$

의 음수 해이므로 $x = -1$이다. 즉, $D(-1, 2)$이다.

(2) 두 점 A, B의 x좌표는

$$2x^2 = x + 1,\ \ (2x+1)(x-1) = 0$$

의 해이므로, $A(1, 2)$, $B\left(-\frac{1}{2}, \frac{1}{2}\right)$이다.

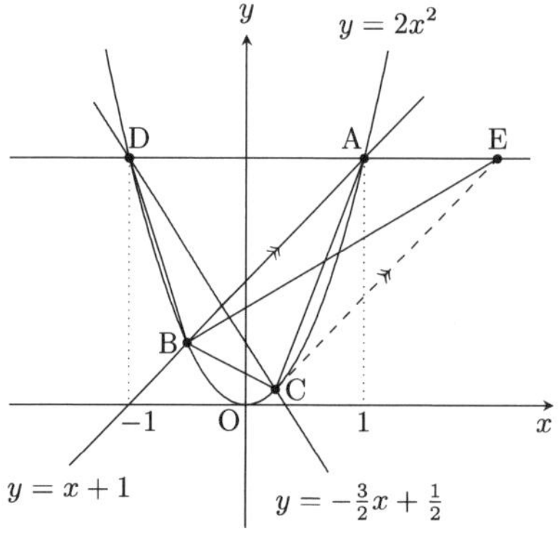

$\triangle BDE = \square ADBC$일 때, 양변에서 $\triangle ABD$를 빼면, $\triangle ABE = \triangle ABC$이다. 따라서 $\overline{CE} \mathbin{/\!/} \overline{AB}$이다.
(1)에서 $C\left(\frac{1}{4}, \frac{1}{8}\right)$이고, 직선 AD의 방정식은 $y = 2$이므로, $E(e, 2)$라 두면, $\overline{CE} \mathbin{/\!/} \overline{AB}$이므로, $\frac{2-\frac{1}{8}}{e-\frac{1}{4}} = 1$이다. 이를 정리하면, $e = \frac{17}{8}$이다. 따라서 $E\left(\frac{17}{8}, 2\right)$이다.

(3) 선분 DE의 중점을 M이라 하면, 직선 BM은 삼각형 BDE의 넓이를 이등분한다. 또, (2)로부터, 직선 BM은 사각형 ADBC의 넓이를 이등분한다. 그러므로 점 F와 점 M은 동일하다. 따라서 $F\left(\frac{9}{16}, 2\right)$이다.

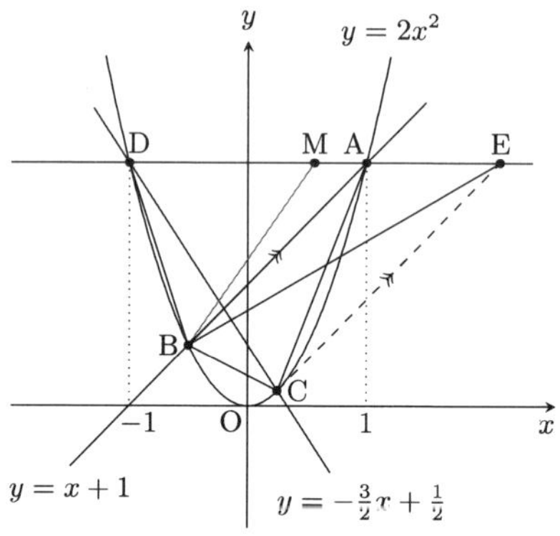

문제 3.3 그림과 같이, 직선 $y = -x + a$과 x축, y축과의 교점을 각각 A, B라 하고, 직선 $y = ax - 1$과 x축, y축과의 교점을 각각 C, D라 하고, 두 직선 $y = -x + a$과 $y = ax - 1$의 교점을 P라 한다. 단, $a > 1$이다.

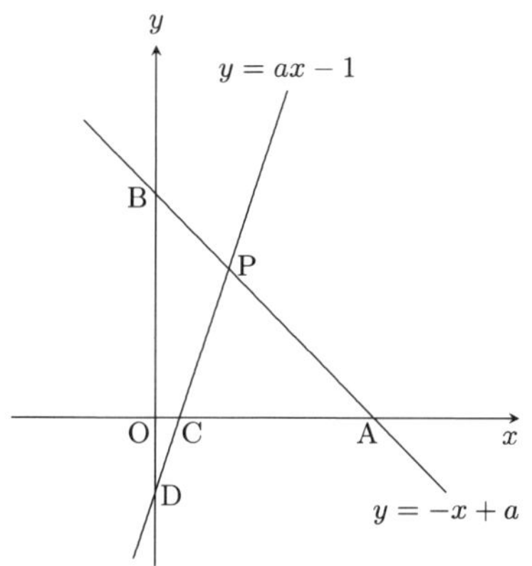

(1) 점 B를 지나고 직선 $y = ax - 1$에 평행한 직선과 x축과의 교점을 Q라 할 때, 점 Q의 좌표를 구하시오.

(2) 다음 보기 중 옳은 것을 모두 고르시오.

① 점 P는 직선 $x = 1$위에 있다. ② $\overline{\mathrm{AP}} : \overline{\mathrm{PB}} = a : 1$이다. ③ $\overline{\mathrm{OA}} > \overline{\mathrm{DP}}$이다. ④ $\triangle$APC는 예각삼각형이다.

풀이

(1) $\mathrm{B}(0, a)$이고, 기울기가 a이고 y절편이 a인 직선과 x축과의 교점은 $(-1, 0)$이므로 $\mathrm{Q}(-1, 0)$이다.

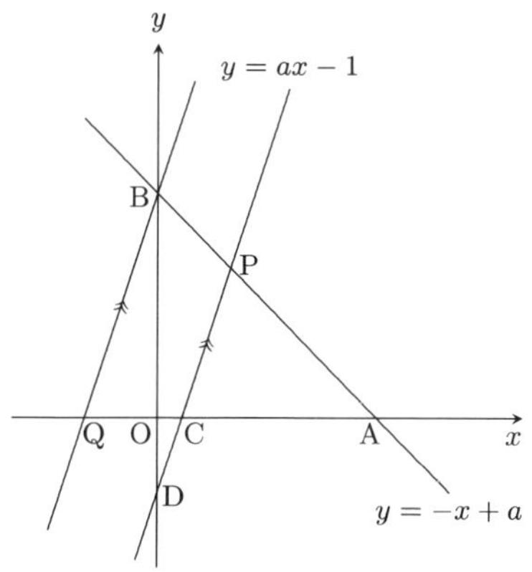

(2) $y = -x + a$, $y = ax - 1$을 연립하면,

$$-x + a = ax - 1, \quad (a + 1)x = a + 1$$

이다. $a > 1$이므로 $a + 1 \neq 0$이다. 양변을 $a + 1$로 나누면 $x = 1$이다. 즉, $\mathrm{P}(1, a - 1)$이다.
또, $\mathrm{A}(a, 0)$, $\mathrm{C}\left(\frac{1}{a}, 0\right)$, $\mathrm{D}(0, -1)$이다.

① $\mathrm{P}(1, a - 1)$이므로 $x = 1$위에 있다. (참)

② $\overline{\mathrm{AP}} : \overline{\mathrm{PB}} = (a - 1) : (1 - 0) = (a - 1) : 1$이다. (거짓)

③ $\overline{\mathrm{DP}} = \sqrt{1^2 + a^2} > a = \overline{\mathrm{OA}}$이다. (거짓)

④ $\angle\mathrm{PAC} = 45^\circ$이고, $45^\circ < \angle\mathrm{PCA} < 90^\circ$이므로, $\angle\mathrm{CPA} < 90^\circ$이다. 따라서 삼각형 APC는 예각삼각형이다. (참)

따라서 옳은 것은 ①, ④이다.

문제 3.4 그림과 같이, 함수 $y = \frac{1}{9}x^2$과 직선 l이 두 점 A, B에서 만난다. 점 A, B의 x좌표는 각각 3, -6이다. 또, 원점 O를 중심으로 하고 점 A를 지나는 원 O의 원주 위에 점 C, D, E가 있고, 점 C는 직선 l과 원 O와의 교점이고, 두 점 D, E는 x축 위의 점이다. 이때, 호 AE와 호 CD의 길이의 비를 구하시오. 단, 호 AE, 호 CD의 중심각은 모두 180° 이하이다.

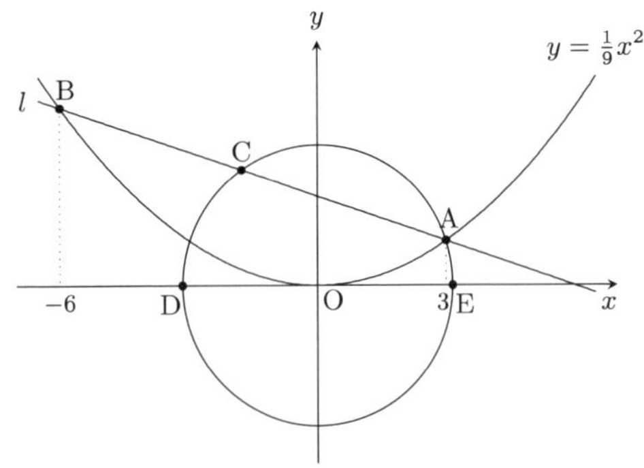

풀이 직선 l의 기울기와 y절편은 각각

$$\frac{1}{9} \times (3-6) = -\frac{1}{3}, \quad -\frac{1}{9} \times 3 \times (-6) = 2$$

이므로, 직선 l의 방정식은 $y = -\frac{1}{3}x + 2$이다. 직선 l과 x축과의 교점을 F라 하면, F$(6, 0)$이다.
A$(3, 1)$이므로 직선 OA의 기울기는 $\frac{1}{3}$이므로, $\angle\text{AOF} = \angle\text{AFO}$이다. 또, $\angle\text{OCA} = \angle\text{OAC} = 2 \times \angle\text{AOE}$이다. 그러므로 $\angle\text{COD} = 3 \times \angle\text{AOE}$이다.
따라서 호 AE와 호 CD의 길이의 비는 $3 : 1$이다.

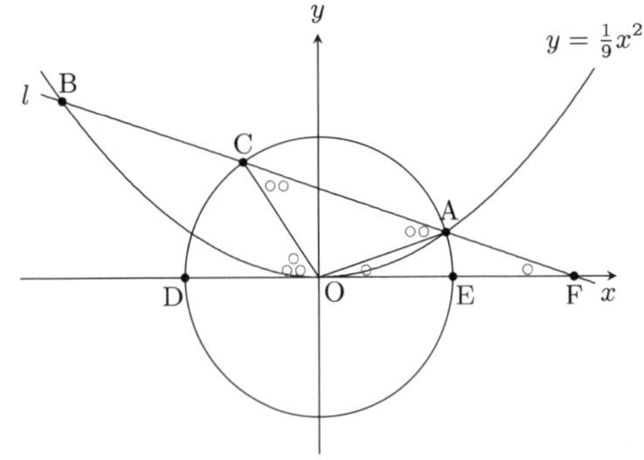

제 4 절 점검 모의고사 4회 풀이

문제 4.1 그림과 같이, 좌표평면 위에 두 점 $A(-2,3)$, $B(4,1)$이 있다. x축 위의 점 $P(p,0)$에 대하여, 평행사변형 APBQ를 그린다.

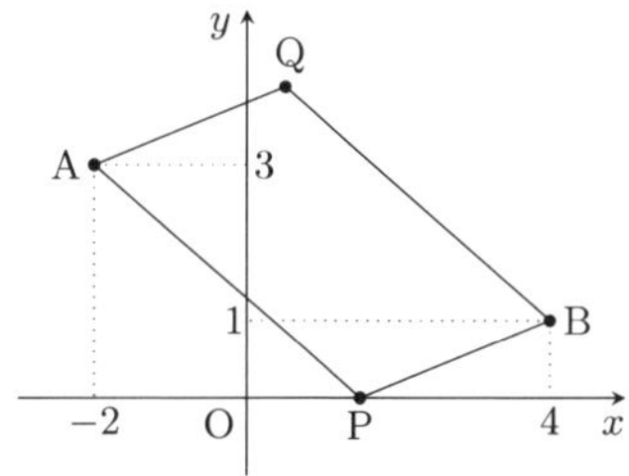

(1) 평행사변형 APBQ가 마름모일 때, p의 값을 구하시오.

(2) 평행사변형 APBQ의 둘레의 길이가 최소일 때, p의 값을 구하시오.

풀이

(1) 평행사변형 APBQ의 두 대각선의 교점을 C라 하면, $C(1,2)$이다. 평행사변형 APBQ가 마름모이므로, $\overline{PQ} \perp \overline{AB}$이다. 직선 AB의 기울기가 $-\frac{1}{3}$이므로 직선 CP의 기울기는 3이다. 즉, $\frac{0-2}{p-1} = 3$이다. 따라서 $p = \frac{1}{3}$이다.

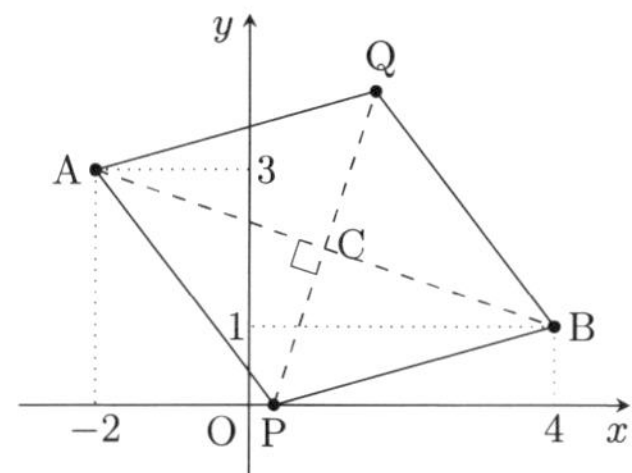

(2) $\overline{AP} = \overline{QB}$, $\overline{BP} = \overline{QA}$이므로, 구하는 것은 $\overline{AP} + \overline{BP}$가 최소인 p를 구하면 된다. x축에 대하여 점 B의 대칭점을 $B'(4,-1)$이다.

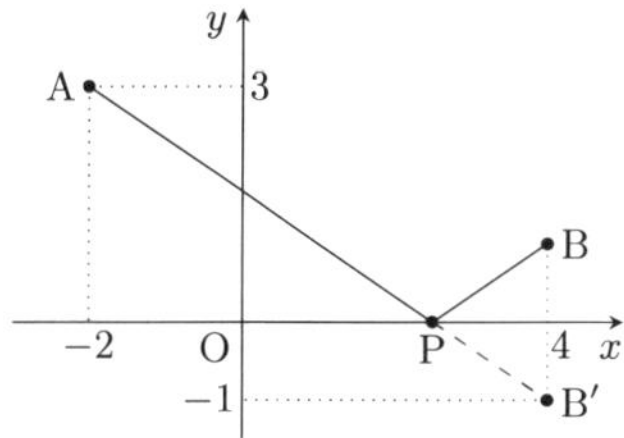

그러므로

$$\overline{AP} + \overline{BP} = \overline{AP} + \overline{B'P} \geq \overline{AB'}$$

이다. 등호는 A, P, B′가 한 직선 위에 있을 때 성립한다. 즉, 직선 AP, AB′의 기울기가 같을 때 성립한다. 따라서

$$\frac{0-3}{p-(-2)} = \frac{-1-3}{4-(-2)}, \quad p = \frac{5}{2}$$

이다.

문제 4.2 그림과 같이, 이차함수 $y = x^2$위에 x좌표가 2인 점 P가 있다. 점 P를 지나는 두 직선 $y = -x+6$, $y = x+2$이 이차함수와 만나는 점 P가 아닌 점을 각각 A, B라 한다. 또, 세 점 P, A, B를 지나는 원 C가 있다. 원 C는 직선 $y = -x+6$, $y = x+2$에 의해 각각 두 부분으로 나뉘는데, 원 C의 중심을 포함하지 않는 부분의 넓이를 각각 S_1, S_2라 할 때, $S_1 + S_2$를 구하시오.

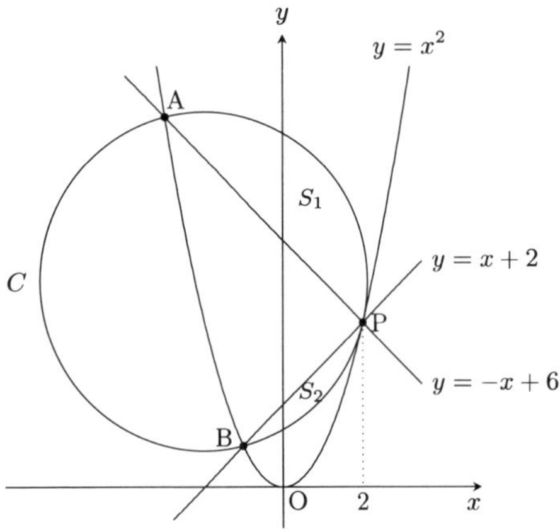

풀이 점 A, B의 x좌표를 각각 a, b라 하면,

$$1 \times (a+2) = -1, \quad 1 \times (b+2) = 1$$

이 성립한다. 이를 정리하면 $a = -3$, $b = -1$이다. 즉, $A(-3, 9)$, $B(-1, 1)$이다.

직선 AP와 직선 BP의 기울기의 곱이 -1이므로, $\angle APB = 90°$이다. 그러므로 선분 AB는 원 C의 지름이다. 즉, 선분 AB의 중점 $(-2, 5)$가 원 C의 중심이다. 원 C의 반지름은 $\sqrt{17}$이다.

또, $\overline{AP} = 5\sqrt{2}$, $\overline{BP} = 3\sqrt{2}$이므로, 직각삼각형 ABP의 넓이는 $\frac{1}{2} \times 5\sqrt{2} \times 3\sqrt{2} = 15$이다.

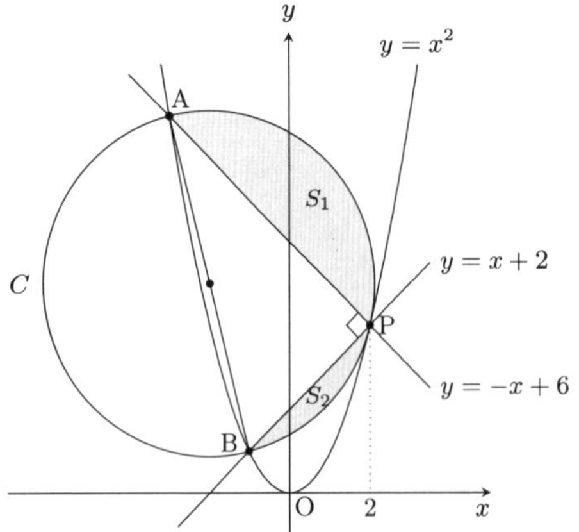

따라서 구하는 색칠한 부분의 넓이의 합 $S_1 + S_2$는 반원의 넓이에서 직각삼각형 ABP의 넓이를 뺀 것과 같으므로, $\frac{17}{2}\pi - 15$이다.

문제 4.3 그림과 같이, 이차함수 $y = \frac{1}{2}x^2$위에 점 A, B, C, D가 있다. 선분 AB와 CD의 교점을 E라 한다. 점 A의 x좌표는 -1이고, 점 B의 x좌표는 3이고, 점 C의 x좌표는 $-\frac{3}{2}$이고, 삼각형 ACE와 삼각형 BDE의 넓이는 같다.

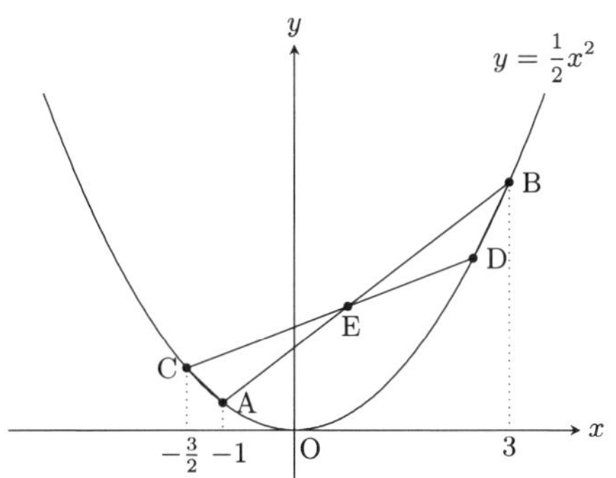

(1) 직선 BC의 방정식을 구하시오.

(2) 점 D의 좌표를 구하시오.

(3) 사각형 ADBC의 넓이를 구하시오.

풀이

(1) 직선 BC의 기울기와 y절편은 각각

$$\frac{1}{2} \times \left(-\frac{3}{2} + 3\right) = \frac{3}{4}, \quad -\frac{1}{2} \times \left(-\frac{3}{2}\right) \times 3 = \frac{9}{4}$$

이므로, 직선 BC의 방정식은 $y = \frac{3}{4}x + \frac{9}{4}$이다.

(2) 주어진 조건 $\triangle\text{ACE} = \triangle\text{BDE}$의 양변에 $\triangle\text{ADE}$를 더하면 $\triangle\text{ADC} = \triangle\text{ADB}$이므로 $\overline{\text{CB}} \,/\!/\, \overline{\text{AD}}$이다. 점 D의 x좌표를 d라 하면, 직선 AD의 기울기가 $\frac{3}{4}$이므로,

$$\frac{1}{2} \times (-1 + d) = \frac{3}{4}, \quad d = \frac{5}{2}$$

이다. 따라서 $\text{D}\left(\frac{5}{2}, \frac{25}{8}\right)$이다.

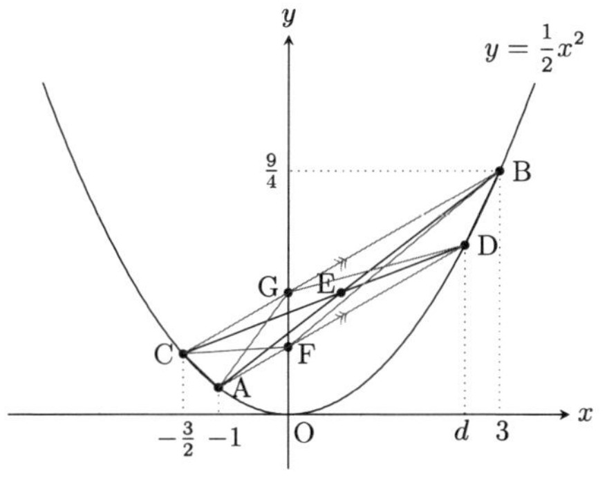

(3) 직선 AD와 y축과의 교점을 F라 하면, $\overline{\text{CB}} \,/\!/\, \overline{\text{AD}}$이므로, $\triangle\text{ABC} = \triangle\text{FBC}$이다. 점 F의 y좌표는 $-\frac{1}{2} \times (-1) \times \frac{5}{2} = \frac{5}{4}$이다. 직선 BC와 y축과의 교점을 G라 하면, 점 $\text{G}(0, 9)$이므로, $\overline{\text{FG}} = \frac{9}{4} - \frac{5}{4} = 1$이다.

$$\triangle\text{ABC} = \triangle\text{FBC} = \frac{1}{2} \times 1 \times \left(3 + \frac{3}{2}\right) = \frac{9}{4}$$

이고,

$$\triangle\text{ADB} = \triangle\text{ADG} = \frac{1}{2} \times 1 \times \left(\frac{5}{2} + 1\right) = \frac{7}{4}$$

이다. 따라서 사각형 ADBC의 넓이는

$$\triangle\text{ABC} + \triangle\text{ADB} = \frac{9}{4} + \frac{7}{4} = 4$$

이다.

문제 4.4 그림과 같이, 이차함수 $y = \frac{1}{2}x^2$위의 두 점 A, B를 지나는 직선 $y = x + 4$가 x축과 만나는 점을 P라 한다. 또, 이차함수 위의 점 C를 지나고 직선 AB에 평행한 직선과 이차함수와의 교점을 D라 하고, x축과의 교점을 Q라 한다. 점 A, C의 x좌표는 각각 4, m이고, $m > 4$이다.

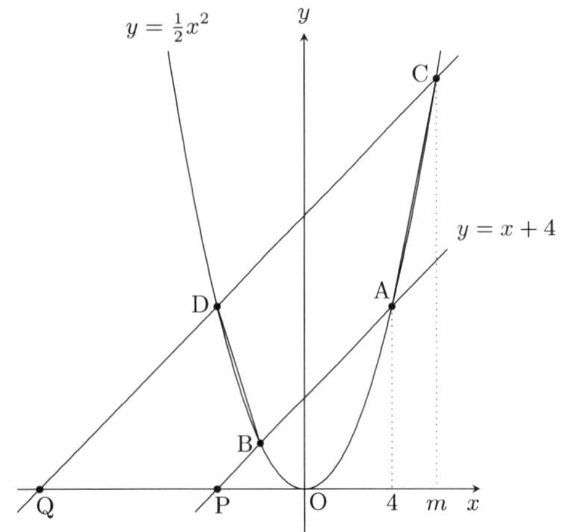

(1) 두 점 D, Q의 x좌표를 각각 m을 사용하여 나타내시오.

(2) 선분 CD와 선분 DQ의 길이의 비가 5 : 4일 때, m의 값을 구하시오.

(3) (2)에서 사각형 ACDB와 사각형 BDQP의 넓이의 비를 구하시오.

풀이

(1) 점 D, Q의 x좌표를 각각 d, q라 하면, 직선 CD의 기울기는 1이므로,

$$\frac{1}{2} \times (d + m) = 1, \ \ d = -m + 2$$

이다. 또, 직선 CQ의 기울기는 1이므로,

$$\frac{\frac{1}{2}m^2 - 0}{m - q} = 1, \ \ q = -\frac{1}{2}m^2 + m$$

이다.

(2) $\overline{\text{CD}} : \overline{\text{DQ}} = 5 : 4$일 때, $\overline{\text{CD}} : \overline{\text{CQ}} = 5 : 9$이다. 그러므로

$$(m - d) : (m - q) = 2(m - 1) : \frac{1}{2}m^2 = 5 : 9$$

이다. 이를 정리하면

$$5m^2 - 36m + 36 = 0, \ \ (m - 6)(5m - 6) = 0$$

이다. $m > 4$이므로 $m = 6$이다.

(3) 점 A, B, C, D에서 x축에 수선의 발을 각각 A′, B′, C′, D′라고 한다. 점 A′, B′, C′, D′, P, Q의 좌표는 각각 4, −2, 6, −4, −4, −12이다. 그러므로

$$\begin{aligned} \square\text{ACDB} : \square\text{BDQP} &= (\overline{\text{CD}} + \overline{\text{AB}}) : (\overline{\text{DQ}} + \overline{\text{BP}}) \\ &= (\overline{\text{C'D'}} + \overline{\text{A'B'}}) : (\overline{\text{D'Q}} + \overline{\text{B'P}}) \\ &= (10 + 6) : (8 + 2) \\ &= 8 : 5 \end{aligned}$$

이다.

제 5 절 점검 모의고사 5회 풀이

문제 5.1 그림과 같이, 이차함수 $y = kx^2(k > 0)$과 직선 l이 두 점 A, B에서 만나고, 점 B의 y좌표가 3이다. 또, 직선 l과 x축과의 교점이 C(4, 0)이고, $\overline{\text{AB}} : \overline{\text{BC}} = 3 : 1$이다. 단, 점 A의 x좌표는 -3보다 작다.

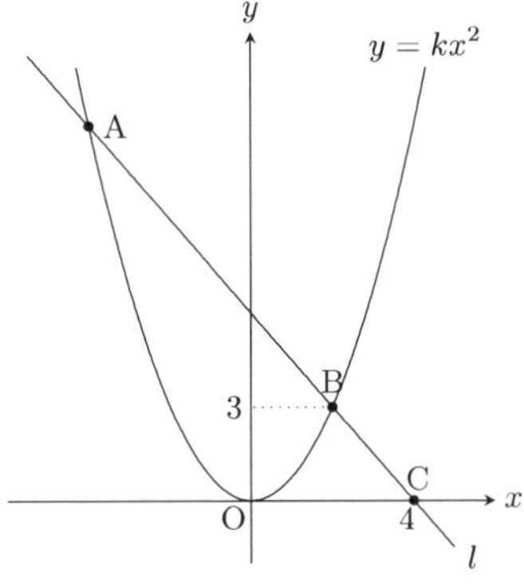

(1) 점 A, B의 x좌표를 각각 구하시오.

(2) 이차함수 $y = kx^2$위에 x좌표가 -3인 점 D가 있다. 또, 직선 l위의 점 E를 사각형 OBAD와 삼각형 OBE의 넓이가 같도록 잡는다. 이때, 점 E의 좌표를 구하시오. 단, 점 E의 x좌표는 -3보다 작다.

풀이

(1) 두 점 A, B의 x좌표를 각각 a, b라 하고, 점 A, B에서 x축에 내린 수선의 발을 각각 A′, B′라 한다.

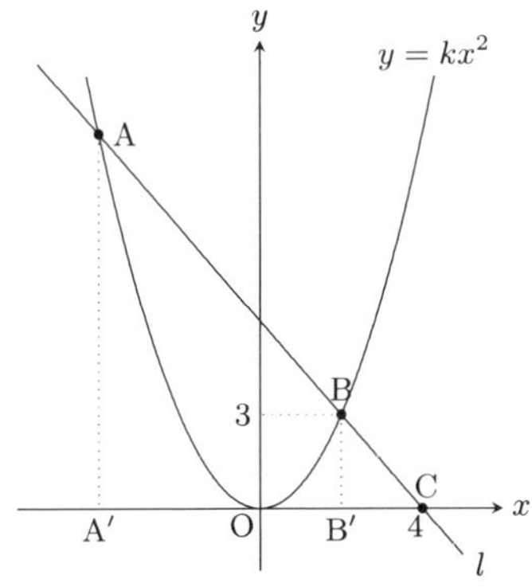

그러면, 삼각형 CBB′과 CAA′가 닮음이고, 닮음비는 $\overline{\text{CB}} : \overline{\text{CA}} = 1 : 4$이다. 따라서

$$\overline{\text{BB}'} : \overline{\text{AA}'} = kb^2 : ka^2 = b^2 : a^2 = 1 : 4$$

이다. $b > 0$, $a < 0$이므로 $b : a = 1 : (-2)$이다. 즉, $a = -2b$이다.

이때, $\overline{\text{CB}'} : \overline{\text{CA}'} = (4 - b) : (4 + 2b) = 1 : 4$이므로, $b = 2$이다. 그러므로 $a = -4$이다.

(2) (1)로부터 $3 = k \times 2^2$이므로 $k = \frac{3}{4}$이다.

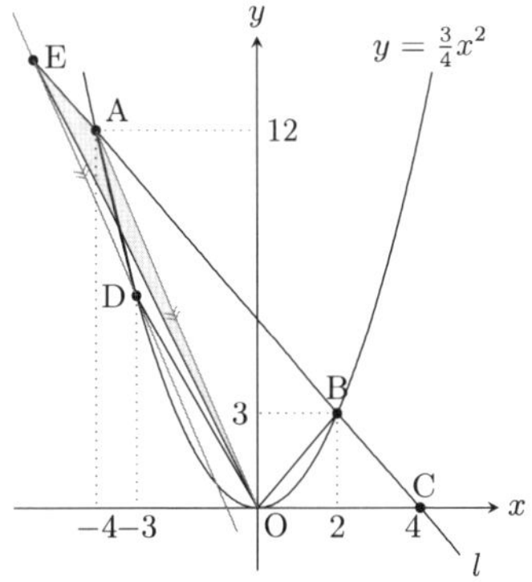

그림과 같이, 직선 l위에 $\overline{\text{DE}} /\!/ \overline{\text{OA}}$인 점 E를 잡으면,

$$\begin{aligned}\triangle\text{OBE} &= \triangle\text{OBA} + \triangle\text{OAE} \\ &= \triangle\text{OBA} + \triangle\text{OAD} \\ &= \square\text{OBAD}\end{aligned}$$

이므로, 조건을 만족한다. 점 D$\left(-3, \frac{27}{4}\right)$이고, 직선 OA의 기울기가 -3이므로, 직선 DE의 방정식은

$$y = -3(x+3) + \frac{27}{4},\ \ y = -3x - \frac{9}{4}$$

이다. 또, 직선 l의 방정식은 $y = -\frac{3}{2}x + 6$이다. 직선 DE와 직선 l의 교점을 구하면,

$$-3x - \frac{9}{4} = -\frac{3}{2}x + 6,\ \ -\frac{3}{2}x = \frac{33}{4}$$

에서 $x = -\frac{11}{2}$이다. 따라서 E$\left(-\frac{11}{2}, \frac{57}{4}\right)$이다.

문제 5.2 그림과 같이, 이차함수 $y = x^2$위의 점 $\mathrm{A}(-1, 1)$을 지나고 기울기가 양수인 직선 l이 있다. 직선 l은 이차함수와의 교점 중 A가 아닌 점을 B라 하고, x축과의 교점을 C라 하면, $\overline{\mathrm{CA}} : \overline{\mathrm{AB}} = 1 : 8$이 성립한다.

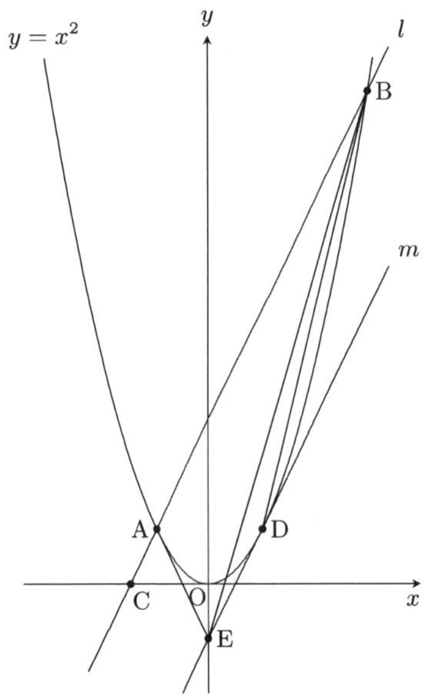

(1) 점 B의 좌표와 직선 l의 방정식을 구하시오.

(2) 이차함수 위의 점 $\mathrm{D}(1, 1)$을 지나고 직선 l에 평행한 직선을 m이라 하고, 직선 m과 y축과의 교점을 E라 한다. 삼각형 AEB의 넓이를 구하시오.

(3) (2)에서 점 E를 지나고, 사각형 AEDB의 넓이를 이등분하는 직선의 방정식을 구하시오.

풀이

(1) $\overline{\mathrm{CA}} : \overline{\mathrm{AB}} = 1 : 8$으로부터 B의 y좌표는 $1 + 8 = 9$이다. 즉, $\mathrm{B}(3, 9)$이다. 그러므로 직선 l의 방정식은 $y = 2x + 3$이다.

(2) 직선 m의 기울기는 2이고, 점 $\mathrm{D}(1, 1)$을 지나므로, 직선 m의 방정식은

$$y = 2(x - 1) + 1, \ \ y = 2x - 1$$

이다. 즉, $\mathrm{E}(0, -1)$이다. 직선 l과 y축과의 교점을 G라 하면, $\mathrm{G}(0, 3)$이다.
$\triangle\mathrm{AEB}$의 넓이는 두 점 A, B의 x좌표의 차와 두 점 E, G의 y좌표의 차의 곱의 절반과 같으므로,

$$\triangle\mathrm{AEB} = \frac{1}{2} \times (3 + 1) \times (3 + 1) = 8$$

이다.

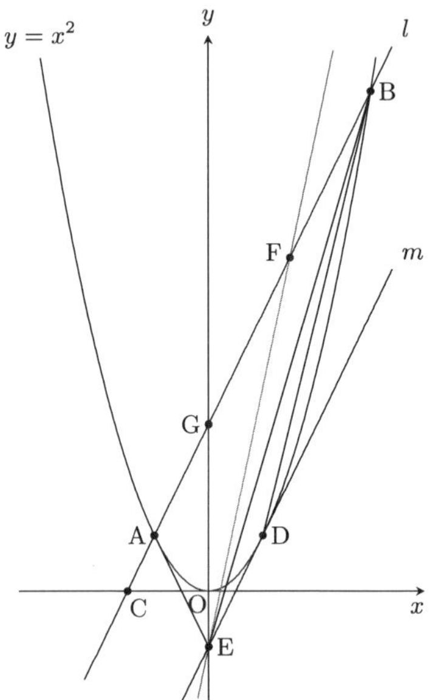

(3) $\overline{\mathrm{AB}} : \overline{\mathrm{ED}} = (3 + 1) : 1 = 4 : 1$이므로, 구하는 직선과 l과의 교점을 F라 하면,

$$\overline{\mathrm{AF}} : \overline{\mathrm{FB}} = 5 : 3$$

이다. 이때, 그림에서

$$\overline{\mathrm{AG}} : \overline{\mathrm{GF}} : \overline{\mathrm{FB}} = 2 : 3 : 3$$

이다. 그러므로 점 F는 선분 GB의 중점이다. 즉, $\mathrm{F}\left(\frac{3}{2}, 6\right)$이다.
따라서 직선 EF의 방정식은

$$y = \frac{6 - (-1)}{\frac{3}{2} - 0}x - 1, \ \ y = \frac{14}{3}x - 1$$

이다.

문제 5.3 좌표평면 위에 세 점 A$(6, 6)$, B$(0, 4)$, C$(8, 0)$을 꼭짓점으로 하는 삼각형 ABC가 있다.

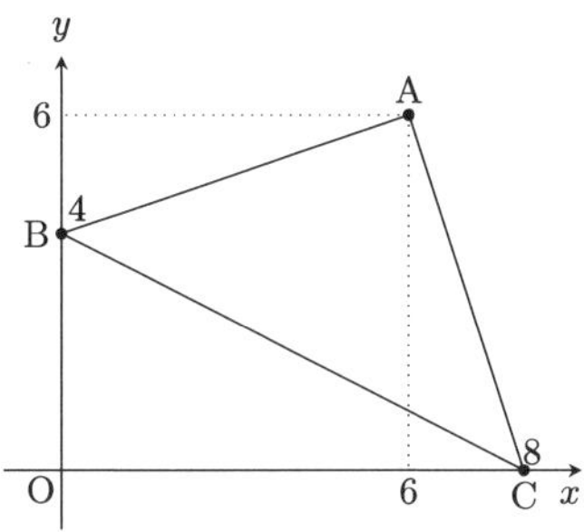

(1) 점 B를 지나고, 삼각형 ABC의 넓이를 이등분하는 직선의 방정식을 구하시오.

(2) 변 BC위의 점 D$(2, 3)$을 지나고, 삼각형 ABC의 넓이를 이등분하는 직선의 방정식을 구하시오.

풀이

(1) 구하는 직선은 선분 AC의 중점 M$(7, 3)$을 지나므로,

$$y = \frac{3-4}{7-0}x + 4,\ \ y = -\frac{1}{7}x + 4$$

이다.

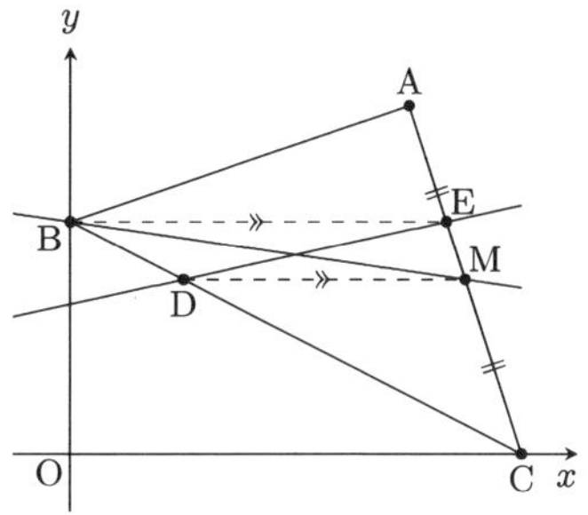

(2) 점 B를 지나고 선분 DM에 평행한 직선과 변 AC와의 교점을 E라 하면,

$$\begin{aligned}\square\mathrm{ABDE} &= \triangle\mathrm{ABE} + \triangle\mathrm{BDE} \\ &= \triangle\mathrm{ABE} + \triangle\mathrm{BME} \\ &= \triangle\mathrm{ABM} \\ &= \frac{1}{2} \times \triangle\mathrm{ABC}\end{aligned}$$

이다. 그러므로 직선 DE가 구하는 직선의 방정식이다.

직선 DM은 x축에 평행하므로, 점 E의 y좌표는 4이다. 이를 직선 AC의 방정식 $y = -3x + 24$에 대입하면 $x = \frac{20}{3}$이다. 즉, E$\left(\frac{20}{3}, 4\right)$이다.

따라서 직선 DE의 방정식은

$$y = \frac{4-3}{\frac{20}{3}-2}(x-2) + 3,\ \ y = \frac{3}{14}x + \frac{18}{7}$$

이다.

문제 5.4 그림과 같이, $y = \frac{1}{2}x^2$과 직선 $y = x + 12$가 두 점 A, B에서 만나고, y축 위의 두 점 P, Q에 대하여 $\angle APB = \angle AQB = 90°$를 만족한다. 이때, 점 P, Q의 좌표와 사각형 APBQ의 외접원의 반지름을 구하시오. 단, 점 A의 x좌표는 점 B의 x좌표보다 작고, 점 P의 y좌표는 점 Q의 y좌표보다 크다.

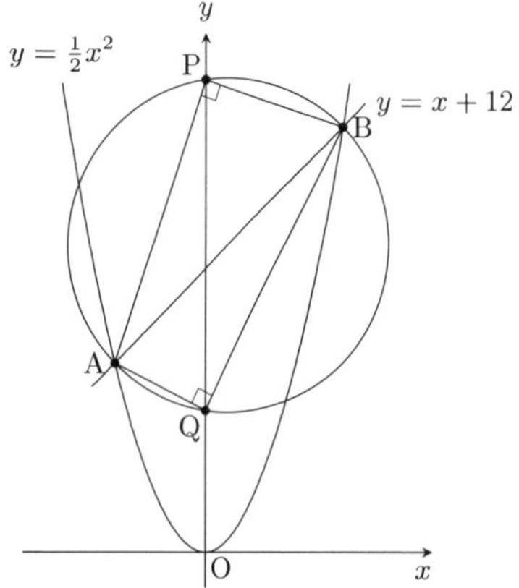

풀이 두 점 A, B의 x좌표는

$$\frac{1}{2}x^2 = x + 12, \quad (x+4)(x-6) = 0$$

의 해이므로 각각 -4, 6이다. 즉, $A(-4, 8)$, $B(6, 18)$이다. 점 $P(0, p)$라 두면, $\angle APB = 90°$이므로 직선 AP의 기울기와 직선 BP의 기울기의 곱이 -1이다. 그러므로

$$\frac{8-p}{-4-0} \times \frac{18-p}{6-0} = -1, \quad p^2 - 26p + 120 = 0$$

이다. 이를 인수분해 하면 $(p-6)(p-20) = 0$이어서 $p = 6$, 20이다. 따라서 $P(0, 20)$, $Q(0, 6)$이다.

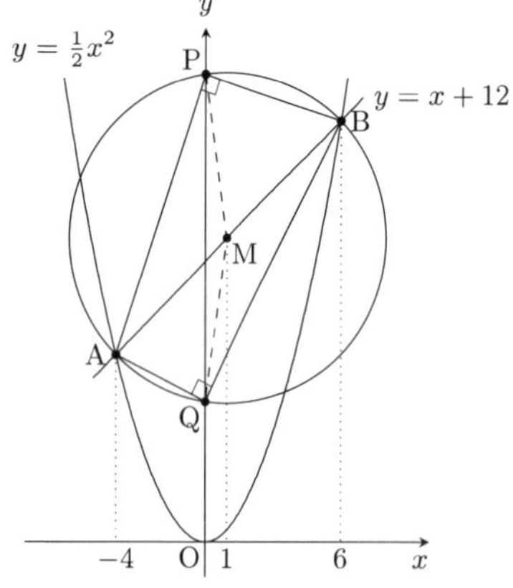

사각형 APBQ의 외접원의 중심은 선분 AB의 중점 $M(1, 13)$과 같다. 따라서 사각형 APBQ의 외접원의 반지름은 $\overline{MB} = 5\sqrt{2}$이다.

제 6 절　점검 모의고사 6회 풀이

문제 6.1 그림과 같이, 이차함수 $y = ax^2$위에 두 점 $A(-2, 1)$, $B(b, b)$가 있다. 점 C는 x좌표는 점 B와 같고, y좌표는 점 A와 같다. 단, $b > 0$이다.

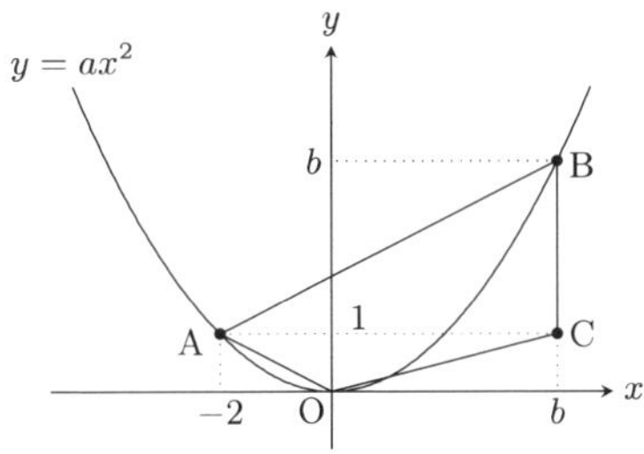

(1) 사각형 OABC의 넓이를 구하시오.

(2) 점 C를 지나고 직선 OB에 평행한 직선 위에 점 D가 있다. 사각형 OABC의 넓이와 삼각형 ABD의 넓이가 같을 때, 가능한 점 D의 좌표를 모두 구하시오.

풀이

(1) $1 = a \times (-2)^2$이므로 $a = \frac{1}{4}$이고, $b = \frac{1}{4} \times b^2 (b > 0)$이므로 $b = 4$이다.
점 $E(4, 0)$를 잡으면, $\overline{AC} /\!/ \overline{OE}$이므로 $\triangle OAC = \triangle EAC$이다. 따라서 사각형 OABC의 넓이는 삼각형 EAB의 넓이와 같다. $\triangle EAB = \frac{4 \times (4+2)}{2} = 12$이므로 구하는 사각형 OABC의 넓이는 12이다.

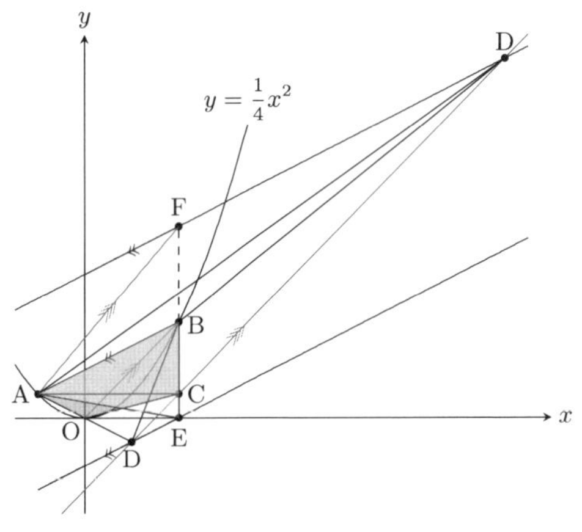

(2) 직선 OB의 기울기가 1이므로, 점 C를 지나고 직선 OB에 평행한 직선의 방정식은

$$y = (x - 4) + 1, \ \ y = x - 3$$

이다. 한편, 직선 AB의 기울기는 $\frac{1}{2}$이므로, 점 E를 지나고 직선 AB에 평행한 직선의 방정식은

$$y = \frac{1}{2}(x - 4), \ \ y = \frac{1}{2}x - 2$$

이다. 직선 $y = x - 3$과 $y = \frac{1}{2}x - 2$의 교점이 점 D이므로, 이를 구하면 $D(2, -1)$이다.
그림과 같이 점 $F(4, 8)$를 잡으면, $\overline{BE} = \overline{BF}$이므로, $\triangle ABE = \triangle ABF$이다. 점 F를 지나고 직선 AB에 평행한 직선은 $y = \frac{1}{2}x + 6$이다. 이 직선과 $y = x - 3$의 교점이 점 D이므로, 이를 구하면 $D(18, 15)$이다.

문제 6.2 그림과 같이, 좌표평면 위에 사각형 OABC와 점 D, F를 잡는다. A$\left(\frac{17}{2},0\right)$, B(6,6), D(2,5), F$\left(\frac{9}{2},0\right)$이다. 사각형 OABC의 내부의 점 E를 잡고, 선분 DE, EF를 그린다.

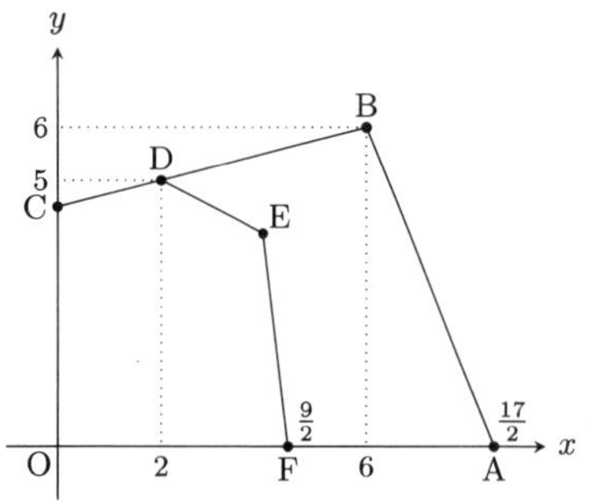

(1) 점 C의 좌표를 구하고, 사각형 OABC의 넓이를 구하시오.

(2) 오각형 OFEDC의 넓이가 사각형 OABC의 넓이의 절반이 되도록 하는 점 E 중 x좌표와 y좌표가 모두 자연수인 것을 모두 구하시오.

풀이

(1) 직선 BD의 방정식은

$$y = \frac{6-5}{6-2}(x-2)+5,\ \ y = \frac{1}{4}x + \frac{9}{2}$$

이다. 그러므로 점 C$\left(0, \frac{9}{2}\right)$이다.
점 B에서 x축에 내린 수선의 발을 B′라 하면,

$$\begin{aligned}\square\text{OABC} &= \square\text{OB}'\text{BC} + \triangle\text{ABB}' \\ &= \frac{(\frac{9}{2}+6)\times 6}{2} + \frac{(\frac{17}{2}-6)\times 6}{2} \\ &= \frac{63}{2} + \frac{15}{2} \\ &= 39\end{aligned}$$

이다.

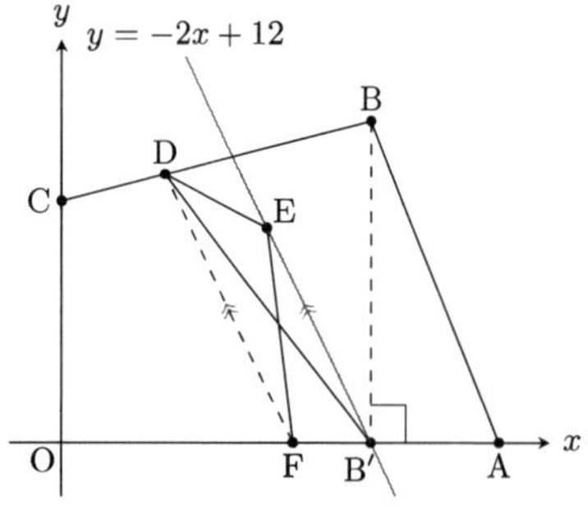

(2) 사각형 ABDB′의 넓이가 $\frac{6\times(\frac{17}{2}-2)}{2} = \frac{39}{2}$이므로, 사각형 OB′DC의 넓이는 $\frac{39}{2}$이다.
그러므로 점 B′를 지나고 직선 FD에 평행한 직선 위의 점 E에 대하여, 주어진 조건을 만족한다.
직선 FD의 기울기는 $\frac{0-5}{\frac{9}{2}-2} = -2$이므로, 점 B′를 지나고 기울기가 −2인 직선의 방정식은

$$y = -2(x-6),\ \ y = -2x+12$$

이다. 점 E는 사각형 OABC의 내부의 점이므로,

$$\frac{1}{4}x + \frac{9}{2} = -2x+12,\ \ \frac{9}{4}x = \frac{15}{2},\ \ x = \frac{10}{3}$$

로부터 점 E의 x좌표는 $\frac{10}{3}$보다 크고 6(점 B′의 x좌표)보다 작은 자연수이다.
따라서 주어진 조건을 만족하는 점 E는 (4,4), (5,2)이다.

문제 6.3 그림과 같이, 이차함수 $y = \frac{1}{2}x^2$ 위의 점 중 x좌표가 -1, 3인 점을 각각 A, B라 한다. 또, 이차함수 $y = \frac{1}{2}x^2$ 위에 $\overline{\text{PA}} = \overline{\text{PB}}$를 만족하는 점 P를 x좌표가 작은 수부터 P_1, P_2라 한다.

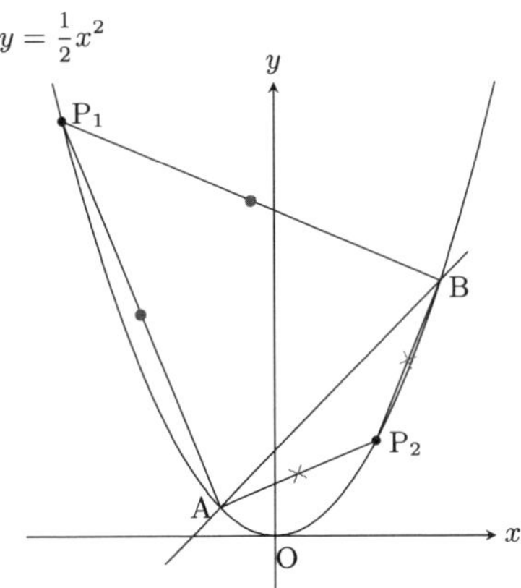

(1) 직선 AB의 방정식을 구하시오.

(2) 직선 P_1P_2의 방정식을 구하시오.

(3) 직선 AB와 직선 P_1P_2의 교점을 H라 할 때, 선분 P_1H의 길이는 선분 P_2H의 길이의 몇 배인가?

풀이

(1) 직선 AB의 기울기와 y절편은 각각

$$\frac{1}{2} \times (-1+3) = 1, \quad -\frac{1}{2} \times (-1) \times 3 = \frac{3}{2}$$

이므로 직선 AB의 방정식은 $y = x + \frac{3}{2}$이다.

(2) $\text{A}\left(-1, \frac{1}{2}\right)$, $\text{B}\left(3, \frac{9}{2}\right)$이므로, 선분 AB의 중점의 좌표는 $\left(1, \frac{5}{2}\right)$이다. 직선 P_1P_2는 선분 AB의 수직이등분선이므로, 직선 P_1P_2의 기울기는 -1이다. 따라서, 직선 P_1P_2의 방정식은 $y = -x + \frac{7}{2}$이다.

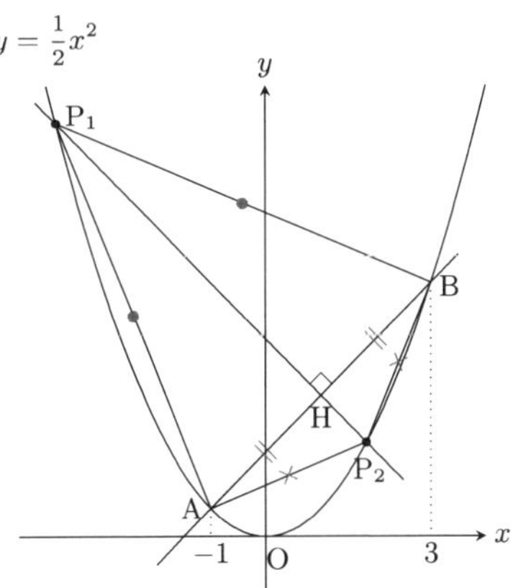

(3) 점 P의 x좌표는

$$\frac{1}{2}x^2 = -x + \frac{7}{2}, \quad x^2 + 2x - 7 = 0$$

의 두 근이다. 이를 풀면 $x = -1 \pm 2\sqrt{2}$이다. 점 H는 선분 AB의 중점이므로 $\text{H}\left(1, \frac{5}{2}\right)$이다. 따라서

$$\frac{\overline{\text{P}_1\text{H}}}{\overline{\text{P}_2\text{H}}} = \frac{1-(-1-2\sqrt{2})}{(-1+2\sqrt{2})-1} = \frac{\sqrt{2}+1}{\sqrt{2}-1} = 3 + 2\sqrt{2}$$

이다. 즉, 선분 P_1H의 길이는 선분 P_2H의 길이의 $(3+2\sqrt{2})$배다.

문제 6.4 그림과 같이, 좌표평면에 O(0, 0), A($3\sqrt{7}$, 1), B(0, 10)이 있다. 사각형 OABC를 y축에 대하여 대칭이 되도록 점 C를 잡는다. 사각형 OABC에 내접하는 원의 중심을 P라 한다. 이 원의 반지름을 구하시오.

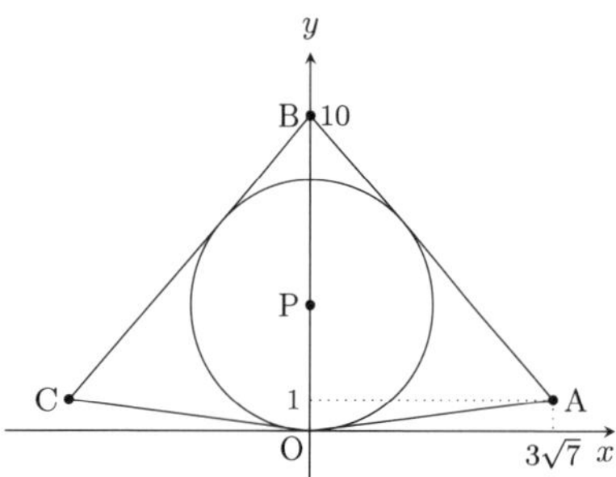

(풀이) 점 P는 대칭성에 의하여 y축 위의 점으로, ∠A의 내각이등분선 위에 있다.
$\overline{OA} = 8$, $\overline{AB} = 12$이므로, 내각 이등분선의 정리에 의하여

$$\overline{OP} : \overline{PB} = \overline{OA} : \overline{AB} = 2 : 3$$

이다. 따라서

$$\overline{OP} = \overline{OB} \times \frac{2}{2+3} = 4$$

이다. 즉, P(0, 4)이다.
$\triangle OAB = \triangle OAP + \triangle ABP$이므로, 내접원의 반지름의 길이를 r이라 하면,

$$\frac{10 \times 3\sqrt{7}}{2} = \frac{8 \times r}{2} + \frac{12 \times r}{2}, \quad r = \frac{3\sqrt{7}}{2}$$

이다.

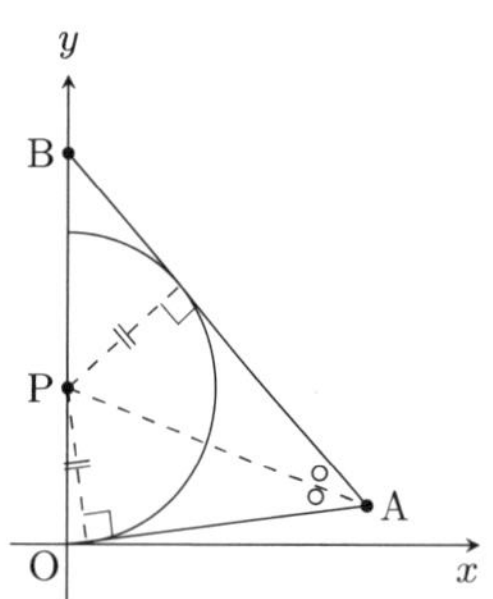

제 7 절 점검 모의고사 7회 풀이

문제 7.1 그림과 같이, 이차함수 $y = \frac{1}{2}x^2$과 직선 $y = ax+b$의 교점을 A, B라 하고, y축에 대하여 점 B의 대칭이동한 점을 C라 한다. 두 점 A, B의 x좌표는 각각 -2, 4이다.

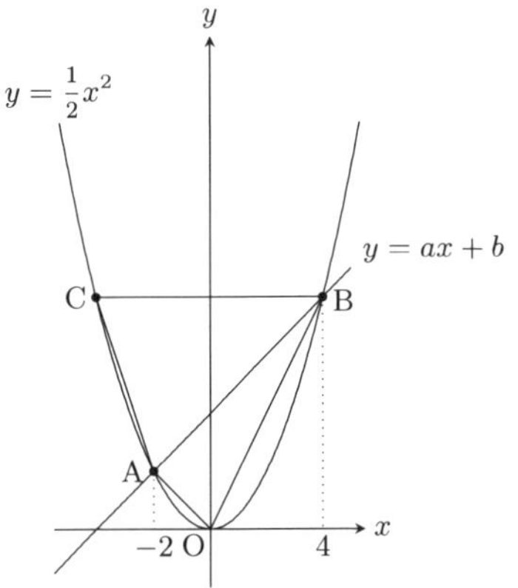

(1) 삼각형 OAB와 삼각형 ACB의 넓이의 비를 구하시오.

(2) 이차함수 $y = \frac{1}{2}x^2$ 위에 삼각형 ABD와 사각형 AOBC의 넓이가 같도록 하는 제2사분면 위의 점 D의 좌표를 구하시오.

풀이

(1) $y = ax + b$에서 a, b를 구하면,

$$a = \frac{1}{2} \times (-2+4) = 1,\ \ b = -\frac{1}{2} \times (-2) \times 4 = 4$$

이다. 직선 AB와 y축과의 교점을 E라 하면, $E(0,4)$이고, 점 $C(-4,8)$을 지나고 직선 AB에 평행한 직선과 y축과의 교점을 F라 하면, $F(0,12)$이다. 그러면,

$$\begin{aligned} \triangle AOB : \triangle ACB &= \triangle AOB : \triangle AFB \\ &= \overline{OE} : \overline{EF} \\ &= 4 : (12-4) \\ &= 1 : 2 \end{aligned}$$

이다.

(2) $G(0,16)$라 두면,

$$\triangle AGB : \triangle AFB = \overline{EG} : \overline{EF} = 3 : 2$$

이다. 그러므로 삼각형 AGB와 사각형 AOBC의 넓이가 같다.

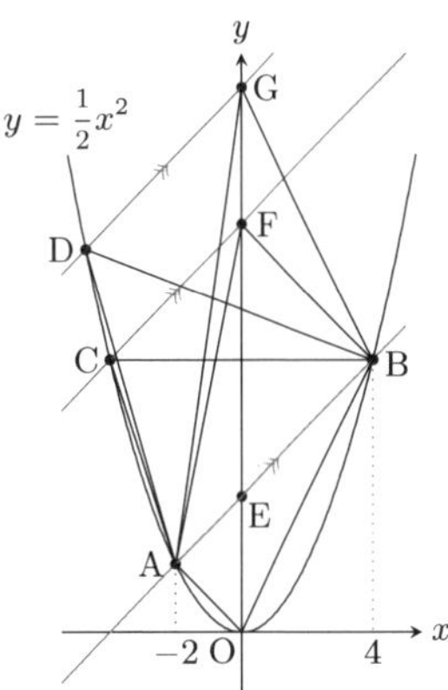

이제 구하는 점 D를 그림과 같이 위치해 있다고 하면, 점 D의 x좌표는

$$\frac{1}{2}x^2 = x + 16,\ \ x^2 - 2x - 32 = 0$$

의 해이다. $x < 0$이므로 근의 공식으로부터 $x = 1 - \sqrt{33}$이다. 따라서 점 $D(1-\sqrt{33}, 17-\sqrt{33})$이다.

문제 7.2 그림과 같이, 점 A $\left(\frac{13}{12}, \frac{169}{144}\right)$를 지나고 기울기가 3인 직선 l과 이차함수 $y = x^2$의 점 A이외의 교점을 B라 하고, 점 B를 지나는 직선 m과 이차함수 $y = x^2$의 점 B 이외의 교점을 C라 한다. △ABC는 ∠A = 90°, $\overline{\mathrm{AB}} = \overline{\mathrm{AC}}$인 직각이등변삼각형이다.

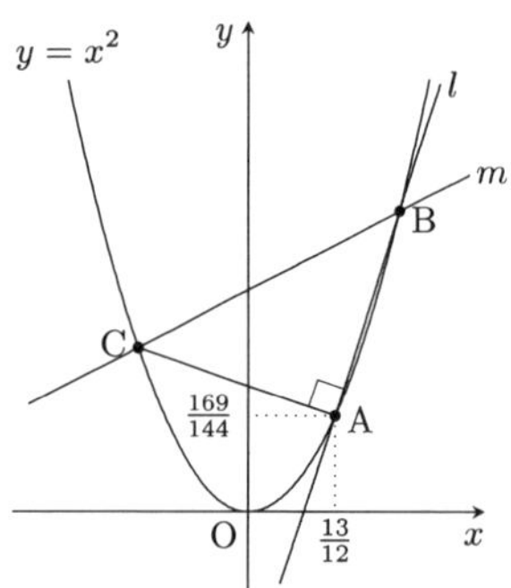

(1) 점 B의 x좌표를 구하시오.

(2) 직선 m의 방정식을 구하시오.

(3) 변 BC의 중점을 M이라 할 때, $\overline{\mathrm{AM}} + \overline{\mathrm{BM}} + \overline{\mathrm{CM}}$의 길이를 구하시오.

풀이 아래 그림과 같이, 점 B, C의 x좌표를 각각 b, c라 한다.

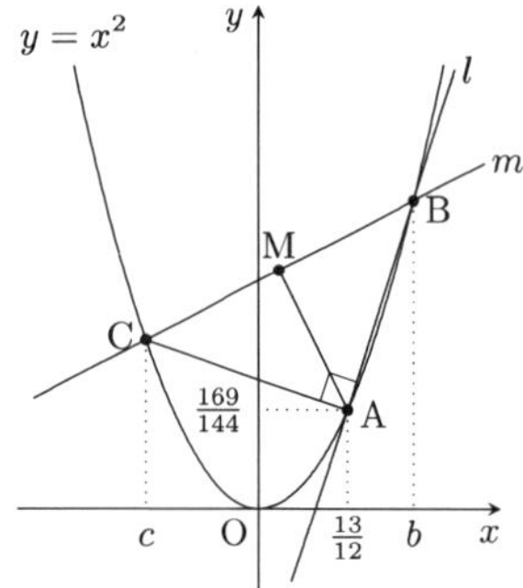

(1) 직선 AB의 기울기가 3이므로,

$$1 \times \left(\frac{13}{12} + b\right) = 3,\ \ b = \frac{23}{12}$$

이다.

(2) 직선 AB와 직교하는 직선 CA의 기울기는 $-\frac{1}{3}$이므로,

$$1 \times \left(c + \frac{13}{12}\right) = -\frac{1}{3},\ \ c = -\frac{17}{12}$$

이다. 그러므로 직선 m의 방정식은

$$y = 1 \times \left(-\frac{17}{12} + \frac{23}{12}\right)x - 1 \times \left(-\frac{17}{12}\right) \times \frac{23}{12}$$

이다. 즉, $y = \frac{1}{2}x + \frac{391}{144}$이다.

(3) 삼각형 ABC는 직각이등변삼각형이므로 $\overline{\mathrm{AM}} = \overline{\mathrm{BM}} = \overline{\mathrm{CM}}$이다. 그러므로 구하는 길이는 $3 \times \overline{\mathrm{AM}} = \frac{3}{\sqrt{2}} \times \overline{\mathrm{AB}}$이다.

$$\overline{\mathrm{AB}} = \left(\frac{23}{12} - \frac{13}{12}\right) \times \frac{\sqrt{1^2+3^2}}{1} = \frac{5\sqrt{10}}{6}$$

이므로

$$\overline{\mathrm{AM}} + \overline{\mathrm{BM}} + \overline{\mathrm{CM}} = 3 \times \overline{\mathrm{AB}} = \frac{5\sqrt{5}}{2}$$

이다.

문제 7.3 그림과 같이, 두 함수 $y = -2x + 8$와 $y = \frac{1}{2}x + 3$의 교점이 A, $y = \frac{1}{2}x + 3$과 y축과의 교점이 B, $y = 2x + 8$과 x축과의 교점이 C이다. 두 선분 OA와 BC의 교점이 M이고, 선분 OA위에 $\overline{\mathrm{AM}} = \overline{\mathrm{DM}}$인 점 D를 잡는다.

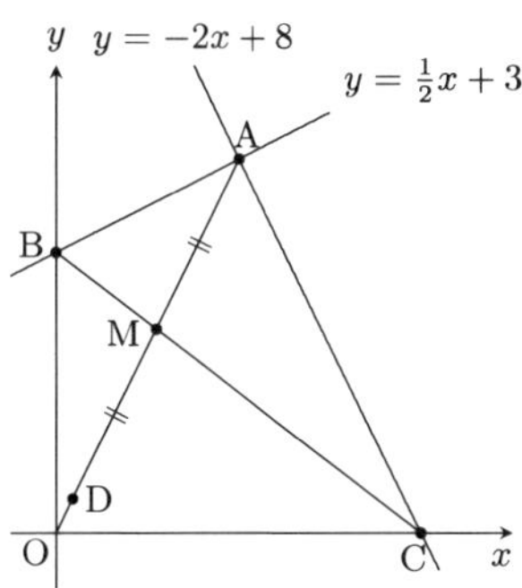

(1) 점 D의 좌표를 구하시오.

(2) 사각형 ABDC의 넓이와 사각형 ABEC의 넓이가 같도록 선분 OC위에 점 E를 잡을 때, 점 E의 좌표를 구하시오.

풀이

(1) 점 A의 좌표를 구하면,

$$\frac{1}{2}x + 3 = -2x + 8,\ \ x + 6 = -4x + 16,\ \ x = 2$$

이므로, A$(2, 4)$이다. 그러므로 직선 OA의 방정식은 $y = 2x$이다.

점 B$(0, 3)$, C$(4, 0)$이므로, 직선 BC의 방정식은 $y = -\frac{3}{4}x + 3$이다.

점 M은 두 직선 $y = 2x$와 $y = -\frac{3}{4}x + 3$의 교점이므로, 두 직선의 방정식을 연립하여 풀면, M$\left(\frac{12}{11}, \frac{24}{11}\right)$이다.

점 D의 x좌표를 d라 하면, 점 M은 선분 AD의 중점이므로, $\frac{d+2}{2} = \frac{12}{11}$을 만족한다. 이를 풀면 $d = \frac{2}{11}$이다. 즉, D$\left(\frac{2}{11}, \frac{4}{11}\right)$이다.

(2) 그림과 같이, 사각형 ABDC의 넓이와 사각형 ABEC의 넓이가 같을 때, 양변에서 삼각형 ABC의 넓이를 빼면, $\triangle\mathrm{BDC} = \triangle\mathrm{BEC}$이다. 즉, $\overline{\mathrm{DE}} /\!/ \overline{\mathrm{BC}}$이다.

점 E의 x좌표를 e라 하면, 직선 DE와 BC의 기울기가 같으므로,

$$\frac{0 - \frac{4}{11}}{e - \frac{2}{11}} = -\frac{3}{4},\ \ e - \frac{2}{11} = \frac{-\frac{4}{11}}{-\frac{3}{4}} = \frac{16}{33}$$

이다. 그러므로 $e = \frac{2}{3}$이다. 즉, E$\left(\frac{2}{3}, 0\right)$이다.

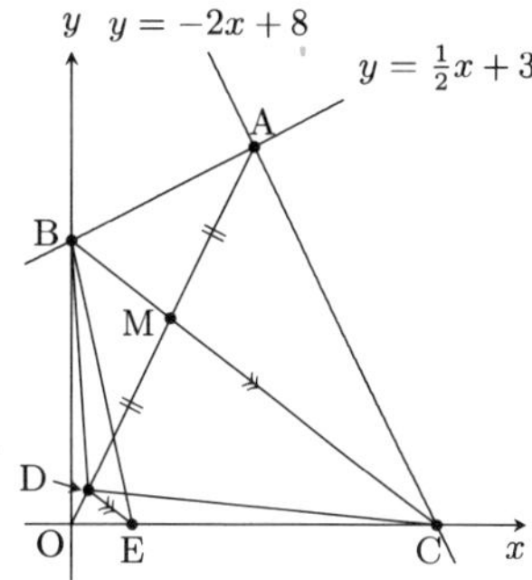

문제 7.4 그림과 같이, 함수 $y = \frac{1}{2}x^2$ 위에 두 점 A, B가 있다. 두 점 A, B의 x좌표는 각각 6, -2이다. 선분 AB 위에 점 P를 잡고, 점 P를 지나 x축에 평행한 직선과 선분 OA와의 교점을 Q라 하고, 점 Q의 x좌표를 t라 한다. 단, $0 \le t \le 6$이다.

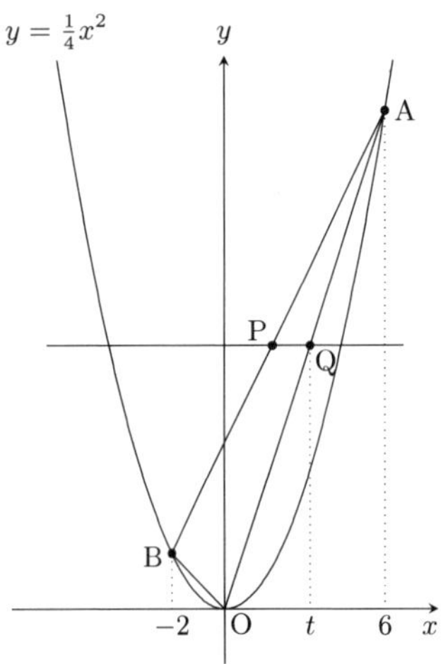

(1) 점 P의 좌표를 t를 사용하여 나타내시오.

(2) 삼각형 OAB의 넓이가 삼각형 APQ의 넓이의 4배일 때, t의 값을 구하시오.

풀이

(1) 직선 AB의 방정식의 기울기와 y절편은 각각

$$\frac{1}{2} \times (-2+6) = 2, \quad -\frac{1}{2} \times (-2) \times 6 = 6$$

이므로 직선 AB의 방정식은 $y = 2x + 6$이다.
직선 OA의 방정식은 $y = 3x$이므로 점 $\mathrm{Q}(t, 3t)$이고, y좌표가 $3t$인 점 P가 $y = 2x + 6$위에 있으므로

$$3t = 2x + 6, \quad x = \frac{3t-6}{2}$$

이다. 즉, $\mathrm{P}\left(\frac{3t-6}{2}, 3t\right)$이다.

(2) 직선 AB의 y절편이 6이므로, $\triangle\mathrm{OAB} = \frac{1}{2} \times 6 \times \{6 - (-2)\} = 24$이고, $\overline{\mathrm{PQ}} = t - \frac{3t-6}{2} = \frac{-t+6}{2}$이다. 따라서

$$\begin{aligned}\triangle\mathrm{APQ} &= \frac{1}{2} \times \frac{-t+6}{2} \times (18-3t) \\ &= \frac{1}{2} \times \frac{6-t}{2} \times 3(6-t) \\ &= \frac{3}{4}(6-t)^2\end{aligned}$$

이다. $\triangle\mathrm{OAB} = 4 \times \triangle\mathrm{APQ}$이므로,

$$(6-t)^2 = 8, \quad 6 - t = \pm 2\sqrt{2}$$

이다. $0 \le t \le 6$이므로 $6 - t \ge 0$이다. 따라서 $t = 6 - 2\sqrt{2}$이다.

제 8 절 점검 모의고사 8회 풀이

문제 8.1 그림과 같이, 이차함수 $y = x^2$과 직선 l과의 교점을 각각 A, B라 하고, 직선 m과의 교점을 각각 C, D라 한다. 직선 l과 직선 m은 평행하고, 점 A의 x좌표는 -3이고, 점 B의 x좌표는 4이고, 점 C의 x좌표는 -1이다.

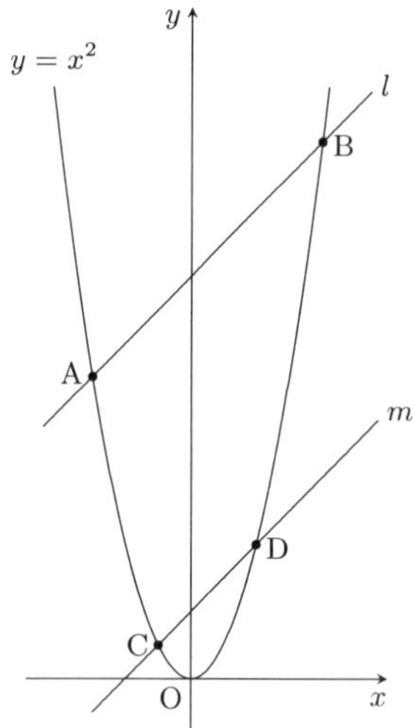

(1) 직선 AB의 방정식을 구하시오.

(2) 점 D의 좌표를 구하시오.

(3) 사각형 ACDB의 넓이를 구하시오.

(4) 원점을 지나는 직선 $y = ax$가 사각형 ACDB의 넓이를 이등분할 때, a의 값을 구하시오.

풀이

(1) 직선 AB의 기울기는 $1 \times (-3+4) = 1$이고, $\mathrm{A}(-3, 9)$이므로 직선 AB의 방정식은

$$y = \{(x - (-3)\} + 9, \;\; y = x + 12$$

이다.

(2) 점 D의 x좌표를 d라 하면, $l \,/\!/\, m$으로부터 직선 CD의 기울기가 1이 되어

$$1 \times (-1 + d) = 1, \;\; d = 2$$

이다. 따라서 $\mathrm{D}(2, 4)$이다.

(3) 직선 AB, CD와 y축과의 교점을 각각 E, F라 한다. 구하는 것은 $\triangle\mathrm{ABC}$와 $\triangle\mathrm{BCD}$의 합이다. $\overline{\mathrm{AB}} \,/\!/\, \overline{\mathrm{CD}}$이므로,

$$\triangle\mathrm{ABC} = \triangle\mathrm{ABF}, \;\; \triangle\mathrm{BCD} = \triangle\mathrm{CDE}$$

이다.

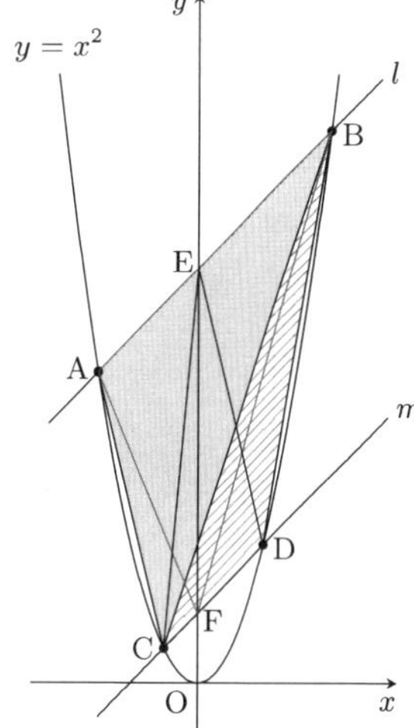

$$\triangle\mathrm{ABF} = \frac{1}{2} \times \overline{\mathrm{EF}} \times (\text{점 A와 B의 } x\text{좌표의 차}) \quad ①$$
$$\triangle\mathrm{CDE} = \frac{1}{2} \times \overline{\mathrm{EF}} \times (\text{점 C와 D의 } x\text{좌표의 차}) \quad ②$$

이고, 점 E의 y좌표는 12, 점 F의 y좌표는 $-1 \times (-1) \times 2 = 2$이므로,

$$① + ② = \frac{1}{2} \times 10 \times (7 + 3) = 50$$

이다.

(4) 선분 AB, CD의 중점을 각각 M, N이라 하고, 선분 MN의 중점을 L이라 한다. 직선 MN이 사다리꼴 ACDB의 넓이를 이등분하므로, 직선 $y = ax$가 점 L를 지나면 사다리꼴 ACDB의 넓이를 이등분한다. $\mathrm{M}\left(\frac{1}{2}, \frac{25}{2}\right)$, $\mathrm{N}\left(\frac{1}{2}, \frac{5}{2}\right)$이므로, $\mathrm{L}\left(\frac{1}{2}, \frac{15}{2}\right)$이다. 따라서 직선 OL의 기울기인 $a = 15$이다.

문제 8.2 좌표평면 위에 세 점 A$(-2,0)$, B$(4,2)$, C$\left(\frac{1}{4}, \frac{23}{4}\right)$가 있다.

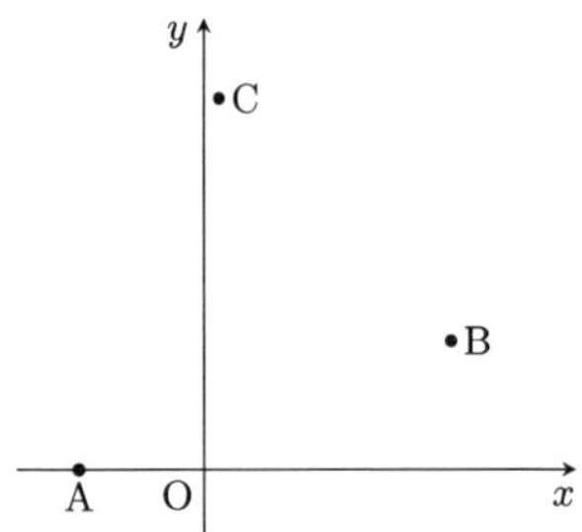

(1) 직선 BC의 방정식을 구하시오.

(2) $\triangle$ABC의 넓이를 구하시오.

(3) b는 상수이고, 직선 l의 방정식이 $y=2x+b$이다. 직선 l이 $\triangle$ABC의 넓이를 이등분할 때, b의 값을 구하시오.

풀이

(1) 직선 BC의 기울기는 $\frac{2-\frac{23}{4}}{4-\frac{1}{4}}=-1$이므로, 직선 BC의 방정식은

$$y=-(x-4)+2,\ \ y=-x+6$$

이다.

(2) 직선 BC의 방정식과 x축과의 교점을 D라 하면, D$(6,0)$이다.

$$\begin{aligned}\triangle\mathrm{ABC}&=\triangle\mathrm{ADC}-\triangle\mathrm{ADB}\\&=\frac{1}{2}\times\overline{\mathrm{AD}}\times\frac{23}{4}-\frac{1}{2}\times\overline{\mathrm{AD}}\times 2\\&=\frac{1}{2}\times\{6-(-2)\}\times\left(\frac{23}{4}-2\right)\\&=\frac{1}{2}\times 8\times\frac{15}{4}\\&=15\end{aligned}$$

이다.

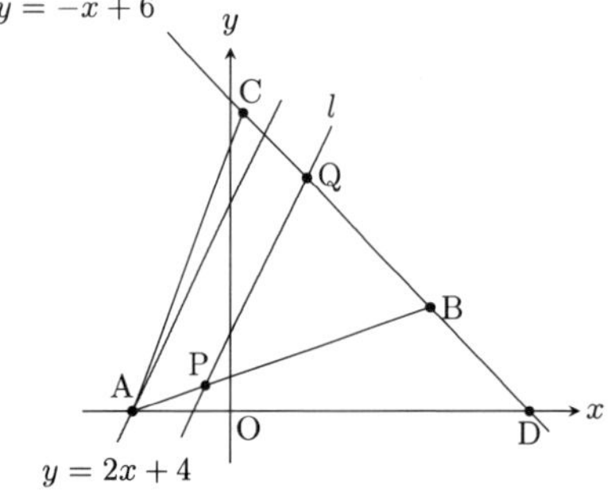

(3) 직선 l과 직선 BC의 교점의 x좌표를 구하면, $-x+6=2x+b$에서 $x=\frac{6-b}{3}$이다.
점 A를 지나고 기울기가 2인 직선의 방정식은

$$y=2\{x-(-2)\},\ \ y=2x+4$$

이다. $y=-x+6$과 $y=2x+4$의 교점의 좌표는 $\left(\frac{2}{3}, \frac{16}{3}\right)$로 선분 BC의 중점보다 점 C에 가깝다. 그러므로 직선 l은 $y=2x+4$의 아랫쪽에 있어서 변 AB와 만난다. 직선 AB의 방정식은

$$y=\frac{2-0}{4-(-2)}\{x-(-2)\},\ \ y=\frac{1}{3}x+\frac{2}{3}$$

이다. 직선 AB의 방정식과 직선 l의 방정식을 연립하여 풀면

$$\frac{1}{3}x+\frac{2}{3}=2x+b,\ \ x=\frac{2-3b}{5}$$

이다. 직선 l의 방정식과 직선 AB, 직선 BC와의 교점을 각각 P, Q라 한다.

$$\begin{aligned}\frac{\triangle\mathrm{PBQ}}{\triangle\mathrm{ABC}}&=\frac{\overline{\mathrm{BP}}}{\overline{\mathrm{BA}}}\times\frac{\overline{\mathrm{BQ}}}{\overline{\mathrm{BC}}}\\&=\frac{4-\frac{2-3b}{5}}{4-(-2)}\times\frac{4-\frac{6-b}{3}}{4-\frac{1}{4}}\\&=\frac{b+6}{10}\times\frac{4(b+6)}{45}\\&=\frac{2(b+6)^2}{225}\end{aligned}$$

이다. 직선 l의 삼각형 ABC의 넓이를 이등분하면,

$$\frac{2(b+6)^2}{225}=\frac{1}{2},\ \ (b+6)^2=\frac{225}{4}$$

이다. 직선 l이 점 B를 지날 때, $2=2\times4+b$이므로 $b=-6$이어서 $b+6>0$이다. 따라서 $b+6=\frac{15}{2}$이다. 즉, $b=\frac{3}{2}$이다.

문제 8.3 그림과 같이, 점 A가 $y = ax^2$과 $y = 2x + 4$의 교점 중 x좌표가 6인 점이고, 점 B는 $y = 2x + 4$와 y축과의 교점이다. 점 C는 x축 위의 점으로 x좌표가 양수이고, 삼각형 OAB와 삼각형 OAC의 넓이가 같다.

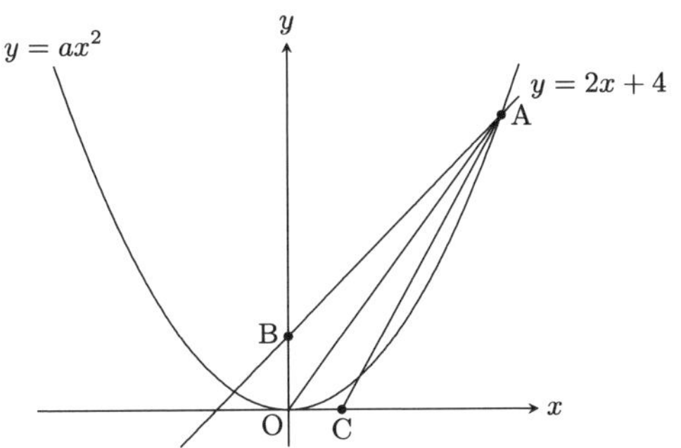

(1) 직선 BC의 방정식을 구하시오.

(2) $y = x - 1$위의 점 D에 대하여 삼각형 ABC와 삼각형 DBC의 넓이가 같을 때, 가능한 점 D를 모두 구하시오.

풀이

(1) 점 A의 y좌표는 $y = 2 \times 6 + 4 = 16$이므로 A$(6, 16)$이다. 점 A가 $y = ax^2$위에 있으므로 $16 = a \times 6^2$으로부터 $a = \frac{4}{9}$이다.
점 C의 x좌표를 $c(> 0)$라 하면, $\frac{4 \times 6}{2} = \frac{c \times 16}{2}$로부터 $c = \frac{3}{2}$이다. 그러므로 직선 BC의 방정식 $y = -\frac{8}{3}x + 4$이다.

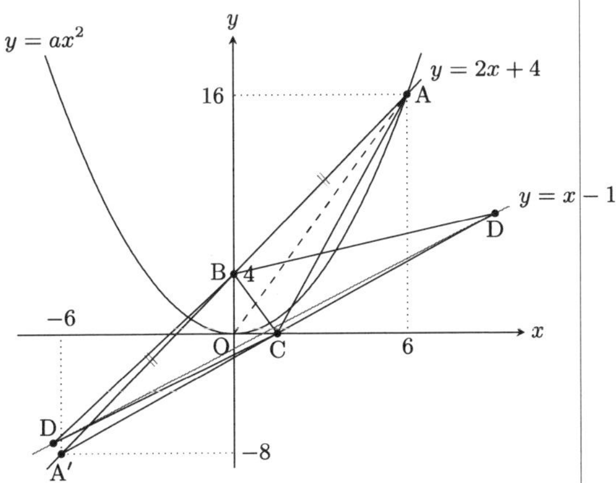

(2) 점 B에 대하여 점 A의 대칭점을 A′라 하면, A′$(-6, -8)$이다. $\triangle$DBC $=$ $\triangle$ABC $=$ $\triangle$A′BC이므로, $\overline{\text{AD}} \,/\!/\, \overline{\text{BC}}$, $\overline{\text{A'D}} \,/\!/\, \overline{\text{BC}}$이다. D$(d, d-1)$이라 하면,

$$\frac{(d-1)-16}{d-6} = -\frac{8}{3}, \quad \frac{(d-1)+8}{d+6} = -\frac{8}{3}$$

이다. 각각을 풀면 $d = 9$, $d = -\frac{69}{11}$이다. 따라서 가능한 점 D는 $(9, 8)$, $\left(-\frac{69}{11}, -\frac{80}{11}\right)$이다.

문제 8.4 그림과 같이, 이차함수 $y = \frac{1}{3}x^2$은 직선 $y = \frac{1}{3}x+2$와는 두 점 A, D에서 만나고, 직선 $y = \frac{1}{3}x+k$와는 두 점 B, C에서 만난다. 단, $0 < k < 2$이다. 직선 $y = \frac{1}{3}x + k$는 x축과 점 P에서 만난다.

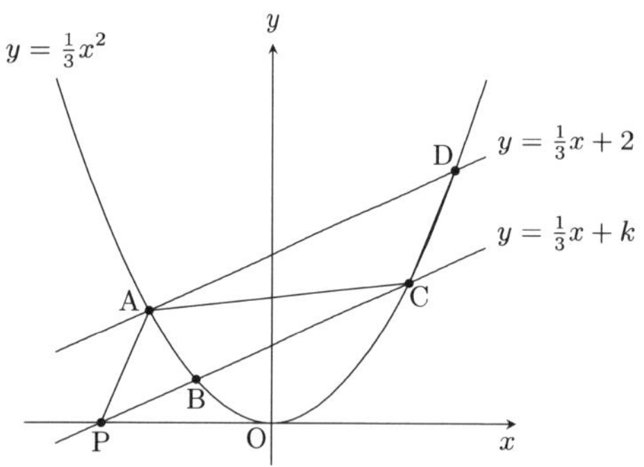

(1) 삼각형 ACD의 넓이가 $\frac{25}{6}$일 때, k의 값을 구하시오.

(2) 사각형 APCD가 평행사변형이 되기 위한 k의 값을 구하시오.

풀이

(1) $y = \frac{1}{3}x + 2$와 $y = \frac{1}{3}x + k$는 평행하므로,

$$\triangle\text{ACD} = \triangle\text{AED} = \frac{(2-k)\times(3+2)}{2} = \frac{25}{6}$$

이다. 이를 풀면 $k = \frac{1}{3}$이다.

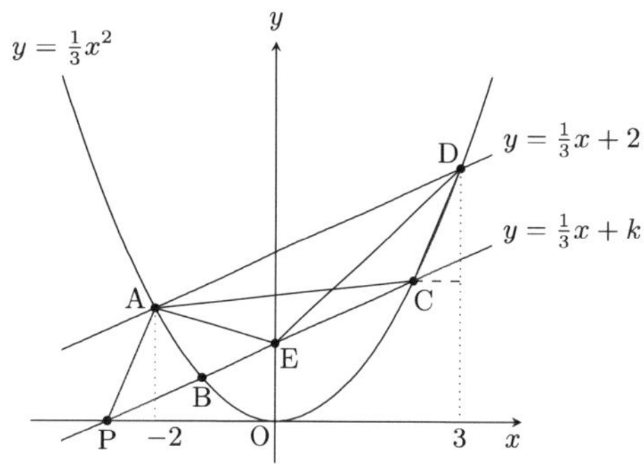

(2) 사각형 APCD가 평행사변형일 때, 위 그림에서 색칠한 부분의 두 직각삼각형은 합동이다.
점 A, D의 y좌표는 각각 $\frac{4}{3}$, 3이므로, 점 C의 y좌표는 $3 - \frac{4}{3} = \frac{5}{3}$이다. 그러므로 점 C의 x좌표는 $\frac{5}{3} = \frac{1}{3}x^2$에서 $x > 0$이므로 $x = \sqrt{5}$이다. 따라서 $\text{C}\left(\sqrt{5}, \frac{5}{3}\right)$이다.
점 C는 $y = \frac{1}{3}x + k$위의 점이므로 $k = \frac{5-\sqrt{5}}{3}$이다.

제 9 절 점검 모의고사 9회 풀이

문제 9.1 그림과 같이, 이차함수 $y = ax^2(a > 0)$의 그래프 위에 x좌표가 양수인 두 점 A, B를 잡고, 점 A, B에서 y축에 내린 수선의 발을 각각 C, D라 하면, $\angle AOC = 30°$, $\angle BOD = 45°$이다. 점 C에서 직선 OA에 내린 수선의 발을 H라 하고, 점 B에서 직선 OA에 내린 수선의 발을 I라 하고, 직선 BD와 직선 OA의 교점을 J라 한다.

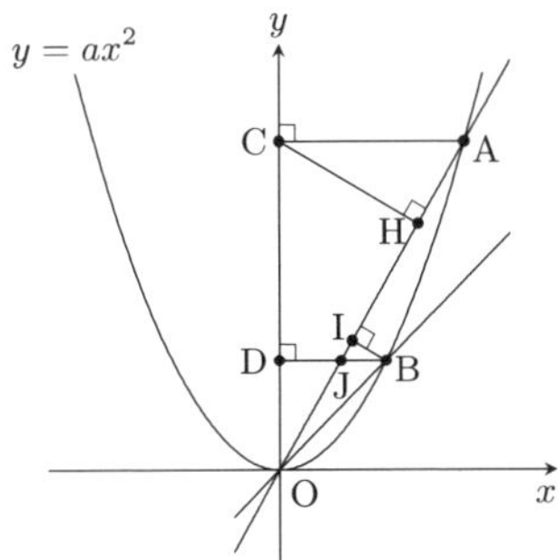

점 A의 x좌표가 2일 때, 다음 물음에 답하시오.

(1) a의 값을 구하시오.

(2) 점 B의 좌표를 구하시오.

(3) 점 H의 좌표를 구하시오.

(4) 선분 IJ의 길이를 구하시오.

풀이

(1) $A(2, 4a)$라 두면, 삼각형 OAC는 한 내각이 30°인 직각삼각형이므로,

$$2 : 4a = 1 : \sqrt{3},\ \ a = \frac{\sqrt{3}}{2}$$

이다.

(2) 직선 OB의 기울기가 1이므로, 점 B의 x좌표를 b라 하면,

$$\frac{\sqrt{3}}{2} \times (b + 0) = 1,\ \ b = \frac{2\sqrt{3}}{3}$$

이다. 즉, $B\left(\frac{2\sqrt{3}}{3}, \frac{2\sqrt{3}}{3}\right)$이다.

(3) 삼각형 CAH와 삼각형 OCH가 모두 한 내각이 30°인 직각삼각형이므로,

$$\overline{AH} : \overline{HC} = \overline{CH} : \overline{HO} = 1 : \sqrt{3}$$

이다. 그러므로 $\overline{AH} : \overline{HO} = 1 : 3$이다.
점 $H(p, q)$라 하면, $A(2, 2\sqrt{3})$이므로,

$$p = \frac{3}{1+3} \times 2 = \frac{3}{2},\ \ q = \frac{3}{1+3} \times 2\sqrt{3} = \frac{3\sqrt{3}}{2}$$

이다. 즉, $H\left(\frac{3}{2}, \frac{3\sqrt{3}}{2}\right)$이다.

(4) 삼각형 OJD와 삼각형 BJI가 모두 한 내각이 30°인 직각삼각형이므로,

$$\overline{DJ} = \frac{1}{\sqrt{3}} \times \overline{DO} = \frac{2}{3}$$

이다. 그러므로

$$\overline{IJ} = \frac{1}{2} \times \overline{JB} = \frac{1}{2}\left(\frac{2\sqrt{3}}{3} - \frac{2}{3}\right) = \frac{\sqrt{3}-1}{3}$$

이다.

문제 9.2 그림과 같이, 함수 $y = x^2$의 그래프 위에 x좌표가 각각 -2, 1, 3인 세 점 A, B, C가 있고, x좌표가 -2보다 작은 점 P, 점 B와 C 사이에 점 Q가 있다.

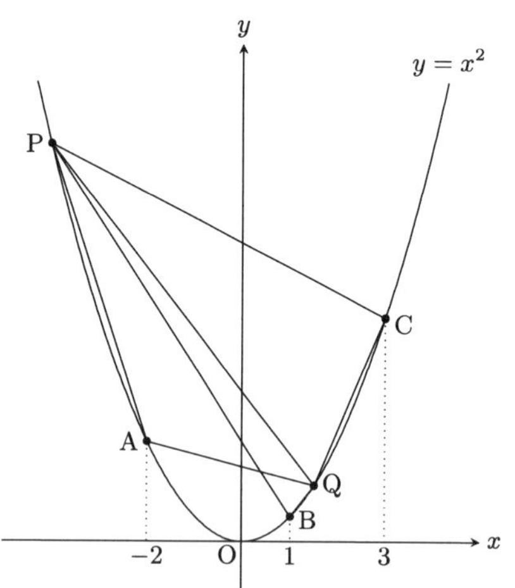

(1) $\triangle\text{PAQ} : \triangle\text{PCQ} = 2 : 3$일 때, 직선 PQ와 직선 AC의 교점의 좌표를 구하시오.

(2) $\triangle\text{PAQ} : \triangle\text{PBQ} = 5 : 2$일 때, 직선 PQ와 직선 AB의 교점의 좌표를 구하시오.

풀이

(1) 두 직선 PQ와 AC의 교점을 D라 하면,

$$\triangle\text{PAQ} : \triangle\text{PCQ} = \overline{\text{AD}} : \overline{\text{DC}} = 2 : 3$$

이다. 그러므로 점 D의 x좌표는 0이다.
점 D의 y좌표는 직선 AC의 y절편이므로, $-1\times(-2)\times 3 = 6$이다. 즉, $\text{D}(0, 6)$이다.

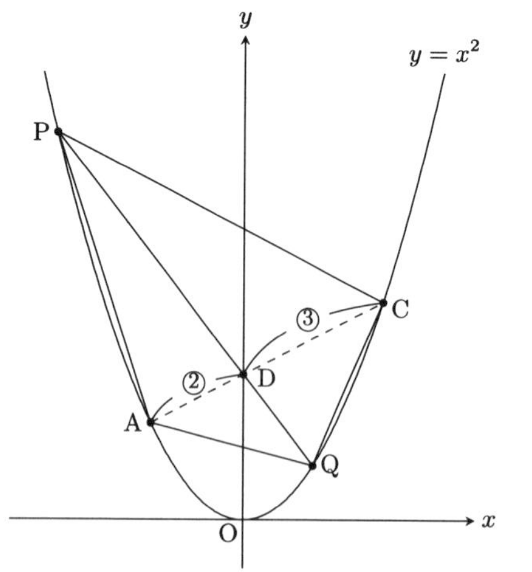

(2) 두 직선 PQ와 AB의 교점을 E라 하면,

$$\begin{aligned}\triangle\text{PAQ} : \triangle\text{PBQ} &= \triangle\text{PAE} \times \frac{\overline{\text{PQ}}}{\overline{\text{PE}}} : \triangle\text{PBE} \times \frac{\overline{\text{PQ}}}{\overline{\text{PE}}} \\ &= \triangle\text{PAE} : \triangle\text{PBE} \\ &= \overline{\text{AE}} : \overline{\text{BE}} \\ &= 5 : 2\end{aligned}$$

이다. 그러므로

$$\overline{\text{AB}} : \overline{\text{BE}} = (5 - 2) : 2 = 3 : 2$$

이다. 따라서 $\text{E}(1 + 2, 1 - 2) = (3, -1)$이다.

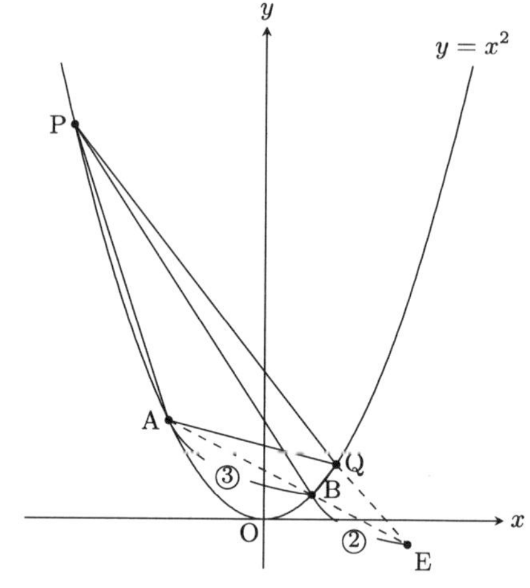

문제 9.3 그림과 같이, 네 점 A$(1,5)$, B$(2,1)$, C$(4,1)$, D$(6,5)$를 꼭짓점으로 하는 사각형 ABCD가 있다.

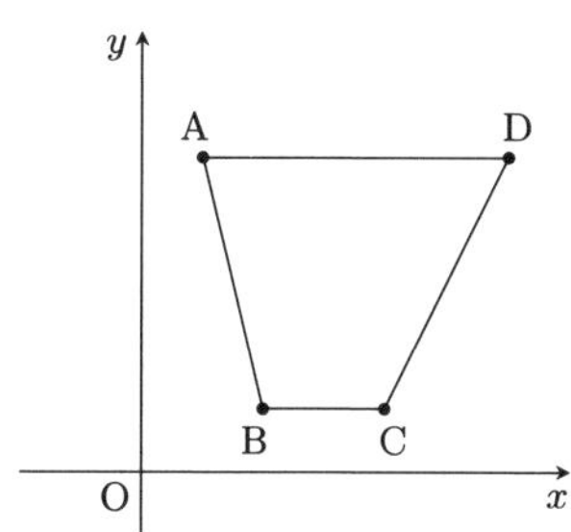

(1) 변 CD의 중점 M를 지나고, 변 AB와 평행한 직선과 변 AD와의 교점을 E라 할 때, 점 E의 좌표를 구하시오.

(2) 점 G$(4,0)$을 지나고, 사각형 ABCD의 넓이를 이등분하는 직선의 방정식을 구하시오.

풀이

(1) 점 M$(5,3)$을 지나 선분 AB에 평행한 직선을 l이라 하면, l의 방정식은

$$y = \frac{1-5}{2-1}(x-5)+3,\ \ y=-4x+23$$

이다. 이 직선과 변 AD의 교점 E의 x좌표는

$$5=-4x+23,\ \ x=\frac{9}{2}$$

이므로 E$\left(\frac{9}{2}, 5\right)$이다.

(2) 직선 l과 직선 BC와의 교점을 F라 한다. $\overline{AB} /\!/ \overline{EF}$, $\overline{AE} /\!/ \overline{BF}$이므로, 사각형 ABFE는 평행사변형이다.
여기서 $\overline{CF} /\!/ \overline{ED}$이고, 점 M은 선분 CD의 중점이므로, $\triangle$CFM $\equiv$ $\triangle$DEM이다.
그러므로 사다리꼴 ABCD와 평행사변형 ABFE는 넓이가 같다.

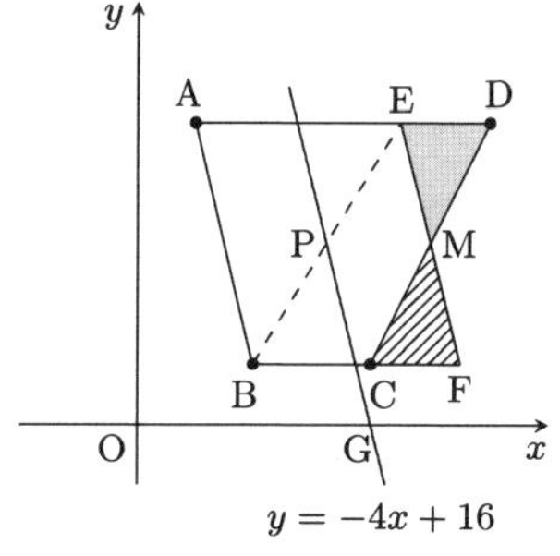

점 G$(4,0)$을 지나고 평행사변형 ABFE의 넓이를 이등분하는 직선은 대각선의 교점 P를 지난다. 점 P는 선분 BE의 중점이므로 P$\left(\frac{13}{4}, 3\right)$이다.
점 G와 점 P를 지나는 직선의 기울기는 $\frac{3-0}{\frac{13}{4}-4}=-4$ 이므로, 직선 GP의 방정식은

$$y=-4(x-4),\ \ y=-4x+16$$

이다.

문제 9.4 그림과 같이, 이차함수 $y = ax^2(a > \frac{1}{4})$위에 x좌표가 -2인 점 A가 있고, 점 A를 지나는 직선 $y = -x + b$과 $y = ax^2$의 점 A 이외의 교점을 P라 하고, 점 A를 지나는 $y = x + c$과 $y = ax^2$의 점 A 이와의 교점을 Q라 한다.

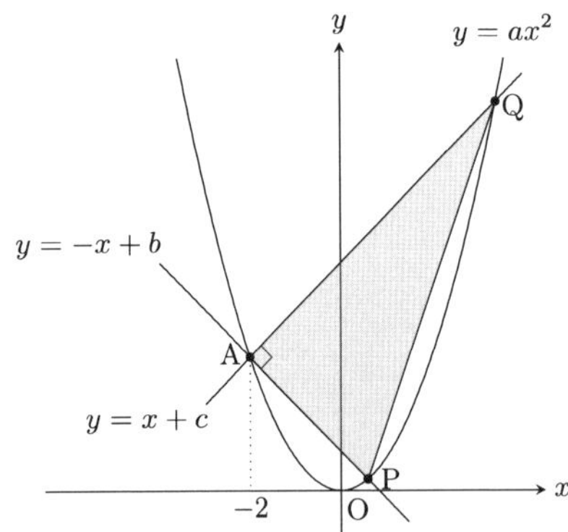

(1) 두 점 P, Q의 x좌표를 각각 a를 사용하여 나타내시오.

(2) 삼각형 APQ의 넓이가 14일 때, a의 값을 구하시오.

풀이

(1) 점 P, Q의 x좌표를 각각 p, q라 하면, 직선 l, m의 기울기로부터

$$a \times (-2 + p) = -1, \quad a \times (-2 + q) = 1$$

이 성립한다. 이를 정리하면 $p = 2 - \frac{1}{a}$, $q = 2 + \frac{1}{a}$이다.

(2) 직선 l, m의 기울기가 -1, 1이므로,

$$\overline{\mathrm{AP}} = \sqrt{2}(p + 2) = \sqrt{2}\left(4 - \frac{1}{a}\right)$$
$$\overline{\mathrm{AQ}} = \sqrt{2}(q + 2) = \sqrt{2}\left(4 + \frac{1}{a}\right)$$

이다. $\overline{\mathrm{AP}} \perp \overline{\mathrm{AQ}}$이므로,

$\triangle\mathrm{APQ} = \frac{1}{2} \times \left(4 - \frac{1}{a}\right) \times \left(4 + \frac{1}{a}\right) = 16 - \left(\frac{1}{a}\right)^2 = 14$

이다. $\left(\frac{1}{a}\right)^2 = 2$, $a > 0$이므로 $\frac{1}{a} = \sqrt{2}$이다. $a = \frac{1}{\sqrt{2}} = \frac{\sqrt{2}}{2} \left(> \frac{1}{4}\right)$이다.

제 10 절 점검 모의고사 10회 풀이

문제 10.1 그림과 같이, 이차함수 $y = \frac{1}{4}x^2$ 위에 두 점 $A(-4, 4)$, $C(6, 9)$가 있고, 원점과 점 C사이에 점 B가 있고, 사각형 ABCD가 평행사변형이 되도록 좌표평면 위에 점 D를 잡는다.

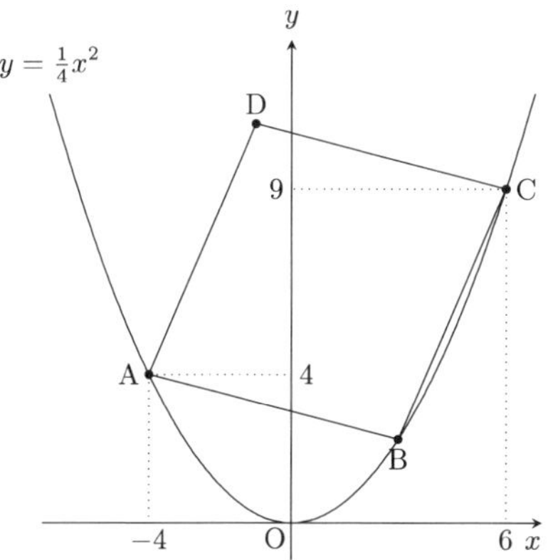

(1) 점 D가 y축 위에 있을 때, 점 B의 좌표를 구하시오.

(2) 점 D가 $y = -\frac{9}{2}x$위의 점일 때, 평행사변형 ABCD의 넓이를 구하시오.

풀이

(1) 사각형 ABCD가 평행사변형이면, 아래 그림에서 색칠한 부분의 직각삼각형은 합동이다. 따라서 점 $B(2, 1)$이다.

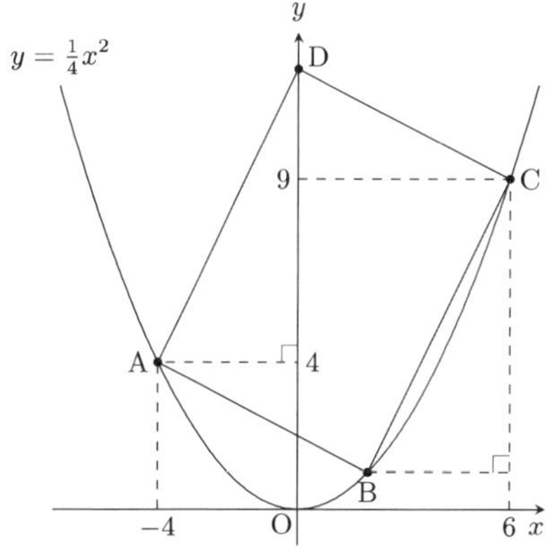

(2) 대각선 AC의 중점을 M이라 하면, $M\left(1, \frac{13}{2}\right)$이다. 한편, 대각선 BD의 중점도 M이므로, 점 $B(2b, b^2)$, $D(-2d, 9d)$라 하면,

$$\frac{2b + (-2d)}{2} = 1,\ \ \frac{b^2 + 9d}{2} = \frac{13}{2}$$

이다. 이를 정리하면

$$b - d = 1,\ \ b^2 + 9d = 13$$

이다. 왼쪽 식을 정리하여 나온 $d = b - 1$을 오른쪽 식의 d에 대입하면

$$b^2 + 9b - 22 = 0,\ \ (b - 2)(b + 11) = 0$$

이다. $0 < 2b < 6$이므로 $b = 2$이다. 따라서 $B(4, 4)$이다.

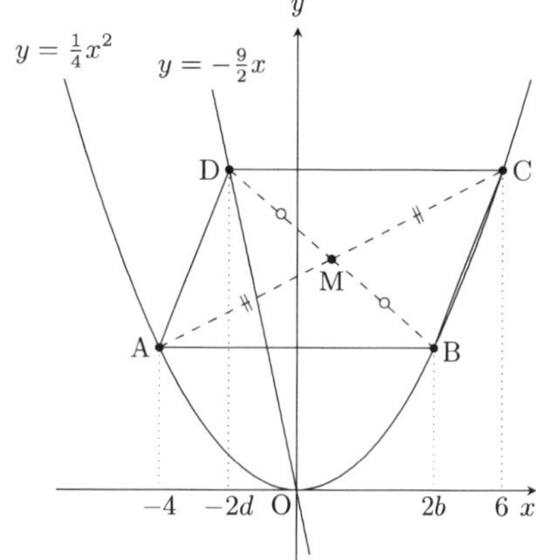

직선 AB는 x축에 평행하므로, 사각형 ABCD의 넓이는 $(4 + 4) \times (9 - 4) = 40$이다.

문제 10.2 그림과 같이, 좌표평면 위에 세 직선 AB, BC, CA의 방정식은 각각 $y = -x + 5$, $y = 5x - 19$, $y = 2x - 1$ 이다.

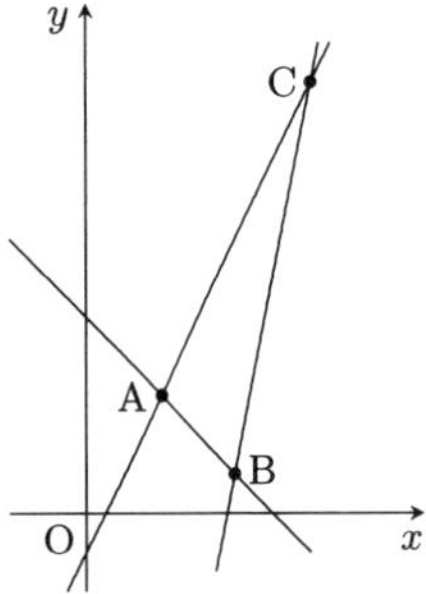

(1) 점 A의 좌표를 구하시오.

(2) 점 A를 지나고, 삼각형 ABC의 넓이를 이등분하는 직선의 방정식을 구하시오.

(3) 원점을 지나는 직선 $y = mx$가 삼각형 ABC의 변 또는 내부를 지날 때, m의 범위를 구하시오.

풀이

(1) A의 x좌표는 $-x + 5 = 2x - 1$의 해이므로 $x = 2$이다. 즉, A(2, 3)이다.

(2) B의 x좌표는 $-x + 5 = 5x - 19$의 해이므로 $x = 4$이다. 즉, B(4, 1)이다. C의 x좌표는 $5x - 19 = 2x - 1$의 해이므로 $x = 6$이다. 즉, C(6, 11)이다.

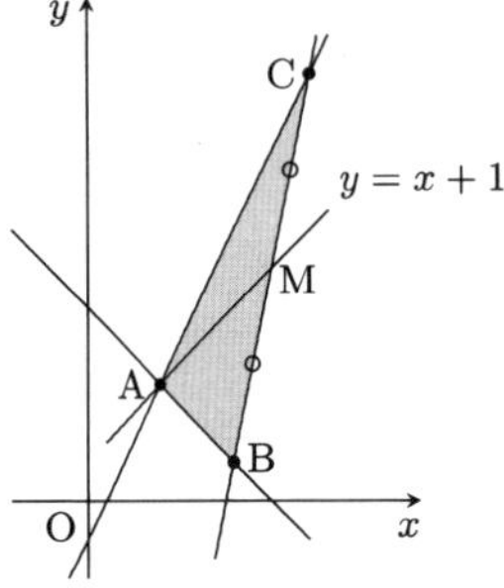

구하는 직선은 점 A를 지나 선분 BC의 중점 M(5, 6)을 지난다. 그러므로

$$y = \frac{6-3}{5-2}(x-2) + 3,\ \ y = x + 1$$

이다.

(3) m의 최솟값은 직선 $y = mx$가 점 B를 지날 때이고, 직선 AC가 원점 O의 아래 부분을 지나므로 최댓값은 점 C를 지날 때이다.

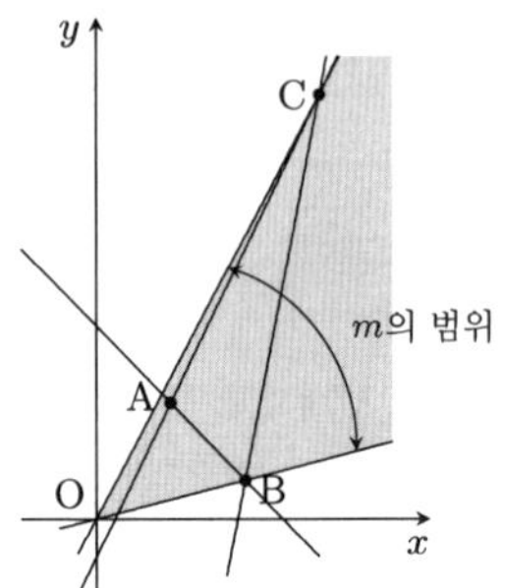

그러므로 $\frac{1}{4} \le m \le \frac{11}{6}$이다.

문제 10.3 그림과 같이, 두 이차함수 $y = x^2$, $y = \frac{1}{2}x^2$과 두 직선 $y = ax$, $y = (a+1)x$이 O, A, B, C에서 만난다. 단, $a > 0$이다.

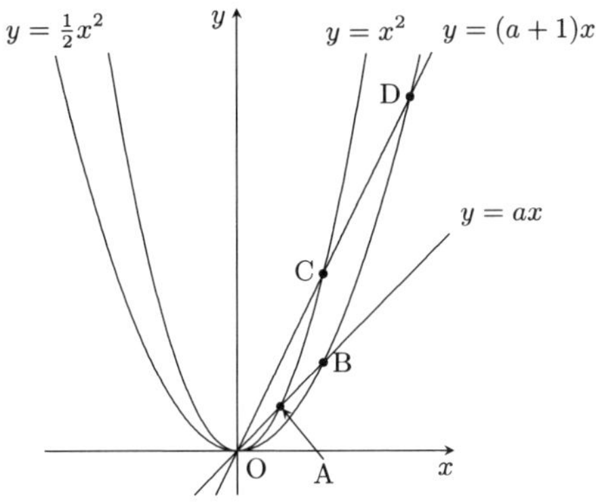

(1) $a = 1$일 때, △OAC의 넓이를 구하시오.

(2) 직선 BD의 기울기가 5일 때, 사각형 ABDC의 넓이를 구하시오.

풀이 점 A의 x좌표를 a라 두면, 주어진 조건으로부터 점 B, C, D의 x좌표는 각각 $2a$, $a+1$, $2(a+1)$이다.

(1) $a = 1$일 때, $A(1,1)$, $C(2,4)$이므로,

$$\triangle OAC = \frac{1}{2} \times (2-1) \times 2 = 1$$

이다.

(2) 직선 BD의 기울기가 5이므로,

$$\frac{1}{2} \times \{2a + 2(a+1)\} = 5, \quad a = 2$$

이다. $a = 2$일 때, 직선 AC의 기울기도 5이다.

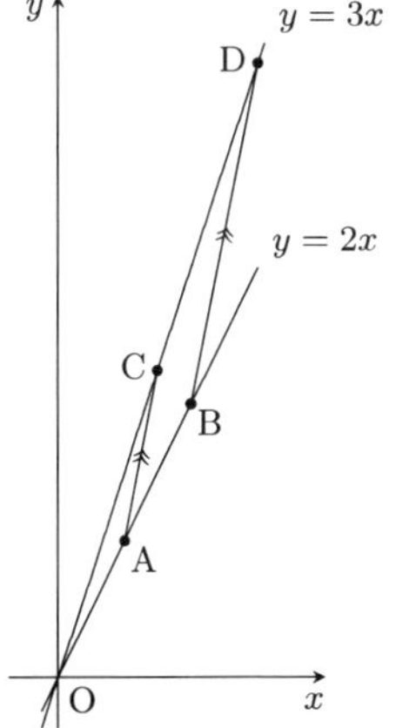

$\overline{OA} : \overline{OB} = \overline{OC} : \overline{OD} = 1 : 2$이고, $\overline{AC} \,/\!/\, \overline{BD}$이므로 삼각형 OAC와 OBD는 닮음비가 $1 : 2$인 닮음이다. 즉, 넓이비는 $1 : 4$이다.

$\triangle OAC = \frac{1}{2} \times (6-4) \times 3 = 3$이므로 구하는 사각형 ABDC의 넓이는 $\triangle OAC \times (4-1) = 3 \times 3 = 9$이다.

문제 10.4 그림과 같이, 함수 $y=-\frac{2}{9}x^2$과 직선 $y=\frac{4}{3}x-6$이 두 점 A, B에서 만난다. 점 C, D는 함수 $y=-\frac{2}{9}x^2$위에 있고, 점 C의 x좌표는 6이다. 직선 $y=\frac{4}{3}x-6$과 선분 CD의 교점이 E이다. 삼각형 ADE의 넓이와 삼각형 BCE의 넓이가 같다.

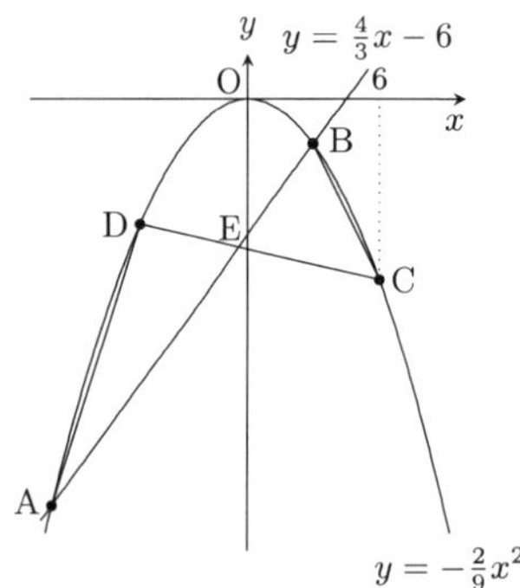

(1) 점 D의 좌표를 구하시오.

(2) 삼각형 ACD의 넓이를 구하시오.

풀이

(1) 점 A, B의 x좌표는

$$-\frac{2}{9}x^2=\frac{4}{3}x-6,\ \ x^2+6x-27=0$$

의 해이다. 이를 인수분해하면 $(x+9)(x-3)=0$이므로, $x=-9, 3$이다. 즉, $A(-9,-18)$, $B(3,-2)$이다. $\triangle ADE = \triangle BCE$의 양변에 $\triangle EAC$를 더하면 $\triangle DAC=\triangle BAC$이다. 즉, $\overline{BD}\mathbin{/\!/}\overline{AC}$이다.
직선 AC의 기울기는 $-\frac{2}{9}\times(-9+6)=\frac{2}{3}$이므로 점 D의 x좌표를 d라 하면,

$$-\frac{2}{9}\times(d+3)=\frac{2}{3},\ \ d=-6$$

이다. 즉, $D(-6,-8)$이다.

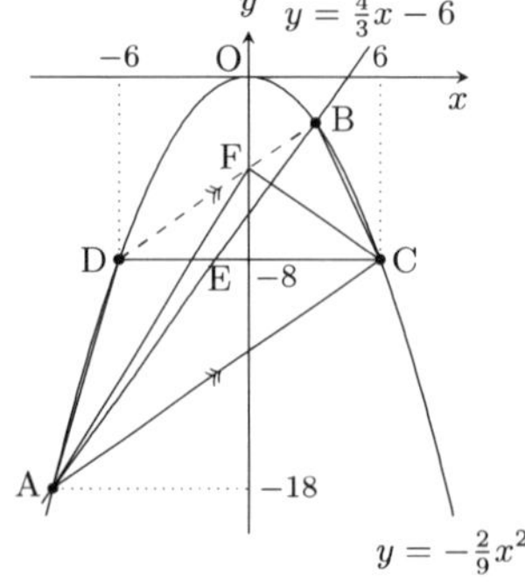

(2) 점 C, D의 x좌표의 절댓값이 같으므로 선분 CD는 x축에 평행하다. 따라서

$$\triangle ACD=\frac{1}{2}\times\{6-(-6)\}\times\{-8-(-18)\}=60$$

이다.

제 11 절 점검 모의고사 11회 풀이

문제 11.1 그림과 같이, 세 직선이 만나는 점을 연결하여 삼각형 ABC를 만든다. 점 A의 좌표는 $(-1,1)$이고, 직선 AB의 기울기는 3이고, 직선 AC의, 방정식은 $ax+by-3=0$이고, 직선 BC의 방정식은 $2bx+3ay-7b+1=0$이다. 단, a, b는 상수이다. 변 BC위의 점 $\mathrm{D}(-2,-7)$를 지나는 직선을 m이라 한다.

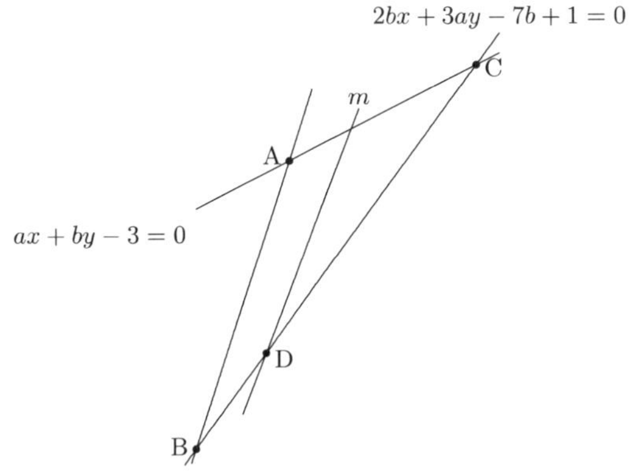

(1) 상수 a, b의 값을 구하시오.

(2) 점 B의 좌표를 구하시오.

(3) 두 직선 BD, DC의 길이의 비 $\overline{\mathrm{BD}}:\overline{\mathrm{DC}}$를 구하시오.

(4) 직선 m이 삼각형 ABC의 넓이를 이등분할 때, 직선 m의 방정식을 구하시오.

풀이

(1) 점 $\mathrm{A}(-1,1)$이 직선 $ax+by-3=0$위에 있고, 점 $\mathrm{D}(-2,-7)$이 직선 $2bx+3ay-7b+1=0$위에 있으므로

$$-a+b-3=0,\ \ -4b-21a-7b+1=0$$

이다. 이를 연립하여 풀면 $a=-1$, $b=2$이다.

(2) (1)로부터 직선 AB, AC, BC의 방정식은 각각

$$y=3x+4,\ \ -x+2y-3=0,\ \ 4x-3y-13-0$$

이다. $y=3x+4$와 $4x-3y-13=0$을 연립하여 풀면 $x=-5$, $y=-11$이다. 즉, $\mathrm{B}(-5,-11)$이다.

(3) $-x+2y-3=0$과 $4x-3y-13=0$을 연립하여 풀면 $x=7$, $y=5$이다. 즉, $\mathrm{C}(7,5)$이다. 그러므로

$$\overline{\mathrm{BD}}:\overline{\mathrm{DC}}=\{-2-(-5)\}:\{7-(-2)\}=1:3$$

이다.

(4) 직선 m과 선분 AC의 교점을 E라 한다.

$$\frac{\triangle\mathrm{EDC}}{\triangle\mathrm{ABC}}=\frac{\overline{\mathrm{CE}}}{\overline{\mathrm{AC}}}\times\frac{\overline{\mathrm{CD}}}{\overline{\mathrm{BC}}},\ \ \frac{1}{2}=\frac{\overline{\mathrm{CE}}}{\overline{\mathrm{AC}}}\times\frac{3}{4}$$

이다. 따라서 $\frac{\overline{\mathrm{CE}}}{\overline{\mathrm{AC}}}=\frac{2}{3}$이다. 그러므로 점 $\mathrm{E}\left(\frac{5}{3},\frac{7}{3}\right)$이다.

따라서 직선 m의 방정식은

$$y=\frac{\frac{7}{3}-(-7)}{\frac{5}{3}-(-2)}(x+2)-7,\ \ y=\frac{28}{11}x-\frac{21}{11}$$

이다.

문제 11.2 그림과 같이, x축 위에 두 점 A, B가 있고, 함수 $y = \frac{1}{4}x^2$위에 두 점 C, D가 있고, y축 위에 점 E가 있다.

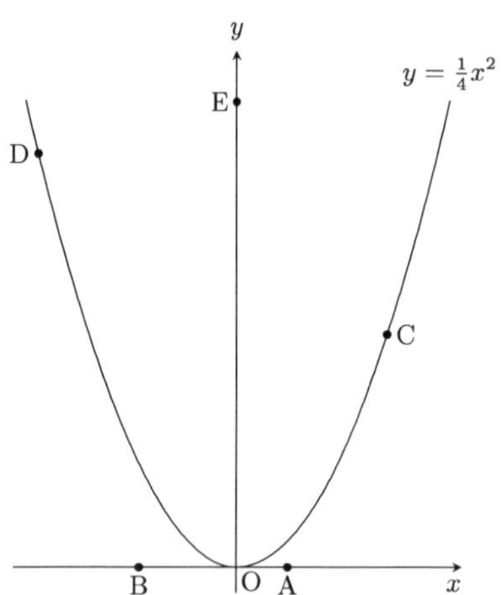

네 점 A, B, C, D의 x좌표는 각각 2, −4, 6, −8이고, 점 E의 y좌표가 $p(p > 0)$일 때, 다음 물음에 답하시오.

(1) 점 F(7, 0)에 대하여 $\triangle ACE = \triangle AFE$일 때, p의 값을 구하시오.

(2) 오각형 EDBAC의 넓이를 S라 한다. 점 F(7, 0)에 대하여, $\triangle EFG = S$를 만족하는 x축 위의 점 G를 모두 구하시오.

풀이

(1) $\triangle ACE = \triangle AFE$이면, $\overline{CF} \parallel \overline{EA}$이므로, 두 직선의 기울기가 같다.

$$\frac{9-0}{6-7} = \frac{p-0}{0-2}, \quad -9 = -\frac{p}{2}$$

이므로, $p = 18$이다.

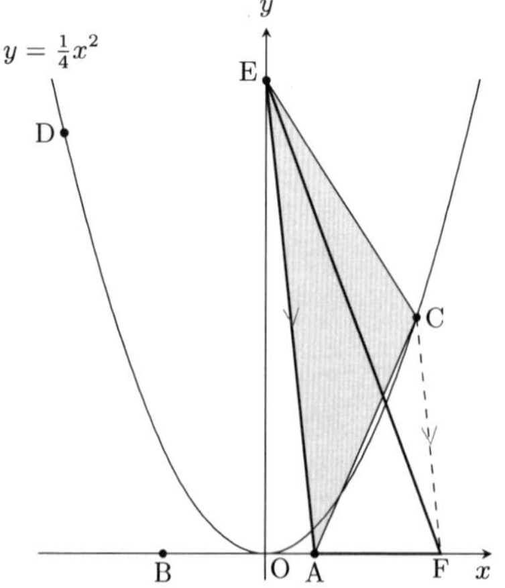

(2) x축 위에 $\overline{DG} \parallel \overline{EB}$가 되는 점 G를 잡고, 점 G의 x좌표를 g라 한다.

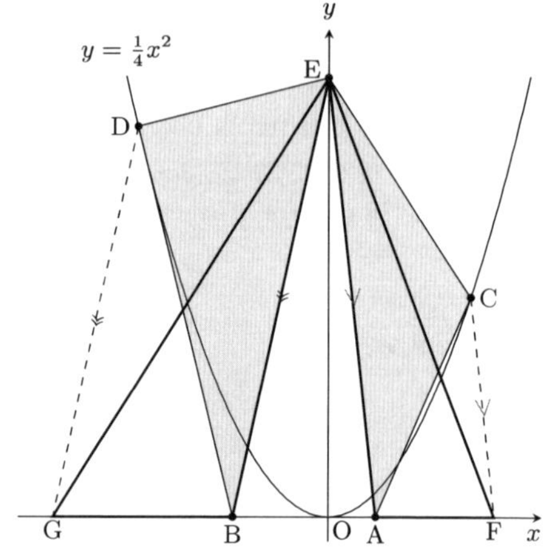

그러면

$$\begin{aligned}\triangle EFG &= \triangle EFA + \triangle EAB + \triangle EBG \\ &= \triangle ECA + \triangle EAB + \triangle EBD \\ &= S\end{aligned}$$

이므로, 점 G는 문제의 조건을 만족하는 점 중 하나이다. 직선 DG, EB의 기울기로 부터

$$\frac{16-0}{-8-g} = \frac{18-0}{0-(-4)}, \quad \frac{16}{-8-g} = \frac{9}{2}$$

이다. 이를 정리하면 $g = -\frac{104}{9}$이다.
또, 점 F에 대하여 점 G의 대칭점을 G′라 하고, 점 G′의 x좌표를 g'라 하면, $\triangle EFG' = \triangle EFG$이므로 점 G′도 문제의 조건을 만족한다. $\frac{g+g'}{2} = 7$이므로 $g' = \frac{230}{9}$이다.
따라서 $\triangle EFG = S$를 만족하는 x축 위의 점 G의 좌표는 $\left(-\frac{104}{9}, 0\right)$, $\left(\frac{230}{9}, 0\right)$이다.

문제 11.3 그림과 같이, 함수 $y=\frac{1}{2}x^2$위에 두 점 A$(-2,2)$, C$(4,8)$이 있다. 점 B는 함수 $y=\frac{1}{2}x^2$위를 점 A에서 점 C로 이동한다. 선분 AC의 중점 M에 대하여 점 B의 대칭인 점 D를 잡아서 평행사변형 ABCD를 만든다.

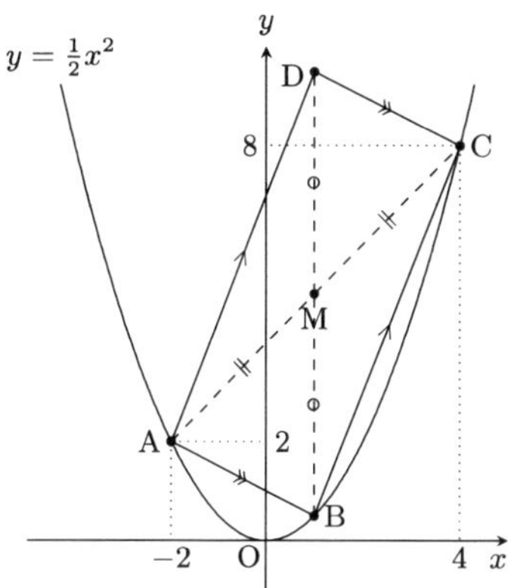

(1) 변 AB가 x축에 평행할 때, 점 D의 좌표를 구하시오.

(2) 점 D가 직선 $y=\frac{1}{2}x+8$위에 있을 때, 가능한 점 B의 x좌표를 모두 구하시오.

풀이

(1) 직선 AB가 x축에 평행할 때의 점 B, D를 B_1, D_1이라 한다. $B_1(2,2)$이므로, 대각선 B_1D_1의 중점이 $M\left(\frac{-2+4}{2}, \frac{2+8}{2}\right)=(1,5)$이다. 따라서 점 $D_1(0,8)$이다.

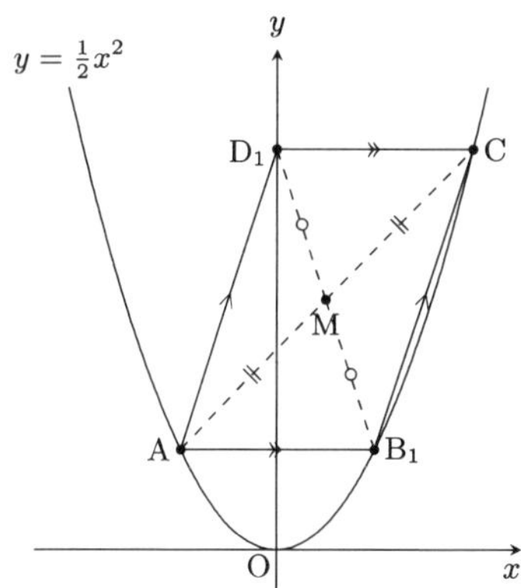

(2) 점 D가 직선 $y=\frac{1}{2}x+8$위에 있을 때, 점 B는 점 M에 대하여 $y=\frac{1}{2}x+8$의 대칭인 직선 $y=\frac{1}{2}x+1$ 위에 있다.

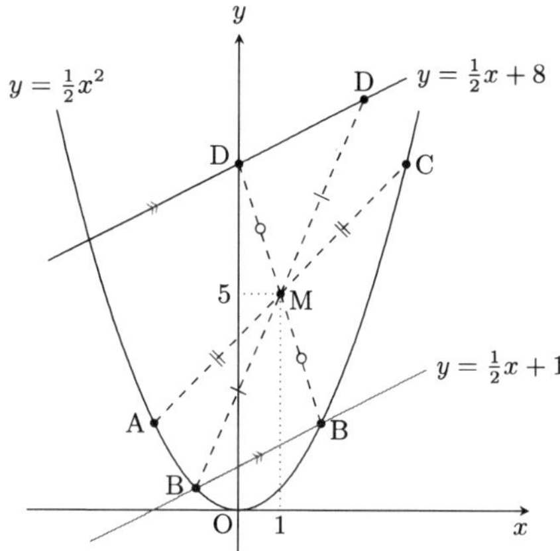

그러므로 점 B의 x좌표는

$$\frac{1}{2}x^2=\frac{1}{2}x+1,\ \ (x-2)(x+1)=0$$

의 두 근이다. 즉, 점 B의 x좌표는 2, -1이다.

문제 11.4 그림과 같이, 두 이차함수 $y = ax^2$, $y = \frac{1}{3}x^2$과 두 직선 $y = 2x$, $y = bx$가 있다. 단, $a > \frac{1}{3}$, $0 < b < 2$이다. 직선 $y = 2x$는 이차함수 $y = ax^2$, $y = \frac{1}{3}x^2$과 각각 원점이 아닌 점 A, B에서 만나고, 직선 $y = bx$는 이차함수 $y = ax^2$, $y = \frac{1}{3}x^2$과 각각 원점이 아닌 점 C, D에서 만난다. $\overline{\text{OA}} = \overline{\text{AB}}$, 점 C의 x좌표는 2이다.

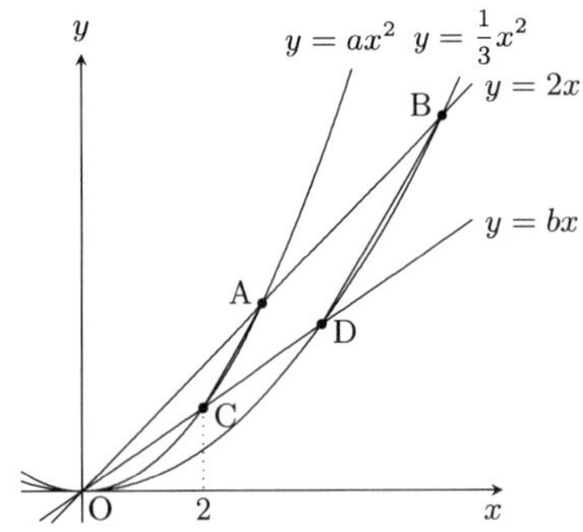

(1) a, b의 값을 각각 구하시오.

(2) 삼각형 AOC와 사각형 ACDB의 넓이의 비를 구하시오.

풀이

(1) 점 B는 이차함수 $y = \frac{1}{3}x^2$과 $y = 2x$의 교점이므로, 점 B의 x좌표는

$$\frac{1}{3}x^2 = 2x, \quad x = 6\,(x \neq 0)$$

이다. 즉, $\text{B}(6, 12)$이다.
$\overline{\text{OA}} = \overline{\text{AB}}$이므로, $\text{A}(3, 6)$이다. 점 A는 $y = ax^2$위에 있으므로, $6 = a \times 3^2$를 만족한다. 이를 풀면 $a = \frac{2}{3}$이다. 점 C의 x좌표가 2이므로, 점 $\text{C}\left(2, \frac{8}{3}\right)$이다. 점 C는 $y = bx$위에 있으므로, $b = \frac{4}{3}$이다.

(2) 점 D는 이차함수 $y = \frac{1}{3}x^2$과 직선 $y = \frac{4}{3}x$의 교점이므로, 점 D는 x좌표는

$$\frac{1}{3}x^2 = \frac{4}{3}x, \quad x = 4\,(x \neq 0)$$

이다. 즉, $\text{D}\left(4, \frac{16}{3}\right)$이다.
$\overline{\text{OA}} = \overline{\text{AB}}$이므로, $\overline{\text{OA}} : \overline{\text{OB}} = 1 : 2$이다. 점 C, D의 x좌표가 각각 2, 4이므로, $\overline{\text{OC}} : \overline{\text{OD}} = 1 : 2$이다. 즉, 삼각형 AOC와 삼각형 BOD는 닮음비가 $1 : 2$인 닮음이고, 넓이비는 $1 : 4$이다.
따라서 삼각형 AOC와 사각형 ACDB의 넓이의 비는 $1 : 3$이다.

제 12 절 점검 모의고사 12회 풀이

문제 12.1 그림과 같이, 직선 $l : y = mx + n$이 두 이차함수 $y = x^2$, $y = ax^2$과 각각 두 점 A, B, 두 점 C, D에서 만난다. 점 A, B의 x좌표는 각각 -4, 5이고, $\overline{\mathrm{AB}} : \overline{\mathrm{DB}} = 3 : 1$이다. 단, $a < 1$이다.

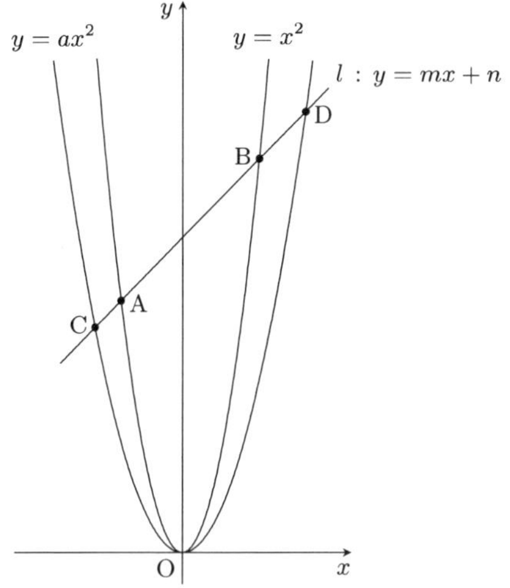

(1) m, n, a의 값을 각각 구하시오.

(2) 점 C의 x좌표를 구하시오.

(3) 직선 l과 y축의 교점을 E라 하고, 선분 OD위의 점 F에 대하여 직선 EF가 $\triangle$OCD의 넓이를 이등분할 때, 점 F의 x좌표를 구하시오.

풀이

(1) $m = 1 \times (-4+5) = 1$, $n = -1 \times (-4) \times 5 = 20$이다. $\overline{\mathrm{AB}} : \overline{\mathrm{BD}} = 3 : 1$이고, A와 B의 x좌표의 차가 9이므로, 점 B와 D의 x좌표의 차는 3이다. 즉, D의 x좌표는 8이고, 점 D는 직선 l위에 있으므로, D$(8, 28)$이다. 또, 점 D는 $y = ax^2$위의 점이므로 $28 = a \times 8^2$이다. 즉, $a = \frac{7}{16}$이다.

(2) 점 C의 x좌표를 c라 하면,

$$\frac{7}{16} \times (c + 8) = 1, \ \ c = -\frac{40}{7}$$

이다.

(3) $\frac{\triangle\mathrm{DEF}}{\triangle\mathrm{DCO}} = \frac{1}{2}$이고, $\frac{\overline{\mathrm{DE}}}{\overline{\mathrm{DC}}} = \frac{8-0}{8-(-\frac{40}{7})} = \frac{7}{12}$이므로,

$$\frac{\triangle\mathrm{DEF}}{\triangle\mathrm{DCO}} = \frac{\overline{\mathrm{DE}}}{\overline{\mathrm{DC}}} \times \frac{\overline{\mathrm{DF}}}{\overline{\mathrm{DO}}} = \frac{7}{12} \times \frac{\overline{\mathrm{DF}}}{\overline{\mathrm{DO}}} = \frac{1}{2}$$

이다. 즉, $\frac{\overline{\mathrm{DF}}}{\overline{\mathrm{DO}}} = \frac{6}{7}$이다.
따라서 점 F의 x좌표는 $8 \times \frac{1}{7} = \frac{8}{7}$이다.

문제 12.2 그림과 같이, 네 점 O(0,0), A(0,4), B(4,6), C(6,0)을 꼭짓점으로 하는 사각형 OABC가 있다.

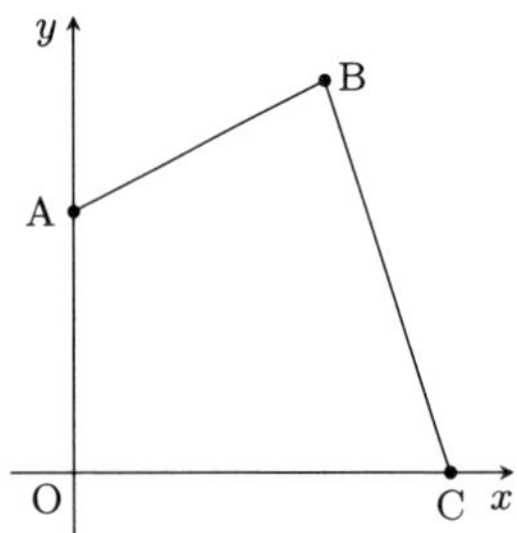

(1) 직선 BC의 방정식을 구하시오.

(2) 사각형 OABC의 넓이를 구하시오.

(3) 점 A를 지나고, 사각형 OABC의 넓이를 이등분하는 직선을 m이라 하고, 직선 m이 변 OC, 변 BC와 만나는 지 다음과 같이 확인하였다. 다음의 (가), (나), (다)에 들어갈 숫자나 문자를 답하시오.

> △OAC의 넓이는 (가)이다. 사각형 OABC의 넓이의 절반은 (나)이다. 그러므로 직선 m은 변 (다)와 만난다.

(4) (3)에서 직선 m과 변 (다)의 교점의 좌표를 구하시오.

풀이

(1) 직선 BC의 방정식은

$$y = \frac{0-6}{6-4}(x-6), \quad y = -3x + 18$$

이다.

(2) △OAB와 △OBC의 넓이의 합은

$$\begin{aligned} &\frac{1}{2} \times \overline{\mathrm{OA}} \times (\text{점 B의 } x\text{좌표}) \\ &\qquad + \frac{1}{2} \times \overline{\mathrm{OC}} \times (\text{점 B의 } y\text{좌표}) \\ &= \frac{1}{2} \times 4 \times 4 + \frac{1}{2} \times 6 \times 6 \\ &= 26 \end{aligned}$$

이다.

(3) △OAC의 넓이는 $\frac{1}{2} \times \overline{\mathrm{OA}} \times \overline{\mathrm{OC}} = 12$이다. 사각형 OABC의 넓이의 절반은 13이다. $13 > 12$이므로 직선 m은 변 BC와 △ACP $= 1$인 점 P에서 만난다. 따라서 (가)=12, (나)=13, (다)=BC이다.

(4) $\overline{\mathrm{CP}} : \overline{\mathrm{PB}} = \triangle\mathrm{ACP} : \triangle\mathrm{ABP} = 1 : 13$이므로, 점 P의 좌표는 $\left(6 - \frac{1}{14} \times 2, \frac{1}{14} \times 6\right)$이다. 즉, $\left(\frac{41}{7}, \frac{3}{7}\right)$이다.

문제 12.3 그림과 같이, 이차함수 $y = \frac{1}{2}x^2$위에 두 점 $A(-2, 2)$와 $B(6, 18)$이 있다.

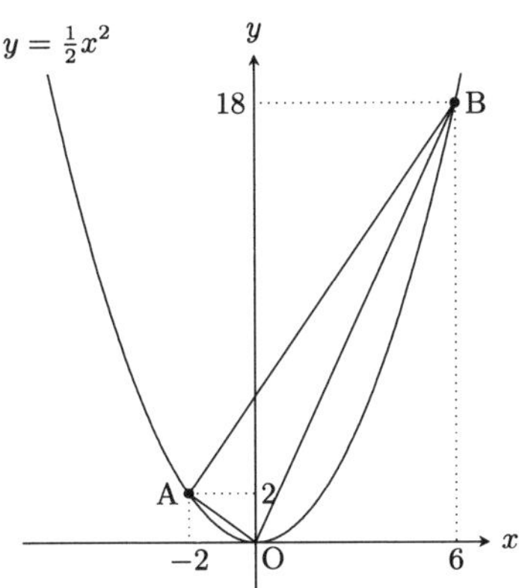

(1) 삼각형 OAB의 넓이를 구하시오.

(2) 직선 $y = -3$ 위의 점 P를 삼각형 OAB와 삼각형 PAB의 넓이가 같도록 잡는다. 이때, 가능한 점 P의 좌표를 모두 구하시오.

풀이

(1) 직선 AB와 y축과의 교점을 C라 한다. 점 C의 y좌표 (직선 AB의 y절편)은 $-\frac{1}{2}\times(-2)\times 6 = 6$이다. 따라서

$$\triangle OAB = \frac{1}{2} \times \overline{OC} \times \{6 - (-2)\} = 24$$

이다.

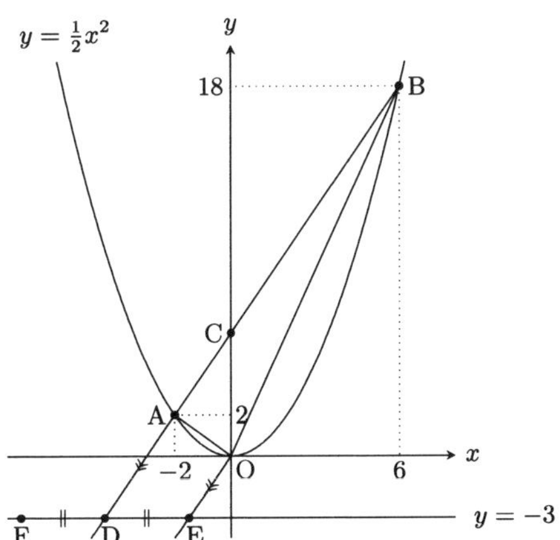

(2) 직선 AB와 직선 $y = -3$과의 교점을 D라 하면, 점 O를 지나고 직선 AB에 평행한 직선과 $y = -3$과의 교점을 E라 한다. 구하는 점 P는 점 E와 $y = -3$ 위에 $\overline{FD} = \overline{DE}$인 점 E를 제외한 점 F이다.

직선 AB의 방정식 $y = 2x + 6$과 $y = -3$과의 교점 D를 구하면 $D\left(-\frac{9}{2}, -3\right)$이다.
직선 OE의 방정식 $y = 2x$와 $y = -3$과의 교점 E를 구하면 $E\left(-\frac{3}{2}, -3\right)$이다. 또, 점 F의 좌표는 $\left(-\frac{15}{2}, -3\right)$이다.
따라서 구하는 점 P의 좌표는 $\left(-\frac{3}{2}, -3\right)$, $\left(-\frac{15}{2}, -3\right)$이다.

문제 12.4 그림과 같이, 두 점 A, B는 함수 $y = \frac{1}{2}x^2$위에 있고, 사각형 OABC가 마름모가 되도록 점 C를 잡는다. 또, 대각선 AC와 OB의 교점 M의 좌표는 $(1, 1)$이다. 점 M을 지나는 직선과 변 AB, 변 OC, 함수 $y = \frac{1}{2}x^2$의 교점을 각각 P, Q, R이라 한다. 단, 점 R의 x좌표는 음수이다.

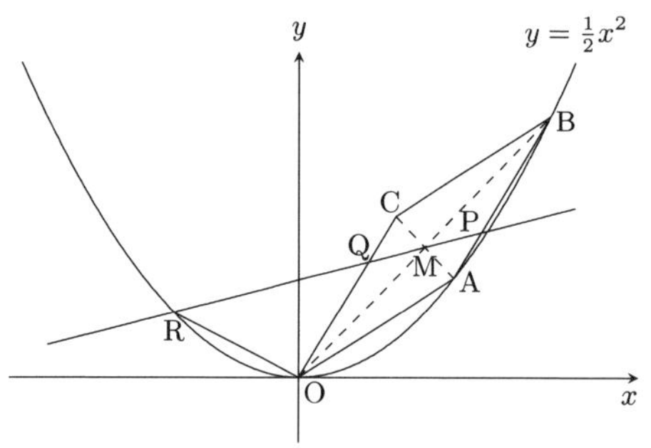

(1) 두 점 A, C의 좌표를 각각 구하시오.

(2) 사각형 OAPR의 넓이와 마름모 OABC의 넓이가 같을 때, 삼각형 OQR의 넓이를 구하시오.

풀이

(1) M(1, 1)이 선분 OB의 중점이므로, B(2, 2)이다. 직선 OB의 기울기가 1이므로, 이 직선에 수직인 직선 AC의 기울기는 -1이다. 그러므로 직선 AC의 방정식은

$$y = -1 \times (x - 1) + 1, \;\; y = -x + 2$$

이다. 점 A는 $y = \frac{1}{2}x^2$과 직선 $y = -x+2$의 교점으로 x좌표가 양수인 점이므로, 점 A의 x좌표는

$$\frac{1}{2}x^2 = -x + 2, \;\; x^2 + 2x - 4 = 0$$

의 해이다. 이를 풀면 $x = -1 + \sqrt{5}(x > 0)$이다. 즉, $A(-1 + \sqrt{5}, 3 - \sqrt{5})$이다. 점 C를 직선 OB$(y = x)$에 대하여 점 A의 대칭이므로 $C(3 - \sqrt{5}, -1 + \sqrt{5})$이다.

(2) 점 M을 지나는 직선은 마름모 OABC의 넓이를 이등분한다.

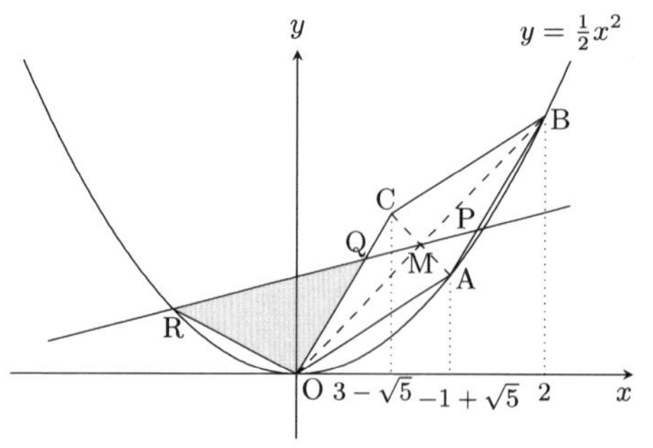

사각형 OAPR의 넓이와 마름모 OABC의 넓이가 같을 때, 삼각형 OQR의 넓이는 사각형 QPBC의 넓이가 같고, 마름모 OABC의 넓이의 절반이다. 또, $\overline{OB} = 2\sqrt{2}$, $\overline{AC} = 2\sqrt{2}(\sqrt{5} - 2)$이므로,

$$\begin{aligned}\triangle OQR &= \frac{1}{4} \times \overline{OB} \times \overline{AC} \\ &= \frac{1}{4} \times 2\sqrt{2} \times 2\sqrt{2}(\sqrt{5} - 2) \\ &= 2\sqrt{5} - 4\end{aligned}$$

이다.

제 13 절 점검 모의고사 13회 풀이

문제 13.1 그림과 같이, 함수 $y = \frac{1}{2}x^2$의 그래프 위에 세 점 A, B, C가 있다. 직선 OA, 직선 BC의 기울기는 모두 1이고, 직선 AB의 기울기는 -1이다. 점 B의 x좌표는 -4이다.

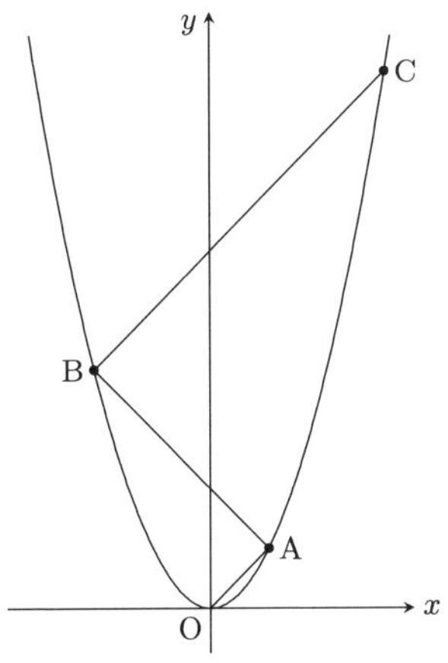

(1) 점 A의 좌표를 구하시오.

(2) 직선 AB의 방정식을 구하시오.

(3) 점 C의 좌표를 구하시오.

(4) △OAB와 △ABC의 넓이의 비를 구하시오.

풀이

(1) A의 x좌표를 a라 하면, 직선 OA의 기울기가 1이므로

$$\frac{1}{2} \times (0 + a) = 1, \;\; a = 2$$

이다. 즉, $\mathrm{A}(2, 2)$이다.

(2) 직선 AB는 점 $\mathrm{A}(2, 2)$를 지나고 기울기가 -1인 직선이므로,

$$y = -(x - 2) + 2, \;\; y = -x + 4$$

이다.

(3) C의 x좌표를 c라 하면, BC의 기울기가 1이므로,

$$\frac{1}{2} \times (-4 + c) = 1, \;\; c = 6$$

이다. 즉, $\mathrm{C}(6, 18)$이다.

(4) $\overline{\mathrm{OA}} \,/\!/\, \overline{\mathrm{BC}}$이므로, △OAB와 △ABC는 $\overline{\mathrm{OA}}$, $\overline{\mathrm{BC}}$를 밑변으로 보면 높이가 같다.

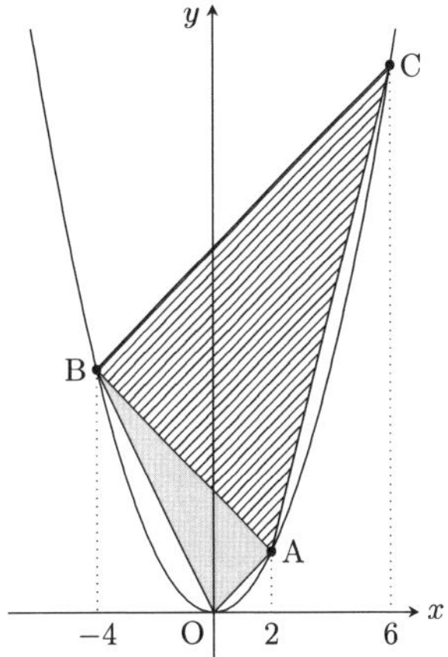

그러므로

$$\triangle\mathrm{OAB} : \triangle\mathrm{ABC} = \overline{\mathrm{OA}} : \overline{\mathrm{BC}} \qquad ①$$

이다. $\overline{\mathrm{OA}} \,/\!/\, \overline{\mathrm{BC}}$이므로, 식 ①는 x좌표의 차와 같다. 즉, ① $= 2 : \{6 - (-4)\} = 1 : 5$이다.

문제 13.2 [그림1]에서 사각형 ABCD는 한 변의 길이가 1인 정사각형이고, 꼭짓점 C는 이차함수 $y = \frac{1}{2}x^2$위의 점이고, 변 AB는 y축 위에 있다. 직선 l은 기울기가 -1이고, 점 D를 지난다.

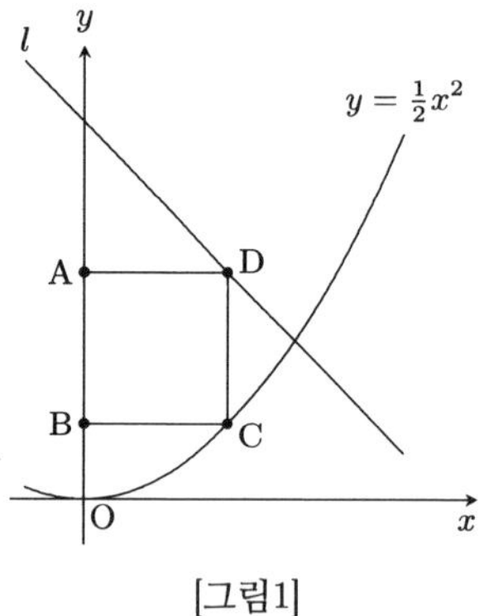

[그림1]

(1) 점 D의 좌표를 구하시오.

(2) 직선 l의 방정식을 구하시오.

(3) [그림2]와 같이 선분 CD와 함수 $y = \frac{1}{2}x^2$과 직선 l로 둘러싸인 부분에 정사각형 EFGH를 그린다. 여기서 변 EF는 선분 CD위에 있고, 꼭짓점 G는 함수 $y = \frac{1}{2}x^2$위에, 꼭짓점 H는 직선 l위에 있다. 이때, 정사각형 EFGH의 한 변의 길이를 구하시오.

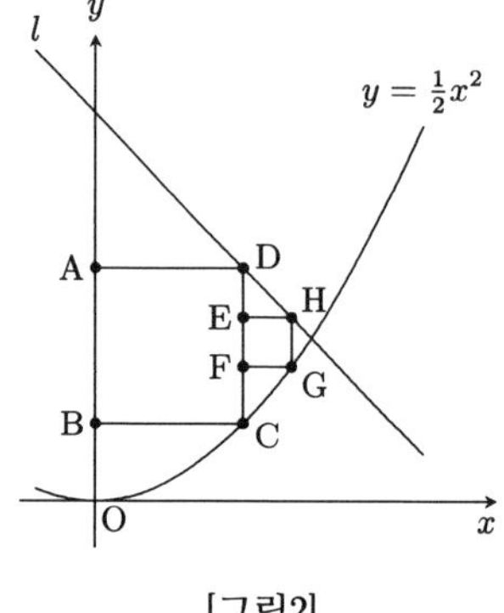

[그림2]

풀이

(1) $\overline{\text{BC}} = 1$이므로, 점 C의 x좌표는 1이고, y좌표는 $\frac{1}{2}$이다. 즉, $\text{C}\left(1, \frac{1}{2}\right)$이다. 또, $\overline{\text{DC}} = 1$이므로, $\text{D}\left(1, \frac{3}{2}\right)$이다.

(2) 직선 l의 방정식은

$$y = -1 \times (x-1) + \frac{3}{2},\ \ y = -x + \frac{5}{2}$$

이다.

(3) 정사각형 EFGH의 한 변의 길이가 d라 하면, 점 G, H의 x좌표는 $1 + d$이고, y좌표는 각각

$$\frac{1}{2}(1+d)^2 = \frac{1+2d+d^2}{2},\ \ -(1+d) + \frac{5}{2} = \frac{3-2d}{2}$$

이다.

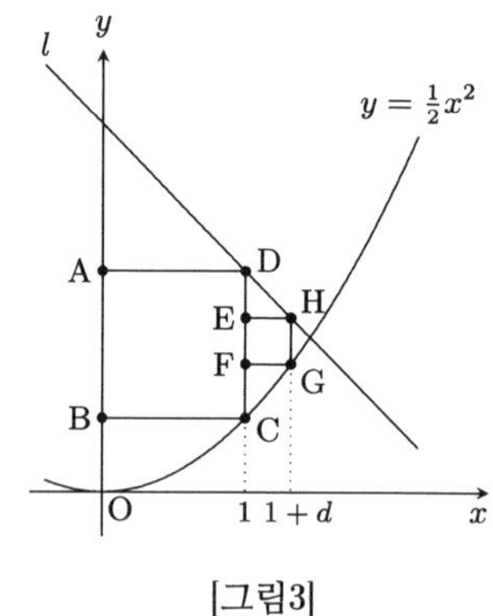

[그림3]

$\overline{\text{HG}} = d$이므로,

$$\frac{3-2d}{2} - \frac{1+2d+d^2}{2} = d,\ \ d^2 + 6d - 2 = 0$$

이다. 근의 공식으로 풀면 $d > 0$이므로 $d = -3 + \sqrt{11}$이다.

문제 13.3 그림과 같이, 이차함수 $y = ax^2 (a > 0)$ 위에 네 점 A, B, C, D가 있다. 선분 AB, CD의 교점을 E라 한다. 점 A의 좌표는 $\left(-1, \frac{1}{2}\right)$이고, 점 B, C의 x좌표는 각각 3, $-\frac{3}{2}$이다. △ACE와 △BDE의 넓이가 같다.

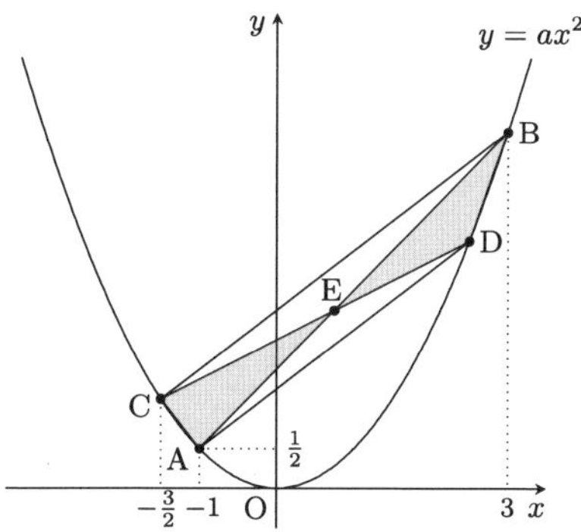

(1) 점 D의 좌표를 구하시오.

(2) 사각형 ADBC의 넓이를 구하시오.

풀이

(1) A $\left(-1, \frac{1}{2}\right)$가 $y = ax^2$위의 점이므로,

$$\frac{1}{2} = (-1)^2 a, \quad a = \frac{1}{2}$$

이다. 그러므로 $y = \frac{1}{2}x^2$에 $x = 3$을 대입하면 $y = \frac{9}{2}$이다. 즉, 점 B $\left(3, \frac{9}{2}\right)$이다.
직선 BC의 방정식은

$$y = \frac{1}{2}\left(-\frac{3}{2} + 3\right)x - \frac{1}{2} \times \left(-\frac{3}{2}\right) \times 3$$

이다. 즉, $y = \frac{3}{4}x + \frac{9}{4}$이다.
△ACE = △BDE에서 양변에 △EAD를 더하면 △CAD = △BAD이다. 즉, $\overline{\text{CB}} \,/\!/\, \overline{\text{AD}}$이다. 점 D의 x좌표를 d라 하면,

$$\frac{1}{2}(-1 + d) = \frac{3}{4}, \quad d = \frac{5}{2}$$

이다. 따라서 D $\left(\frac{5}{2}, \frac{25}{8}\right)$이다.

(2) 직선 BC, AD의 y절편을 각각 F, G라 한다. 그러면, F $\left(0, \frac{9}{4}\right)$이다. 또, 직선 AD의 y절편은 $-\frac{1}{2} \times (-1) \times \frac{5}{2} = \frac{5}{4}$이므로, G $\left(0, \frac{5}{4}\right)$이다. 즉, $\overline{\text{FG}} = 1$이다.

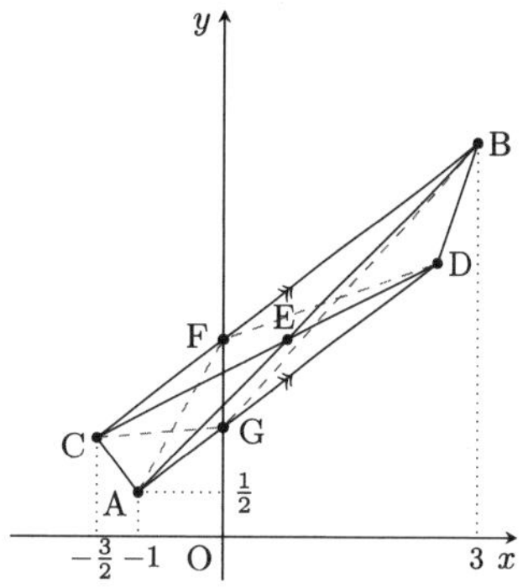

$\overline{\text{CB}} \,/\!/\, \overline{\text{AD}}$이므로

$$\begin{aligned} &\text{사각형 ADBC의 넓이} \\ &= \triangle\text{BAD} + \triangle\text{ABC} \\ &= \triangle\text{FAD} + \triangle\text{GBC} \\ &= \frac{1}{2} \times 1 \times \left\{\frac{5}{2} - (-1)\right\} + \frac{1}{2} \times 1 \times \left\{3 - \left(-\frac{3}{2}\right)\right\} \\ &= 4 \end{aligned}$$

이다.

문제 13.4 그림과 같이, 점 A$(-2, 0)$과 x좌표가 6인 점 B에 대하여, 직선 AB와 y축과의 교점을 C라 한다. 또, 점 B를 지나고 기울기가 $\frac{1}{2}$인 직선과 y축과의 교점을 D라 하고, 점 D의 y좌표가 점 C의 y좌표보다 크다. 삼각형 ABD의 넓이가 6일 때, 두 점 A, B를 지나는 직선의 방정식을 구하시오.

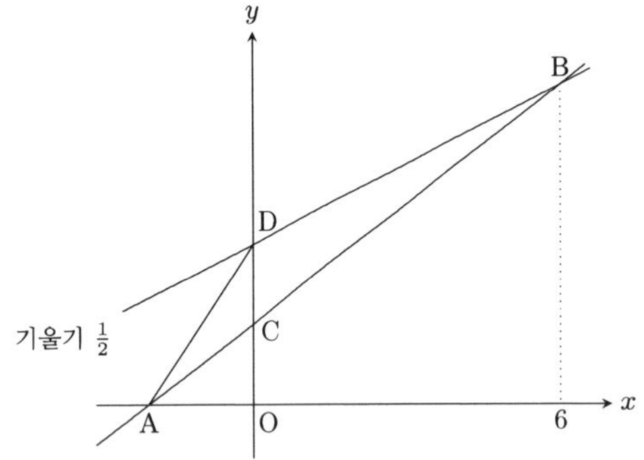

풀이 점 C의 y좌표를 c라 하고, 점 B에서 x축에 내린 수선의 발을 B′라 하고, 점 D에서 선분 BB′에 내린 수선의 발을 D′라 한다.

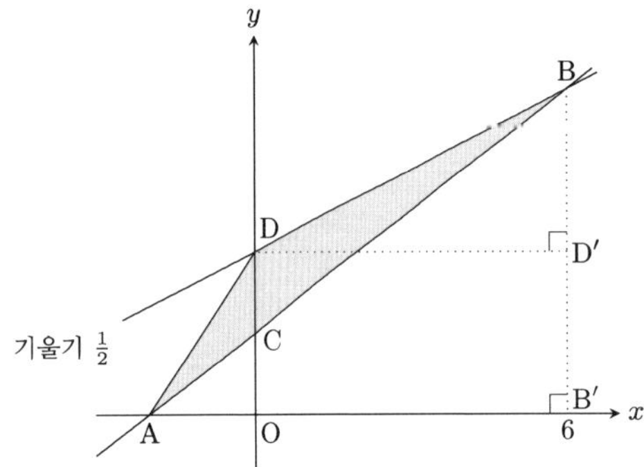

$\triangle\text{ABD} = \frac{\overline{\text{CD}} \times \overline{\text{AB}'}}{2} = \frac{\overline{\text{CD}} \times (6+2)}{2} = 6$이므로, $\overline{\text{CD}} = \frac{3}{2}$이다.

삼각형 ACO와 삼각형 ABB′는 닮음비가 $\overline{\text{AO}} : \overline{\text{AB}'} = 1 : 4$인 닮음이므로 $\overline{\text{BB}'} = 4c$이다. 또, $\frac{\overline{\text{BD}'}}{\overline{\text{DD}'}} = \frac{\overline{\text{BD}'}}{6} = \frac{1}{2}$(기울기)이므로 $\overline{\text{BD}'} = 3$이다.

$\overline{\text{OD}} = \overline{\text{B}'\text{D}'}$로부터 $c + \frac{3}{2} = 4c - 3$이다. 즉, $c = \frac{3}{2}$이다.

그러므로 $\overline{\text{BB}'} = 4c = 6$이다. 즉, B$(6, 6)$이다.

따라서 직선 AB의 방정식은 $y = \frac{3}{4}x + \frac{3}{2}$이다.

제 14 절　점검 모의고사 14회 풀이

문제 14.1 그림과 같이, 함수 $y = \frac{1}{2}x^2$위에 세 점 A, B, C가 있다. 세 점 A, B, C의 x좌표는 각각 -2, -1, 3이다. 삼각형 ABC를 지나고 직선 AB에 평행한 직선을 l이라 한다. 직선 l과 변 AC, BC와의 교점을 각각 D, E라 한다.

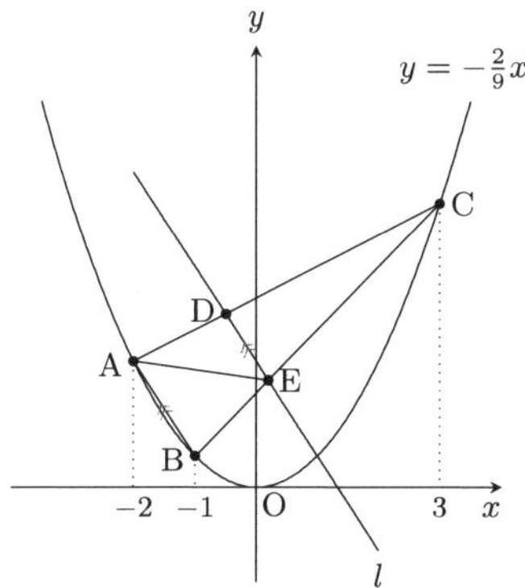

삼각형 ADE의 넓이가 삼각형 ABC의 넓이의 $\frac{3}{16}$일 때, 직선 l과 y축과의 교점으로 가능한 점의 좌표를 모두 구하시오.

풀이 직선 l과 직선 AB가 평행하므로,

$$\overline{\mathrm{AC}} : \overline{\mathrm{DC}} = \overline{\mathrm{BC}} : \overline{\mathrm{EC}} = 1 : k$$

라 하면,

$$\begin{aligned}\triangle\mathrm{ADE} &= \frac{1-k}{1} \times \triangle\mathrm{ACE} \\ &= \frac{1-k}{1} \times \frac{k}{1} \times \triangle\mathrm{ABC} \\ &= k(1-k) \times \triangle\mathrm{ABC}\end{aligned}$$

이다. 그러므로 $k(1-k) = \frac{3}{16}$이다. 이를 풀면

$$16k^2 - 16k + 3 = 0,\ \ (4k-1)(4k-3) = 0$$

이다. $0 < k < 1$이므로 $k = \frac{1}{4}, \frac{3}{4}$이다.
직선 AB의 기울기와 y절편은 각각

$$\frac{1}{2} \times \{(-2) + (-1)\} = -\frac{3}{2},\ \ -\frac{1}{2} \times (-2) \times (-1) = -1$$

이다.
점 C$\left(3, \frac{9}{2}\right)$를 지나고 직선 l에 평행한 직선과 y축과의 교점을 Q라 하면,

$$y = -\frac{3}{2}(0-3) + \frac{9}{2},\ \ y = 9$$

로 부터 Q$(0, 9)$이다.
아래 그림과 같이 점 P, Q, R을 잡고, 점 R의 y좌표를 r이라 한다.

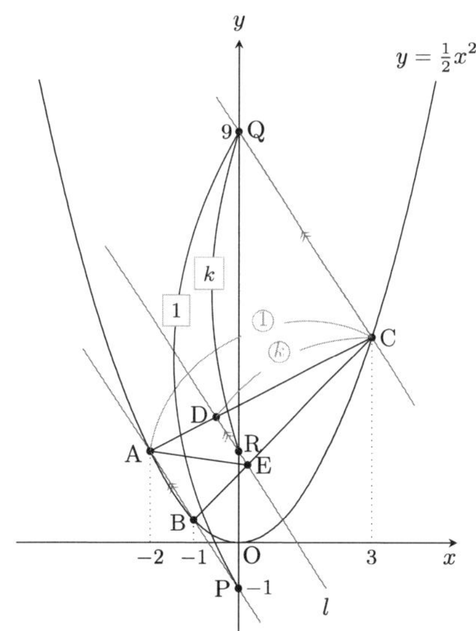

그러면,

$$\overline{\mathrm{PQ}} : \overline{\mathrm{RQ}} = \overline{\mathrm{AC}} : \overline{\mathrm{DC}} = 1 : k$$

이다.

- $k = \frac{1}{4}$일 때, $\overline{\mathrm{PQ}} : \overline{\mathrm{RQ}} = 4 : 1$이므로,

$$\{9 - (-1)\} : (9 - r) = 4 : 1,\ \ 4 \times (9 - r) = 10$$

이다. 이를 풀면 $r = \frac{13}{2}$이다.

- $k = \frac{3}{4}$일 때, $\overline{\mathrm{PQ}} : \overline{\mathrm{RQ}} = 4 : 3$이므로,

$$\{9 - (-1)\} : (9 - r) = 4 : 3,\ \ 4 \times (9 - r) = 30$$

이다. 이를 풀면 $r = \frac{3}{2}$이다.
따라서 구하는 점의 좌표는 $\left(0, \frac{3}{2}\right)$, $\left(0, \frac{13}{2}\right)$이다.

문제 14.2 그림과 같이, 점 P, Q는 이차함수 $y=\frac{1}{2}x^2$ 위의 점으로, x좌표는 각각 -2, 4이다. l은 점 P를 지나고 기울기가 $-\frac{1}{2}$인 직선이다. 그림에서 사각형 ABCD는 직사각형이고, 꼭짓점 A는 선분 PQ 위에, 꼭짓점 B는 직선 l위에, 꼭짓점 C는 이차함수 위에 각각 있다. 변 AB와 y축은 평행하다.

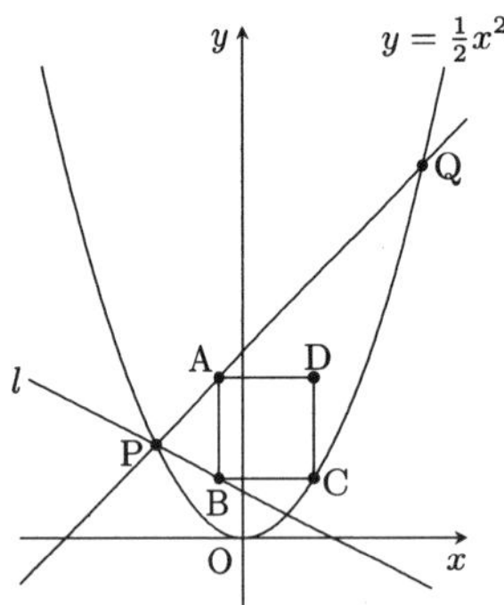

(1) 점 C의 x좌표를 t라 할 때, 점 A의 x좌표를 t를 사용하여 나타내시오.

(2) 사각형 ABCD가 정사각형일 때, 점 C의 x좌표를 구하시오.

풀이

(1) 점 P$(-2,2)$, Q$(4,8)$이므로, 직선 PQ의 방정식은

$$y=\frac{8-2}{4-(-2)}(x-4)+8,\ \ y=x+4$$

이다. 또, 직선 l의 방정식은

$$y=-\frac{1}{2}\{x-(-2)\}+2,\ \ y=-\frac{1}{2}x+1$$

이다. C$\left(t,\frac{1}{2}t^2\right)$에 대하여 점 C와 B의 y좌표가 같고, 점 B와 A의 x좌표가 같으므로 B$\left(b,\frac{1}{2}t^2\right)$, A$(b,a)$라 치환한다. 점 B가 직선 l위의 점이므로,

$$\frac{1}{2}t^2=-\frac{1}{2}b+1,\ \ b=2-t^2$$

이고, 점 A가 직선 PQ의 방정식 위에 있으므로,

$$a=(2-t^2)+4=6-t^2$$

이다. 즉, A$(2-t^2,6-t^2)$이다.

(2)

$$\overline{AB}=(6-t^2)-\frac{1}{2}t^2=-\frac{3}{2}t^2+6$$
$$\overline{BC}=t-(2-t^2)=t^2+t-2$$

이고, 사각형 ABCD가 정사각형이므로,

$$-\frac{3}{2}t^2+6=t^2+t-2$$

이다. 이를 정리하면

$$5t^2+2t-16=0,\ \ (5t-8)(t+2)=0$$

이다. $t=-2$이면 점 A, B, C가 모두 점 P와 겹치므로 부적합하다. 따라서 $t=\frac{8}{5}$이다.

문제 14.3 그림과 같이, 한 변의 길이가 $2\sqrt{3}$인 정사각형 OABC와 한 변의 길이가 4인 정삼각형의 절반인 삼각형 BAD가 좌표평면 위에 있다.

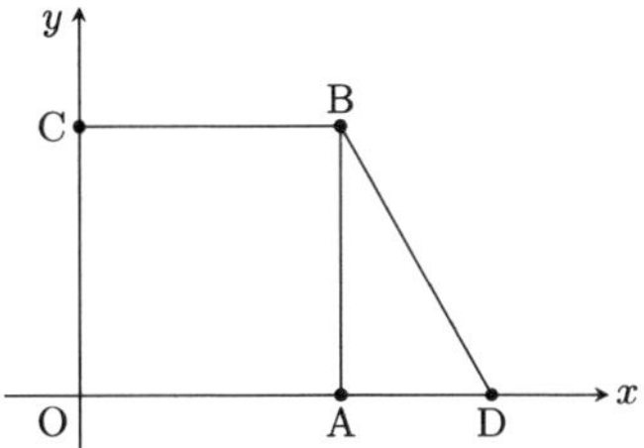

(1) 점 A를 직선 BD에 대하여 대칭이동한 점 A′의 좌표를 구하시오.

(2) 변 OC위에 점 P, 변 BD위의 점 Q에 대하여, $\overline{\text{AP}}+\overline{\text{PQ}}+\overline{\text{QA}}$가 최소일 때, $(\overline{\text{AP}}+\overline{\text{PQ}}+\overline{\text{QA}})^2$의 값을 구하시오.

풀이

(1) 삼각형 AA′B는 정삼각형이므로, $\overline{\text{AA}'}=2\sqrt{3}$이다. 점 A′에서 x축에 내린 수선의 발을 E라 하면, 삼각형 AA′E는 한 내각이 30°인 직각삼각형이므로,

$$\overline{\text{A}'\text{E}}=\frac{1}{2}\times\overline{\text{AA}'}=\sqrt{3},\quad \overline{\text{AE}}=\sqrt{3}\times\overline{\text{A}'\text{E}}=3$$

이다. 따라서 $\text{A}'(2\sqrt{3}+3,\sqrt{3})$이다.

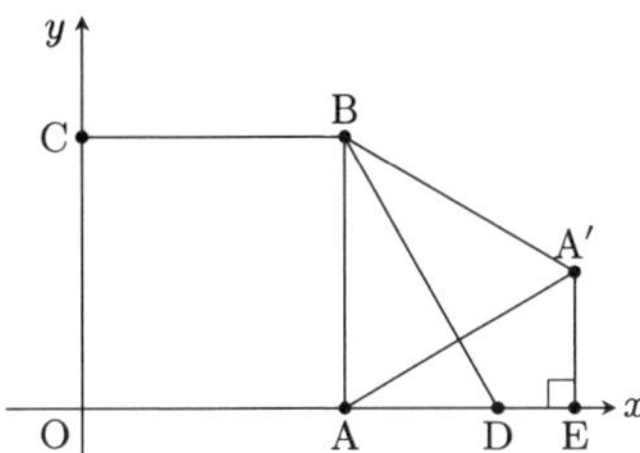

(2) 변 OC에 대하여 점 A의 대칭점을 A″라 하면,

$$\overline{\text{AP}}+\overline{\text{PQ}}+\overline{\text{QA}}=\overline{\text{A}''\text{P}}+\overline{\text{PQ}}+\overline{\text{QA}'}\geq\overline{\text{A}''\text{A}'}$$

이다. 등호는 네 점 A″, P, Q, A′이 한 직선 위에 있을 때이다. 이때, $\overline{\text{AP}}+\overline{\text{PQ}}+\overline{\text{QA}}$가 최소이다.

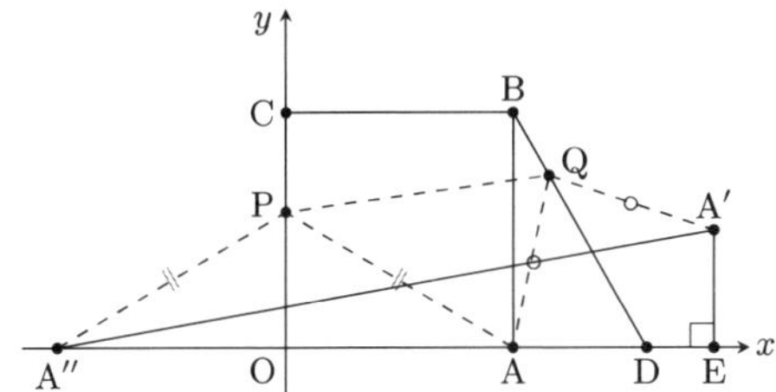

따라서 구하는 값은 $\overline{\text{A}''\text{A}'}^2$이다. $\overline{\text{A}''\text{E}}=4\sqrt{3}+3$, $\overline{\text{A}'\text{E}}=\sqrt{3}$이므로,

$$\begin{aligned}\overline{\text{A}''\text{A}'}^2&=\overline{\text{A}''\text{E}}^2+\overline{\text{A}'\text{E}}^2\\&=(4\sqrt{3}+3)^2+(\sqrt{3})^2\\&=60+24\sqrt{3}\end{aligned}$$

이다.

문제 14.4 그림과 같이, 두 이차함수와 직선 l과의 교점을 각각 왼쪽부터 A, B, C, D라 한다. 점 A, D의 x좌표가 각각 -2, 3이고, 직선 l의 y절편이 3이다. 또, 점 B의 y좌표는 $\frac{9}{4}$이다.

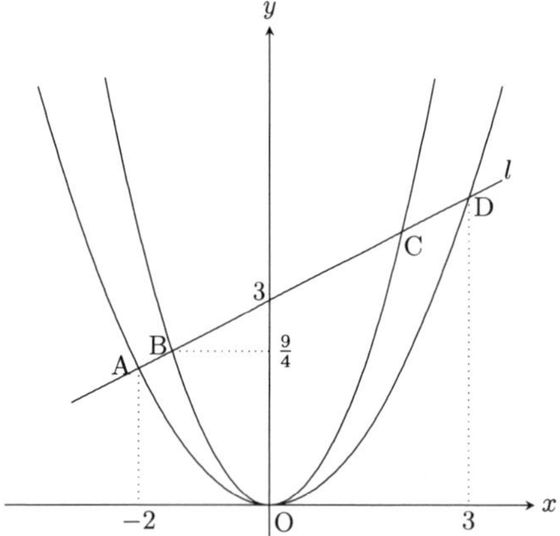

(1) 두 점 A, D를 지나는 이차함수를 구하시오.

(2) 직선 l의 방정식을 구하시오.

(3) 점 C의 좌표를 구하시오.

풀이

(1) 구하는 이차함수를 $y = ax^2$이라 하면, 직선 l의 y절편이 3이므로,

$$-a \times (-2) \times 3 = 3, \;\; a = \frac{1}{2}$$

이다. 즉, 두 점 A, D를 지나는 이차함수는 $y = \frac{1}{2}x^2$이다.

(2) 직선 l의 기울기는 $\frac{1}{2} \times (-2+3) = \frac{1}{2}$이므로, 구하는 직선 l의 방정식은 $y = \frac{1}{2}x + 3$이다.

(3) 점 B의 x좌표를 b라 하면,

$$\frac{3 - \frac{9}{4}}{0 - b} = \frac{1}{2}, \;\; b = -\frac{3}{2}$$

이다. 즉, $\mathrm{B}\left(-\frac{3}{2}, \frac{9}{4}\right)$이다. 따라서 두 점 B, C를 지나는 이차함수는 $y = x^2$이다.
점 $\mathrm{C}(c, c^2)$라 두면, 직선 BC의 기울기는 직선 l의 기울기와 같으므로,

$$1 \times \left(-\frac{3}{2} + c\right) = \frac{1}{2}, \;\; c = 2$$

이다. 즉, $\mathrm{C}(2, 4)$이다.

제 15 절 점검 모의고사 15회 풀이

문제 15.1 그림과 같이, 이차함수 $y = ax^2$과 직선 $y = 2x + b$가 점 A, B에서 만난다. 점 A, B의 x좌표는 각각 -1, 5이다.

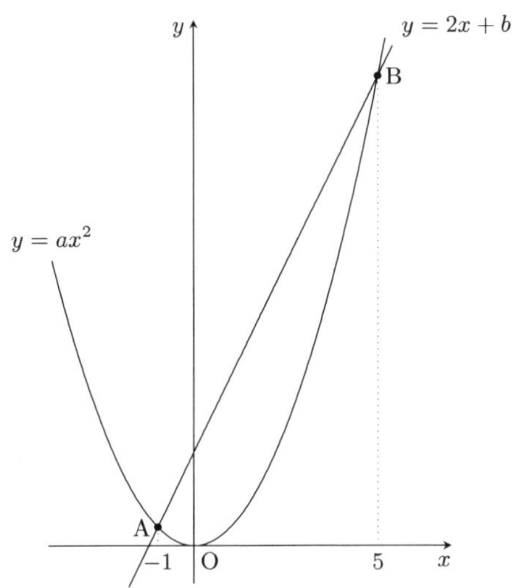

(1) a, b의 값을 각각 구하시오.

(2) 점 B의 y좌표를 구하시오.

(3) △OAB의 넓이가 △PAB의 넓이와 같을 때, 이차함수 $y = ax^2$위의 점 P의 x좌표를 구하시오. 단, $0 < x < 5$이다.

풀이

(1) 점 A와 B는 이차함수 $y = ax^2$위의 점으로 x좌표가 각각 -1, 5이고, 직선 AB의 기울기가 2이므로

$$a \times (-1 + 5) = 2, \ \ a = \frac{1}{2}$$

이다. 점 A, B의 x좌표와 a의 값으로부터

$$b = -\frac{1}{2} \times (-1) \times 5 = \frac{5}{2}$$

이다.

(2) 점 B의 y좌표는 $\frac{1}{2} \times 5^2 = \frac{25}{2}$이다.

(3) $\triangle\text{OAB} = \triangle\text{PAB}$이므로, $\overline{\text{AB}} \,/\!/\, \overline{\text{OP}}$이다. 점 P는 점 O를 지나고 직선 AB에 평행한 직선과 이차함수 $y = \frac{1}{2}x^2$의 교점으로 점 O가 아닌 점이다.

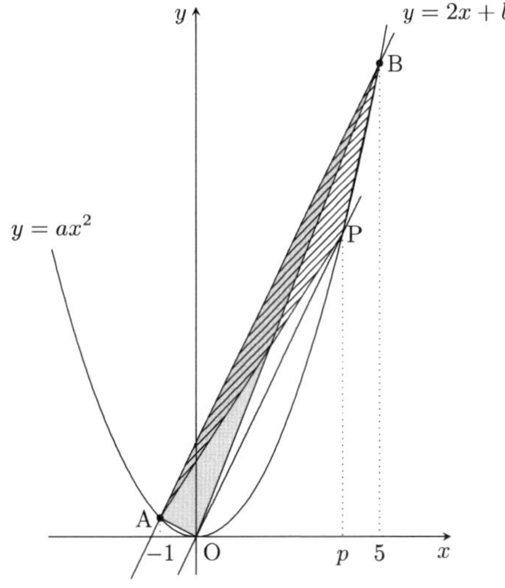

점 P의 x좌표를 p라 하면, $\overline{\text{AB}} \,/\!/\, \overline{\text{OP}}$로부터 직선 OP의 기울기는 2이므로,

$$\frac{1}{2} \times (0 + p) = 2, \ \ p = 4$$

이다.

문제 15.2 그림에서 점 A, B의 좌표는 각각 $(0,1)$, $(6,4)$이다. 선분 AB위의 점 P에서 x축에 내린 수선의 발을 Q라 하고, 직선 OB와 직선 PQ의 교점을 R이라 한다.

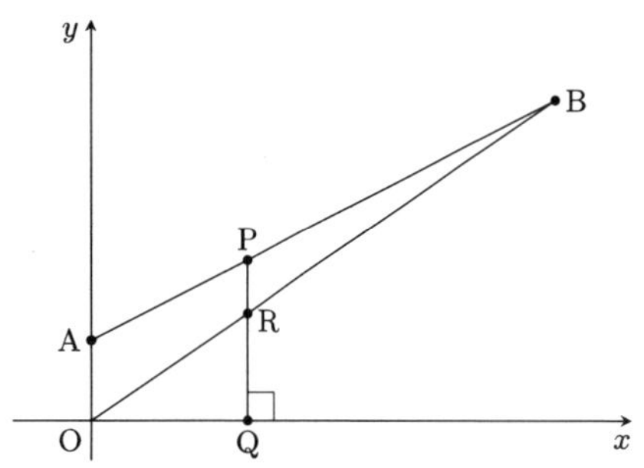

(1) 직선 OB, AB의 방정식을 각각 구하시오.

(2) 삼각형 OQR의 넓이와 삼각형 BPR의 넓이가 같을 때, 점 P의 좌표를 구하시오.

풀이

(1) 직선 OB의 방정식은 $y = \frac{2}{3}x$이고, 직선 AB의 방정식은 $y = \frac{1}{2}x + 1$이다.

(2) 삼각형 OQR과 삼각형 BPR에 각각 사다리꼴 OAPR를 더하면, 각각 사다리꼴 OAPQ와 삼각형 OAB이다.

삼각형 OQR의 넓이와 삼각형 BPR의 넓이가 같으므로, 사다리꼴 OAPQ의 넓이와 삼각형 OAB의 넓이가 같다.

$\triangle OAB = \frac{1}{2} \times 1 \times 6 = 3$이다. 점 P의 x좌표를 p라 하면, 점 P의 y좌표는 $\frac{1}{2}p + 1$이고, 사다리꼴 OAPQ의 넓이는

$$\frac{1}{2} \times (\overline{OA} + \overline{QP}) \times \overline{OQ} = \frac{1}{2} \times \left\{1 + \left(\frac{1}{2}\mathrm{p} + 1\right)\right\} \times \mathrm{p}$$

이다. 즉, $\frac{p^2 + 4p}{4} = 3$이다. 이를 정리하면

$$p^2 + 4p - 12 = 0, \ \ (p+6)(p-2) = 0$$

이다. $0 < p < 6$이므로, $p = 2$이다. 즉, $P(2,2)$이다.

문제 15.3 그림과 같이, 함수 $y = \frac{1}{2}x^2(x > 0)$의 그래프 위를 움직이는 서로 다른 두 점 P, Q가 있다. 점 P에서 x축, y축에 내린 수선이 발을 각각 A, B라 하고, 점 Q에서 x축에 내린 수선의 발을 C라 한다. 또, x축에 위에 점 $D(12,0)$이 있다.

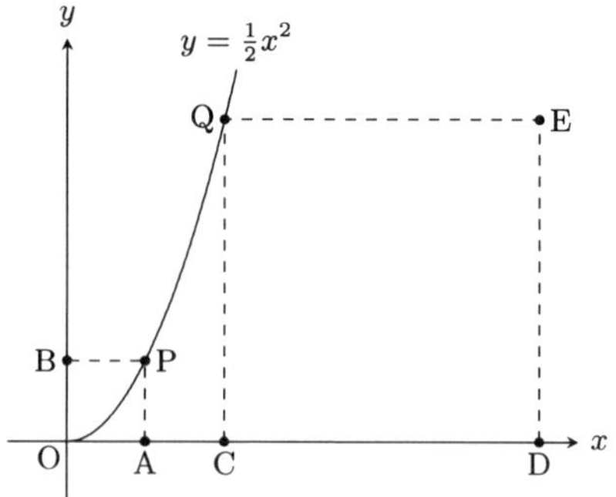

사각형 OAPB와 사각형 CDEQ가 모두 정사각형일 때, 두 정사각형의 넓이를 동시에 이등분하는 직선의 방정식을 구하시오.

풀이 점 P의 x좌표를 각각 p라 하면, $\overline{OA} = \overline{AP}$이므로 $p = \frac{1}{2}p^2$이다. $p > 0$이므로 $p = 2$이다. 즉, $P(2,2)$이다.
같은 방법으로 점 Q의 x좌표를 q라 하면, $\overline{QC} = \overline{CD}$이므로 $\frac{1}{2}q^2 = 12 - q$이다.

$$q^2 + 2q - 24 = 0, \ \ (q+6)(q-4) = 0, \ \ q = 4\,(q > 0)$$

이다. 그러므로, $Q(4,8)$이다. 또, $E(12,8)$이다.

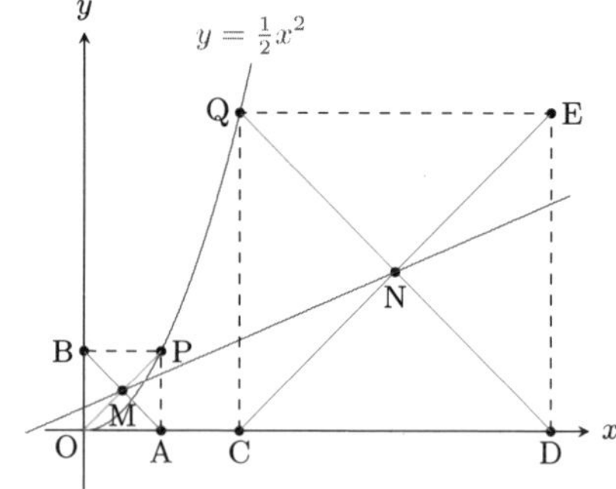

두 정사각형의 대각선의 교점을 각각 M, N이라 하면, 직선 MN이 구하는 직선이다. $M(1,1)$, $N(8,4)$이므로 직선 MN의 방정식은

$$y = \frac{4-1}{8-1}(x-1) + 1, \ \ y = \frac{3}{7}x + \frac{4}{7}$$

이다.

문제 15.4 그림에서, 두 점 A, B는 이차함수 $y = \frac{1}{2}x^2$과 직선 $y = x + 4$의 교점이다. 점 C, D는 이차함수 $y = \frac{1}{2}x^2$ 위의 점이고, 직선 CA와 직선 DB의 교점을 M이라 하면, $\overline{\mathrm{MA}} : \overline{\mathrm{MC}} = \overline{\mathrm{MB}} : \overline{\mathrm{MD}} = 1 : 3$이다. 이때, 점 D의 좌표를 구하시오. 단, 점 A, C는 제2사분면 위에 있고, 점 B, D는 제1사분면 위에 있다.

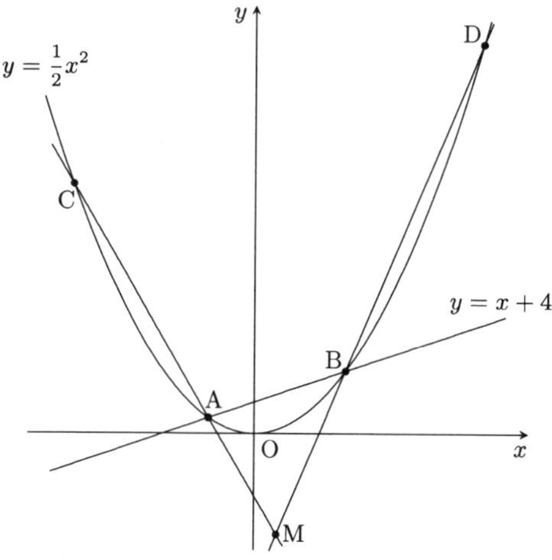

풀이 점 A와 B의 x좌표는

$$\frac{1}{2}x^2 = x + 4,\ x^2 - 2x - 8 = 0,\ (x+2)(x-4) = 0$$

의 두 근이므로 $x = -2,\ 4$이다. 즉, $\mathrm{A}(-2, 2)$, $\mathrm{B}(4, 8)$이다.

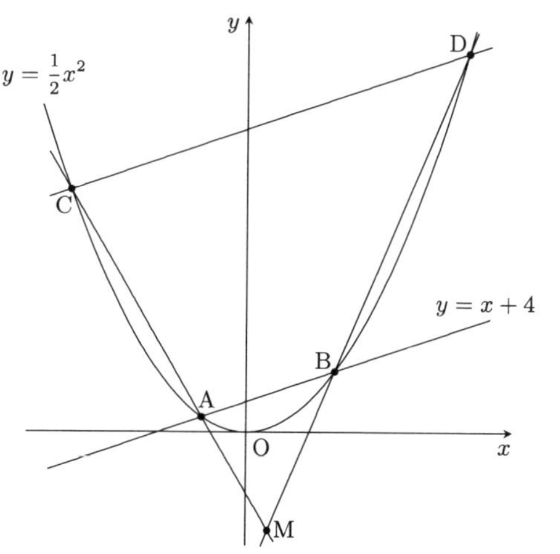

점 C, D, M의 x좌표를 각각 c, d, m이라 하면, $\overline{\mathrm{MA}} : \overline{\mathrm{MC}} = 1 : 3$으로부터 x좌표의 차를 생각하면,

$$\{m - (-2)\} : (m - c) = 1 : 3$$

이다. 이를 정리하면, $c = -2m - 6$이다.
같은 방법으로, $\overline{\mathrm{MB}} : \overline{\mathrm{MD}} = 1 : 3$이므로,

$$(4 - m) : (d - m) = 1 : 3$$

이다. 이를 정리하면 $d = 12 - 2m$이다.
$\overline{\mathrm{MA}} : \overline{\mathrm{MC}} = \overline{\mathrm{MB}} : \overline{\mathrm{MD}}$이므로, $\overline{\mathrm{AB}} \mathbin{/\!/} \overline{\mathrm{CD}}$이다. 즉, 직선 CD의 기울기가 1이다. 두 점 C, D는 모두 $y = \frac{1}{2}x^2$ 위에 있으므로,

$$\frac{1}{2} \times (c + d) = 1,\ \frac{1}{2} \times (-2m - 6 + 12 - 2m) = 1$$

이다. 이를 정리하면 $m = 1$이다. 따라서 점 $\mathrm{D}(10, 50)$이다.

제 16 절 점검 모의고사 16회 풀이

문제 16.1 그림과 같이, $y = x^2$의 그래프 위에 두 점 A, B가 있다. 점 B의 x좌표는 점 A의 x좌표보다 크고, 직선 AB의 기울기는 1이다.

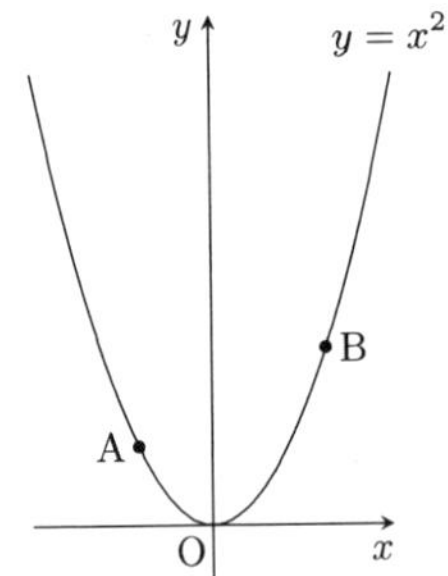

(1) 점 A의 x좌표가 -1일 때, $\triangle$AOB의 넓이를 구하시오.

(2) $\overline{\text{AB}} = 2$일 때, 점 B의 x좌표를 구하시오.

(3) $\angle\text{AOB} = 90°$일 때, 점 B의 x좌표를 구하시오.

풀이 점 A, B의 x의 좌표를 각각 a, b라 하면, $y = x^2$위의 점 A, B를 연결한 직선의 기울기가 1이므로,

$$1 \times (a + b) = 1, \;\; a + b = 1 \qquad ①$$

(1) $a = -1$일 때, 식 ①에서 $b = 2$이다. 그러므로 직선 AB의 y절편은 $-1 \times (-1) \times 2 = 2$이다.
따라서 $\triangle\text{AOB} = \frac{1}{2} \times 2 \times \{2 - (-1)\} = 3$이다.

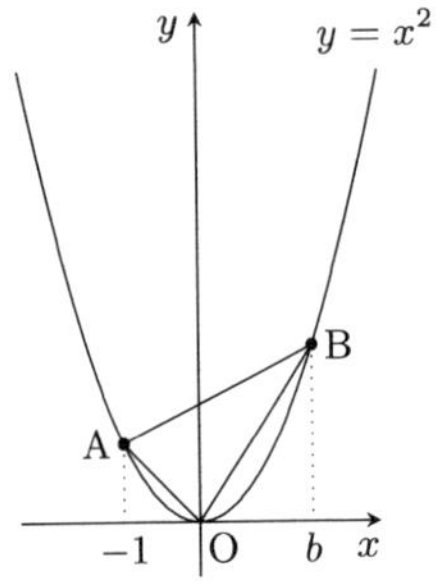

(2) $\overline{\text{AB}} = 2$일 때,

$$b - a = \sqrt{2} \qquad ②$$

이다. (① + ②) ÷ 2를 하면,

$$b = \frac{\sqrt{2}+1}{2}$$

이다.

(3) $\angle\text{AOB} = 90°$일 때는 $\overline{\text{OA}} \perp \overline{\text{OB}}$일 때이므로, 두 직선 OA, OB의 기울기의 곱이 -1이다.
두 직선 OA, OB의 기울기가 각각 a, b이므로,

$$ab = -1 \qquad ③$$

이다. 식 ①, ③로 부터 a, b는 이차방정식 $x^2 - x - 1 = 0$의 두 근이다. $x = \frac{1 \pm \sqrt{5}}{2}$이므로 $b = \frac{1 + \sqrt{5}}{2}$이다.

문제 16.2 그림과 같이, 직선 $y = -\frac{4}{3}x + \frac{17}{3}$과 $y = \frac{3}{2}x$, $y = -\frac{1}{5}x$이 각각 A, B에서 만난다.

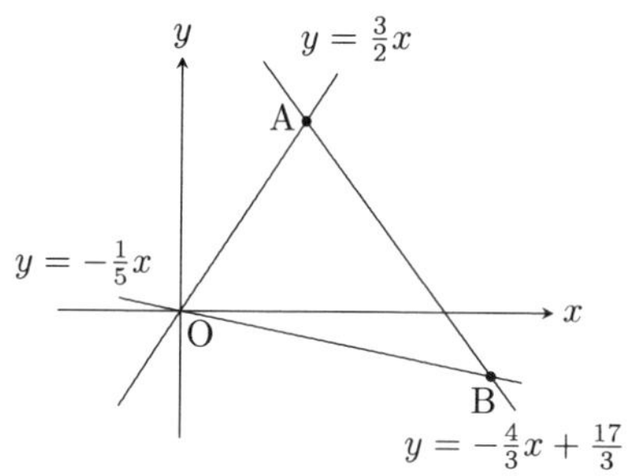

(1) 이 세 직선으로 둘러싸인 삼각형 OAB의 넓이를 구하시오. 단, O는 원점이다.

(2) 원점 O에서 변 AB에 내린 수선의 발을 H라 할 때, 선분 OH의 길이를 구하시오. 단, 중학교 수준으로 구해야 한다.

풀이

(1) 점 A의 x좌표는

$$\frac{3}{2}x = -\frac{4}{3}x + \frac{17}{3},\quad x = 2$$

이다. 즉, A$(2, 3)$이다.
점 B의 x좌표는

$$-\frac{1}{5}x = -\frac{4}{3}x + \frac{17}{3},\quad x = 5$$

이다. 즉, B$(5, -1)$이다.

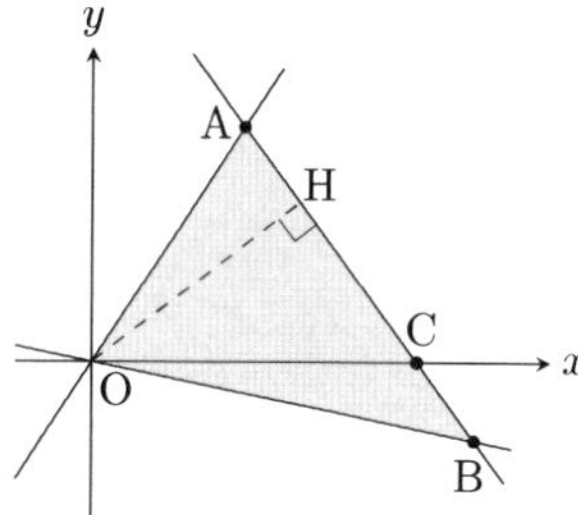

그림에서 점 C의 x좌표가 $\frac{17}{4}$이므로,

$$\triangle\text{OAB} = \frac{1}{2} \times \frac{17}{4} \times (3+1) = \frac{17}{2}$$

이다.

(2) (1)에서 $\overline{\text{AB}} = \sqrt{(2-5)^2 + (3+1)^2} = 5$이다.

$$\triangle\text{OAB} = \frac{1}{2} \times \overline{\text{AB}} \times \overline{\text{OH}} = \frac{17}{2}$$

이므로, $\overline{\text{OH}} = \frac{17}{2} \times \frac{2}{5} = \frac{17}{5}$이다.

문제 16.3 그림과 같이, 함수 $y = 2x^2$위에 두 점 A$(-1, 2)$, D$(2, 8)$가 있고, 함수 $y = \frac{1}{2}x^2$위에 x좌표가 b인 점 B가 있다. 단, $b \geq 2$이다. 선분 AD와 y축과의 교점을 지나고, 기울기가 $\frac{1}{2}$인 직선 l이 평행사변형 ABCD의 넓이를 이등분할 때, 점 C의 좌표를 구하시오.

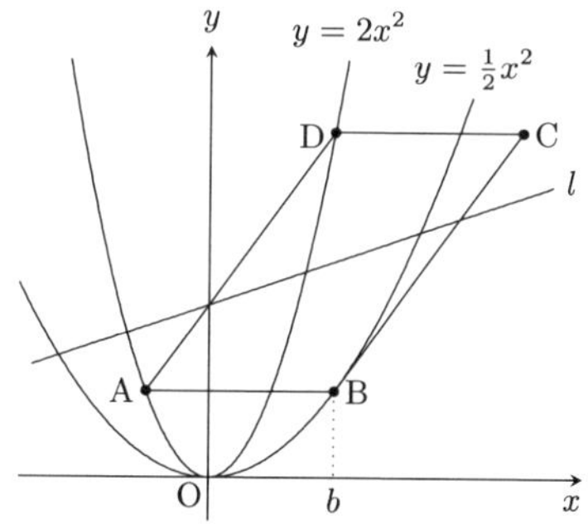

풀이 직선 AD의 y절편은 $-2 \times (-1) \times 2 = 4$이므로, 직선 l의 방정식은 $y = \frac{1}{2}x + 4$이다.
사각형 ABCD가 평행사변형이고, 이 넓이를 이등분하는 직선 l은 대각선 BD의 중점 M을 지난다.

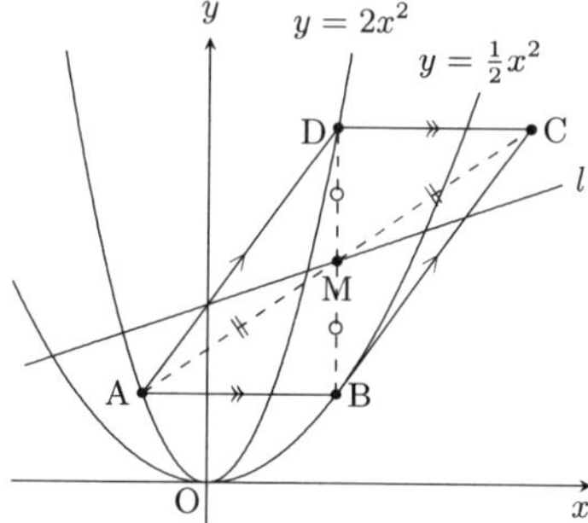

D$(2, 8)$, B$\left(b, \frac{1}{2}b^2\right)$이므로, M$\left(\frac{2+b}{2}, \frac{8+\frac{1}{2}b^2}{2}\right)$이다. 이를 직선 l의 방정식에 대입하면

$$\frac{8+\frac{1}{2}b^2}{2} = \frac{1}{2} \times \frac{2+b}{2} + 4,\quad b^2 - b - 2 = 0$$

이다. 이를 정리하면 $(b-2)(b+1) = 0$이다. $b \geq 2$이므로 $b = 2$이다. 따라서 M$(2, 5)$이다. 대각선 AC의 중점도 M이므로, C$(5, 8)$이다.

문제 16.4 그림과 같이, 좌표평면 위에 이차함수 $y = x^2$와 두 점 $\mathrm{A}(a, a^2)$, $\mathrm{B}(-1, 6)$가 있다. 점 B를 지나고, 직선 OA에 평행한 직선 l과 $y = x^2$과의 교점을 C, D라 하고, y축과의 교점을 E라 한다. 단, O는 원점이고, $a > 0$이다.

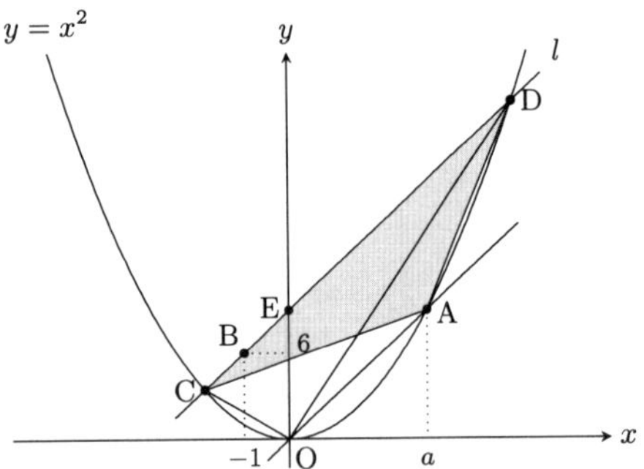

(1) 점 E의 좌표를 a를 사용하여 나타내시오.

(2) 직선 AE와 x축이 평행할 때, a의 값을 구하시오.

(3) (2)에서, 삼각형 ACD의 넓이를 구하시오.

풀이

(1) 직선 OA의 기울기는 $\frac{a^2}{a} = a$이고, 직선 BE는 직선 OA와 평행하므로 기울기가 a이다. 점 E의 좌표를 $(0, e)$라 하면,

$$\frac{e-6}{0-(-1)} = a, \quad e = a + 6$$

이다. 따라서 $\mathrm{E}(0, a+6)$이다.

(2) 직선 AE가 x축에 평행하므로,

$$a + 6 = a^2, \quad (a-3)(a+2) = 0$$

이다. 즉, $a > 0$이므로 $a = 3$이다.

(3) $a = 3$이므로 직선 BE의 기울기는 3이고, $\mathrm{E}(0, 9)$이다. 따라서 직선 BE의 방정식은 $y = 3x + 9$이다. 점 C, D의 x좌표를 각각 c, $d(c < d)$라 하면, c, d

$$x^2 = 3x + 9, \quad x^2 - 3x - 9 = 0$$

의 두 근이고, 근의 공식으로부터 $x = \frac{3 \pm 3\sqrt{5}}{2}$이다. 즉, $c = \frac{3 - 3\sqrt{5}}{2}$, $d = \frac{3 + 3\sqrt{5}}{2}$이다. 따라서

$$\triangle\mathrm{ACD} = \triangle\mathrm{OCD} = \frac{\overline{\mathrm{OE}} \times (d-c)}{2} = \frac{9 \times 3\sqrt{5}}{2} = \frac{27\sqrt{5}}{2}$$

이다.

제 17 절 점검 모의고사 17회 풀이

문제 17.1 그림과 같이, 함수 $y = x^2$과 x축 위의 점 P를 지나는 두 직선이 네 점 A, B, C, D에서 만난다.

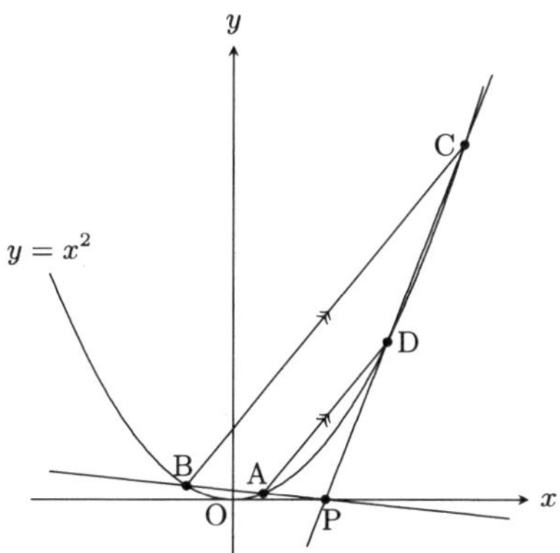

$A\left(\frac{1}{3}, \frac{1}{9}\right)$, $B\left(-\frac{1}{2}, \frac{1}{4}\right)$, $\overline{AD} \,/\!/\, \overline{BC}$이다.

(1) 점 P의 좌표를 구하시오.

(2) 두 점 C, D를 지나는 직선의 방정식의 기울기를 구하시오.

풀이

(1) 직선 AB의 기울기와 y절편은 각각

$$1 \times \left(\frac{1}{3} - \frac{1}{2}\right) = -\frac{1}{6}, \ \ -1 \times \frac{1}{3} \times \left(-\frac{1}{2}\right) = \frac{1}{6}$$

이다. 즉, 직선 AB의 방정식은 $y = -\frac{1}{6}x + \frac{1}{6}$이다. 그러므로 점 P(1,0)이다.

(2) 점 C, D의 x좌표를 각각 c, d라 하고, 점 A, B, C, D에서 x축에 내린 수선의 발을 각각 A′, B′, C′, D′라 하면,

$$\overline{PA'} \times \overline{PB'} = \overline{PD'} \times \overline{PC'}$$

로 부터

$$(d-1) \times (c-1) = \left(1 - \frac{1}{3}\right) \times \left(1 + \frac{1}{2}\right) = \frac{2}{3} \times \frac{3}{2}$$

이다. 그런데, $\overline{AD} \,/\!/\, \overline{BC}$이므로

$$\overline{PD} : \overline{PC} = \overline{PA} : \overline{PB}, \ \ (d-1) : (c-1) = \frac{2}{3} : \frac{3}{2}$$

이다. 따라서

$$d - 1 = \frac{2}{3}, \ \ c - 1 = \frac{3}{2}$$

이다. 즉, $d = \frac{5}{3}$, $c = \frac{5}{2}$이다. 그러므로 직선 CD의 기울기는

$$1 \times (c+d) = 1 \times \left(\frac{5}{2} + \frac{5}{3}\right) = \frac{25}{6}$$

이다.

문제 17.2 그림과 같이, 함수 $y = ax^2$의 그래프와 직선 $y = bx$가 있다. 정사각형 ABCD의 꼭짓점 A, C는 이차함수 $y = ax^2$의 그래프 위에 있고, 변 AB는 y축과 평행하고, 점 A의 좌표는 $(-9, 27)$이다. 단, 점 C의 y좌표는 27보다 작다.

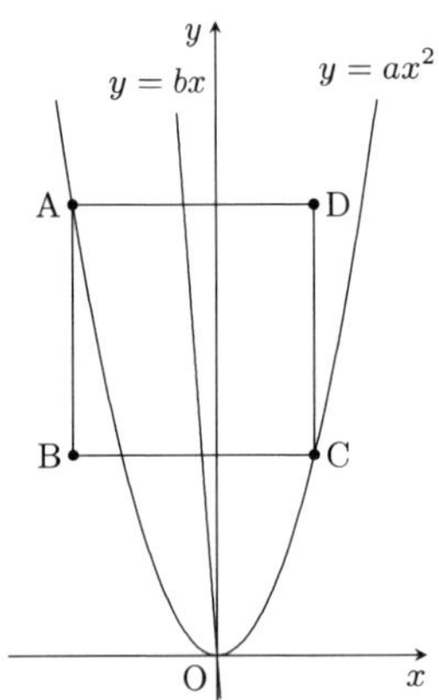

(1) a의 값을 구하시오.

(2) 점 C의 좌표를 구하시오.

(3) 직선 $y = bx$가 정사각형 ABCD의 넓이를 이등분할 때, b의 값을 구하시오.

풀이

(1) $27 = a \times (-9)^2$이므로 $a = \frac{1}{3}$이다.

(2) C의 x좌표를 c라 하면, 정사각형의 대각선 AC는 기울기가 -1이므로,

$$\frac{1}{3} \times (-9 + c) = -1, \quad c = 6$$

이다. 즉, $C(6, 12)$이다.

(3) 직선 $y = bx$는 원점과 정사각형의 대각선의 교점(즉, 대각선 AC의 중점) $\left(-\frac{3}{2}, \frac{39}{2}\right)$를 지난다. 그러므로 $b = -13$이다.

문제 17.3 그림과 같이, 함수 $y = -\frac{1}{2}x^2$의 그래프 위에 x좌표가 각각 $-2, 6$인 점 A, B가 있고, 함수 $y = \frac{12}{x}(x > 0)$의 그래프 위에 x좌표가 6인 점 C가 있다. 함수 $y = \frac{12}{x}(x > 0)$의 그래프 위에 x좌표, y좌표가 모두 자연수인 점 P를 잡는다. $\triangle$ABP와 $\triangle$ABC의 넓이가 같을 때, 점 C이외의 점 P의 좌표를 구하시오.

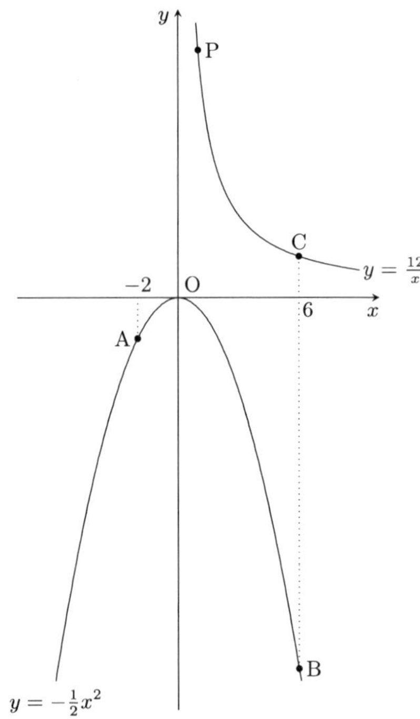

풀이 $\triangle ABP = \triangle ABC$일 때, 변 AB가 공통이므로, $\overline{AB} \parallel \overline{PC}$이다.
$C(6, 2)$이고, 직선 AB의 기울기가 $-\frac{1}{2} \times (-2 + 6) = -2$이므로, 직선 PC의 방정식은

$$y = -2(x - 6) + 2, \quad y = -2x + 14$$

이다. 이 직선의 방정식과 $y = \frac{12}{x}(x > 0)$의 교점의 x좌표는

$$-2x + 14 = \frac{12}{x}$$

의 해이다. 즉,

$$x^2 - 7x + 6 = 0, \quad (x - 1)(x - 6) = 0$$

로 부터 $x = 1 (x \neq 6)$이다. 따라서 $P(1, 12)$이다.

문제 17.4 그림과 같이, 점 O는 원점이고, 직선 $l : y = x-6$, 직선 $m : y = -7x+10$이다. 또, 점 A$(3,-3)$, B$(5,-1)$, C$(1,3)$, D$(0,10)$, E$(8,8)$이고, 점 M은 두 직선 l과 m의 교점이다. 점 F는 직선 l위의 점이고, 점 A, B, F의 순으로 나열된다. 사각형 AFDC와 사각형 ABEC의 넓이가 같을 때, 점 F의 좌표를 구하시오.

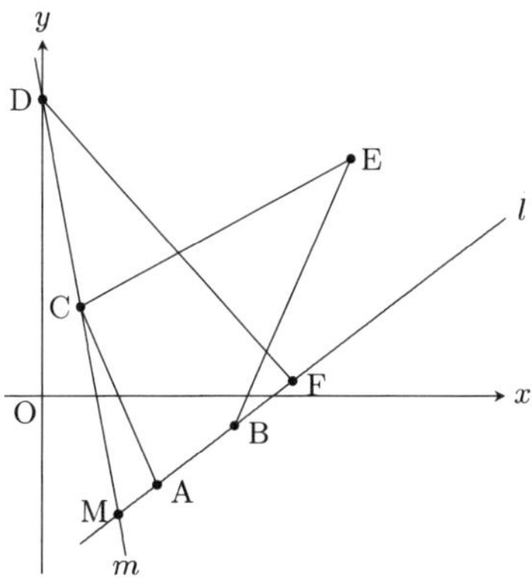

풀이 사각형 AFDC와 사각형 ABEC에서 양쪽에 삼각형 MAC를 더하면 삼각형 MFD와 사각형 MBEC의 넓이가 같다. 여기서, 점 E를 지나 직선 CB에 평행인 직선과 직선 l과의 교점을 E′라 한다.

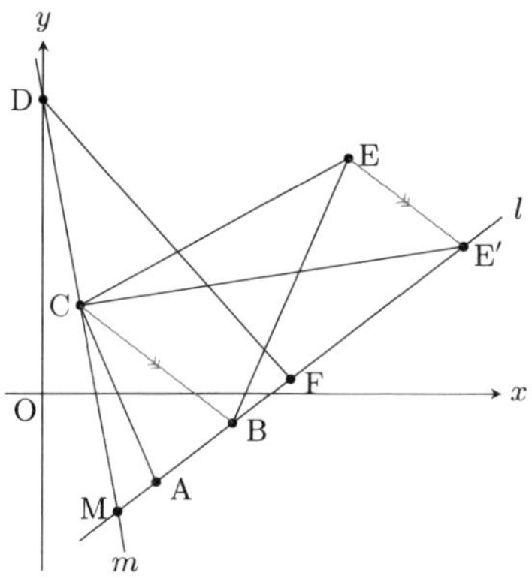

그러면,

$$\begin{aligned}\square\text{MBEC} &= \triangle\text{MBC} + \triangle\text{EBC} \\ &= \triangle\text{MBC} + \triangle\text{E}'\text{BC} \\ &= \triangle\text{ME}'\text{C}\end{aligned}$$

이다. 그러므로 $\triangle\text{MFD} = \triangle\text{ME}'\text{C}$이다.
점 M의 x좌표는 $x-6 = -7x+10$으로부터 $x = 2$이다. 즉, M$(2,-4)$이다.

$\triangle\text{MFD} = \triangle\text{ME}'\text{C}$이고, 점 C가 선분 DM의 중점이므로, $\triangle\text{ME}'\text{C} = \frac{1}{2} \times \triangle\text{E}'\text{DM}$이다. 그러므로, $\triangle\text{MFD} = \frac{1}{2} \times \triangle\text{E}'\text{DM}$이다. 따라서 점 F는 선분 ME′의 중점이다.
점 E′$(e, e-6)$라 하면, $\overline{\text{EE}'} \parallel \overline{\text{CB}}$이므로,

$$\frac{(e-6)-8}{e-8} = \frac{-1-3}{5-1},\quad \frac{e-14}{e-8} = -1$$

이다. 이를 풀면 $e = 11$이다. 즉, E′$(11, 5)$이다.
따라서 F$\left(\frac{13}{2}, \frac{1}{2}\right)$이다.

제 18 절 점검 모의고사 18회 풀이

문제 18.1 그림과 같이, 네 점 A, B, C, D는 이차함수 $y = x^2$ 위에 있고, 점 A의 x좌표는 $a(a > 2)$이고, 점 D의 x좌표는 -1이다. 직선 AB와 직선 CD의 기울기는 모두 1이다.

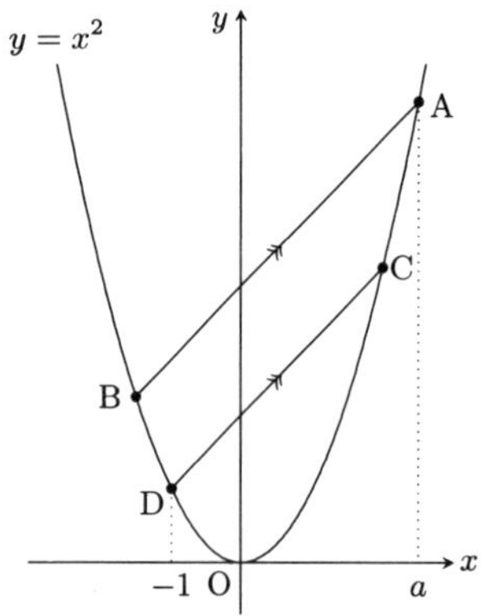

(1) 점 C의 좌표와 선분 CD의 길이를 구하시오.

(2) 직선 AB의 방정식, 점 B의 x좌표, 그리고 선분 AB의 길이를 각각 a를 사용하여 나타내시오.

(3) 사각형 ABDC의 넓이 S를 a를 사용하여 나타내시오.

풀이 아래 그림과 같이, 점 A, B, C의 x좌표를 각각 a, b, c라 한다. 또, 점 E, F의 y좌표를 각각 e, f라 한다.

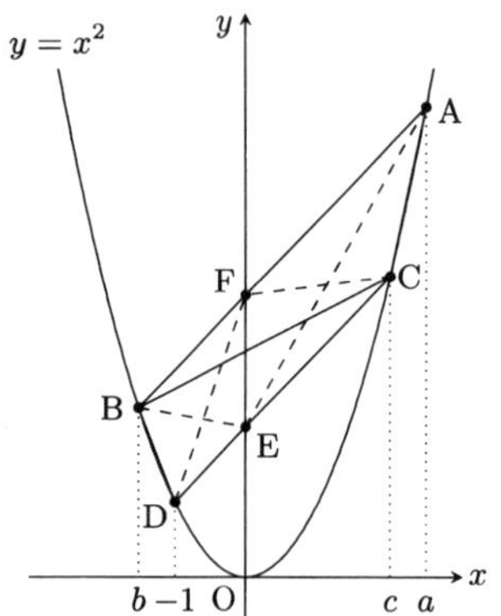

(1) 직선 CD의 기울기가 1이므로,

$$1 \times (-1 + c) = 1, \ \ c = 2$$

이다. 즉, C$(2, 4)$이다. 또,

$$\overline{\text{CD}} = \sqrt{2}\{c - (-1)\} = 3\sqrt{2}$$

이다.

(2) 직선 AB의 기울기가 1이므로,

$$1 \times (b + a) = 1, \ \ b = 1 - a$$

이다. 그러므로 직선 AB의 방정식은

$$y = x - 1 \times (1 - a) \times a, \ \ y = x + a^2 - a$$

이다. 또,

$$\overline{\text{AB}} = \sqrt{2}\{a - (1 - a)\} = \sqrt{2}(2a - 1)$$

이다.

(3) $e = -1 \times (-1) \times c = 2$, $f = a^2 - a$이므로,

$$\overline{\text{EF}} = f - e = a^2 - a - 2$$

이다. 그러므로 사각형 ABDC의 넓이 S는

$$\begin{aligned} S &= \triangle\text{BDC} + \triangle\text{CAB} \\ &= \triangle\text{FDC} + \triangle\text{EAB} \\ &= \frac{1}{2} \times \overline{\text{EF}} \times \{c - (-1)\} + \frac{1}{2} \times \overline{\text{EF}} \times (a - b) \\ &= \frac{1}{2} \times (a^2 - a - 2) \times \{2 + 1 + a - (1 - a)\} \\ &= (a + 1)^2(a - 2) \end{aligned}$$

이다.

문제 18.2 좌표평면 위에 다섯 점 A$(-2, 5)$, B$(-5, 2)$, C$(-3, -1)$, D$(1, -1)$, E$(4, 3)$가 있다. 점 A를 지나고 오각형 ABCDE의 넓이를 이등분하는 직선의 방정식을 구하시오.

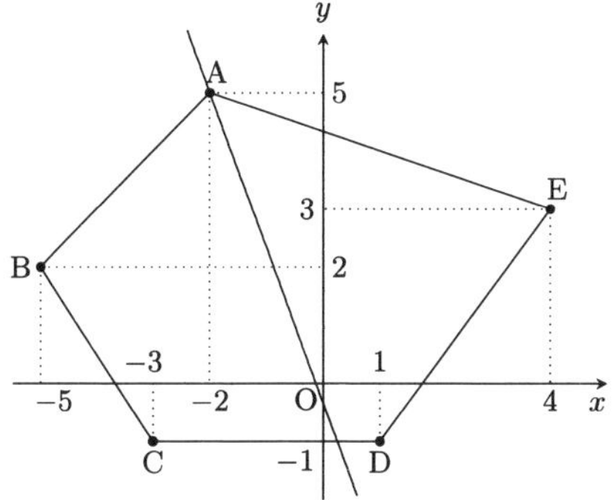

풀이 그림과 같이, 점 B를 지나고 직선 AC에 평행한 직선과 직선 CD와의 교점을 B′라 하고, 점 E를 지나고 선분 AD에 평행한 직선과 직선 CD와의 교점을 E′라 한다.

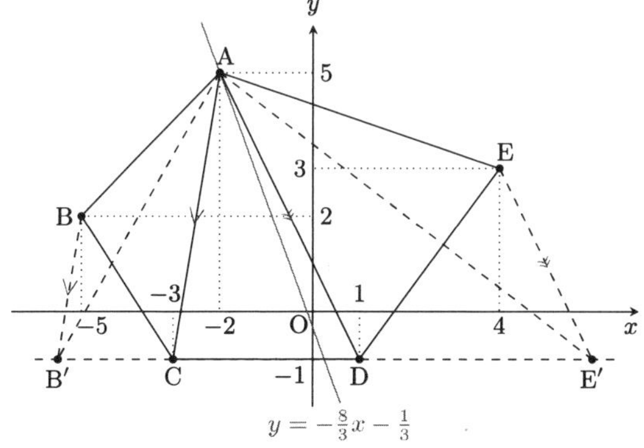

그러면,

$$\triangle\mathrm{ABC}=\triangle\mathrm{AB'C},\ \ \triangle\mathrm{AED}=\triangle\mathrm{AE'D}$$

이므로, 오각형 ABCDE의 넓이는 삼각형 $\triangle$AB′E′의 넓이와 같다.
또, 직선 AC, 직선 AD의 기울기는 각각

$$\frac{5-(-1)}{-2-(-3)}=6,\ \ \frac{(-1)-5}{1-(-2)}=-2$$

이므로, 직선 BB′, 직선 EE′의 방정식은 각각

$$y=6x+32,\ \ y=-2x+11$$

이다. 이 방정식에 각각 $y=-1$을 대입하면 $x=-\frac{11}{2}$, $x=6$이다. 즉, B′$\left(-\frac{11}{2}, -1\right)$, E′$(6, -1)$이다.
점 A를 지나고 $\triangle$AB′E′의 넓이를 이등분하는 직선이 선분 B′E′의 중점 $\left(\frac{1}{4}, -1\right)$을 지나고, 이 점은 직선 CD위에 있다. 즉, 이 직선의 방정식이 구하는 오각형 ABCDE의 넓이를 이등분하는 직선이다. 따라서

$$y=\frac{-1-5}{\frac{1}{4}-(-2)}\{x-(-2)\}+5,\ \ y=-\frac{8}{3}x-\frac{1}{3}$$

이다.

문제 18.3 그림과 같이, 이차함수 $y = ax^2(a > 1)$과 직선 l이 두 점 A, C에서 만나고, 직선 l과 y축, x축과의 교점을 각각 B, D라 한다. 점 A의 x좌표는 1이고, 점 B의 y좌표는 1이다.

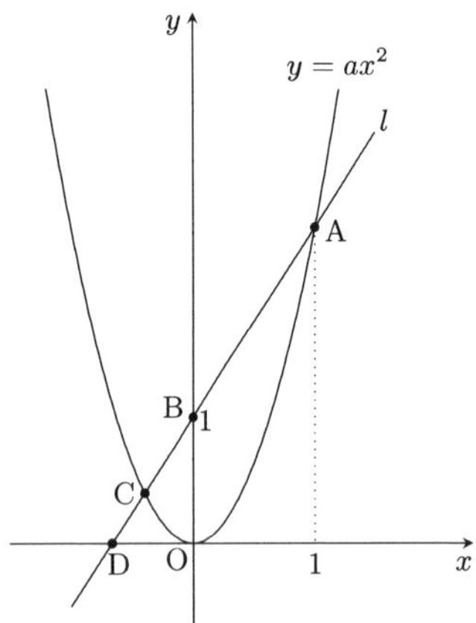

(1) $\overline{\text{AB}} : \overline{\text{BD}} = 3 : 2$일 때, 점 D와 C의 좌표를 각각 구하시오.

(2) 점 A를 지나고 x축에 수직인 직선과 이차함수 $y = -2x^2$의 교점을 P라 한다. △BAP가 $\overline{\text{BA}} = \overline{\text{BP}}$인 이등변삼각형일 때, a의 값을 구하시오.

풀이

(1) $\overline{\text{AB}} : \overline{\text{BD}} = 3 : 2$일 때, 점 D의 x좌표는 $-\left(1 \times \frac{2}{3}\right) = -\frac{2}{3}$이므로 점 D$\left(-\frac{2}{3}, 0\right)$이다.
점 C의 x좌표를 c라 한다. 직선 AC의 기울기, 직선 AD의 기울기, 직선 BD의 기울기가 모두 같으므로,

$$a(c+1) = \frac{a-0}{1-\left(-\frac{2}{3}\right)} = \frac{1-0}{0-\left(-\frac{2}{3}\right)}$$

이다. 이를 정리하면

$$a \times (c+1) = \frac{3}{5}a = \frac{3}{2}$$

이다. $a = \frac{5}{2}$, $c = -\frac{2}{5}$이다. 따라서 C$\left(-\frac{2}{5}, \frac{2}{5}\right)$이다.

(2) P$(1, -2)$이고, $\overline{\text{BA}} = \overline{\text{BP}}$이므로, 선분 AP의 중점의 y좌표는 점 B의 y좌표와 같다. 즉, $\frac{a+(-2)}{2} = 1$이다. 따라서 $a = 4$이다.

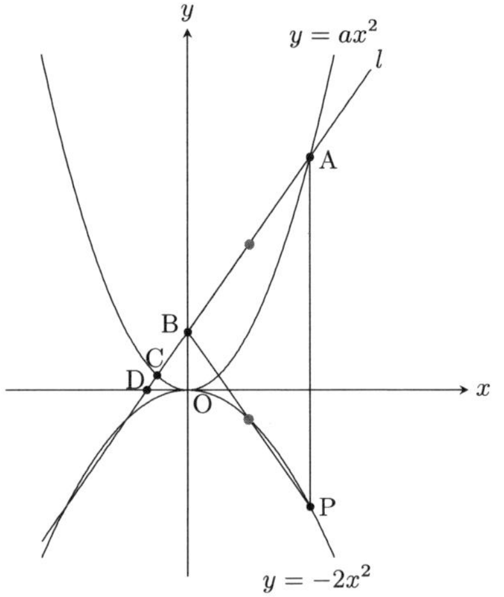

문제 18.4 그림과 같이, 두 이차함수 $y = \frac{1}{8}x^2$, $y = ax^2(a > 0)$ 위에 각각 점 A, B가 있다. 점 A의 x좌표는 4이고, 점 B의 x좌표는 2이다. 사각형 OABC가 정사각형이 되도록 점 C를 잡는다.

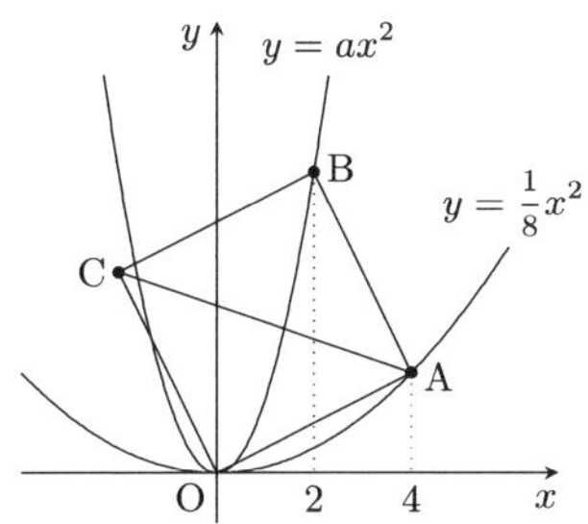

(1) 직선 AC의 방정식을 구하시오.

(2) 직선 AC와 평행한 직선을 m이라 한다. 정사각형 OABC를 직선 m으로 나누면, 두 부분의 넓이의 비가 $1 : 7$일 때, 직선 m의 방정식을 모두 구하시오.

풀이

(1) $\frac{1}{8} \times 4^2 = 2$이므로, A$(4, 2)$이다. 아래 그림과 같이 점 P, Q를 잡으면, $\overline{\text{AO}} = \overline{\text{BA}}$, $\angle\text{AOP} = \angle\text{BAQ}$이므로 $\triangle\text{AOP} \equiv \triangle\text{BAQ}$(RHA합동)이다.

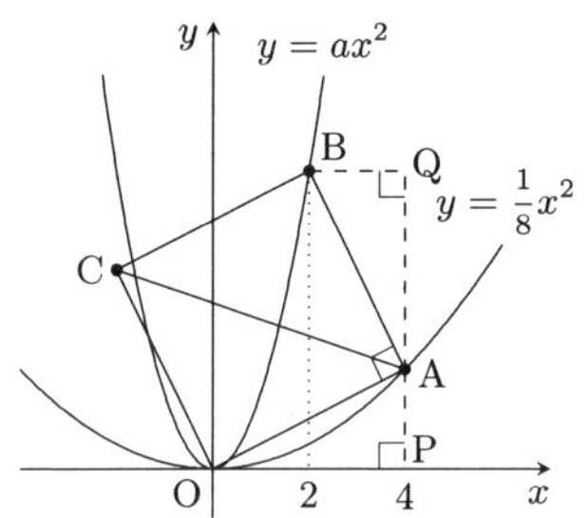

그러므로 $\overline{\text{BQ}} = \overline{\text{AP}} = 2$, $\overline{\text{QA}} = \overline{\text{PO}} = 4$이다. 즉, B$(2, 6)$이다. 따라서 $6 = 2^2 \times a$로부터 $a = \frac{3}{2}$이다.
직선 OB의 기울기가 3이므로 이에 직교하는 직선 AC의 기울기는 $-\frac{1}{3}$이다. 따라서 구하는 직선의 방정식은 $y = -\frac{1}{3}(x-4) + 2$이다. 즉, $y = -\frac{1}{3}x + \frac{10}{3}$이다.

(2) 정사각형 OABC를 직선 m으로 나누면, 두 부분의 넓이의 비가 $1 : 7$이므로, 직선 m은 직선 AC의 아랫부분과 윗부분의 2가지 경우가 생긴다. 직선 m에 의해 분리된 삼각형과 삼각형 OAC(또는 삼각형 BCA)의 넓이비가 $1 : 4$이므로, 닮음비는 $1 : 2$이다. 즉, 직선 m은 변 OA, 변 AB의 중점을 지난다. 변 OA, 변 AB의 중점을 각각 M_1, M_2라 하면, $\text{M}_1(2, 1)$, $\text{M}_2(3, 4)$이다. 따라서 구하는 직선 m은

$$y = -\frac{1}{3}(x-2) + 1,\ y = -\frac{1}{3}(x-3) + 4$$

이다. 즉,

$$y = -\frac{1}{3}x + \frac{5}{3},\ y = -\frac{1}{3}x + 5$$

이다.

제 19 절 점검 모의고사 19회 풀이

문제 19.1 그림과 같이, $y = x^2$과 직선 $y = x + 2$가 두 점 A, B에서 만난다. 직선 AB와 x축과의 교점을 C라 하고, x축 위에 $\overline{AO} /\!/ \overline{BD}$를 만족하는 점 D를 잡는다. 단, 점 A의 x좌표는 음수이다.

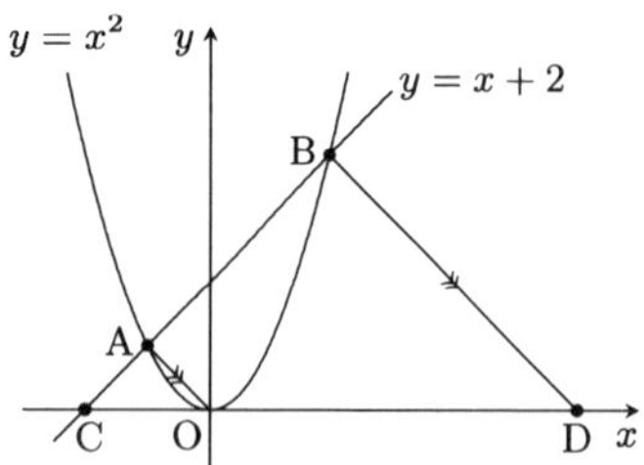

(1) $\triangle$ACO의 넓이를 구하시오.

(2) 사다리꼴 AODB의 넓이를 구하시오.

(3) 점 E가 직선 AB위의 점으로, $\triangle$ACO와 $\triangle$BDE의 넓이의 비가 $1 : 32$를 만족할 때, 점 E의 좌표를 모두 구하시오.

풀이

(1) A의 좌표를 구하면,

$$x^2 = x + 2,\ \ (x+1)(x-2) = 0$$

에서 $x = -1,\ 2$이다. $x < 0$이므로 $A(-1, 1)$이다. $C(-2, 0)$이므로 $\triangle ACO = \frac{1}{2} \times 2 \times 1 = 1$이다.

(2) (1)에서 $B(2, 4)$이다. 사다리꼴 AODB의 넓이는 삼각형 BCD의 넓이에서 삼각형 ACO의 넓이를 뺀 것과 같다. 또, 삼각형 BCD와 삼각형 ACO는 닮음이고 닮음비는 점 B와 C, 점 A와 C의 x좌표의 차의 비와 같으므로, $\{2 - (-2)\} : \{-1 - (-2)\} = 4 : 1$이다. 따라서 구하는 사다리꼴 AODB의 넓이는 $\triangle ACO \times (4^2 - 1^2) = 15$이다.

(3) (2)에서 $\triangle ACO : \triangle BCD = 1^2 : 4^2 = 1 : 16$이므로,

$$\triangle ACO : \triangle BCD : \triangle BDE = 1 : 16 : 32$$

이다. 즉, $\triangle BCD : \triangle BDE = 1 : 2$이다.
그러므로 점 E는 직선 AB 즉, $y = x + 2$위에 $\overline{BE} = \overline{BC} \times 2$를 만족하는 점이다. 점 B의 y좌표가 4이므로, 점 E의 y좌표는 4×3 또는 -4이다. 즉, $E(10, 12)$ 또는 $E(-6, -4)$이다.

문제 19.2 그림과 같이, 좌표평면 위에 네 점 A, B, C, D가 있다. 점 $B(-2, -3)$, 점 $D(4, 5)$, 점 C의 x좌표가 2일 때, 다음 물음에 답하시오.

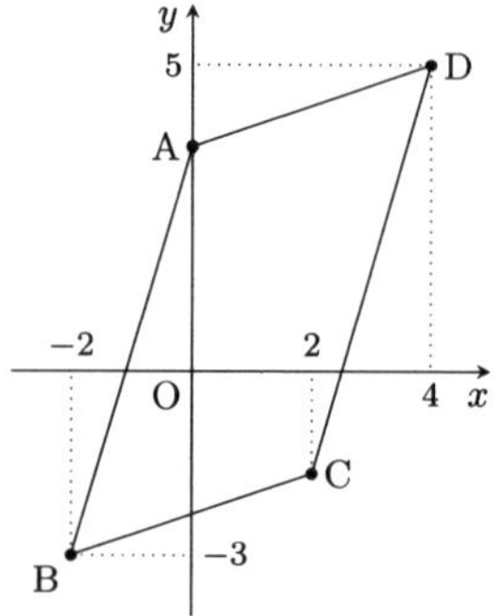

(1) 직선 BC의 기울기가 $\frac{1}{3}$일 때, 점 C의 y좌표를 구하시오.

(2) (1)에서, 사각형 ABCD가 평행사변형일 때, 점 A의 좌표를 구하시오.

풀이

(1) 점 C의 y좌표를 c라 하면,

$$\frac{c - (-3)}{2 - (-2)} = \frac{1}{3},\ \ c = -\frac{5}{3}$$

이다.

(2) 점 A의 좌표를 (a, b)라 하면, 사각형 ABCD가 평행사변형이므로 두 대각선 AC, BD가 서로 다른 것을 이등분한다. 즉, 각각의 중점을 지난다.

$$\frac{a+2}{2} = \frac{-2+4}{2},\ \ \frac{b - \frac{5}{3}}{2} = \frac{-3+5}{2}$$

이다. 이를 정리하면 $a = 0,\ b = \frac{11}{3}$이다.
따라서 $A\left(0, \frac{11}{3}\right)$이다.

문제 19.3 그림에서, 사각형 ABCD는 정사각형이고, 변 AB는 x축 위에 있고, 점 A의 x좌표는 2이다. 점 D는 $y=x^2$ 위에 있고, 직선 BD와 $y=x^2$의 교점 중 점 D가 아닌 점을 E라 한다. 선분 AE와 y축과의 교점을 F라 한다.

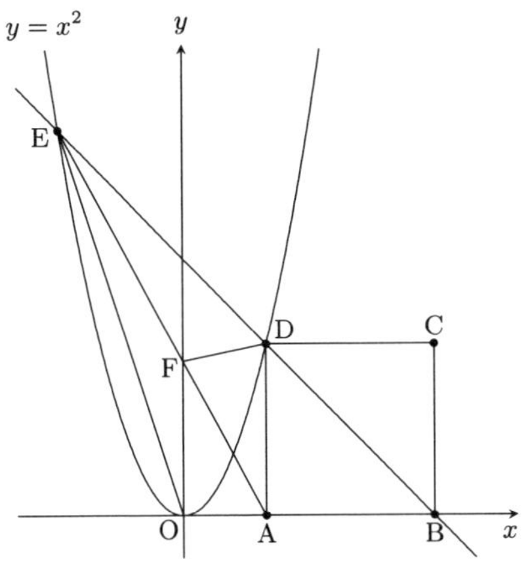

(1) 점 F의 좌표를 구하시오.

(2) 삼각형 OEF와 삼각형 FED의 넓이의 비를 구하시오.

풀이

(1) 점 D(2, 4)이고, 직선 BD의 기울기는 -1이므로, 직선 BD의 방정식은 $y=-x+6$이다. 이 직선과 $y=x^2$의 교점 E를 구하면,

$$x^2=-x+6,\ \ (x+3)(x-2)=0$$

이다. $x\neq 2$이므로 $x=-3$이다. 즉, E$(-3,9)$이다. 직선 AE의 기울기는 $\frac{0-9}{2-(-3)}=-\frac{9}{5}$이므로, 직선 AE의 방정식은 $y=-\frac{9}{5}(x-2)$이다. 즉, $y=-\frac{9}{5}x+\frac{18}{5}$이다. 따라서 점 F$\left(0,\frac{18}{5}\right)$이다.

(2) (1)에서 E$(-3,9)$, F$\left(0,\frac{18}{5}\right)$이므로

$$\triangle\text{OEF}=\frac{1}{2}\times\frac{18}{5}\times\{0-(-3)\}=\frac{27}{5}$$
$$\triangle\text{FED}=\frac{1}{2}\times\left(6-\frac{18}{5}\right)\times\{2-(-3)\}=6$$

이다. 그러므로

$$\triangle\text{OEF}:\triangle\text{FED}=\frac{27}{5}:6=9:10$$

이다.

문제 19.4 그림과 같이, 이차함수 $y=ax^2$ 위에 두 점 A$(-4,8)$, B$(b,2)$가 있다.

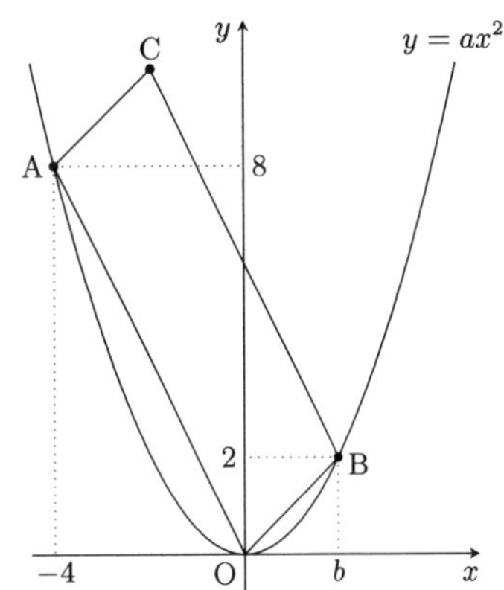

사각형 AOBC가 평행사변형이 되도록 점 C를 잡고, 평행사변형 AOBC를 변 AB를 축으로 하여 1회전시켜 만들어진 입체의 부피를 구하시오.

풀이 A$(-4,8)$가 이차함수 $y=ax^2$위의 점이므로, $a=\frac{1}{2}$이다. 또, B$(b,2)$가 이차함수 $y=\frac{1}{2}x^2$위의 점이므로 $b=2(b>0)$이다.

직선 AB의 기울기는 -1이고, 직선 OB의 기울기는 1이므로, 직선 AB와 직선 OB는 수직이다.

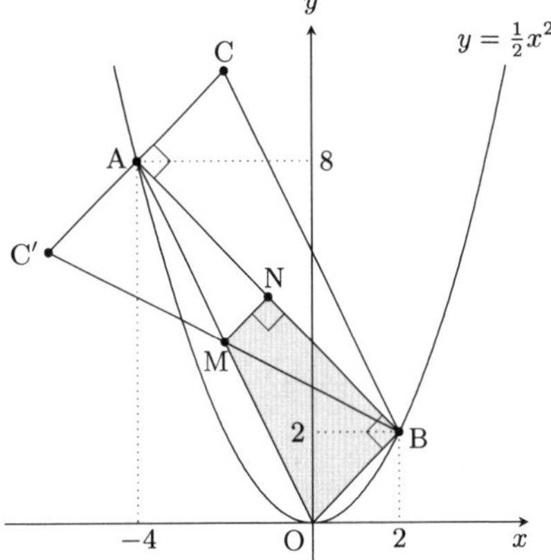

구하는 부피는 색칠한 사각형 MOBN의 회전체의 부피의 2배이므로,

$$\frac{1}{3}\times(2\sqrt{2})^2\pi\times 6\sqrt{2}\times\frac{2^3-1^3}{2^3}\times 2=28\sqrt{2}\pi$$

이다.

제 20 절 점검 모의고사 20회 풀이

문제 20.1 그림과 같이, 직선 $y = x + 4$가 함수 $y = \frac{1}{2}x^2(x \le 0)$, y축, $y = \frac{1}{9}x^2(x \ge 0)$와 각각 점 A, C, B에서 만난다. 점 A의 y좌표는 $(-2, 2)$이다.

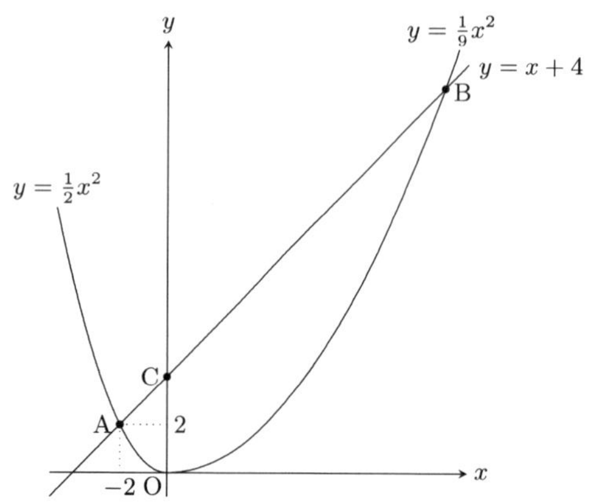

(1) 원점 O를 지나는 직선 $y = mx$가 선분 AB와 만나는 점을 D라 한다. $\triangle$OAD : $\triangle$OBD $= 1 : 2$일 때, m의 값을 구하시오.

(2) 점 C를 지나고 직선 OA에 평행한 직선과 함수 $y = \frac{1}{2}x^2(x \le 0)$, $y = \frac{1}{9}x^2(x >\ge 0)$와 교점을 각각 E, F라 한다. 이때, 사각형 OAEF의 넓이는 삼각형 OAB의 넓이의 몇 배인지 구하시오.

풀이

(1) 점 B의 x좌표를 구하기 위해,

$$\frac{1}{9}x^2 = x + 4, \quad x^2 - 9x - 36 = 0$$

를 인수분해하면, $(x + 3)(x - 12) = 0$이다. $x > 0$이므로 $x = 12$이다. 즉, $B(12, 16)$이다.

$$\triangle\text{OAD} : \triangle\text{OBD} = \overline{\text{AD}} : \overline{\text{BD}} = 1 : 2$$

이므로, 점 D의 x좌표는 $-2 + \frac{12+2}{3} = \frac{8}{3}$이다. 즉, $D\left(\frac{8}{3}, \frac{20}{3}\right)$이다. 따라서 $m = \frac{\frac{20}{3}}{\frac{8}{3}} = \frac{5}{2}$이다.

(2) 직선 OA의 기울기가 -1이므로, 직선 EF의 방정식은 $y = -x + 4$이다. 점 E, F의 좌표를 구하면, $E(-4, 8)$, $F(3, 1)$이다.

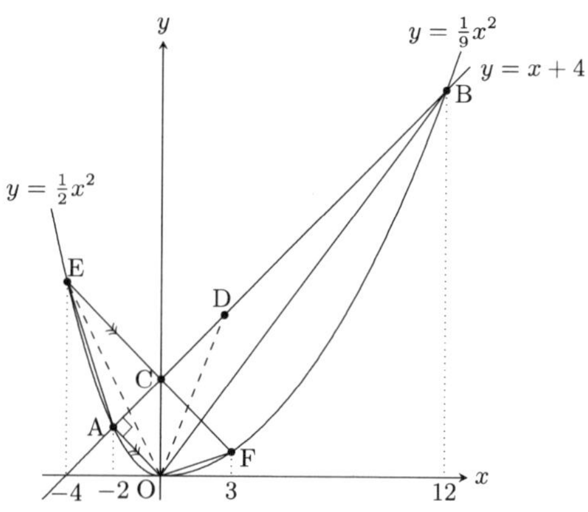

그러므로

$$\square\text{OAEF} : \triangle\text{OAB}$$
$$= \frac{(\overline{\text{OA}} + \overline{\text{EF}}) \times \overline{\text{AC}}}{2} : \frac{\overline{\text{AB}} \times \overline{\text{OA}}}{2}$$

$\overline{\text{AC}} = \overline{\text{OA}}$이므로,

$$= (\overline{\text{OA}} + \overline{\text{EF}}) : \overline{\text{AB}}$$
$$= 9 : 14$$

이다. 따라서 사각형 OAEF의 넓이는 삼각형 OAB의 넓이의 $\frac{9}{14}$배다.

문제 20.2 그림과 같이, 이차함수 $y = \frac{1}{4}x^2$의 그래프 위에 세 점 A, P, Q가 있다. 점 A, P, Q의 x좌표가 각각 -4, n, $n-1$이다. 단, n은 자연수이다.

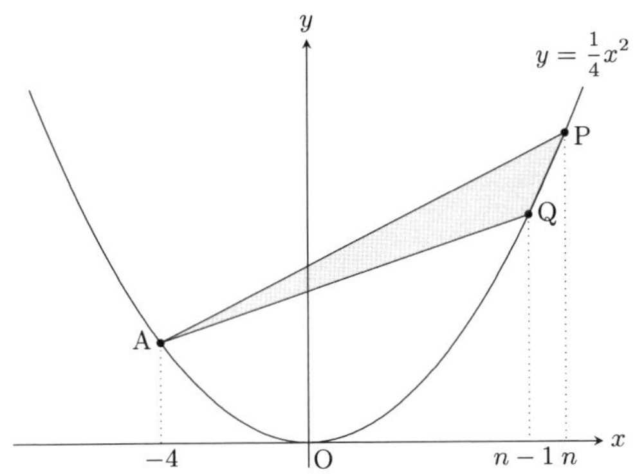

(1) 직선 AP의 방정식을 구하시오.

(2) 삼각형 APQ의 넓이를 n을 사용하여 나타내시오.

(3) 삼각형 APQ의 넓이가 25보다 클 때, n의 최솟값을 구하시오.

풀이

(1) 직선 AP의 기울기와 y절편은 각각

$$\frac{1}{4} \times (-4+n) = \frac{n-4}{4}, \quad -\frac{1}{4} \times (-4) \times n = n$$

이므로, 직선 AP의 방정식은 $y = \frac{n-4}{4}x + n$이다.

(2) 직선 AP위에 x좌표가 $n-1$인 점 Q′를 잡으면, Q′의 y좌표는 $\frac{n-4}{4} \times (n-1) + n = \frac{n^2-n+4}{4}$이다. 그러므로

$$\overline{QQ'} = \frac{n^2-n+4}{4} - \frac{1}{4}(n-1)^2 = \frac{n+3}{4}$$

이다. 따라서

$$\triangle APQ = \frac{1}{2} \times \frac{n+3}{4} \times (n+4) = \frac{(n+3)(n+4)}{8}$$

이다.

(3) $\frac{(n+3)(n+4)}{8} > 25$이므로, $(n+3)(n+4) > 200$이다. 이때, 좌변은 n이 크면 클수록 커진다. $n = 10$일 때, $13 \times 14 = 182 < 200$이고, $n = 11$일 때, $14 \times 15 = 210 > 200$이므로 구하는 $n = 11$이다.

문제 20.3 그림과 같이, x좌표가 2인 점 A에서 만나는 두 직선 $y = -2x+7$과 $y = ax + \frac{5}{3}$이 있다. 단, a는 상수이다. 점 B는 $y = ax + \frac{5}{3}$와 x축과의 교점이고, 점 C는 직선 $y = 2x+7$과 x축과의 교점이다. 또, 점 B를 지나고 직선 $y = -2x+7$에 평행한 직선과 y축과의 교점을 D라 한다.

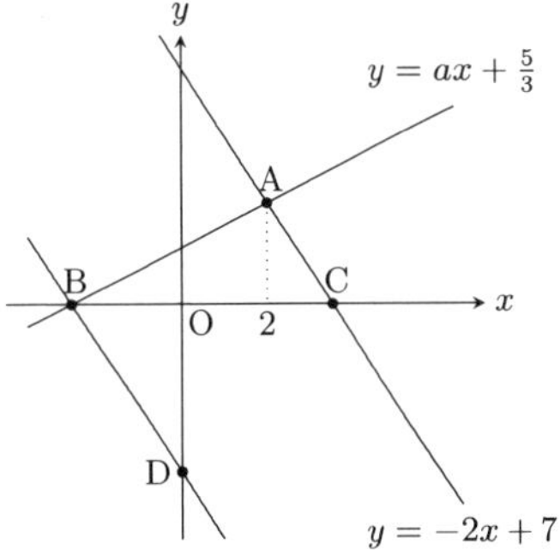

(1) 직선 BD의 방정식을 구하시오.

(2) 점 P가 직선 $y = -2x+7$위의 점으로 x좌표가 $t(t>2)$이고, 삼각형 PAB와 사각형 ABDC의 넓이가 같을 때, t의 값을 구하시오.

풀이

(1) A$(2,3)$이 직선 $y = ax + \frac{5}{3}$위에 있으므로,

$$3 = a \times 2 + \frac{5}{3}, \quad a = \frac{2}{3}$$

이다. 점 B의 x좌표는 $0 = \frac{2}{3}x + \frac{5}{3}$으로부터 $x = -\frac{5}{2}$이다. 따라서 직선 BD의 방정식은

$$y = -2\left(x + \frac{5}{2}\right), \quad y = -2x+5$$

이다.

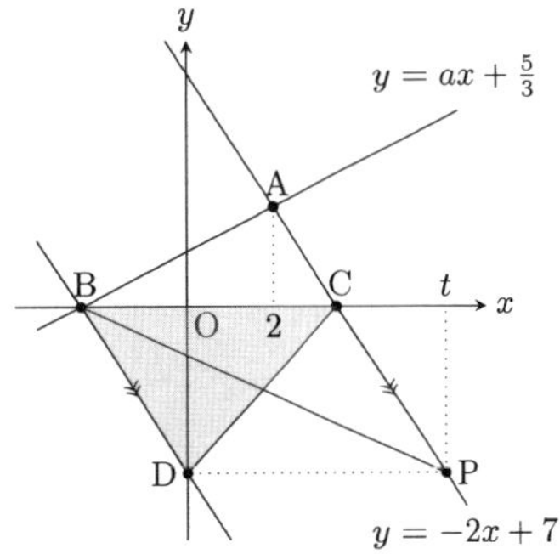

(2) 삼각형 PAB와 사각형 ABDC의 넓이에서 삼각형 ABC의 넓이를 빼면, $\triangle PCB = \triangle DCB$이다. 즉, $\overline{DP} \,/\!/\, \overline{BC}$이다. 그러므로 점 P의 y좌표는 -5이다. 따라서 $-5 = -2 \times t + 7$에서 $t = 6$이다.

문제 20.4 그림과 같이, 좌표평면에 원점 O, 점 P(8, 0), 점 Q(8, 16), R(0, 16)가 있고, 직선 $y = 2x$위에 점 A와, $y = 4x$ 위에 점 B가 있다. 한 변의 길이가 $3\sqrt{2}$인 정사각형 X의 대각선이 선분 AB이다. 두 점 A, B의 x좌표가 같고, 양수이다. 직사각형 OPQR에서 정사각형 X를 제거한 부분을 Y라 한다. 점 S(4, 8)을 지나고 Y의 넓이를 이등분하는 직선 l의 방정식을 구하시오.

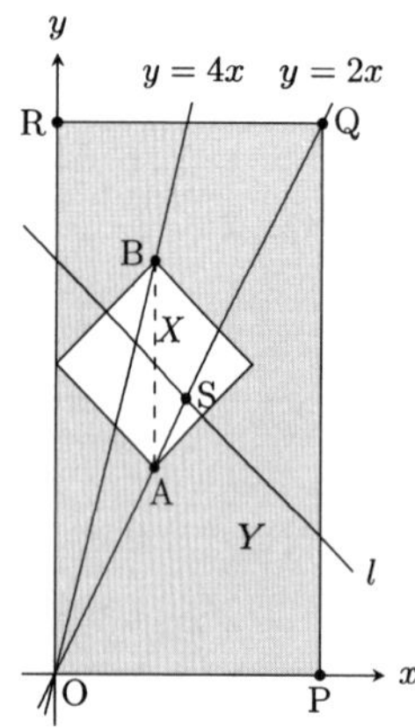

풀이 점 A, B의 x좌표를 $a(>0)$이라 하면, $\overline{AB} = 4a - 2a = 2a$이다. 이는 정사각형 X의 대각선의 길이이므로,

$$2a = 3\sqrt{2} \times \sqrt{2} = 6, \ \ a = 3$$

이다. 아래 그림과 같이 정사각형 X의 다른 두 꼭짓점을 C, D라 하면, C(0, 9), D(6, 9)이다. Y는 그림에서 색칠한 부분이고, 점 S는 직사각형 OPQR의 대각선의 교점이므로, 이 점과 X의 대각선의 교점 M(선분 AB의 중점)을 지나는 직선이 주어진 조건을 만족한다.

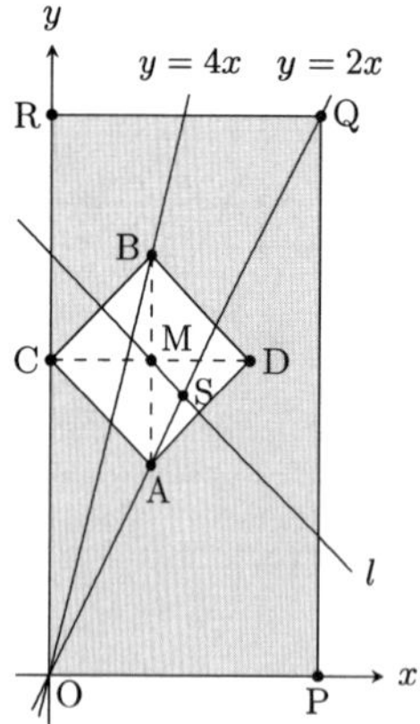

A(3, 6), B(3, 12)이므로 M(3, 9)이다. 따라서 구하는 직선 l의 방정식은

$$y = \frac{8-9}{4-3}(x-4) + 8, \ \ y = -x + 12$$

이다.

제 4 장

최종 모의고사

- 알림사항

- 각 모의고사마다 총 4개의 문항으로 이루어져 있으며, 제한시간은 40 $\sim$ 60분입니다.
- 각 모의고사의 정답률 20 $\sim$ 100% 수준의 문제입니다.

제 1 절 최종 모의고사 1회

문제 1.1

좌표평면 위에 다섯 점 A(2,1), B(4,3), C(2,3), D(10,3), E(0,3)이 있다.

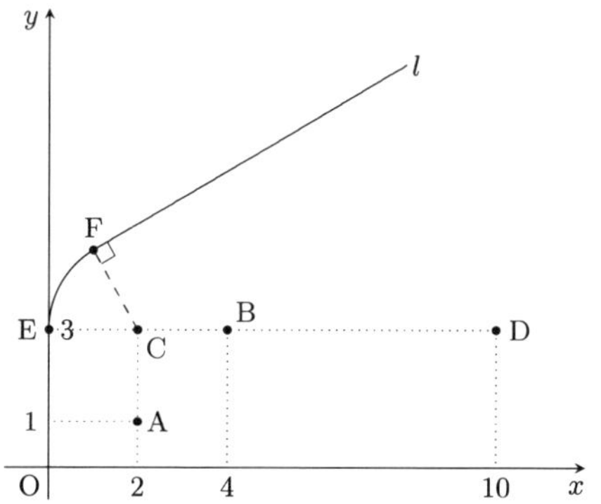

점 P는 아래 ①~③의 순으로 y좌표가 증가하면서 이동한다.

① 원점에서 출발하여 y축 위의 점 E로 이동한다.

② 점 E에서 출발하여 $\angle APB = 45°$를 유지하면서 $\angle EBP = 30°$를 만족하는 점 F로 이동한다.

③ 점 F에서 출발하여 직선 CF에 수직인 직선 l위로 이동한다.

(1) $\angle AFC$의 크기를 구하시오.

(2) 점 D를 지나고 직선 l과 수직인 직선을 m이라 한다. 직선 l과 직선 m의 교점의 좌표를 구하시오.

문제 1.2

그림과 같이, 함수 $y = \frac{1}{4}x^2$위에 x좌표가 -4인 점을 A라 하고, x좌표가 4인 점을 B라 하고, 직선 AO와 함수 $y = x^2$의 교점 중 원점 O가 아닌 점을 C라 한다.

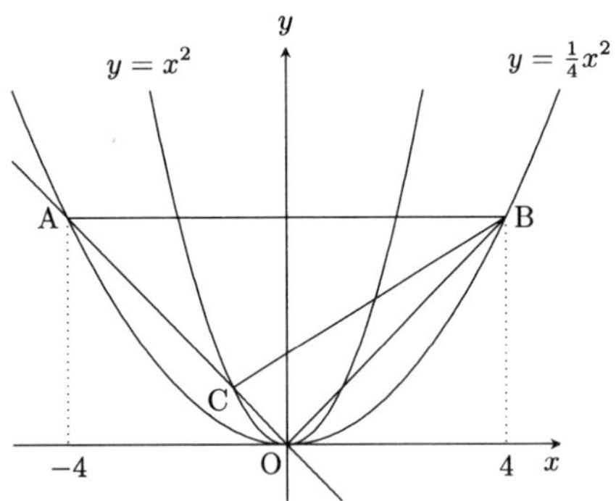

(1) △OBC의 넓이를 구하시오.

(2) 함수 $y = x^2$위의 점 P에 대하여, △APC의 넓이가 △ABC의 넓이의 절반이다. 이때, 점 P의 x좌표를 구하시오. 단, 점 P의 x좌표는 양수이다.

(3) 함수 $y = x^2$위의 점 P에 대하여, △APO의 넓이가 △ABC의 넓이가 같다. 이때, 점 P의 x좌표를 구하시오. 단, 점 P의 x좌표는 양수이다.

문제 1.3

그림과 같이, 좌표평면에 직선 $y=-\frac{1}{3}x+\frac{13}{3}$위에 x좌표가 각각 1, 7인 점 A, B와 점 C $\left(4,-\frac{1}{2}\right)$가 있다. 삼각형 ABC의 둘레를 움직이는 점 P가 점 A를 출발하여 점 B, C를 거쳐 점 A 순으로 이동한다.

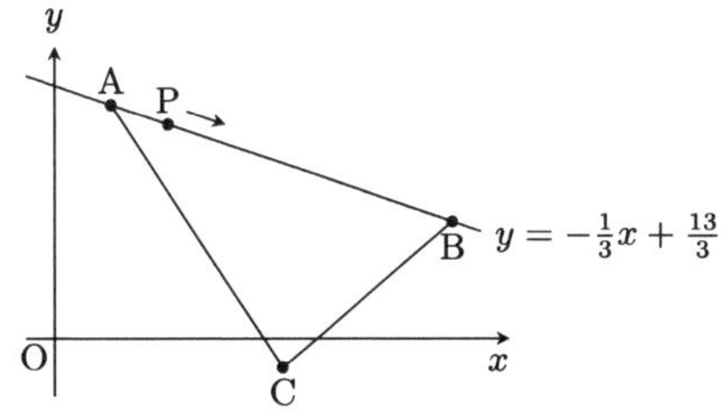

(1) 두 점 B, C를 지나는 직선의 방정식을 구하시오.

(2) 점 P와 점 $(0,-4)$를 지나는 직선의 기울기를 a라 할 때, a의 최댓값과 최솟값을 각각 구하시오.

(3) 점 C를 지나고 기울기가 2인 직선과 변 AB와의 교점을 D라 한다. 점 P는 점 D와 다른 위치에 있을 때, 두 점 P, D를 지나는 직선이 삼각형 ABC의 넓이를 이등분한다. 이때, 점 P의 좌표를 구하시오.

문제 1.4

그림과 같이, 함수 $y = \frac{1}{2}x^2$위에 두 점 A, B, y축 위에 점 C를 사각형 OACB가 정사각형이 되도록 잡는다. $y = \frac{1}{2}x^2$ 위에 두 점 A, B와 다른 두 점 D, E, y축 위에 점 F를 사각형 CDFE가 정사각형이 되도록 잡는다. 단, 점 F의 y좌표가 점 C의 y좌표보다 크다.

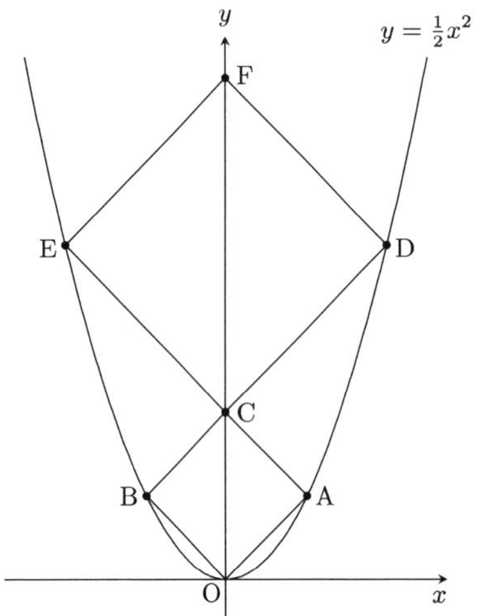

(1) 점 A, C, D의 좌표를 각각 구하시오.

(2) y좌표가 1인 점 P가 y축 위에 있다. 정사각형 OACB가 직선 DP에 의해 두 부분으로 나누어진 도형의 넓이의 비를 구하시오.

제 2 절 최종 모의고사 2회

문제 2.1

그림과 같이, 이차함수 $y = \frac{1}{2}x^2$위에 원점 O와 좌우에 각각 $A_1\left(-1, \frac{1}{2}\right)$, $A_2(-2, 2)$, $A_3\left(-3, \frac{9}{2}\right)$, $\cdots$, $B_1\left(1, \frac{1}{2}\right)$, $B_2(2,2)$, $B_3\left(3, \frac{9}{2}\right)$, $\cdots$를 잡고, 선분 OA_2, B_1A_3, B_2A_4, $\cdots$, 선분 OB_2, B_1A_3, A_2B_4, $\cdots$를 긋는다. 네 개의 선분 OA_2, OB_2, B_1A_3, A_1B_3로 둘러싸인 사각형을 S_1, 네 개의 선분 B_1A_3, A_1B_3, B_2A_4, A_2B_4로 둘러싸인 사각형을 S_2, 이와 같은 방법의 순서로 사각형 S_3, S_4, $\cdots$를 결정한다.

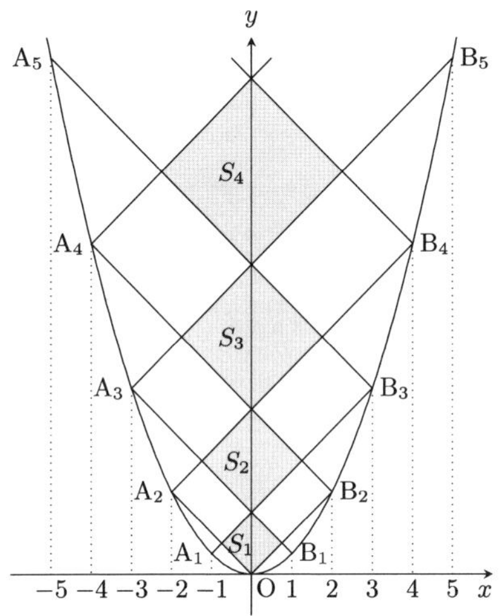

(1) 사각형 S_2의 넓이를 구하시오.

(2) 넓이가 $\frac{3969}{8}$인 사각형이 S_n일 때, n을 구하시오.

문제 2.2

그림과 같이, 점 A $\left(1, \frac{1}{2}\right)$를 지나고 y축에 평행한 직선과 x축, $y=-2x^2$과의 교점을 각각 B, C라 하면, $\overline{\text{AB}}:\overline{\text{BC}}=1:4$이다. 직선 OC와 이차함수 $y=\frac{1}{2}x^2$과의 교점 중 x좌표가 음수인 점을 D라 한다.

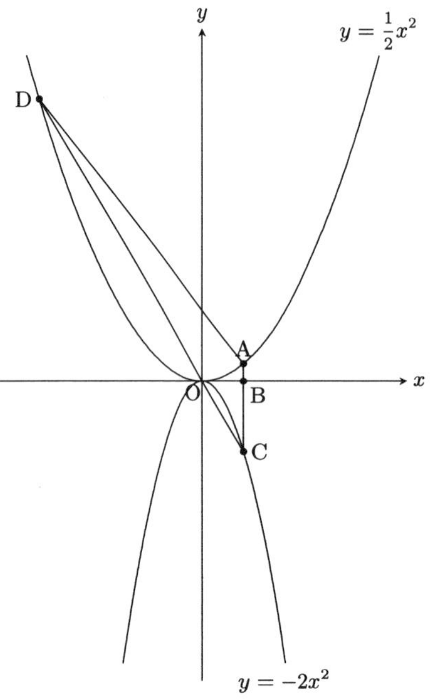

(1) 점 D의 좌표를 구하시오.

(2) 삼각형 ACD와 삼각형 ECD의 넓이가 같도록, y축에 위에 점 E를 잡을 때, 점 E의 좌표를 구하시오.

(3) 삼각형 ACD와 삼각형 FCD의 넓이의 비가 1 : 3이 되도록, 함수 $y=-2x^2$위에 점 F를 잡을 때, 점 F의 좌표를 구하시오. 단, 점 F의 x좌표는 음수이다.

문제 2.3

그림은 반비례함수 $y = \frac{a}{x}$의 그래프이다. 두 점 A, B는 $y = \frac{a}{x}$위의 점으로 좌표가 각각 $(3, 4)$, $(6, 2)$이다. 두 점 O, A를 지나는 직선과 $y = \frac{a}{x}$의 교점 중 점 A이외의 점을 C라 한다. 또, 점 P는 x축 위의 점이고, 점 Q는 $y = \frac{a}{x}$위의 점으로 x좌표가 양수이다.

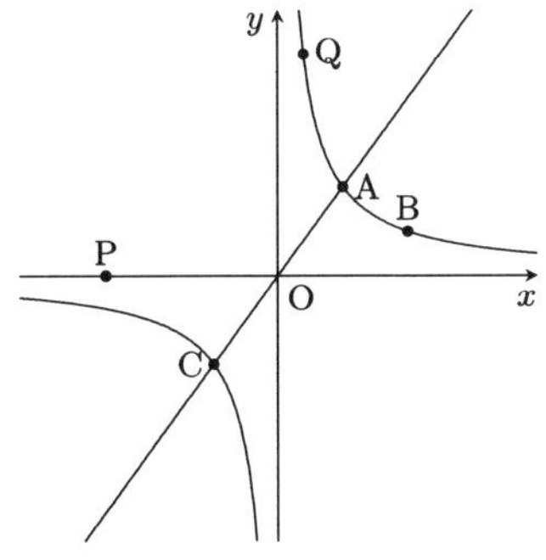

(1) 선분 AP와 선분 BP의 길이의 합이 최소일 때, 선분 AP와 선분 BP의 길이의 합을 구하시오.

(2) 점 Q를 지나고 x축에 평행한 직선과 y축과의 교점을 R이라 한다. △OQR의 넓이를 구하시오.

(3) 점 P의 x좌표가 음수일 때, 선분 OA와 선분 BP의 교점을 S라 한다. △APS = △CBS일 때, 점 P의 x좌표를 구하시오.

문제 2.4

그림과 같이, 이차함수 $y=x^2$과 직선 $y=\frac{\sqrt{3}}{3}x+\frac{2}{3}$이 두 점 A, B에서 만난다. 단, 점 A의 x좌표는 음수이고, 점 B의 x좌표는 양수이다. y축 위의 점 Q를 중심으로 하고 두 점 A, B를 지나는 원 C가 있다. 원 C가 직선 $y=\frac{\sqrt{3}}{x}x+\frac{2}{3}$에 의해 두 부분으로 나누어지는데, 점 Q를 포함하지 않는 부분의 넓이를 구하시오.

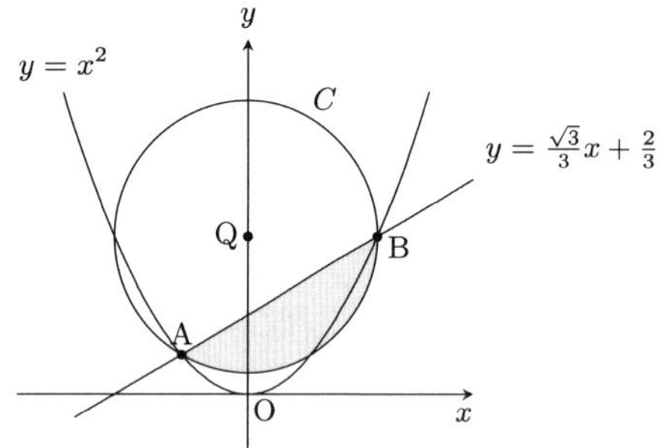

제 3 절 최종 모의고사 3회

문제 3.1

그림과 같이, 세 점 A$(-6, 0)$, B$(0, -2)$, C$(c, 0)$을 지나는 원이 있다. 단, $c > 0$이다. 이 원과 y축과의 교점 중 B와 다른 점을 D라 하고, 직선 AB와 직선 CD의 교점을 E라 한다.

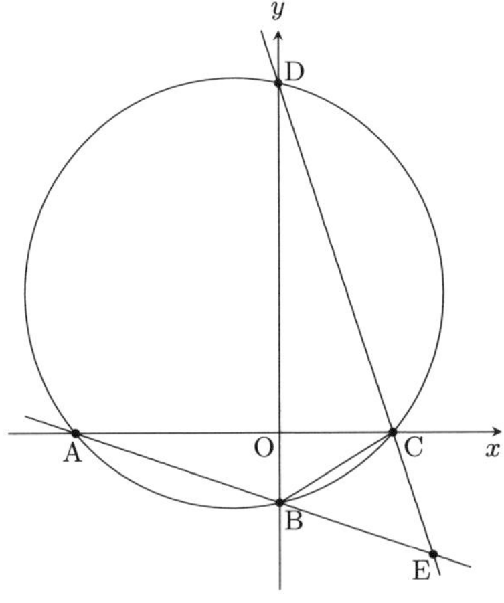

(1) 선분 AE와 선분 CE의 길이의 비를 구하시오.

(2) 삼각형 CBE의 넓이가 7일 때, c의 값을 구하시오.

문제 3.2

그림과 같이, 좌표평면 위에 이차함수 $y = ax^2$ $(a > 0)$과 점 A$(0, 2)$가 있다. 이차함수 $y = ax^2$위에 $\angle$ABO $= 90°$를 만족하는 점 점 B를 잡는다.

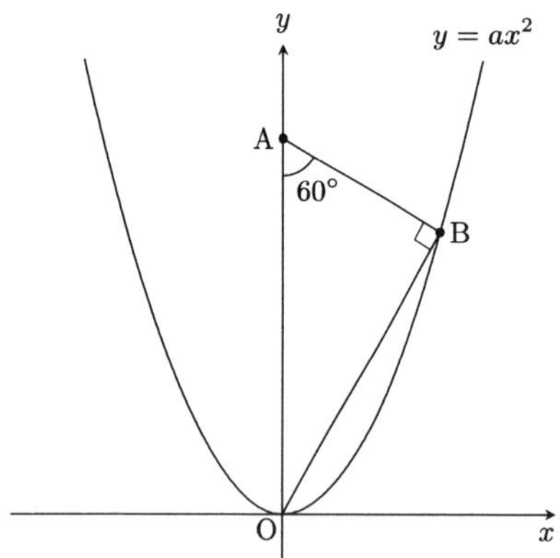

(1) $\angle$BAO $= 60°$일 때, a의 값을 구하시오.

(2) y축에 대하여 점 B의 대칭점을 C라 하고, 선분 AO의 중점을 M이라 한다. $\angle$BAO $= 15°$일 때, $\angle$BCO$+$$\angle$BMO의 크기를 구하시오.

(3) $\triangle$ABO의 넓이가 최대일 때, a의 값을 구하시오.

문제 3.3

그림과 같이, 한 변의 길이가 4인 정삼각형 ABC에서 두 꼭짓점 A, B가 함수 $y = \frac{\sqrt{3}}{3}x^2$위에 있다.

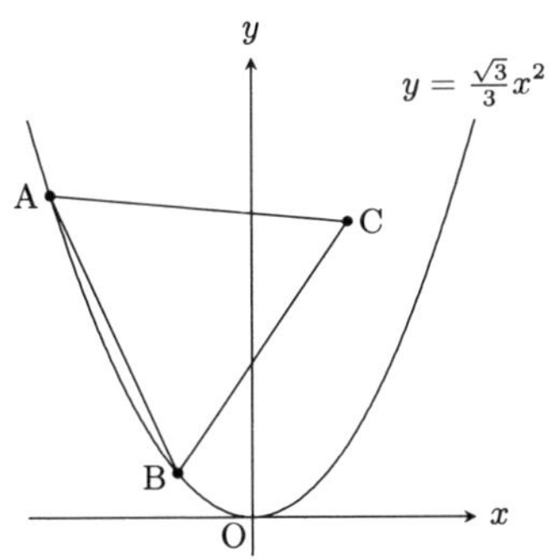

정삼각형 ABC가 움직일 때, 다음 물음에 답하시오.

(1) 변 AB가 x축에 평행할 때, 점 C의 좌표를 구하시오.

(2) 변 CA가 x축에 평행할 때, 점 A의 좌표를 구하시오.

(3) 변 CA가 x축에 평행할 때, 꼭짓점 A, B, C의 위치를 각각 A_1, B_1, C_1이라 하고, 변 BC가 x축에 평행할 때, 꼭짓점 A, B, C의 위치를 각각 A_2, B_2, C_2라 한다. 정삼각형 $A_1B_1C_1$과 정삼각형 $A_2B_2C_2$가 겹치는 부분의 넓이를 구하시오.

문제 3.4

좌표평면 위의 점 P에 대하여, 점 P′의 좌표 (a, b)를 다음과 같이 정한다.

- 점 P의 x좌표에서 점 P의 y좌표를 뺀 값을 a라 한다.
- 점 P의 x좌표와 점 P의 y좌표의 합한 값을 b라 한다.

예를 들어, 점 P의 좌표가 $(-1, 4)$이면, 점 P′의 좌표는 $(-5, 3)$이다.

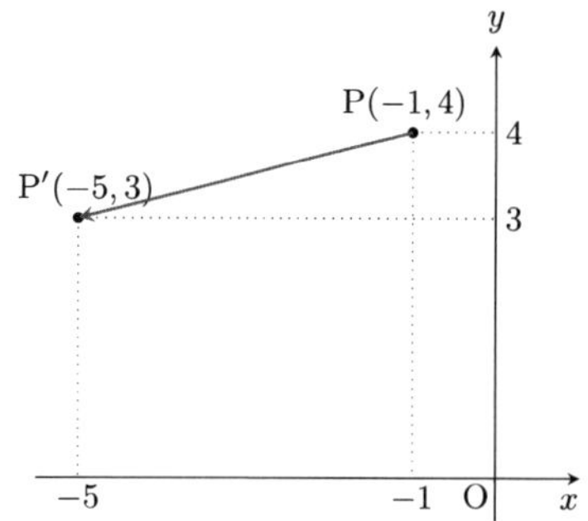

(1) 점 P′의 좌표가 $\left(-2, \frac{10}{7}\right)$일 때, 점 P의 좌표를 구하시오.

(2) 점 P와 점 P′가 모두 직선 $y = -2x + 4$위의 점일 때, 점 P의 좌표를 구하시오.

(3) 점 P가 이차함수 $y = x^2$위에 있고, 삼각형 OPP′의 넓이가 6일 때, 점 P의 x좌표를 모두 구하시오. 단, 점 O는 원점을 나타낸다.

제 4 절 최종 모의고사 4회

문제 4.1

그림과 같이, $y = \frac{1}{4}x^2$와 기울기가 1인 직선 l이 두 점 A, B에서 만나고, 점 A$(-2, 1)$이다. 두 점 C, D는 직선 $y = -2$ 위의 점으로, C$(11, -2)$이고, 점 D는 직선 OB와의 교점이다.

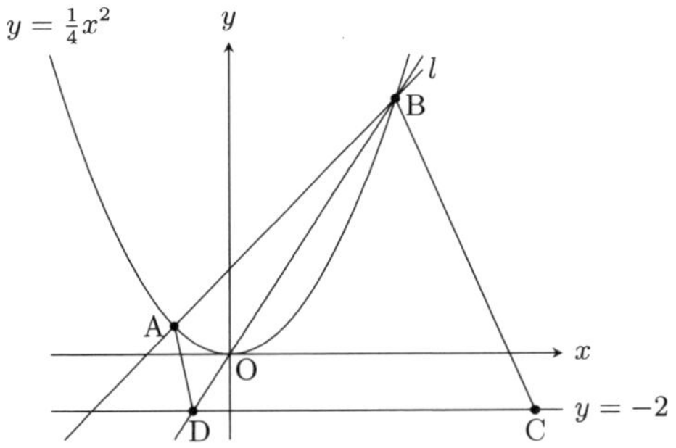

(1) 점 A를 지나 직선 OB에 평행한 직선과 직선 $y = -2$와의 교점을 E라 할 때, 점 E의 좌표를 구하시오.

(2) 점 B를 지나, 사각형 BADC의 넓이를 5등분하는 네 개의 직선의 기울기를 각각 m_1, m_2, m_3, m_4라 할 때, $\frac{1}{m_1}, \frac{1}{m_2}, \frac{1}{m_3}, \frac{1}{m_4}$의 값을 구하시오.

문제 4.2

그림과 같이, 좌표평면 위에 두 직선 $y = 2x + 2$, $y = ax + 4 - a(a \neq 2)$이다.

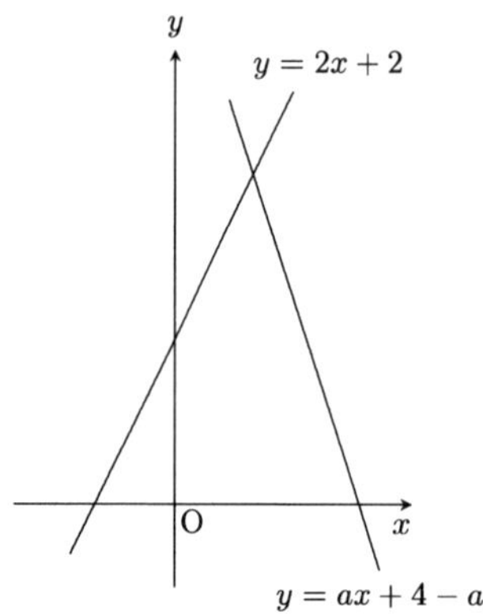

(1) 두 직선 $y = 2x + 2$, $y = ax + 4 - a$의 교점의 좌표를 구하시오.

(2) $a = -3$일 때,두 직선 $y = 2x + 2$, $y = ax + 4 - a$와 x축으로 둘러싸인 삼각형의 내부(둘레 미포함)의 격자점의 수를 구하시오. 단, 격자점은 x좌표와 y좌표가 모두 정수인 점이다.

(3) 두 직선 $y = 2x + 2$, $y = ax + 4 - a$와 x축으로 둘러싸인 삼각형의 내부(둘레 미포함)의 격자점이 1개일 때, a의 값의 범위를 구하시오.

문제 4.3

그림과 같이, 좌표평면 위에 원점 O와 정12각형 ABCDEFGHIJKL이 있다. 점 A, J의 좌표는 각각 $(0, 6)$, $(6, 0)$이다. 함수 $y = ax^2$은 세 점 B, O, L을 지나고, 함수 $y = bx^2$은 세 점 C, O, K를 지난다. 단, $a > 0$, $b > 0$이다.

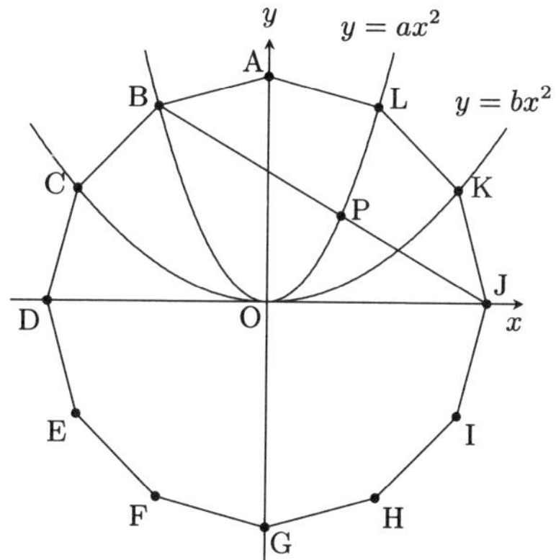

(1) 함수 $y = ax^2$과 선분 BJ의 교점 중 점 B가 아닌 점을 P라 한다. 점 P의 좌표를 구하시오.

(2) 삼각형 JPQ와 삼각형 JPD의 넓이가 같도록 y축 위에 점 Q의 좌표를 구하시오. 단, 점 Q는 정12각형의 내부에 있다.

(3) 함수 $y = bx^2$와 선분 BJ의 교점 중 정12각형의 내부에 있는 점을 R이라 할 때, 사각형 RQGH의 넓이를 구하시오.

문제 4.4

그림과 같이, 이차함수 $y = ax^2$은 $(-3, 3)$을 지난다. 두 원의 중심인 P, Q는 이차함수 위의 점이고, 각각의 x좌표는 양수이다. 원 P는 x축에 접한다. 또, y축, 직선 l, 그리고, x축에 평행한 직선 m은 두 원의 공통접선이다.

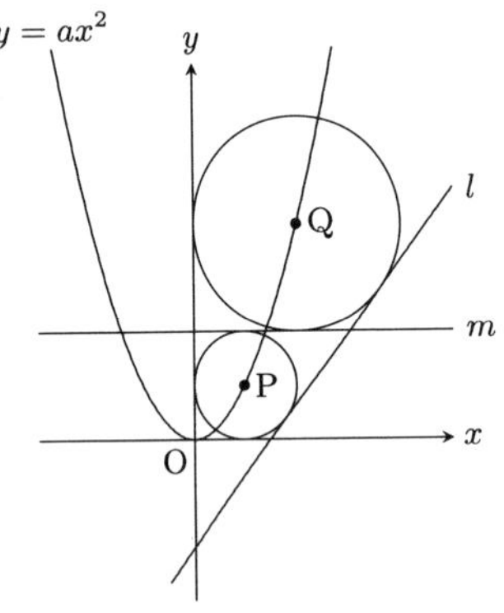

(1) 중심 P의 좌표를 구하시오.

(2) △OPQ의 넓이를 구하시오.

(3) 직선 l의 y절편을 구하시오.

제 5 절 최종 모의고사 5회

문제 5.1

그림과 같이, 함수 $y = x^2$위에 꼭짓점이 있는 세 정사각형 ABOC, PQRS, DEAF가 있고, $\overline{PA} : \overline{AR} = 7 : 5$이고, 사각형 PQRS의 넓이와 사각형 DEPF의 넓이가 같다.

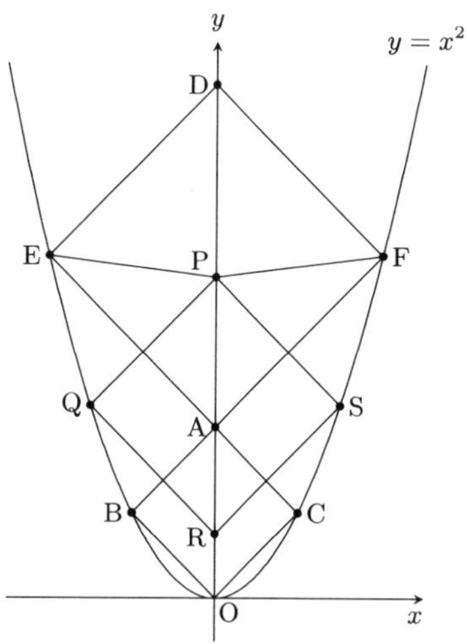

(1) 점 D의 좌표를 구하시오.

(2) 점 R의 좌표를 구하시오.

문제 5.2

그림과 같이, 좌표평면 위에 함수 $y = \frac{1}{3}x^2$ 위의 두 점 A, B에 대해서, 직선 OA와 직선 OB가 수직이다. 세 점 O, A, B를 지나는 원과 x축과의 교점 중 원점 O가 아닌 점을 C라 한다. $\angle ABC = 30°$이고, 직선 AB와 x축과의 교점을 D라 한다. 단, 점 A, B, C의 x좌표의 부호는 각각 양, 음, 음이다.

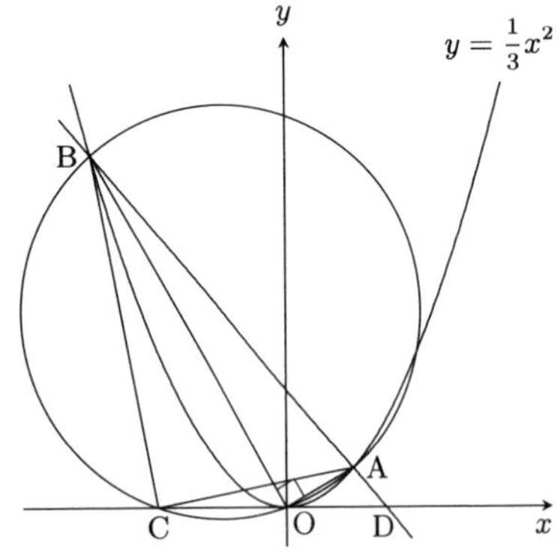

(1) $\angle AOD$의 크기를 구하시오.

(2) 점 A, B의 좌표를 구하시오.

(3) 점 C의 좌표를 구하시오.

문제 5.3

그림과 같이, 함수 $y = x^2$위에 x좌표가 2인 점 A와 $\angle AOB = 90°$가 되는 점 B가 있다.

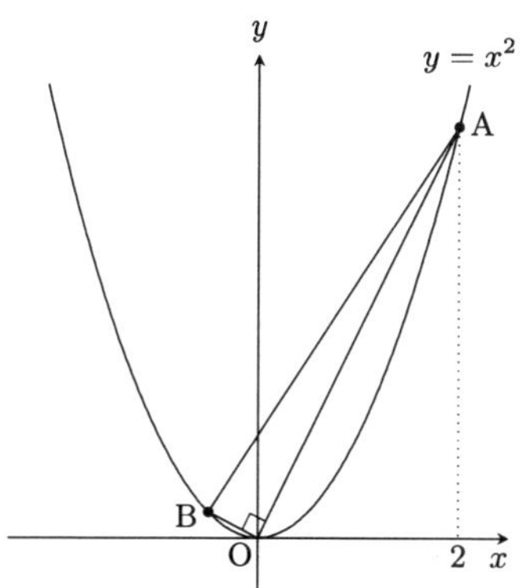

(1) 직선 AB의 방정식을 구하시오.

(2) 함수 $y = x^2$위에 $\triangle ABC = \triangle OAB$를 만족하는 점 C를 잡는다. 이때, 가능한 점 C의 좌표를 모두 구하시오. 단, 점 C는 원점 O가 아니다.

(3) (2)에서 구한 점 C중 x좌표가 가장 작은 점을 P, 가장 큰 점을 Q라 한다. 점 P에서 직선 AB에 내린 수선의 발을 H라 할 때, 선분 PH의 길이를 구하고, 네 점 A, B, P, Q를 꼭짓점으로 하는 사각형의 넓이를 구하시오.

문제 5.4

그림과 같이, 좌표평면 위에 함수 $y = x^2$과 직선 $y = x + 2$가 두 점 A, B에서 만난다. 단, 점 A의 x좌표는 음수이다. 점 B를 지나고 $y = x + 2$에 수직인 직선과 함수 $y = x^2$과의 교점을 C라 한다.

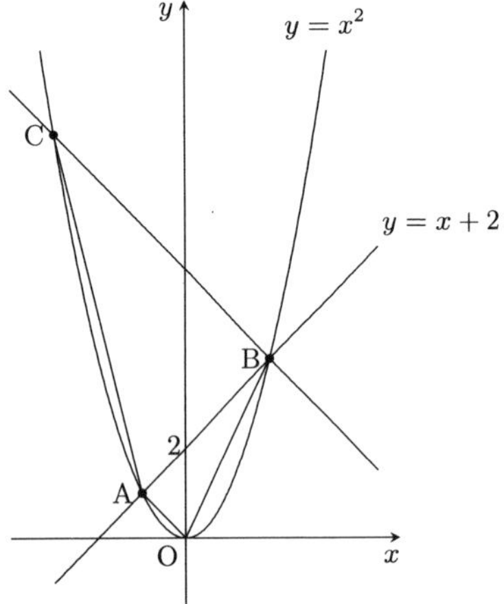

(1) 사각형 OACB의 넓이를 구하시오.

(2) 사각형 OACB의 변 위 또는 내부의 점 중에서 x좌표와 y좌표가 모두 정수인 점은 모두 몇 개인가?

제 6 절 최종 모의고사 6회

문제 6.1

그림과 같이, 좌표평면 위에 두 직선 $y = 2x - 2$과 직선 $y = -x + 6$의 교점을 P, 직선 $y = 2x - 2$과 x축과의 교점을 Q, 직선 $y = -x + 6$와 x축과의 교점을 R이라 한다.

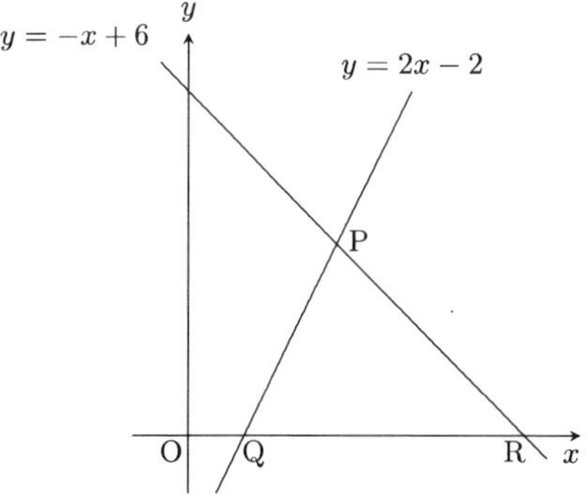

(1) △PQR의 둘레와 내부에 있는 격자점의 수를 구하시오. 단, 격자점은 x좌표와 y좌표가 모두 정수인 점이다.

(2) 점 R과 선분 PQ위의 점 S를 지나는 직선 l이 있다. △PSR의 둘레와 내부에 있는 격자점의 수와 △SQR의 둘레와 내부에 있는 격자점의 수가 같을 때, 직선 l의 식을 구하시오.

문제 6.2

그림과 같이, 정팔각형 OABCDEFG가 있다. 점 O는 원점, 점 D는 y축 위에 있고, 두 점 B, F는 $y = \frac{1}{2}x^2$위에 있고, 두 점 C, E는 이차함수 $y = ax^2$위에 있고, 두 점 A, G는 이차함수 $y = bx^2$위에 있고, 점 B의 좌표는 $(2, 2)$이다. 점 A에서 x축에서 내린 수선의 발을 H라 하고, 선분 OH의 수직이등분선과 x축, 함수 $y = bx^2$과의 교점을 각각 I, J라 하고, 점 B를 지나고 직선 AJ에 평행한 직선과 y축과의 교점을 K라 한다.

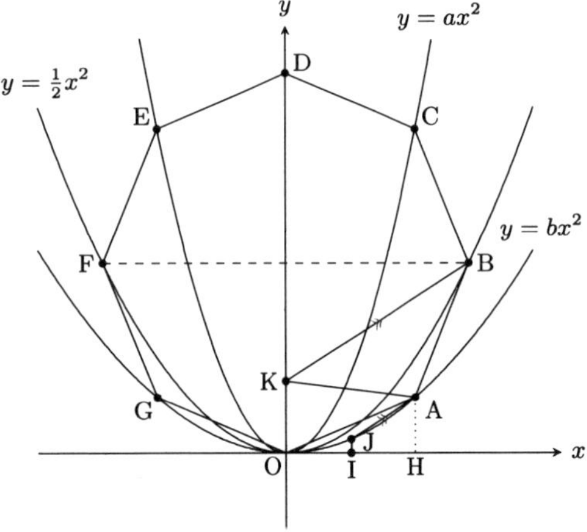

(1) 상수 a, b의 값을 각각 구하시오.

(2) 삼각형 ABK의 넓이를 구하시오.

문제 6.3

그림과 같이, 함수 $y = \frac{1}{6}x^2$위에 x좌표가 각각 $-a$, a, $2a$인 점 A, B, C가 있다. 단, $a > 0$이고, $\overline{\mathrm{AB}} = \overline{\mathrm{BC}}$이다.

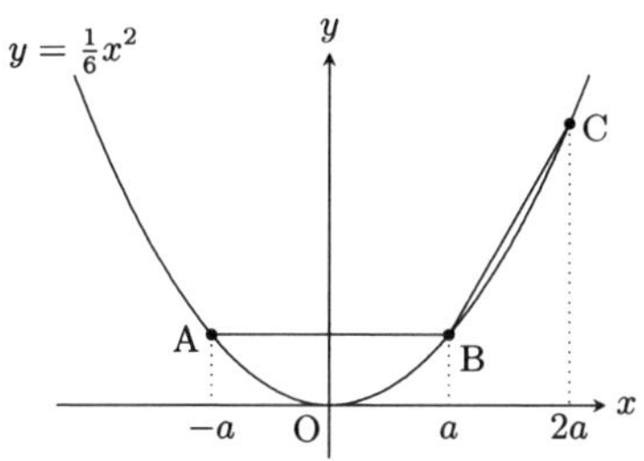

(1) $\angle$ABC의 크기를 구하시오.

(2) a의 값을 구하시오.

(3) 삼각형 ACD가 정삼각형이 되도록 점 D를 잡는다. 단, 점 D의 y좌표는 양수이다. 또, 점 C를 지나고 직선 AC에 수직인 직선과 y축과의 교점을 E라 한다. 점 D와 E의 좌표를 구하시오.

(4) (3)에서 직선 CD와 직선 AE의 교점을 P라 할 때, 선분 PE와 선분 PA의 길이의 비를 구하시오.

문제 6.4

그림과 같이, 원점을 중심으로 하고 각각 반지름이 $\sqrt{2}$, $2\sqrt{3}$인 원 C_1, C_2가 있다. 함수 $y = x^2(x > 0)$과 원 C_1, C_2와의 교점을 각각 A, B라 하고, 원 C_1, C_2와 x축과의 교점을 각각 C, D라 한다. 반직선 OA와 원 C_2와의 교점을 E라 한다.

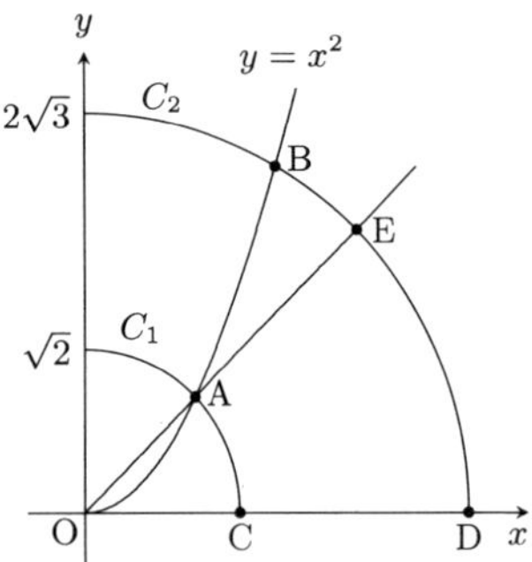

(1) 부채꼴 OEB의 넓이를 구하시오.

(2) 삼각형 OBD의 내접원의 중심을 I라 한다. 점 I와 원 C_1위의 점 사이의 거리를 d라 할 때, d의 최솟값을 구하시오.

제 7 절 최종 모의고사 7회

문제 7.1

이차함수 $y = ax^2$과 $y = -2ax^2$에서, 이차함수 $y = ax^2$과 직선 $y = x$는 두 점 $(0, 0)$, $(4, 4)$에서 만난다. 이차함수 $y = ax^2$과 직선 $y = x$로 둘러싸인 도형을 S_1, 이차함수 $y = -2ax^2$과 $y = x$로 둘러싸인 도형을 S_2라 한다. 단, $a > 0$이다.

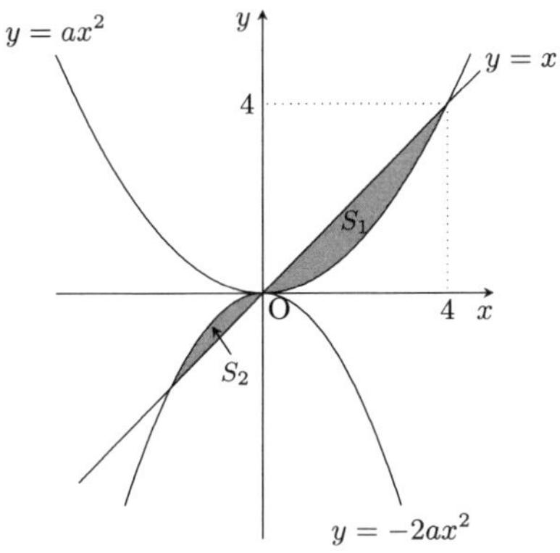

(1) S_1과 S_2가 닮음이고, S_1의 넓이가 $\frac{8}{3}$일 때, S_2의 넓이를 구하시오.

(2) S_1에 포함되는 점(경계도 포함) 중에서 x좌표와 y좌표가 모두 정수인 점은 모두 몇 개인가?

문제 7.2

그림과 같이, 두 이차함수 $y = x^2$, $y = ax^2$이 있다. 이차함수 $y = x^2$ 위의 두 점 A, B의 좌표는 각각 $(1, 1)$, $(-3, 9)$이다. 선분 OA, OB와 이차함수 $y = ax^2$의 교점을 각각 E, F라 하면, $\overline{\mathrm{OE}} : \overline{\mathrm{EA}} = 1 : 4$이다. 단, $a > 1$이다.

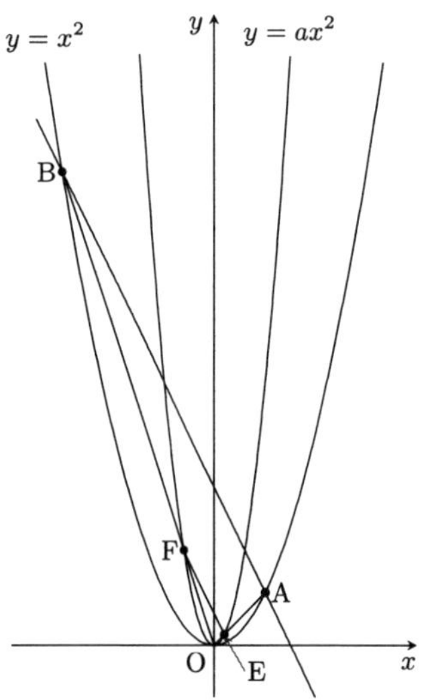

(1) 직선 AB의 방정식을 구하시오.

(2) a의 값을 구하시오.

(3) 사각형 ABFE의 넓이를 구하시오.

(4) 직선 AB와 $y = x^2$의 둘러싸인 부분(둘레 포함)의 점 (x, y) 중 x, y가 모두 정수인 점의 개수를 구하시오.

문제 7.3

그림과 같이, 이차함수 $y = x^2$위에 정팔각형 OABCDEFG의 꼭짓점 O, A, G가 있다.

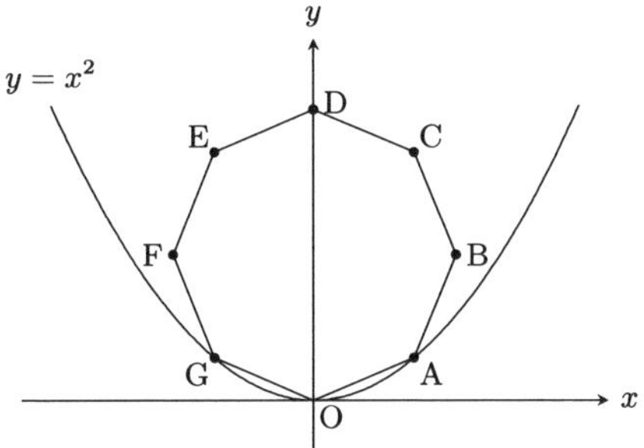

(1) 점 A의 x좌표를 구하시오.

(2) 직선 EF의 방정식을 구하시오.

(3) 직선 EF와 x축과의 교점을 Q, y축과의 교점을 R이라 한다. 삼각형 AEF의 넓이는 삼각형 OQR의 넓이의 몇 배인지 구하시오.

문제 7.4

그림과 같이, 좌표평면 위에 점 A는 이차함수 $y = ax^2(x > 0)$위에 있고, 점 B는 이차함수 $y = \frac{1}{a}x^2(x > 0)$위에 있고, 점 C는 y축 위에 있고, 점 C의 y좌표는 양수이다. 점 D는 x축 위에 있고, 점 D의 x좌표는 양수이다. 단, $a > 1$이다.

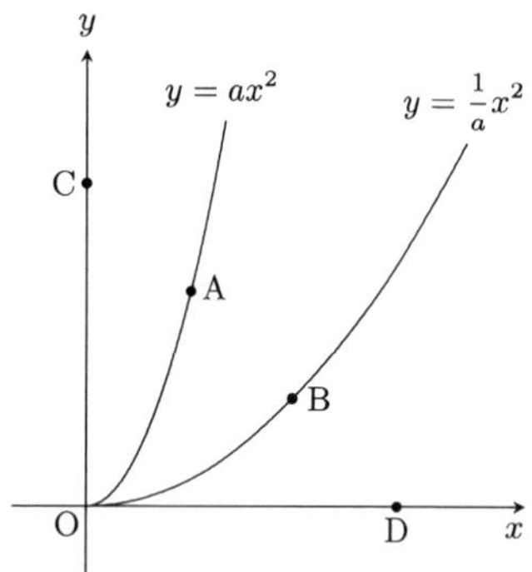

(1) 직선 $y = -x + b$ 위에 네 점 A, B, C, D가 있고, 두 점 A, B가 선분 CD의 삼등분할 때, a, b의 값을 각각 구하시오.

(2) 원점을 중심으로 하고 반지름이 r인 원주 위에 네 점 A, B, C, D가 있고, 두 점 A, B가 호 CD를 삼등분할 때, a^2, r^2의 값을 각각 구하시오.

제 8 절 최종 모의고사 8회

문제 8.1

그림과 같이, 함수 $y = \frac{1}{2}x^2$의 그래프와 직선 l이 두 점 A, B에서 만나고, 점 A, B의 x좌표가 각각 -2, 4이다.

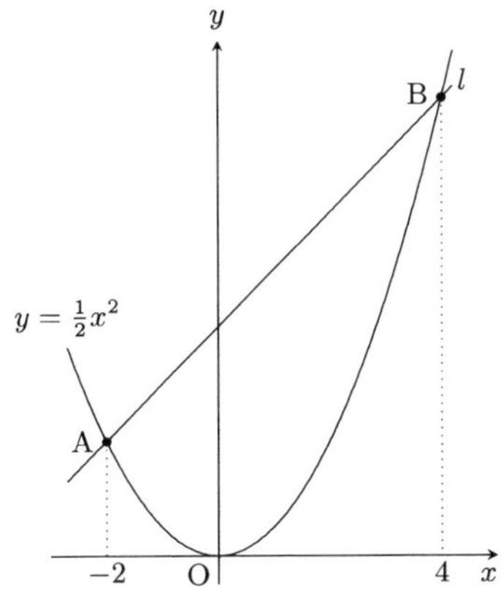

(1) 직선 AB의 방정식을 구하시오.

(2) ∠OAB의 크기를 구하시오.

(3) △OAB를 y축을 기준으로 1회전하여 얻어진 입체의 부피를 구하시오.

문제 8.2

그림과 같이, 함수 $y = \sqrt{3}x^2$ 위에 A$(1, \sqrt{3})$를 잡고, 사각형 OABC가 마름모가 되도록 점 B, C를 잡는다. 단, 점 B는 y축 위에 있다. 마름모 OABC를 점 O를 중심으로 반시계방향으로 회전하여 점 A가 x축에 처음으로 올 때, 점 A, B, C가 이동한 점을 각각 A′, B′, C′라 한다.

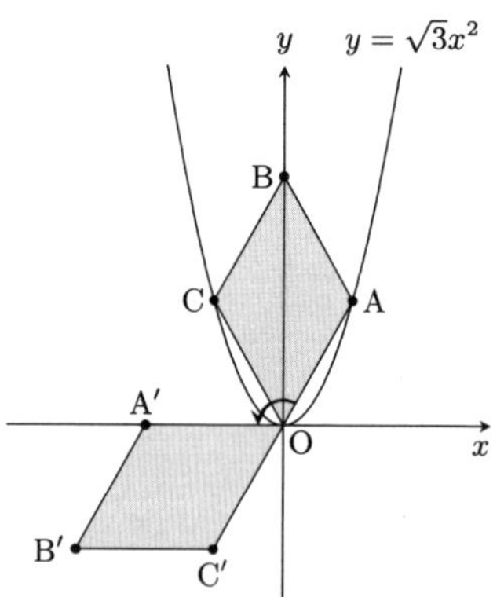

(1) 함수 $y = \sqrt{3}x^2$ 위의 점 D에 대하여, 삼각형 OC′D를 만든다. 이 삼각형의 넓이가 마름모의 넓이의 절반일 때, 점 D의 x좌표를 구하시오. 단, 점 D의 x좌표는 양수이다.

(2) 함수 $y = \sqrt{3}x^2$ 위에 점 O와 (1)에서 구한 점 D의 사이에 점 E가 있다. 삼각형 ODE가 이등변삼각형일 때, 점 E의 x를 구하시오.

문제 8.3

좌표평면에 함수 $y = \frac{1}{2}x^2$의 그래프와 점 O위에 두 점 P, Q가 있고, 점 $C(0, 6)$위에 점 R이 있다. 세 점 P, Q, R이 동시에 출발하여 그림과 같이 $t(t > 0)$초 후에 점 P의 x좌표는 $2t$, 점 Q의 x좌표는 $-t$가 되도록 함수 $y = \frac{1}{2}x^2$의 그래프 위를 움직인다. 또, 점 R은 y축 위를 $R(0, 6 + t)$가 되도록 움직인다.

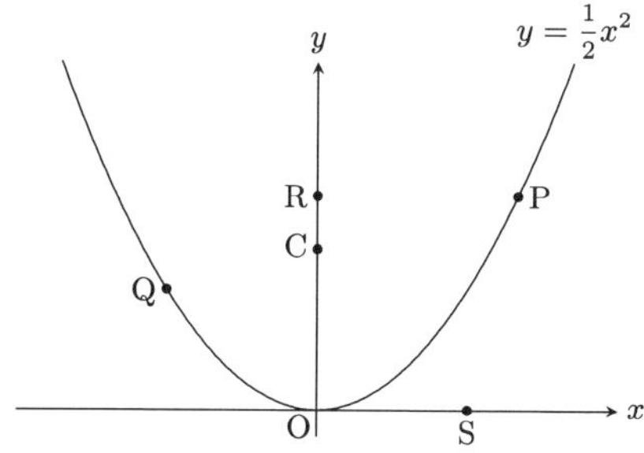

(1) 세 점 P, Q, R이 한 직선 위에 있을 때, t의 값을 구하시오.

(2) 세 점 P, Q, R이 동시에 출발한 지 2초 후에, 선분 PQ의 수직이등분선의 방정식을 구하시오.

(3) 세 점 P, Q, R이 동시에 출발한 지 2초 후에, x축 위의 점 $S(a, 0)$에 대하여, $\angle PSQ$의 크기가 최대가 될 때의 a의 값을 구하시오. 단, $a > 0$이다.

문제 8.4

그림과 같이, 좌표평면 위에 원점 O, 점 A$(-5, 1)$, 점 B$(-1, 5)$가 있다. 두 점 A, B를 지나는 직선이 l이 있고, 선분 AB위에 점 P가 있다. 이차함수 $y = ax^2$은 점 P를 지난다.

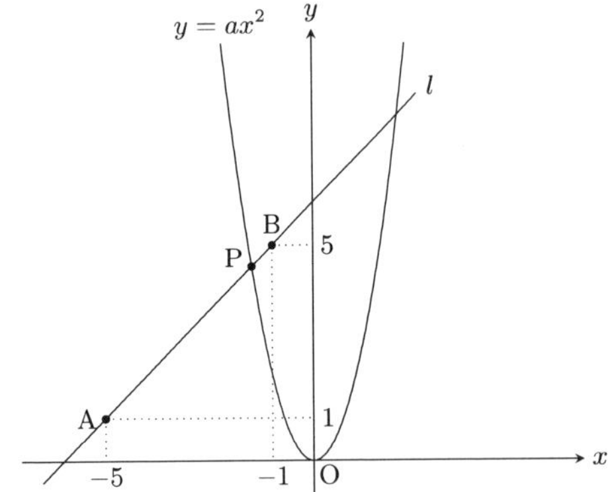

(1) 점 P가 선분 AB 위를 점 A에서 점 B로 이동할 때, a의 값의 범위를 구하시오.

(2) y축에 대하여 점 A가 대칭이동한 점을 C라 한다. 삼각형 OBA와 삼각형 OCP의 넓이가 같을 때, a의 값을 구하시오.

제 9 절 최종 모의고사 9회

문제 9.1

그림과 같이, 함수 $y = ax^2$의 그래프 위에 두 점 A, B가 있고, 이 두 점의 x좌표는 각각 -1, 2이다. 삼각형 OAB의 넓이가 15이다. 또, 함수 $y = x^2$의 그래프 위에 두 점 C, D가 있고, 점 C의 x좌표가 1이다. 선분 AB와 선분 CD가 만나고, 삼각형 ACB와 삼각형 ACD의 넓이가 같다. 직선 AB, CD와 y축과의 교점을 각각 E, F라 한다. 단, $a > 0$ 이다.

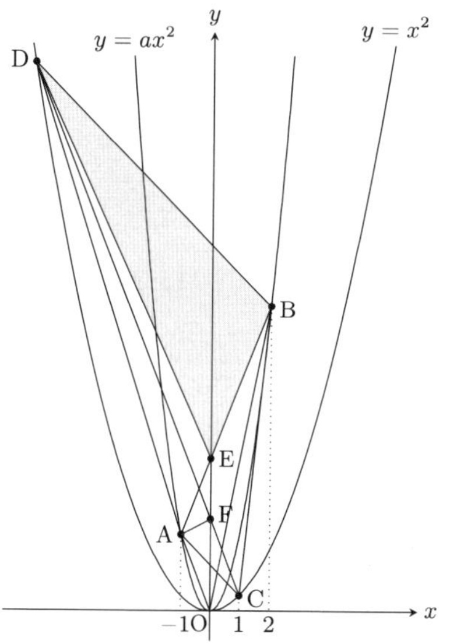

(1) 점 D의 좌표를 구하시오.

(2) 삼각형 BDE의 넓이는 삼각형 ACF의 넓이의 몇 배인지 구하시오.

문제 9.2

그림과 같이, 이차함수 $y = 3x^2$ 위에 두 점 A, B가 있고, 점 A의 x좌표는 $\sqrt{3}$, 점 B의 x좌표는 $-\sqrt{3}$이다. △ABC가 정삼각형이 되도록 y축 위에 점 C를 잡는다. 단, 점 C는 두 점 A, B보다 위쪽에 있다.

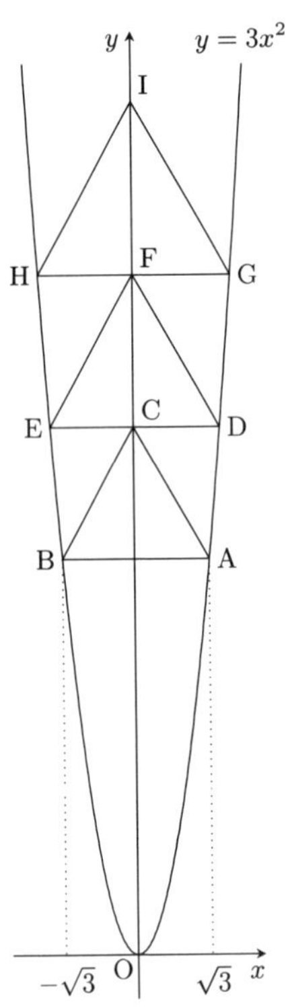

(1) 점 C의 좌표를 구하시오.

(2) 점 C를 지나고 x축에 평행한 직선과 이차함수와 교점을 D, E라 한다. 이때, △ADC의 넓이를 구하시오.

(3) 점 F는 y축 위의 점으로 점 C보다 위쪽에 있다. △DEF가 정삼각형일 때, △ABC와 △DEF의 넓이의 비를 구하시오.

(4) 섬 F를 지나고 x축에 평행한 직선과 이차함수와의 교점을 각각 G, H라 한다. 점 I는 y축 위의 점으로 점 F보다 위쪽에 있다. △GHI가 정삼각형일 때, △ABC와 △GHI의 넓이의 비를 구하시오.

문제 9.3

좌표평면 위에 함수 $y = ax^2$, $y = \frac{b}{x}$, $y = c$가 있다. 단, a, b, c는 양의 상수이다. 함수 $y = ax^2$과 $y = c$의 교점 중, x좌표가 음수인 점을 A, x좌표가 양수인 점을 B라 한다. 또, 함수 $y = \frac{b}{x}$와 $y = c$의 교점을 C라 한다.

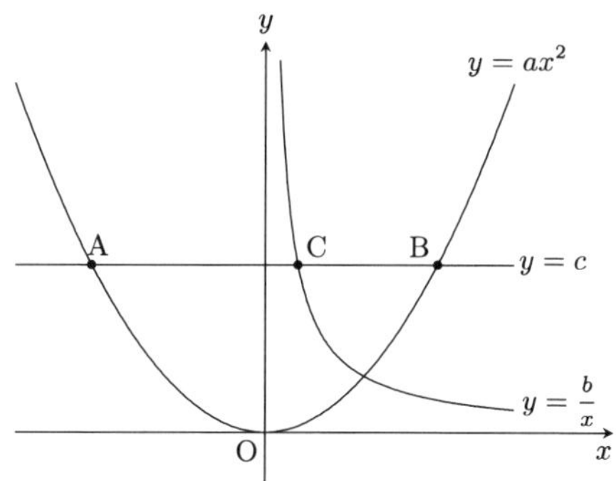

(1) $a = 1$, $b = 1$, $c = 3$일 때, 선분 AC의 길이를 구하시오.

(2) $a = 32b$, $\overline{\text{AB}} = 2 \times \overline{\text{BC}}$일 때, b와 c 사이의 관계식을 구하시오.

(3) $c = 3b$, $\overline{\text{AC}} = 2 \times \overline{\text{BC}}$일 때, a와 b 사이의 관계식을 모두 구하시오.

문제 9.4

그림과 같이, 이차함수 $y = x^2$과 직선 $y = x$의 원점을 제외한 교점을 A라 하고, 반지름이 $\sqrt{2}$인 원 P가 직선 $y = x$에 접하면서 화살표 방향으로 이동한다. 원 P의 중심이 이차함수 $y = x^2$을 처음으로 지날 때의 점을 B, 두번째로 지날 때의 점을 C, y축을 지날 때의 점을 D라 한다.

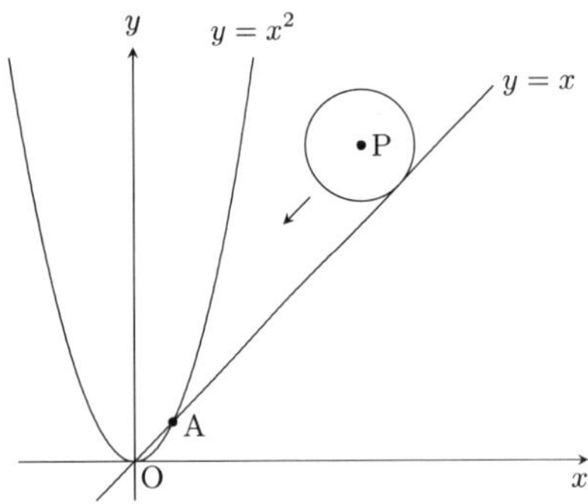

(1) 점 B와 점 C의 좌표를 각각 구하시오.

(2) 원 P가 처음으로 y축에 접할 때의 원 P의 중심의 좌표를 구하시오.

(3) 삼각형 ABD의 넓이를 구하시오.

제 10 절 최종 모의고사 10회

문제 10.1

그림과 같이, 직선 $3x+4y=12$과 x축과의 교점을 P라 한다. 점 P를 지나고 직선 $3x+4y=12$와 45°의 각을 이루는 직선 중 기울기가 양수인 직선을 l이라 한다.

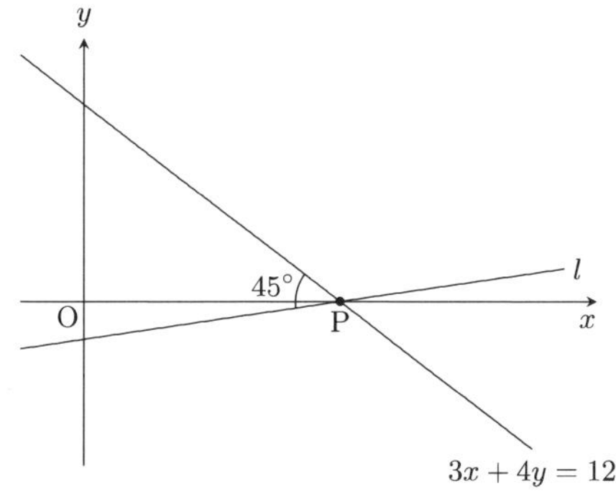

(1) 직선 l의 방정식을 구하시오.

(2) 직선 l과 원점 사이의 거리를 구하시오. 단, 중학교 수준으로 풀어야 한다.

문제 10.2

그림과 같이, 이차함수 $y = ax^2$ 위에 네 점 A, B, C, D과 이차함수 위에 있지 않는 두 점 E, F가 있다. 육각형 ABCDEF는 한 변의 길이가 $4\sqrt{3}$인 정육각형이고, 변 BC는 x축에 평행하다.

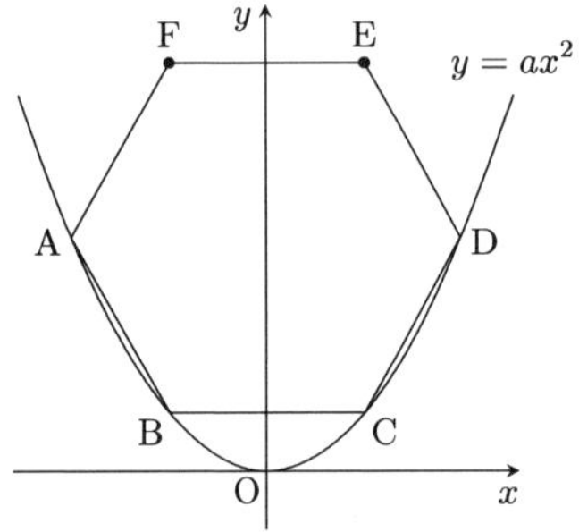

(1) 상수 a의 값을 구하시오.

(2) 점 $(1, -2)$를 지나고, 정육각형 ABCDEF의 넓이를 이등분하는 직선의 방정식을 구하시오.

(3) (2)에서 구한 직선과 y축과 변 BC로 둘러싸인 부분의 도형을 y축에 대하여 1회전하여 얻어진 입체의 부피를 구하시오.

문제 10.3

그림과 같이, 좌표평면 위에 두 점 A, B가 이차함수 $y = \frac{3}{16}x^2$위에 있는 부채꼴 OAB에서, 호 AB와 y축과의 교점을 C라 한다. 또, 부채꼴 PQR은 부채꼴 OAB와 닮음이고, 점 P는 선분 OC위를, 점 Q와 R은 이차함수 $y = \frac{3}{16}x^2$위를 움직인다.

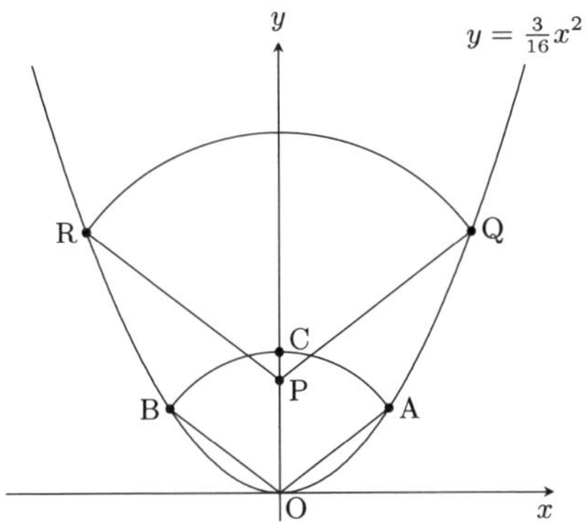

점 A의 좌표가 $(4, 3)$일 때, 다음 물음에 답하시오.

(1) 부채꼴 OAB와 부채꼴 PQR의 대응변의 길이의 비가 $1 : k(k > 1)$일 때, 직선 PQ의 방정식과 선분 CP의 길이를 각각 k를 사용하여 나타내시오.

(2) 두 점 C, P가 일치할 때, 부채꼴 PQR의 넓이는 부채꼴 OAB의 넓이의 몇 배인가?

문제 10.4

그림과 같이, 함수 $y = x^2$의 그래프와 정사각형 OABC가 있다. 점 A의 좌표가 $(2, 4)$이다.

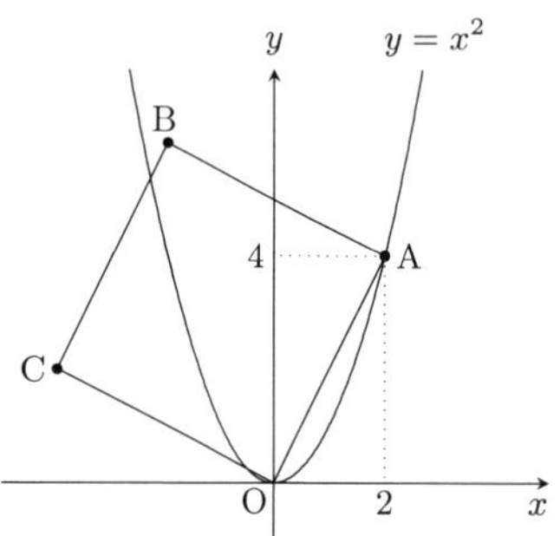

(1) 대각선 OB의 길이를 구하시오.

(2) 정사각형 OABC를 원점을 중심으로 시계방향으로 회전한다. 점 B가 처음으로 함수 $y = x^2$의 그래프와 겹쳐질 때의 점을 D라 한다. 이때, 점 D의 y좌표를 구하시오.

제 5 장

최종 모의고사 풀이

- 알림사항

- 답만 확인하고 넘어가지 말고, 풀이까지 하나하나 확인해야합니다.
- 풀이 중 이해가 되지 않는 부분은 http://mathlove.net 에 들어와서 질문하기 바랍니다.

제 1 절 최종 모의고사 1회 풀이

문제 1.1 좌표평면 위에 다섯 점 A$(2,1)$, B$(4,3)$, C$(2,3)$, D$(10,3)$, E$(0,3)$이 있다.

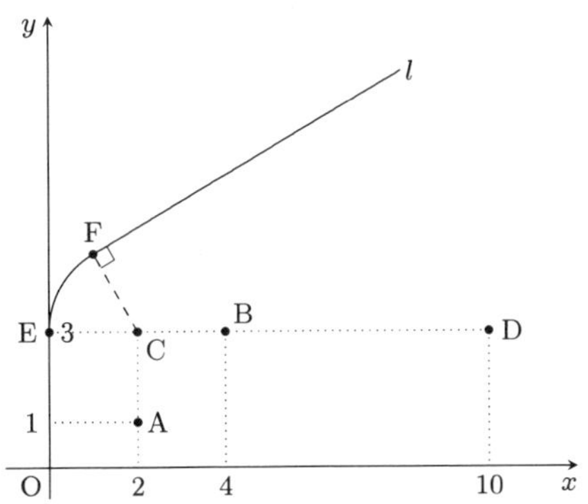

점 P는 아래 ①~③의 순으로 y좌표가 증가하면서 이동한다.

① 원점에서 출발하여 y축 위의 점 E로 이동한다.

② 점 E에서 출발하여 $\angle APB = 45°$를 유지하면서 $\angle EBP = 30°$를 만족하는 점 F로 이동한다.

③ 점 F에서 출발하여 직선 CF에 수직인 직선 l위로 이동한다.

(1) $\angle AFC$의 크기를 구하시오.

(2) 점 D를 지나고 직선 l과 수직인 직선을 m이라 한다. 직선 l과 직선 m의 교점의 좌표를 구하시오.

풀이

(1) ②에서 $\overline{CA} = \overline{CB}$, $\angle ACB = 45°$를 만족하는 점 P는 점 C를 중심으로 하고 $\overline{CA}$를 반지름으로 하는 원주 위를 그림과 같이 점 E에서 점 F로 이동한다.

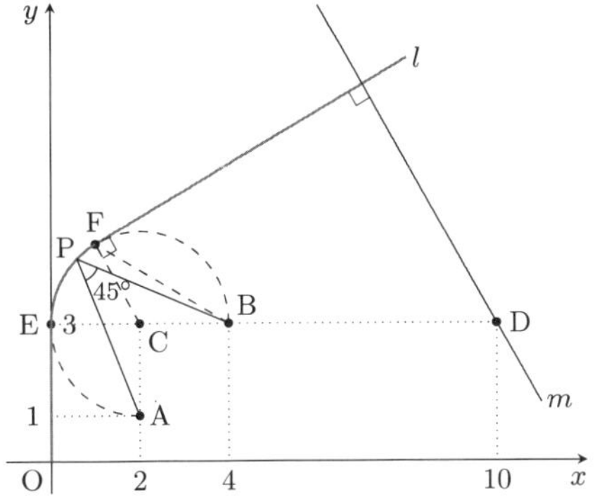

$\angle ECF = 2 \times \angle EBF = 60°$이므로, $\angle ACF = 150°$이다. 그러므로 $\angle AFC = \frac{180° - 150°}{2} = 15°$이다.

(2) F$(1, 3+\sqrt{3})$이고, 직선 l의 기울기가 $\frac{\sqrt{3}}{3}$이므로, 직선 l의 방정식은

$$y = \frac{\sqrt{3}}{3}x + 3 + \frac{2\sqrt{3}}{3}$$

이다. 직선 l에 수직한 직선 m의 기울기는 $-\sqrt{3}$이므로, 직선 m의 방정식은

$$y = -\sqrt{3}x + 10\sqrt{3} + 3$$

이다. 직선 l과 m에서 y를 소거하면

$$\frac{\sqrt{3}}{3}x + 3 + \frac{2\sqrt{3}}{3} = -\sqrt{3}x + 10\sqrt{3} + 3$$

이다. 이를 풀면 $x = 7$이다. 이를 직선 m에 대입하면 $y = 3\sqrt{3} + 3$이다.
따라서 구하는 교점의 좌표는 $(7, 3\sqrt{3} + 3)$이다.

문제 1.2 그림과 같이, 함수 $y = \frac{1}{4}x^2$위에 x좌표가 -4인 점을 A라 하고, x좌표가 4인 점을 B라 하고, 직선 AO와 함수 $y = x^2$의 교점 중 원점 O가 아닌 점을 C라 한다.

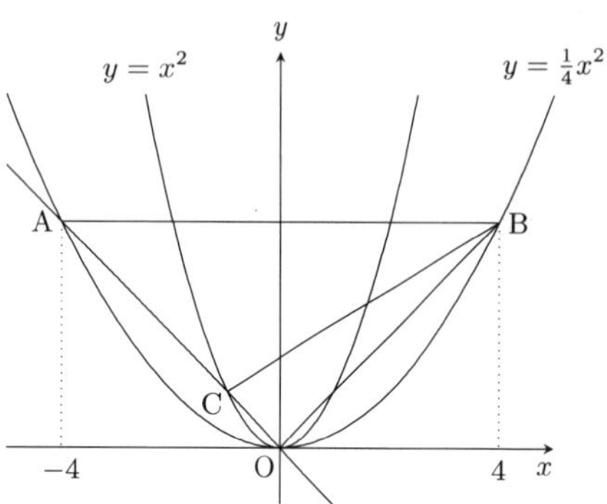

(1) $\triangle$OBC의 넓이를 구하시오.

(2) 함수 $y = x^2$위의 점 P에 대하여, $\triangle$APC의 넓이가 $\triangle$ABC의 넓이의 절반이다. 이때, 점 P의 x좌표를 구하시오. 단, 점 P의 x좌표는 양수이다.

(3) 함수 $y = x^2$위의 점 P에 대하여, $\triangle$APO의 넓이가 $\triangle$ABC의 넓이가 같다. 이때, 점 P의 x좌표를 구하시오. 단, 점 P의 x좌표는 양수이다.

풀이

(1) A$(-4, 4)$, B$(4, 4)$이고, 점 C의 x좌표를 c라 하면, 직선 CO의 기울기와 직선 AO의 기울기가 같으므로,

$$1 \times (c + 0) = \frac{1}{4} \times (-4 + 0) = -1$$

이다. 이를 풀면, $c = -1$이다. 즉, $\overline{AO} : \overline{CO} = 4 : 1$이다. 따라서

$$\triangle OBC = \frac{1}{4} \times \triangle OBA = \frac{1}{4} \times \frac{1}{2} \times (4 + 4) \times 4 = 4$$

이다.

(2) $\triangle ADC = \frac{1}{2} \times \triangle ABC$이므로, $\triangle APC = \triangle ADC$이다. 그러므로 $\overline{DP} /\!/ \overline{AO}$이다.

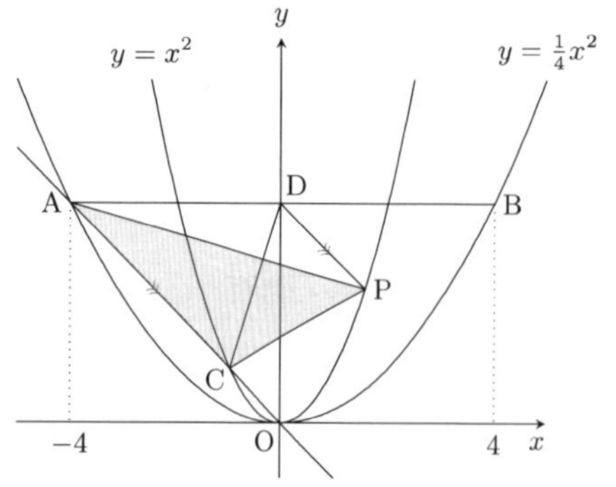

점 P는 직선 DP의 방정식 $y = -x + 4$과 이차함수 $y = x^2$의 교점으로, x좌표는 양수이므로, 이차방정식

$$-x + 4 = x^2, \ \ x^2 + x - 4 = 0$$

을 풀면 $x = \frac{-1 + \sqrt{17}}{2} (x > 0)$이다.

(3) $\triangle APO = \triangle ABC$일 때, $\triangle POC = \triangle PBC$이다. 따라서 $\overline{BO} /\!/ \overline{PC}$이다.

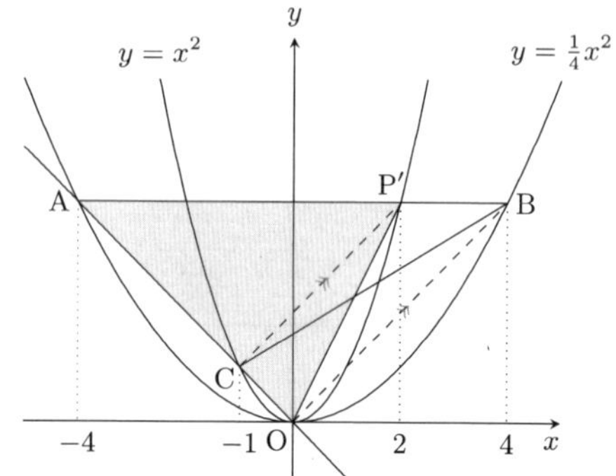

선분 AB와 이차함수 $y = x^2$의 교점 중 x좌표가 양수인 점을 P′라 하면, 점 P′의 좌표는 $(2, 4)$이고, $\overline{AP'} : \overline{P'B} = \overline{AC} : \overline{CO} (= 3 : 1)$이므로 $\overline{BO} /\!/ \overline{P'C}$이다. 따라서 구하는 점 P는 점 P′와 일치한다. 즉, $x = 2$이다.

문제 1.3 그림과 같이, 좌표평면에 직선 $y=-\frac{1}{3}x+\frac{13}{3}$위에 x좌표가 각각 1, 7인 점 A, B와 점 C $\left(4,-\frac{1}{2}\right)$가 있다. 삼각형 ABC의 둘레를 움직이는 점 P가 점 A를 출발하여 점 B, C를 거쳐 점 A 순으로 이동한다.

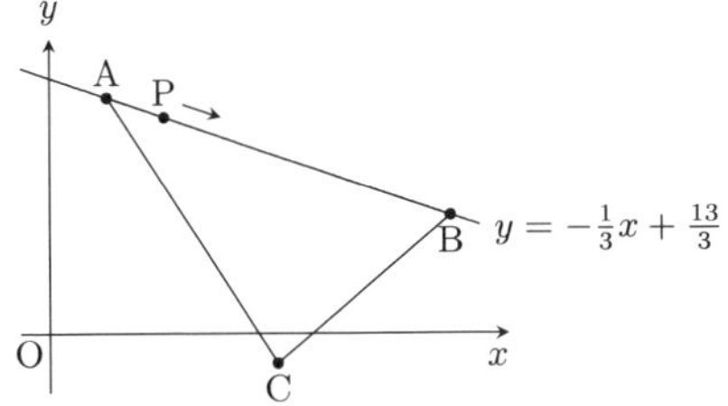

(1) 두 점 B, C를 지나는 직선의 방정식을 구하시오.

(2) 점 P와 점 $(0,-4)$를 지나는 직선의 기울기를 a라 할 때, a의 최댓값과 최솟값을 각각 구하시오.

(3) 점 C를 지나고 기울기가 2인 직선과 변 AB와의 교점을 D라 한다. 점 P는 점 D와 다른 위치에 있을 때, 두 점 P, D를 지나는 직선이 삼각형 ABC의 넓이를 이등분한다. 이때, 점 P의 좌표를 구하시오.

풀이

(1) $y=-\frac{1}{3}x+\frac{13}{3}$에 $x=1,7$을 대입하면 각각 $y=4,2$이므로 점 $A(1,4)$, $B(7,2)$이다. 그러므로 직선 BC의 방정식은

$$y=\frac{2-(-\frac{1}{2})}{7-4}(x-7)+2,\ \ y=\frac{5}{6}x-\frac{23}{6}$$

이다.

(2) 점 P와 점 $(0,-4)$를 지나는 직선의 기울기 a는 점 P가 점 A에 있을 때, 가장 크고, 점 P가 점 B에 있을 때, 가장 작다. 따라서

$$\frac{2-(-4)}{7-0}\le a\le\frac{4-(-4)}{1-0},\ \ \frac{6}{7}\le a\le 8$$

이다. 그러므로 a의 최댓값은 8이고, 최솟값은 $\frac{6}{7}$이다.

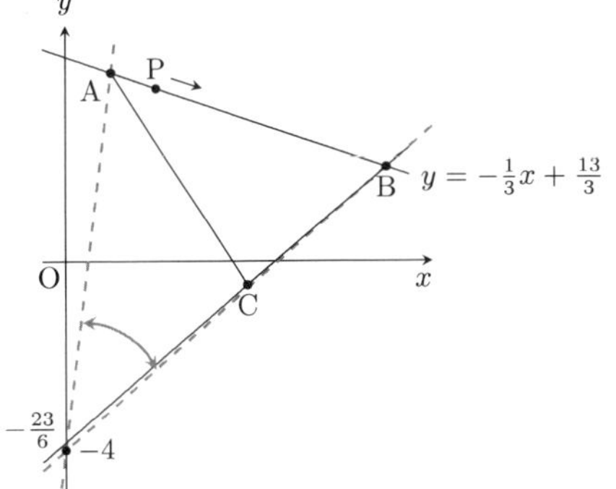

(3) 점 C를 지나고 기울기가 2인 직선의 방정식은

$$y=2(x-4)-\frac{1}{2},\ \ y=2x-\frac{17}{2}$$

이다. 이 직선의 방정식과 $y=-\frac{1}{3}x+\frac{13}{3}$을 연립하면

$$2x-\frac{17}{2}=-\frac{1}{3}x+\frac{13}{3},\ \ 12x-51=-2x+26$$

이다. 이를 풀면 $x=\frac{11}{2}$, $y=\frac{5}{2}$이다. 즉, $D\left(\frac{11}{2},\frac{5}{2}\right)$이다. 이때,

$$\overline{AD}:\overline{DB}=\left(\frac{11}{2}-1\right):\left(7-\frac{11}{2}\right)=3:1$$

이므로, 점 D는 선분 AB의 중점과 점 B의 사이의 중앙에 있다. 따라서 점 P는 그림과 같이 변 CA위에 있다.

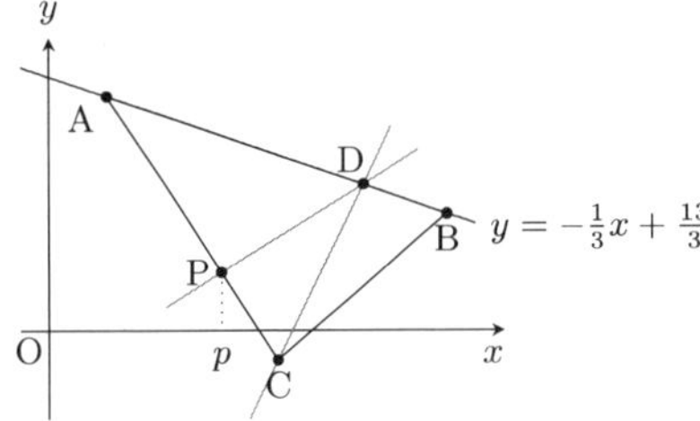

$\triangle APD:\triangle DPC=2:(2-1)=2:1$이어야 하므로, $\overline{AP}:\overline{PC}=2:1$이다. 따라서 점 P의 x좌표, y좌표는 각각

$$1+\frac{2}{2+1}\times(4-1)=3,\ \ 4-\frac{2}{2+1}\times\left\{4-\left(-\frac{1}{2}\right)\right\}=1$$

이다. 즉, $P(3,1)$이다.

문제 1.4 그림과 같이, 함수 $y=\frac{1}{2}x^2$위에 두 점 A, B, y축 위에 점 C를 사각형 OACB가 정사각형이 되도록 잡는다. $y=\frac{1}{2}x^2$위에 두 점 A, B와 다른 두 점 D, E, y축 위에 점 F를 사각형 CDFE가 정사각형이 되도록 잡는다. 단, 점 F의 y좌표가 점 C의 y좌표보다 크다.

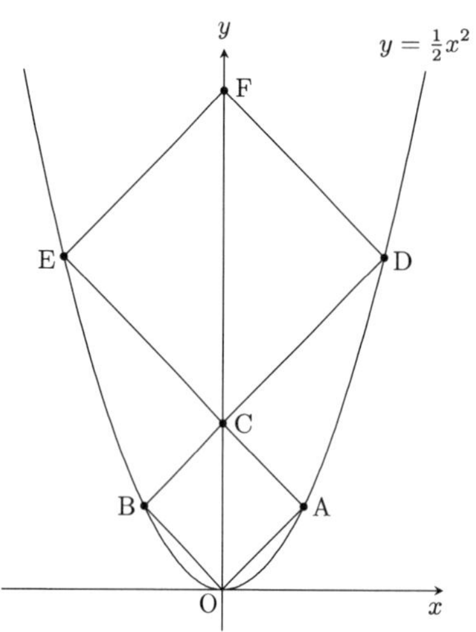

(1) 점 A, C, D의 좌표를 각각 구하시오.

(2) y좌표가 1인 점 P가 y축 위에 있다. 정사각형 OACB가 직선 DP에 의해 두 부분으로 나누어진 도형의 넓이의 비를 구하시오.

풀이

(1) 점 A, E의 x좌표를 각각 a, e라 하고, 점 C의 y좌표를 c라 한다. 직선 OA의 기울기가 1이므로 $\frac{1}{2}\times(0+a)=1$이다. 따라서 $a=2$이다.
또, 직선 AE의 기울기가 -1이고, y절편이 c이므로

$$\frac{1}{2}\times(a+e)=-1,\quad -\frac{1}{2}\times e\times a=c$$

이다. $a=2$를 대입하면 $e=-4$, $c=4$이다. 즉, A$(2,2)$, C$(0,4)$, E$(-4,8)$이다. 점 D의 x좌표는 $-e=4$이므로, D$(4,8)$이다.

(2) 직선 DP와 선분 CA, BO와의 교점을 각각 Q, R이라 하고, 직선 AC와 x축과의 교점을 S라 하면,

$$\overline{CQ}:\overline{QS}=\overline{CP}:\overline{DS}=3:8=6:16$$

이다. $\overline{CA}=\overline{AS}$이므로,

$$\overline{CQ}:\overline{QA}:\overline{AS}=6:5:11$$

이고,

$$\begin{aligned}\overline{CQ}:\overline{BR}&=\overline{DC}:\overline{DB}\\&=2\times\overline{CA}:3\times\overline{CA}\\&=6:9\end{aligned}$$

이다. 그러므로 $\overline{BR}:\overline{RO}=9:2$이다. 따라서 두 부분으로 나누어진 도형(사다리꼴) CBRQ와 QROA의 넓이의 비는

$$\begin{aligned}(\overline{CQ}+\overline{BR}):(\overline{QA}+\overline{RO})&=(6+9):(5+2)\\&=15:7\end{aligned}$$

이다.

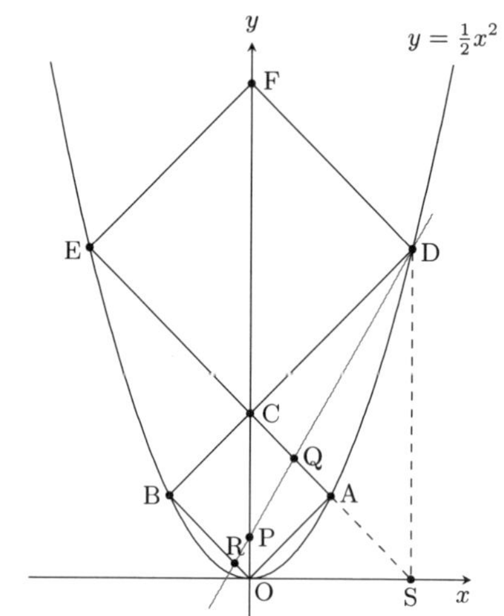

제 2 절 최종 모의고사 2회 풀이

문제 2.1 그림과 같이, 이차함수 $y = \frac{1}{2}x^2$위에 원점 O와 좌우에 각각 $A_1\left(-1, \frac{1}{2}\right)$, $A_2(-2, 2)$, $A_3\left(-3, \frac{9}{2}\right)$, $\cdots$, $B_1\left(1, \frac{1}{2}\right)$, $B_2(2, 2)$, $B_3\left(3, \frac{9}{2}\right)$, $\cdots$를 잡고, 선분 OA_2, B_1A_3, B_2A_4, $\cdots$, 선분 OB_2, B_1A_3, A_2B_4, $\cdots$를 긋는다. 네 개의 선분 OA_2, OB_2, B_1A_3, A_1B_3로 둘러싸인 사각형을 S_1, 네 개의 선분 B_1A_3, A_1B_3, B_2A_4, A_2B_4로 둘러싸인 사각형을 S_2, 이와 같은 방법의 순서로 사각형 S_3, S_4, $\cdots$를 결정한다.

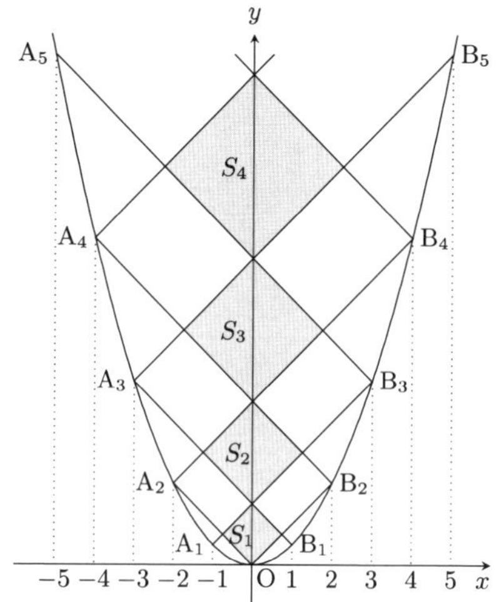

(1) 사각형 S_2의 넓이를 구하시오.

(2) 넓이가 $\frac{3969}{8}$인 사각형이 S_n일 때, n을 구하시오.

풀이

(1) 직선 OA_2의 기울기가 $\frac{1}{2} \times (-2+0) = -1$이고, 같은 방법으로 직선 A_3B_1, A_4B_2, A_5B_3, $\cdots$의 기울기는 -1이다. 또, 직선 OB_2의 기울기는 $\frac{1}{2} \times (0+2) = 1$이고, 같은 방법으로 직선 A_1B_3, A_2B_4, A_3B_5, $\cdots$의 기울기는 1이다. 그러므로 사각형 S_1, S_2, S_3, $\cdots$는 모두 정사각형이다.

직선 A_1B_3, A_2B_4, A_3B_5, $\cdots$의 y절편을 각각 b_1, b_2, b_3, $\cdots$라 하면,

$$b_1 = -\frac{1}{2} \times (-1) \times 3 = \frac{3}{2},$$
$$b_2 = -\frac{1}{2} \times (-2) \times 4 = 4$$

이므로 정사각형 S_2의 대각선의 길이는 $4 - \frac{3}{2} = \frac{5}{2}$이다.

따라서 S_2의 넓이는 $\frac{1}{2} \times \left(\frac{5}{2}\right)^2 = \frac{25}{8}$이다.

(2) n번째 사각형을 S_n이라 하면, 이 넓이를

$$S_n = \frac{1}{2} \times (b_n - b_{n-1})^2$$

로 나타낸다. 이때, $b_1 = \frac{3}{2}$, $b_2 = \frac{8}{2}$, $b_3 = \frac{15}{2}$, $b_4 = \frac{24}{2}$, $\cdots$이므로,

$$b_n = \frac{(n+1)^2 - 1}{2} = \frac{n^2 + 2n}{2}$$

임을 알 수 있고,

$$b_{n-1} = \frac{(n-1)^2 + 2(n-1)}{2} = \frac{n^2 - 1}{2}$$

이다. 그러므로

$$S_n = \frac{1}{2} \times \left(\frac{2n+1}{2}\right)^2 = \frac{(2n+1)^2}{8}$$

이다. $\frac{(2n+1)^2}{8} = \frac{3969}{8}$이고, $3969 = 63^2$이므로 $2n + 1 = 63$이다. 즉, $n = 31$이다.

문제 2.2 그림과 같이, 점 A $\left(1, \frac{1}{2}\right)$를 지나고 y축에 평행한 직선과 x축, $y = -2x^2$과의 교점을 각각 B, C라 하면, $\overline{\mathrm{AB}} : \overline{\mathrm{BC}} = 1 : 4$이다. 직선 OC와 이차함수 $y = \frac{1}{2}x^2$과의 교점 중 x좌표가 음수인 점을 D라 한다.

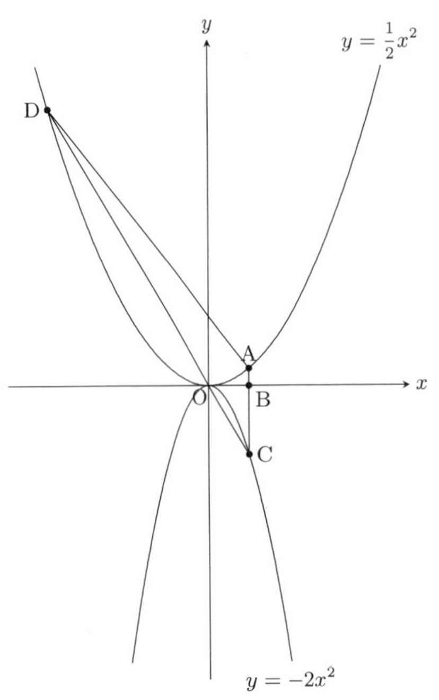

(1) 점 D의 좌표를 구하시오.

(2) 삼각형 ACD와 삼각형 ECD의 넓이가 같도록, y축에 위에 점 E를 잡을 때, 점 E의 좌표를 구하시오.

(3) 삼각형 ACD와 삼각형 FCD의 넓이의 비가 1 : 3이 되도록, 함수 $y = -2x^2$위에 점 F를 잡을 때, 점 F의 좌표를 구하시오. 단, 점 F의 x좌표는 음수이다.

풀이

(1) 직선 OC의 방정식은 $y = -2x$이므로 점 D의 x좌표는

$$\frac{1}{2}x^2 = -2x, \quad x = -4\,(x < 0)$$

이다. 따라서 D$(-4, 8)$이다.

(2) 점 A를 지나고 직선 CD에 평행한 직선의 방정식은

$$y = -2(x-1) + \frac{1}{2}, \quad y = -2x + \frac{5}{2}$$

이다. 이 방정식과 y축과의 교점이 점 E이다. 즉, E $\left(0, \frac{5}{2}\right)$이다.

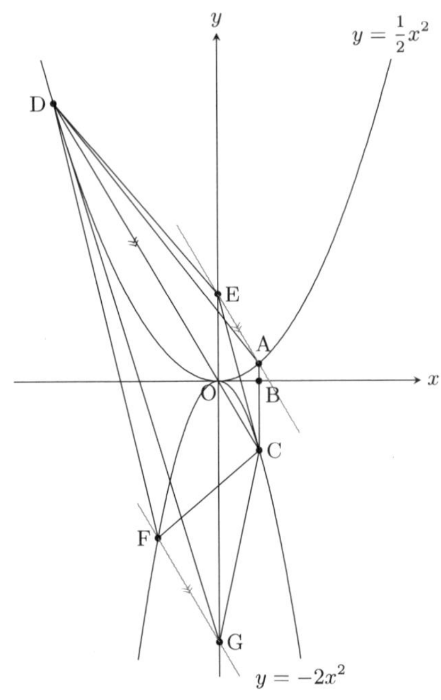

(3) y축의 음의 부분에, $\overline{\mathrm{OE}} : \overline{\mathrm{OG}} = 1 : 3$인 점 G를 잡으면,

$$\triangle\mathrm{ACD} : \triangle\mathrm{FCD} = \triangle\mathrm{ECD} : \triangle\mathrm{GCD} = 1 : 3$$

이다. 점 G $\left(0, -\frac{15}{2}\right)$를 지나고 직선 CD에 평행한 직선 $y = -2x - \frac{15}{2}$와 함수 $y = -2x^2$과의 교점 중 x좌표가 음수인 점이 F이므로, 점 F의 x좌표는

$$-2x^2 = -2x - \frac{15}{2}, \quad (2x+3)(2x-5) = 0, \quad x = -\frac{3}{2}$$

이다. 따라서 F $\left(-\frac{3}{2}, -\frac{9}{2}\right)$이다.

문제 2.3 그림은 반비례함수 $y = \frac{a}{x}$의 그래프이다. 두 점 A, B는 $y = \frac{a}{x}$위의 점으로 좌표가 각각 $(3,4)$, $(6,2)$이다. 두 점 O, A를 지나는 직선과 $y = \frac{a}{x}$의 교점 중 점 A이외의 점을 C라 한다. 또, 점 P는 x축 위의 점이고, 점 Q는 $y = \frac{a}{x}$ 위의 점으로 x좌표가 양수이다.

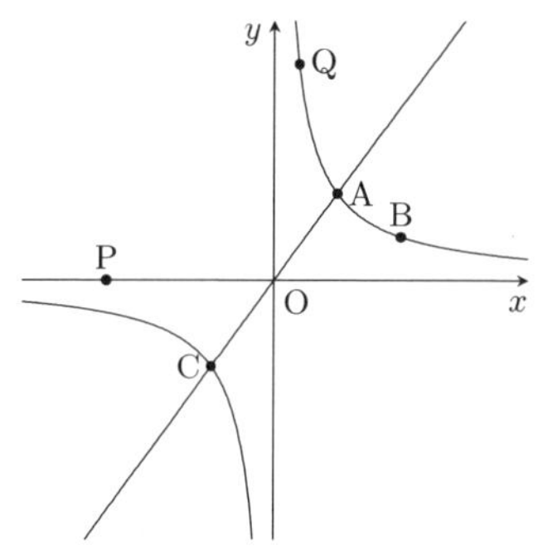

(1) 선분 AP와 선분 BP의 길이의 합이 최소일 때, 선분 AP와 선분 BP의 길이의 합을 구하시오.

(2) 점 Q를 지나고 x축에 평행한 직선과 y축과의 교점을 R이라 한다. △OQR의 넓이를 구하시오.

(3) 점 P의 x좌표가 음수일 때, 선분 OA와 선분 BP의 교점을 S라 한다. △APS = △CBS일 때, 점 P의 x 좌표를 구하시오.

풀이

(1) x축에 대하여 점 B의 대칭점을 B′라 하면, B′$(6,-2)$이다. x축위의 점 P에 대하여 $\overline{\mathrm{BP}} = \overline{\mathrm{B'P}}$이므로,

$$\overline{\mathrm{AP}} + \overline{\mathrm{BP}} = \overline{\mathrm{AP}} + \overline{\mathrm{B'P}} \geq \overline{\mathrm{AB'}}$$

이다. 등호는 점 P가 선분 AB′와 x축과의 교점과 일치할 때이다. 따라서 구하는 길이의 합은

$$\overline{\mathrm{AB'}} = \sqrt{(6-3)^2 + (-2-4)^2} = 3\sqrt{5}$$

이다.

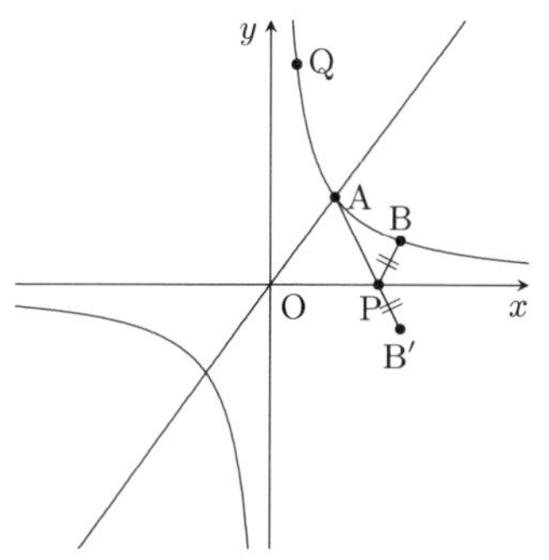

(2) 점 A$(3,4)$가 $y = \frac{a}{x}$위에 있으므로, $a = 12$이다. $y = \frac{12}{x}$위의 점 Q의 좌표를 (q,r)이라 하면, $qr = 12$이다. 따라서 $\triangle\mathrm{OQR} = \frac{1}{2}qr = 6$이다.

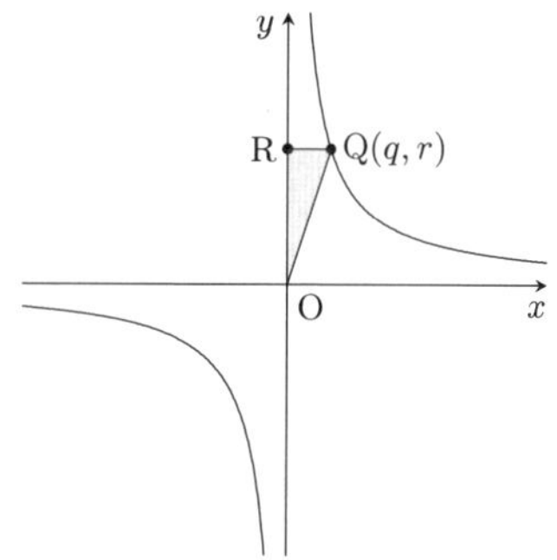

(3) △APS = △CBS의 양변에 △SPC의 넓이를 더하면, △APC = △BPC이다. 이때, $\overline{\mathrm{AB}} \,/\!/\, \overline{\mathrm{PC}}$이므로, 점 P는 점 C를 지나 직선 AB에 평행한 직선과 x축과의 교점이 된다. 점 C는 원점 O에 대하여 점 A의 대칭점이므로 C$(-3,-4)$이다.

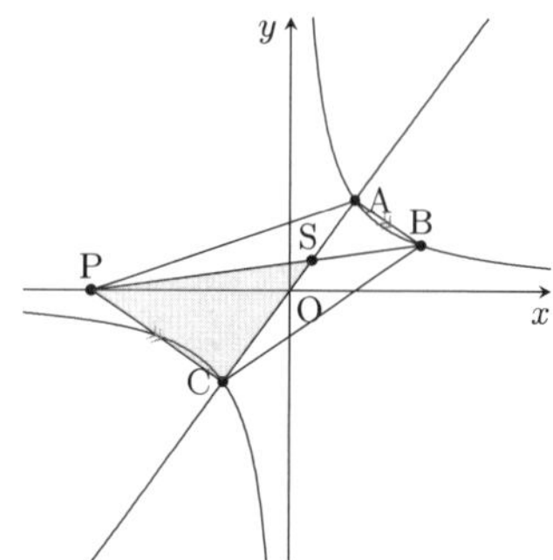

또, 직선 AB의 기울기는 $\frac{2-4}{6-3} = -\frac{2}{3}$이므로, 점 C를 지나 직선 AB에 평행한 직선의 방정식은

$$y = -\frac{2}{3}\{x-(-3)\} - 4 = -\frac{2}{3}x - 6$$

이다. 위 식에 $y = 0$을 대입하면 $x = -9$이다. 즉, 점 P의 x좌표는 -9이다.

문제 2.4 그림과 같이, 이차함수 $y=x^2$과 직선 $y=\frac{\sqrt{3}}{3}x+\frac{2}{3}$이 두 점 A, B에서 만난다. 단, 점 A의 x좌표는 음수이고, 점 B의 x좌표는 양수이다. y축 위의 점 Q를 중심으로 하고 두 점 A, B를 지나는 원 C가 있다. 원 C가 직선 $y=\frac{\sqrt{3}}{x}x+\frac{2}{3}$에 의해 두 부분으로 나누어지는데, 점 Q를 포함하지 않는 부분의 넓이를 구하시오.

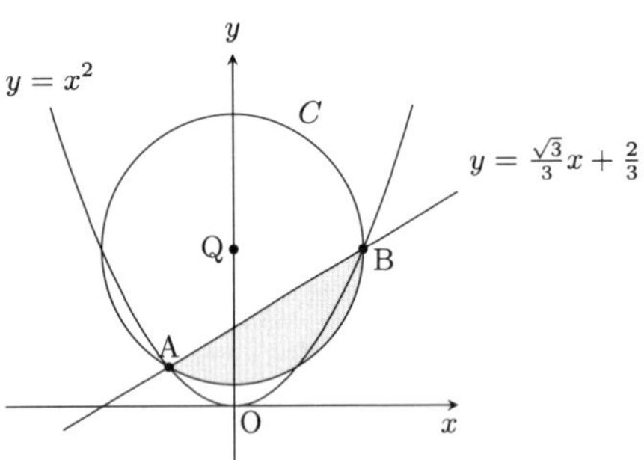

풀이 $y=x^2$과 $y=\frac{\sqrt{3}}{3}x+\frac{2}{3}$을 연립하면,

$$x^2-\frac{\sqrt{3}}{3}x-\frac{2}{3}=0,\ \ 3x^2-\sqrt{3}x-2=0$$

이다. 이를 인수분해하면,

$$(\sqrt{3}x+1)(\sqrt{3}x-2)=0$$

이다. 따라서 $x=-\frac{\sqrt{3}}{3},\ \frac{2\sqrt{3}}{3}$이다. 즉, $\mathrm{A}\left(-\frac{\sqrt{3}}{3},\frac{1}{3}\right)$, $\mathrm{B}\left(\frac{2\sqrt{3}}{3},\frac{4}{3}\right)$이다.

점 Q의 좌표를 $(0,q)$라 하면, $\overline{\mathrm{QA}}^2=\overline{\mathrm{QB}}^2$이므로,

$$\left(\frac{\sqrt{3}}{3}\right)^2+\left(q-\frac{1}{3}\right)^2=\left(-\frac{2\sqrt{3}}{3}\right)^2+\left(q-\frac{4}{3}\right)^2$$

이다. 이를 정리하면, $q=\frac{4}{3}$이다. (참고로, q는 B의 y좌표이다.)

따라서 원 C의 반지름은 $\overline{\mathrm{QB}}=\frac{2\sqrt{3}}{3}$이다. (참고로, 반지름은 점 B의 x좌표이다.)

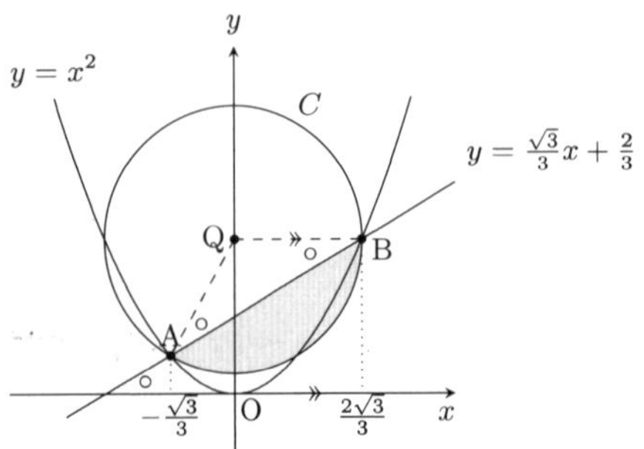

직선 AB의 기울기가 $\frac{\sqrt{3}}{3}$이므로, 그림에서 $\circ=30°$이다. 따라서 $\angle\mathrm{AQB}=120°$이다. 그러므로 점 Q를 포함하지 않는 부분(색칠한 부분)의 넓이는 부채꼴 QAB의 넓이에서 삼각형 QAB의 넓이를 뺀 것이다. 또, 삼각형 QAB는 변 QB를 한 변으로 하는 정삼각형의 넓이와 같다. 따라서 구하는 색칠한 부분의 넓이는

$$\left(\frac{2\sqrt{3}}{3}\right)^2\pi\times\frac{120}{360}-\frac{\sqrt{3}}{4}\times\left(\frac{2\sqrt{3}}{3}\right)^2=\frac{4}{9}\pi-\frac{\sqrt{3}}{3}$$

이다.

제 3 절 최종 모의고사 3회 풀이

문제 3.1 그림과 같이, 세 점 $A(-6, 0)$, $B(0, -2)$, $C(c, 0)$을 지나는 원이 있다. 단, $c > 0$이다. 이 원과 y축과의 교점 중 B와 다른 점을 D라 하고, 직선 AB와 직선 CD의 교점을 E라 한다.

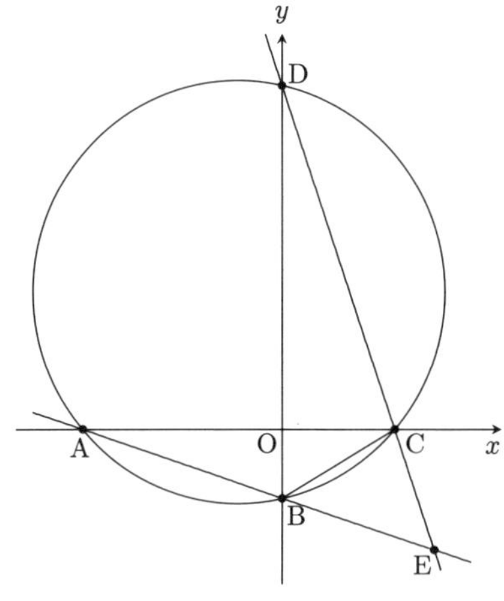

(1) 선분 AE와 선분 CE의 길이의 비를 구하시오.

(2) 삼각형 CBE의 넓이가 7일 때, c의 값을 구하시오.

풀이

(1) 삼각형 OAB와 삼각형 ODC는 닮음비가 1 : 3인 닮음이므로, $\overline{OD} = 3 \times \overline{OC} = 3c$이다.
삼각형 EDA와 삼각형 EBC는 닮음이고,

$$\overline{AE} : \overline{CE} = \overline{AD} : \overline{BC}$$

이다. 삼각형 OAD와 삼각형 OBC가 닮음이므로,

$$\overline{AD} : \overline{BC} = \overline{OA} : \overline{OB} = 3 : 1$$

이다. 따라서 $\overline{AE} : \overline{CE} = 3 : 1$이다.

(2) (1)에서 삼각형 EDA와 삼각형 EBC의 닮음비가 3 : 1이므로, 삼각형 EDA와 삼각형 EBC의 넓이의 비는 9 : 1이다. 삼각형 EBC의 넓이가 7이므로, 삼각형 EDA의 넓이는 $7 \times 9 = 63$이다.
사각형 ABCD의 넓이는 $63 - 7 = 56$이므로,

$$\frac{1}{2} \times \overline{AC} \times \overline{BD} = 56, \ \ \frac{1}{2}(c+6)(3c+2) = 56$$

이다. 이를 정리하면

$$3c^2 + 20c - 100 = 0, \ \ (c+10)(3c-10) = 0$$

이다. $c > 0$이므로 $c = \frac{10}{3}$이다.

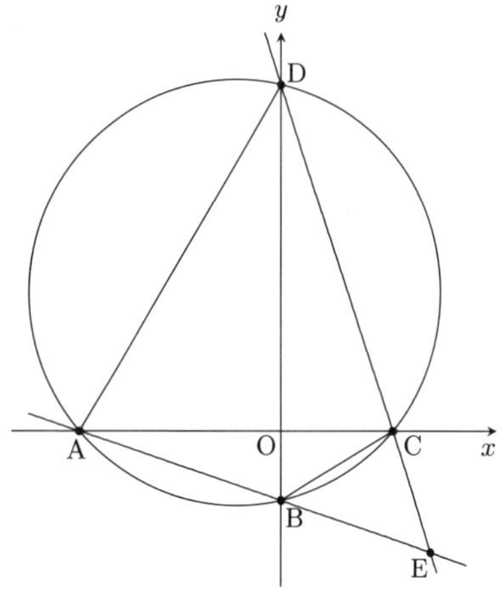

문제 3.2 그림과 같이, 좌표평면 위에 이차함수 $y = ax^2$ $(a > 0)$과 점 A$(0, 2)$가 있다. 이차함수 $y = ax^2$위에 $\angle \text{ABO} = 90°$를 만족하는 점 점 B를 잡는다.

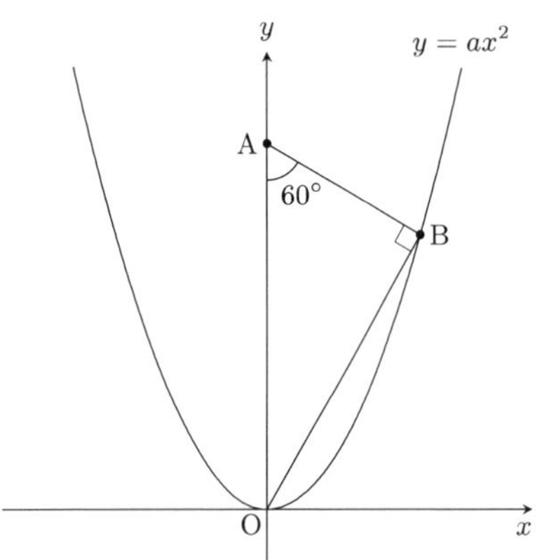

(1) $\angle \text{BAO} = 60°$일 때, a의 값을 구하시오.

(2) y축에 대하여 점 B의 대칭점을 C라 하고, 선분 AO의 중점을 M이라 한다. $\angle \text{BAO} = 15°$일 때, $\angle \text{BCO} + \angle \text{BMO}$의 크기를 구하시오.

(3) $\triangle \text{ABO}$의 넓이가 최대일 때, a의 값을 구하시오.

풀이

(1) 점 B에서 선분 OA에 내린 수선의 발을 H라 한다. 삼각형 OAB가 한 내각이 60°인 직각삼각형이므로, 삼각형 OBH, 삼각형 BAH도 한 내각이 60°인 직각삼각형이 되어,

$$\overline{\text{AH}} : \overline{\text{HO}} : \overline{\text{HB}} = 1 : 3 : \sqrt{3}$$

이 성립한다. 그러므로 B$\left(\frac{\sqrt{3}}{2}, \frac{3}{2}\right)$이다. 이를 $y = ax^2$에 대입하여 a를 구하면 $a = 2$이다.

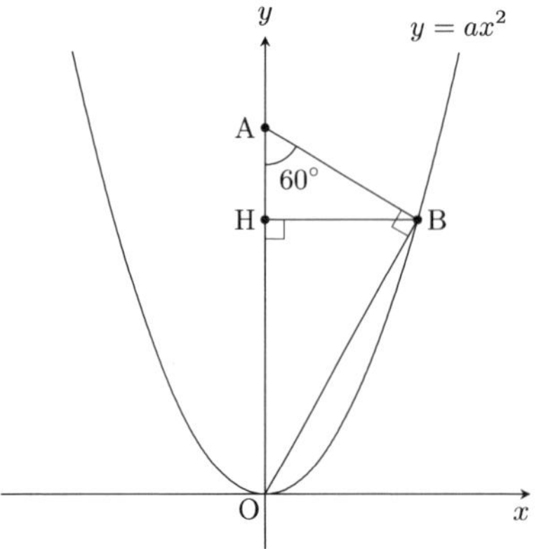

(2) 점 M은 직각삼각형 OAB의 빗변의 중점이므로, $\overline{\text{MA}} = \overline{\text{MB}}$이다.

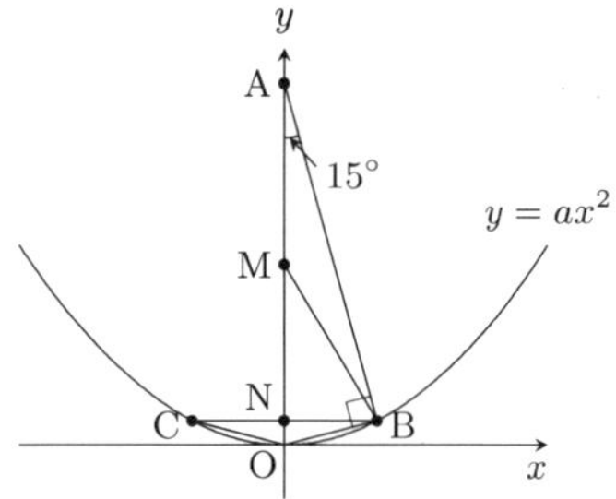

즉, $\angle \text{BMO} = 2 \times \angle \text{BAO} = 30°$이다.
선분 BC와 선분 AO의 교점을 N이라 하면, $\overline{\text{AO}} \perp \overline{\text{BC}}$이므로 $\angle \text{ANB} = 90°$이다. 그러므로 $\angle \text{NBO} = 15°$이다. 즉, $\angle \text{BCO} = \angle \text{CBO} = 15°$이다.
따라서 $\angle \text{BCO} + \angle \text{BMO} = 45°$이다.

(3) 삼각형 ABO의 넓이가 최대일 때는 $\overline{\text{OA}} \perp \overline{\text{MB}}$일 때이다. 이때, B$(1, 1)$이므로 $a = 1$이다.

문제 3.3 그림과 같이, 한 변의 길이가 4인 정삼각형 ABC에서 두 꼭짓점 A, B가 함수 $y=\frac{\sqrt{3}}{3}x^2$위에 있다.

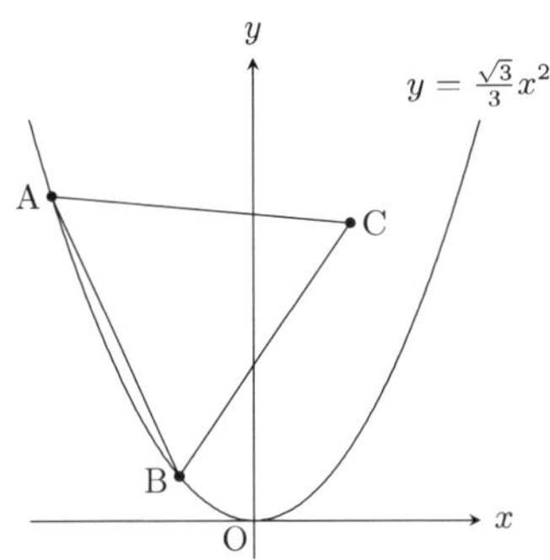

정삼각형 ABC가 움직일 때, 다음 물음에 답하시오.

(1) 변 AB가 x축에 평행할 때, 점 C의 좌표를 구하시오.

(2) 변 CA가 x축에 평행할 때, 점 A의 좌표를 구하시오.

(3) 변 CA가 x축에 평행할 때, 꼭짓점 A, B, C의 위치를 각각 A_1, B_1, C_1이라 하고, 변 BC가 x축에 평행할 때, 꼭짓점 A, B, C의 위치를 각각 A_2, B_2, C_2라 한다. 정삼각형 $A_1B_1C_1$과 정삼각형 $A_2B_2C_2$가 겹치는 부분의 넓이를 구하시오.

풀이

(1) 변 AB가 x축에 평행할 때, 그림과 같이, 점 A, B의 y좌표는 $\frac{\sqrt{3}}{3}\times 2^2=\frac{4\sqrt{3}}{3}$이다. 선분 AB의 중점 $M\left(0, \frac{4\sqrt{3}}{3}\right)$이라 두면,

$$\overline{CM}=\overline{BM}\times\sqrt{3}=2\sqrt{3}$$

이므로 점 C의 y좌표는

$$\frac{4\sqrt{3}}{3}+2\sqrt{3}=\frac{10\sqrt{3}}{3}$$

이다. 즉, $C\left(0, \frac{10\sqrt{3}}{3}\right)$이다.

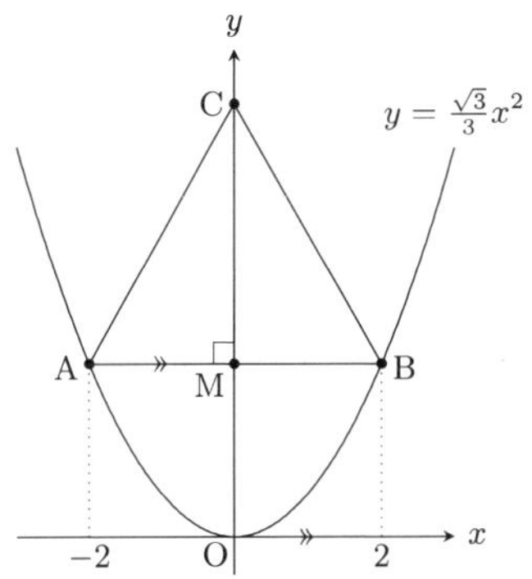

(2) 변 CA가 x축에 평행할 때, 정삼각형 ABC는 아래 그림에서 정삼각형 $A_1B_1C_1$과 같다. 이때, 점 A_1, B_1의 x좌표를 각각 a, b라 하면, 직선 A_1B_1의 기울기가 $-\sqrt{3}$이므로

$$\frac{\sqrt{3}}{3}\times(a+b)=-\sqrt{3},\ \ a+b=-3$$

이다. 또,

$$b-a=\frac{\overline{A_1B_1}}{2}=2,\ \ b-a=2$$

이다. 이 두 식을 연립해서 풀면 $a=-\frac{5}{2}$이다 . 따라서 $A_1\left(-\frac{5}{2}, \frac{25\sqrt{3}}{12}\right)$이다.

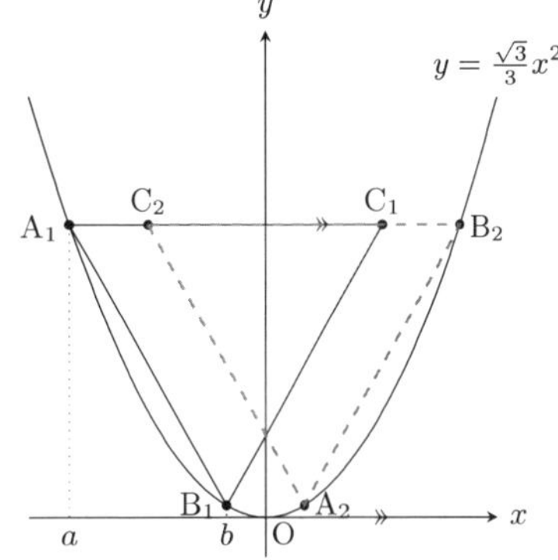

(3) 변 BC가 x축에 평행할 때, 정삼각형 $A_2B_2C_2$는 위의 그림에서 점선으로 나타낸 것과 같다. 정삼각형 $A_1B_1C_1$과 정삼각형 $A_2B_2C_2$는 y축에 대하여 대칭이다.

(2)에서 점 C_1의 x좌표는 $a+4=\frac{3}{2}$이므로, C_2의 x좌표는 $-\frac{3}{2}$이다. 따라서 $\overline{C_1C_2}=3$이다. 그러므로 구하는 공통부분(색칠한 정삼각형)의 넓이는

$$\frac{\sqrt{3}}{4}\times 3^2=\frac{9\sqrt{3}}{4}$$

이다.

문제 3.4 좌표평면 위의 점 P에 대하여, 점 P′의 좌표 (a, b)를 다음과 같이 정한다.

- 점 P의 x좌표에서 점 P의 y좌표를 뺀 값을 a라 한다.
- 점 P의 x좌표와 점 P의 y좌표의 합한 값을 b라 한다.

예를 들어, 점 P의 좌표가 $(-1, 4)$이면, 점 P′의 좌표는 $(-5, 3)$이다.

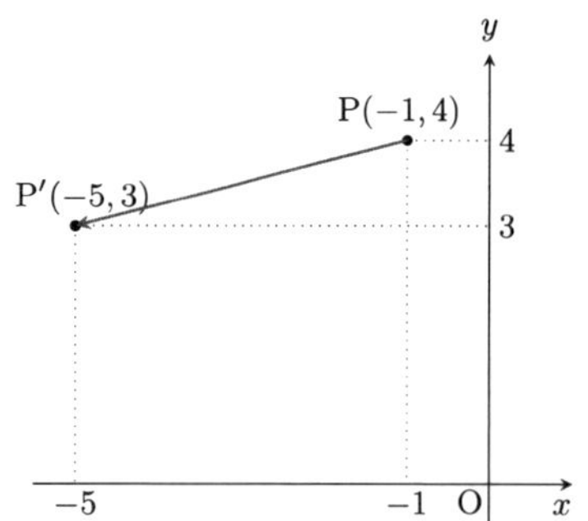

(1) 점 P′의 좌표가 $\left(-2, \frac{10}{7}\right)$일 때, 점 P의 좌표를 구하시오.

(2) 점 P와 점 P′가 모두 직선 $y = -2x + 4$위의 점일 때, 짐 P의 좌표를 구하시오.

(3) 점 P가 이차함수 $y = x^2$위에 있고, 삼각형 OPP′의 넓이가 6일 때, 점 P의 x좌표를 모두 구하시오. 단, 점 O는 원점을 나타낸다.

풀이

(1) $P(p, q)$라고 하면,

$$p - q = -2, \ \ p + q = \frac{10}{7}$$

이다. 이를 연립하여 풀면 $p = -\frac{2}{7}$, $q = \frac{12}{7}$이다 . $P\left(-\frac{2}{7}, \frac{12}{7}\right)$이다.

(2) 주어진 조건으로부터 $P(p, -2p + 4)$라고 하면, 점 $P'(3p - 4, -p + 4)$이다. 점 P′도 $y = -2x + 4$위의 점이므로

$$-p + 4 = -2(3p - 4) + 4, \ \ p = \frac{8}{5}$$

이다. 따라서 $P\left(\frac{8}{5}, \frac{4}{5}\right)$이다.

(3) 주어진 조건으로부터 $P(p, p^2)$이라 하면, 점 $P'(p - p^2, p + p^2)$이다.

(i) $p > 0$일 때, y축에 $\triangle OPQ = 6$을 만족하는 점 Q를 잡으면,

$$\frac{1}{2} \times \overline{OQ} \times p = 6, \ \ \overline{OQ} = \frac{12}{p}$$

이다. 여기서 점 Q를 지나고 직선 OP에 평행한 직선을 아래 그림과 같이 그리면, 이 직선의 방정식은

$$y = px + \frac{12}{p} \ \text{또는} \ y = px - \frac{12}{p}$$

이다.

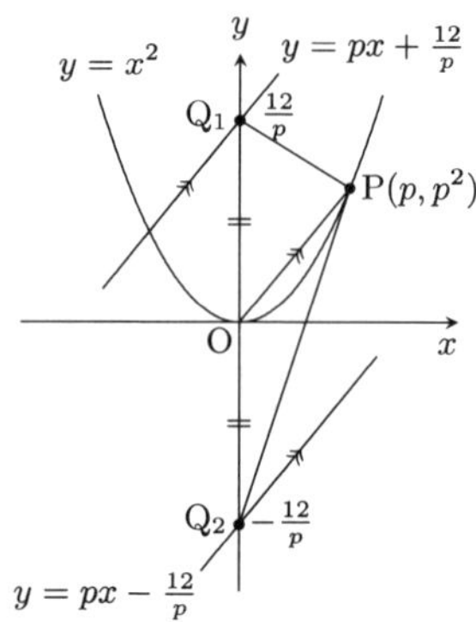

점 P′가 $y = px + \frac{12}{p}$위에 있으면,

$$p + p^2 = p(p - p^2) + \frac{12}{p}, \ \ p^4 + p^2 - 12 = 0$$

이다. 이를 인수분해하면

$$(p^2 - 3)(p^2 + 4) = 0$$

이다. $p^2 > 0$이므로 $p^2 = 3$이다. 즉, $p = \sqrt{3}(p > 0)$이다.
점 P′가 $y = px - \frac{12}{p}$위에 있으면,

$$p + p^2 = p(p - p^2) - \frac{12}{p}, \ \ p^4 + p^2 + 12 = 0$$

이다. 이를 만족하는 p는 존재하지 않는다.

(ii) $p < 0$일 때, y축에 $\triangle OPQ = 6$을 만족하는 점 Q를 잡으면,

$$\frac{1}{2} \times \overline{OQ} \times (-p) = 6, \ \ \overline{OQ} = -\frac{12}{p}$$

이다. 여기서 점 Q를 지나고 직선 OP에 평행한 직선을 아래 그림과 같이 그리면, 이 직선의 방정식은

$$y = px + \frac{12}{p} \ \text{또는} \ y = px - \frac{12}{p}$$

이다.

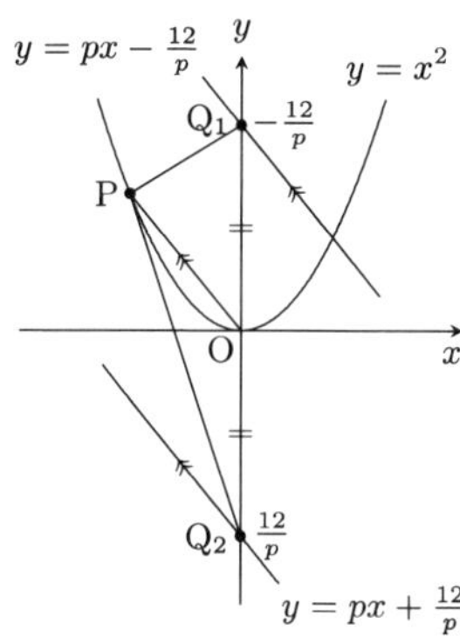

점 P′가 $y = px + \dfrac{12}{p}$위에 있으면,

$$p + p^2 = p(p - p^2) + \frac{12}{p},\ \ p^4 + p^2 - 12 = 0$$

이다. 이를 인수분해하면

$$(p^2 - 3)(p^2 + 4) = 0$$

이다. $p^2 > 0$이므로 $p^2 = 3$이다. 즉, $p = -\sqrt{3}(p < 0)$이다.
점 P′가 $y = px - \dfrac{12}{p}$위에 있으면,

$$p + p^2 = p(p - p^2) - \frac{12}{p},\ \ p^4 + p^2 + 12 = 0$$

이다. 이를 만족하는 p는 존재하지 않는다.

따라서 구하는 점 P의 x좌표는 $\pm\sqrt{3}$이다.

제 4 절 최종 모의고사 4회 풀이

문제 4.1 그림과 같이, $y = \frac{1}{4}x^2$와 기울기가 1인 직선 l이 두 점 A, B에서 만나고, 점 A$(-2, 1)$이다. 두 점 C, D는 직선 $y = -2$위의 점으로, C$(11, -2)$이고, 점 D는 직선 OB와의 교점이다.

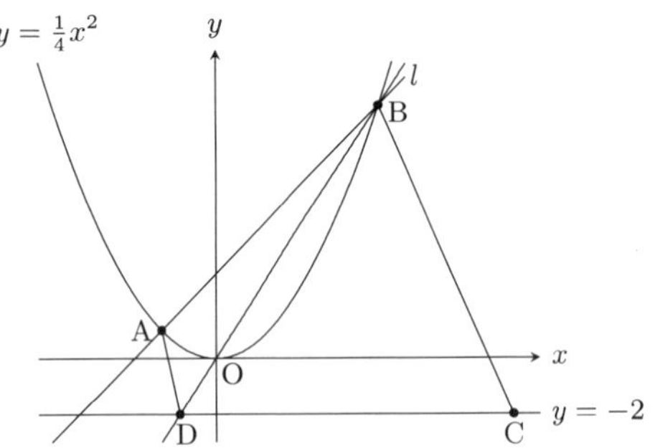

(1) 점 A를 지나 직선 OB에 평행한 직선과 직선 $y = -2$와의 교점을 E라 할 때, 점 E의 좌표를 구하시오.

(2) 점 B를 지나, 사각형 BADC의 넓이를 5등분하는 네 개의 직선의 기울기를 각각 m_1, m_2, m_3, m_4라 할 때, $\frac{1}{m_1}, \frac{1}{m_2}, \frac{1}{m_3}, \frac{1}{m_4}$의 값을 구하시오.

풀이

(1) 점 B의 x좌표를 b라 하면, 직선 AB의 기울기는 1이므로

$$\frac{1}{4} \times (-2 + b) = 1, \ \ b = 6$$

이다. 따라서 점 B$(6, 9)$이다.

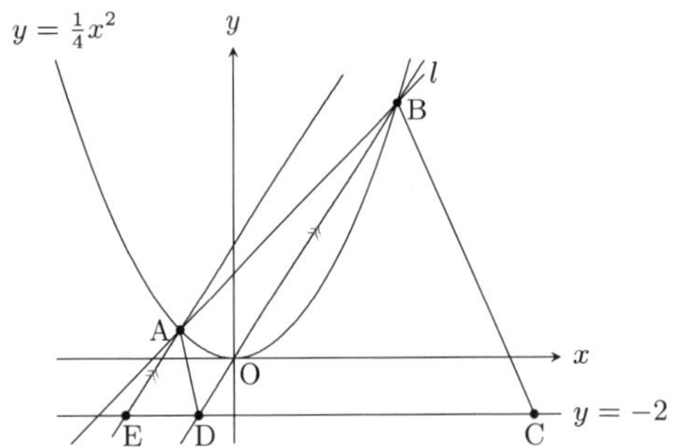

직선 OB의 기울기는 $\frac{3}{2}$이므로, 점 A를 지나 직선 OB에 평행한 직선의 방정식은

$$y = \frac{3}{2}(x + 2) + 1, \ \ y = \frac{3}{2} + 4$$

이다. $y = \frac{3}{2} + 4$와 $y = -2$를 연립하여 풀면 $x = -4$, $y = -2$이다. 즉, 점 E의 좌표는 $(-4, -2)$이다.

(2) 삼각형 BAD와 삼각형 BED의 넓이가 같으므로, 사각형 BADC의 넓이는 삼각형 AEC의 넓이와 같다.

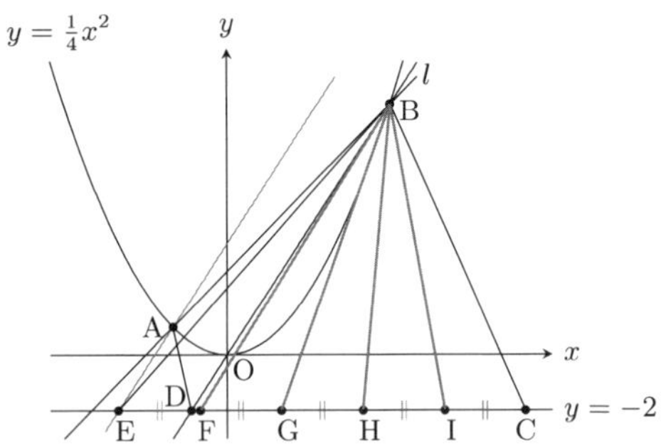

선분 EC를 5등분하는 점을 F, G, H, I라 하면, $(11 + 4) \div 5 = 3$이므로 점 F, G, H, I의 x좌표는 각각 -1, 2, 5, 8이다.

$p \neq 6$인 점 $(p, -2)$와 점 B를 연결한 직선의 기울기는 $\frac{9-(-2)}{6-p} = \frac{11}{6-p}$이다. 그러므로

$$\begin{aligned} & \frac{1}{m_1} + \frac{1}{m_2} + \frac{1}{m_3} + \frac{1}{m_4} \\ = & \frac{6+1}{11} + \frac{6-2}{11} + \frac{6-5}{11} + \frac{6-8}{11} \\ = & \frac{10}{11} \end{aligned}$$

이다.

문제 4.2 그림과 같이, 좌표평면 위에 두 직선 $y = 2x+2$, $y = ax+4-a(a \neq 2)$이다.

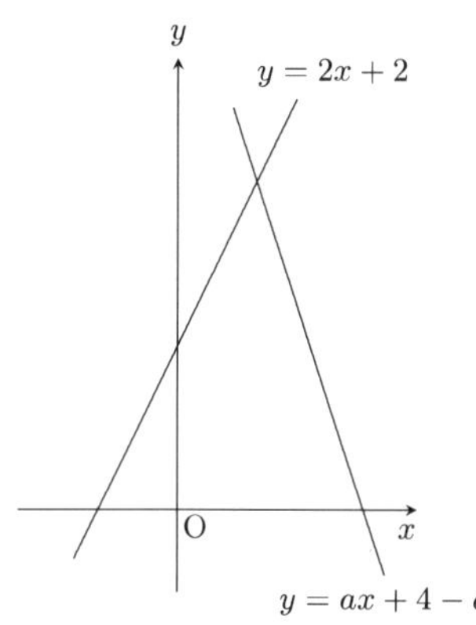

(1) 두 직선 $y = 2x+2$, $y = ax+4-a$의 교점의 좌표를 구하시오.

(2) $a = -3$일 때,두 직선 $y = 2x+2$, $y = ax+4-a$와 x축으로 둘러싸인 삼각형의 내부(둘레 미포함)의 격자점의 수를 구하시오. 단, 격자점은 x좌표와 y좌표가 모두 정수인 점이다.

(3) 두 직선 $y = 2x+2$, $y = ax+4-a$와 x축으로 둘러싸인 삼각형의 내부(둘레 미포함)의 격자점이 1개일 때, a의 값의 범위를 구하시오.

풀이

(1) 교점의 x좌표는 $2x+2 = ax+4-a$의 해이다. 이를 정리하면 $(a-2)(x-1) = 0$이다. $a \neq 2$이므로 $x = 1$이다. 따라서 교점의 좌표는 $(1, 4)$이다.

(2) $a = -3$일 때, $y = -3x+7$이다.

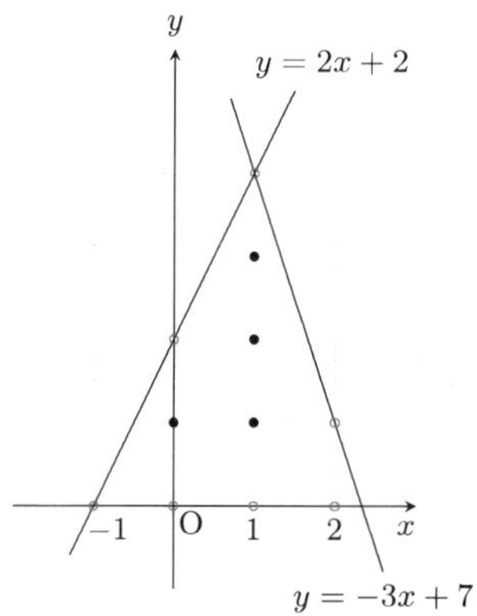

두 직선 $y = 2x+2$, $y = -3x+7$와 x축으로 둘러싸인 삼각형의 내부(둘레 미포함)의 격자점은 그림에서 • 의 표시된 점으로 모두 4개다.

(3) 직선 $y = ax+4-a$는 기울기가 a이고, 점 $(1,\ 4)$를 지난다.

(i) $a \le 0$일 때, (2)의 그림과 같이 격자점은 4개이므로 조건에 맞지 않는다.

(ii) $0 < a < 2$일 때, 아래 그림에서 점 $(-1, 1)$를 내부에 포함해야 한다. $a = 1$일 때 격자점은 1개이고, $a = \frac{3}{2}$일 때, •이 둘레 위에 있으므로 조건에 맞지 않는다. 그러므로 $1 \le a < \frac{3}{2}$이다.

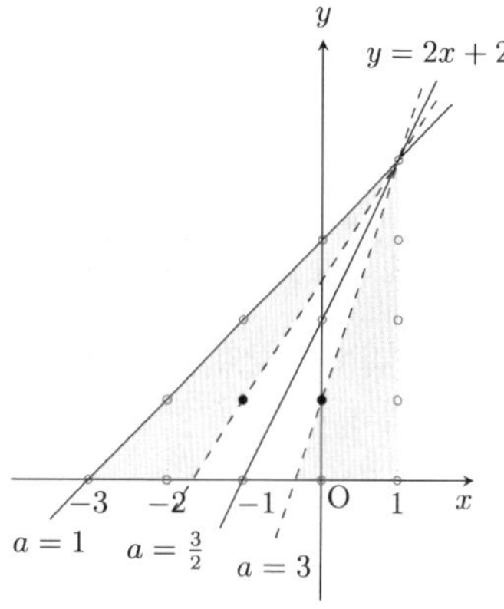

(iii) $a > 2$일 때, 위의 그림에서 점 $(0, 1)$를 내부에 포함해야 한다. $a = 3$일 때 •이 둘레 위에 있으므로 조건을 만족하지 않는다. 그러므로 $a > 0$이다.

따라서 (i), (ii), (iii)에 의해 a의 범위는 $1 \le a < \frac{3}{2}$, $a > 3$이다.

문제 4.3 그림과 같이, 좌표평면 위에 원점 O와 정12각형 ABCDEFGHIJKL이 있다. 점 A, J의 좌표는 각각 $(0, 6)$, $(6, 0)$이다. 함수 $y = ax^2$은 세 점 B, O, L을 지나고, 함수 $y = bx^2$은 세 점 C, O, K를 지난다. 단, $a > 0$, $b > 0$이다.

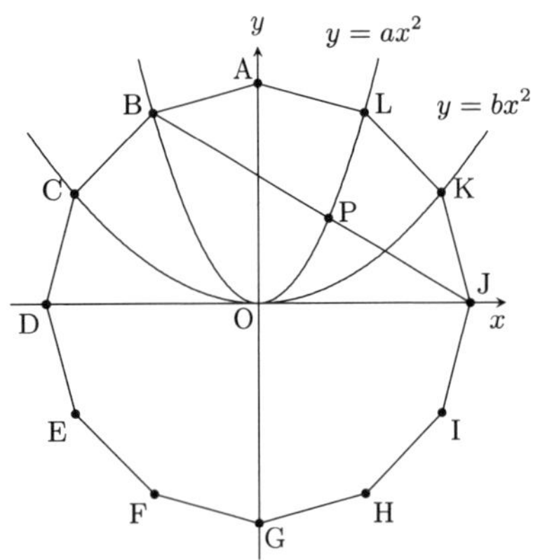

(1) 함수 $y = ax^2$과 선분 BJ의 교점 중 점 B가 아닌 점을 P라 한다. 점 P의 좌표를 구하시오.

(2) 삼각형 JPQ와 삼각형 JPD의 넓이가 같도록 y축 위에 점 Q의 좌표를 구하시오. 단, 점 Q는 정12각형의 내부에 있다.

(3) 함수 $y = bx^2$와 선분 BJ의 교점 중 정12각형의 내부에 있는 점을 R이라 할 때, 사각형 RQGH의 넓이를 구하시오.

풀이

(1) $\overline{OL} = \overline{OA} = 6$, $\angle LOJ = 60°$이므로, $L(3, 3\sqrt{3})$이다. 점 L은 $y = ax^2$위에 있으므로, $a = \frac{\sqrt{3}}{3}$이다.

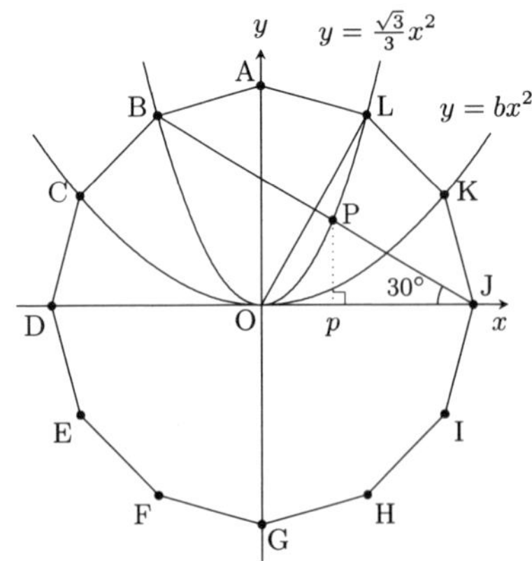

점 P의 좌표를 $\left(p, \frac{\sqrt{3}}{3}p^2\right)$라고 하면, $\angle BJO = \angle PJO = 30°$이므로,

$$(6 - p) : \frac{\sqrt{3}}{3}p^2 = \sqrt{3} : 1, \quad (p + 3)(p - 2) = 0$$

이다. $p > 0$이므로 $p = 2$이다. 즉, $P\left(2, \frac{4\sqrt{3}}{3}\right)$이다.

(2) $\triangle JPQ = \triangle JPD$이므로, $\overline{JP} \parallel \overline{QD}(\parallel \overline{DH})$이다. $\angle QDO = \angle PJO = 30°$이므로,

$$\overline{OQ} = 6 \times \frac{1}{\sqrt{3}} = 2\sqrt{3}$$

이다. 따라서 $Q(0, -2\sqrt{3})$이다.

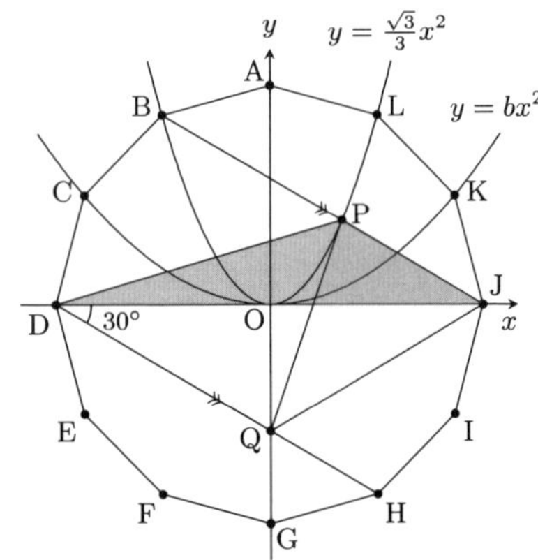

(3) 선분 BJ와 y축과의 교점을 S라 하면, 대칭성에 의하여 $S(0, 2\sqrt{3})$이고, $H(3, -3\sqrt{3})$이다. $\overline{SR} \parallel \overline{QH}$이므로, $\triangle QHR = \triangle QHS$이다.

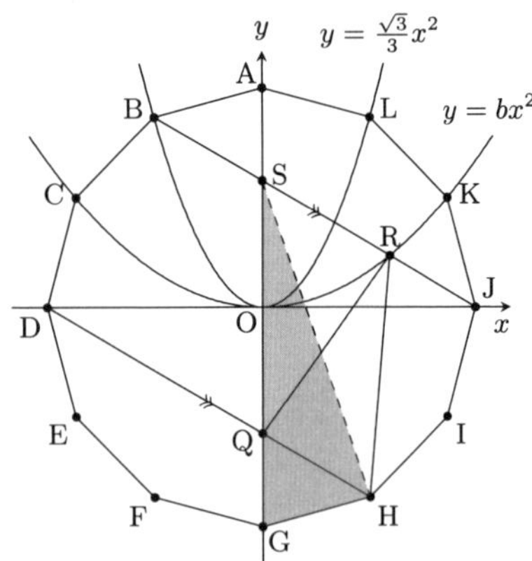

그러므로 사각형 RQGH의 넓이는 삼각형 SGH의 넓이와 같다. 즉, 구하는 넓이는

$$\frac{1}{2} \times (2\sqrt{3} + 6) \times 3 = 3\sqrt{3} + 9$$

이다.

문제 4.4 그림과 같이, 이차함수 $y = ax^2$은 $(-3, 3)$을 지난다. 두 원의 중심인 P, Q는 이차함수 위의 점이고, 각각의 x좌표는 양수이다. 원 P는 x축에 접한다. 또, y축, 직선 l, 그리고, x축에 평행한 직선 m은 두 원의 공통접선이다.

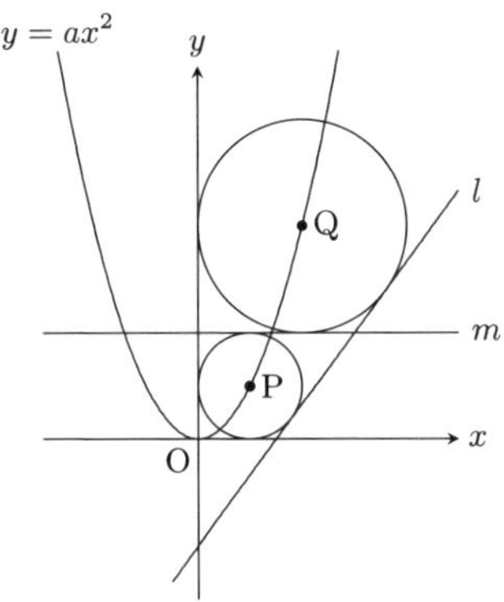

(1) 중심 P의 좌표를 구하시오.

(2) $\triangle$OPQ의 넓이를 구하시오.

(3) 직선 l의 y절편을 구하시오.

풀이

(1) $(-3, 3)$을 $y = ax^2$에 대입하면 $a = \frac{1}{3}$이다. 점 P의 좌표를 $\left(p, \frac{1}{3}p^2\right)$라 하면, 점 P를 중심으로 하는 원은 x축과 y축에 접하므로, $p = \frac{1}{3}p^2$이다. $p > 0$이므로 $p = 3$이다. 따라서 $\mathrm{P}(3, 3)$이다.

(2) 점 Q의 x좌표를 q라 하면, 직선 m은 $y = 6$이므로,

$$\frac{1}{3}q^2 = q + 6, \quad q^2 - 3q - 18 = 0$$

이다. 이를 인수분해하면 $(q+3)(q-6) = 0$이다. $q > 0$이므로 $q = 6$이다. 그러므로 $\mathrm{Q}(6, 12)$이다.

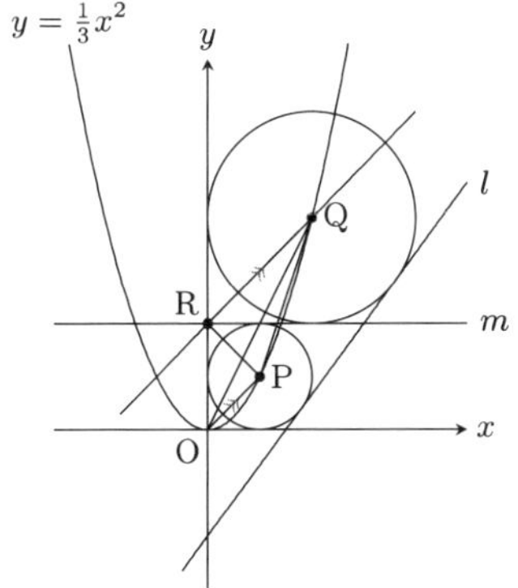

점 Q를 지나고 직선 OP에 평행한 직선 $y = x + 6$과 y축과의 교점을 R이라 하면, $\mathrm{R}(0, 6)$이다. 따라서 $\triangle\mathrm{OPQ} = \triangle\mathrm{OPR} = \frac{1}{2} \times 6 \times 3 = 9$이다.

(3) y축과 l은 원 P, Q의 공통접선이므로, 이 두 접선의 교점을 두 원의 중심을 연결한 직선이 지난다. 직선 PQ의 방정식이 $y = 3x - 6$이므로 직선 l의 y절편은 -6이다.

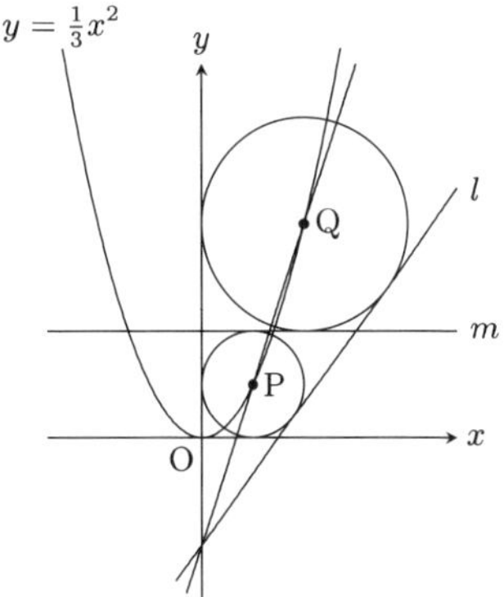

제 5 절 최종 모의고사 5회 풀이

문제 5.1 그림과 같이, 함수 $y = x^2$위에 꼭짓점이 있는 세 정사각형 ABOC, PQRS, DEAF가 있고, $\overline{\mathrm{PA}} : \overline{\mathrm{AR}} = 7 : 5$이고, 사각형 PQRS의 넓이와 사각형 DEPF의 넓이가 같다.

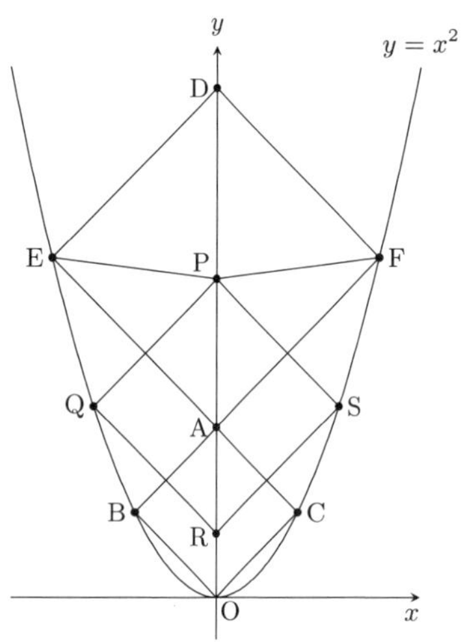

(1) 점 D의 좌표를 구하시오.

(2) 점 R의 좌표를 구하시오.

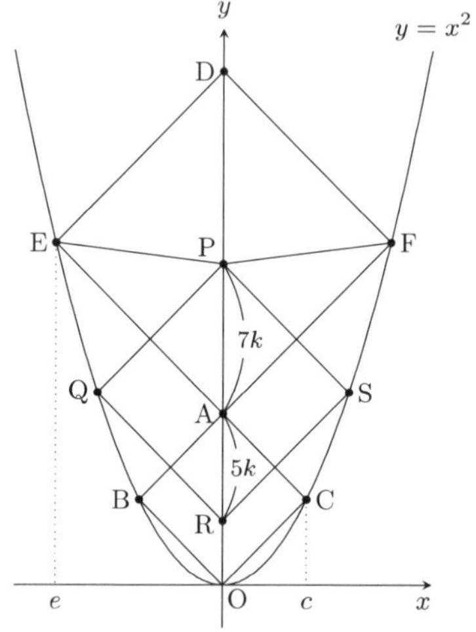

풀이

(1) 점 C, E의 x좌표를 각각 c, e라 하면, 직선 OC의 기울기가 1이므로 $1 \times (0 + c) = 1$이다. 그러므로 $c = 1$이다. 즉, $\mathrm{C}(1, 1)$이다. 또, 직선 EC의 기울기가 -1이므로 $1 \times (e + 1) = -1$이다. 그러므로 $e = -2$이다. 즉, $\mathrm{E}(-2, 4)$이다.
점 A의 y좌표(직선 EC의 y절편)은 $-1 \times (-2) \times 1 = 2$이다. $\overline{\mathrm{EF}} = \overline{\mathrm{AD}} = 4$이므로 $\mathrm{D}(0, 6)$이다.

(2) $\overline{\mathrm{PA}} = 7k$, $\overline{\mathrm{AR}} = 5k$라 두면, $\overline{\mathrm{QS}} = \overline{\mathrm{PR}} = 12k$이다.
또, $\overline{\mathrm{DA}} = \overline{\mathrm{EF}} = 2 \times 2 = 4$이므로,

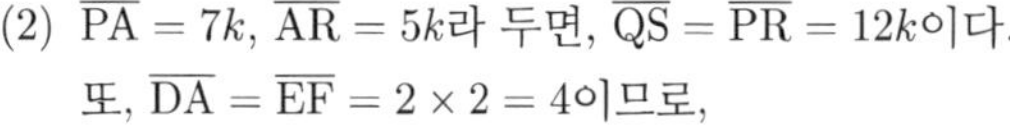

$$\overline{\mathrm{DP}} = \overline{\mathrm{DA}} - \overline{\mathrm{PA}} = 4 - 7k$$

이다. 사각형 PQRS와 사각형 DEPF의 넓이가 같으므로,

$$\overline{\mathrm{QS}} \times \overline{\mathrm{PR}} = \overline{\mathrm{EF}} \times \overline{\mathrm{DP}}, \quad (12k)^2 = 4 \times (4 - 7k)$$

이다. 이를 정리하면

$$36k^2 + 7k - 4 = 0. \ (4k - 1)(9k + 4) = 0$$

이다. $k > 0$이므로 $k = \frac{1}{4}$이다. 따라서 $\mathrm{R}\left(0, \frac{3}{4}\right)$이다.

문제 5.2 그림과 같이, 좌표평면 위에 함수 $y = \frac{1}{3}x^2$ 위의 두 점 A, B에 대해서, 직선 OA와 직선 OB가 수직이다. 세 점 O, A, B를 지나는 원과 x축과의 교점 중 원점 O가 아닌 점을 C라 한다. $\angle ABC = 30°$이고, 직선 AB와 x축과의 교점을 D라 한다. 단, 점 A, B, C의 x좌표의 부호는 각각 양, 음, 음이다.

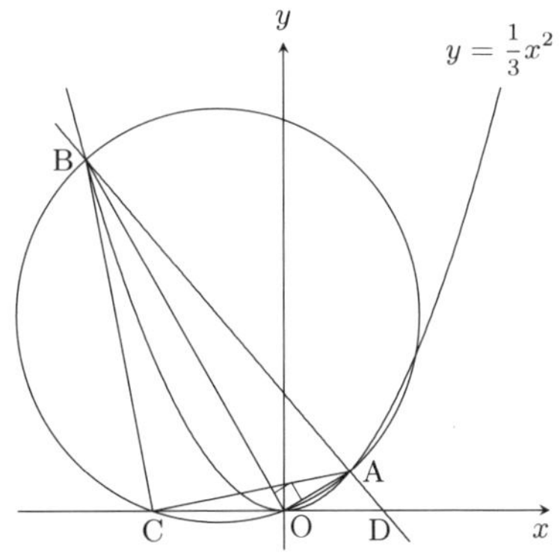

(1) $\angle AOD$의 크기를 구하시오.

(2) 점 A, B의 좌표를 구하시오.

(3) 점 C의 좌표를 구하시오.

풀이

(1) 사각형 OABC는 원에 내접하므로, 내대각의 성질에 의하여 $\angle AOD = \angle ABC = 30°$이다.

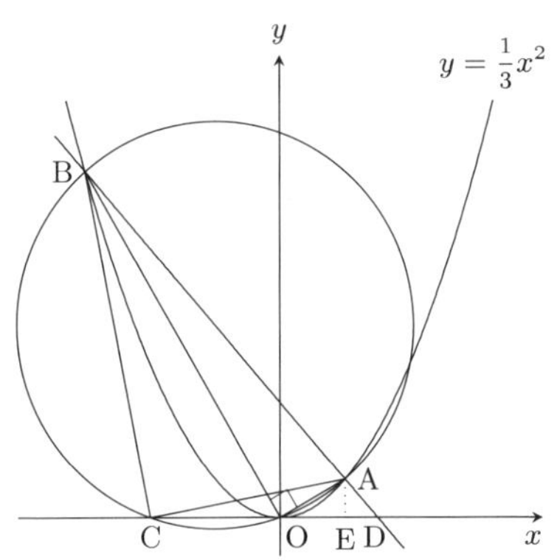

(2) 점 A에서 x축에 내린 수선의 발을 E라 하면, 삼각형 AOE는 한 내각이 30°인 직각삼각형이다. 또, 직선 OA의 기울기가 $\frac{1}{\sqrt{3}}$이다. 점 A의 x좌표를 a라 하면, $\frac{1}{3} \times (0 + a) = \frac{1}{\sqrt{3}}$이다. 즉, $a = \sqrt{3}$이다. 그러므로 $A(\sqrt{3}, 1)$이다.

$\overline{OA} \perp \overline{OB}$이므로, 기울기의 곱이 -1이므로 직선 OB의 기울기는 $-\sqrt{3}$이다.

점 B의 x좌표를 b라 하면, $\frac{1}{3} \times (0 + b) = -\sqrt{3}$이다. 즉, $b = -3\sqrt{3}$이다. 그러므로 $B(-3\sqrt{3}, 9)$이다.

(3) $\angle AOB = 90°$이므로, 선분 AB는 원의 지름이다.

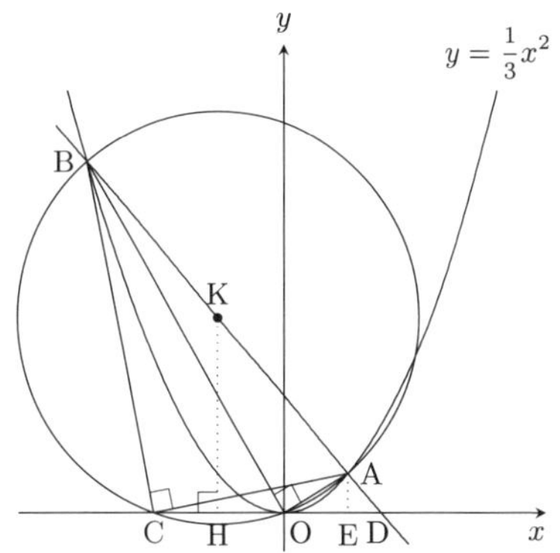

원주각의 성질에 의하여, $\angle ACB = \angle AOB = 90°$이므로, 두 직선 CA와 CB의 기울기의 곱은 -1이다.

원의 중심을 K라 하면, 원의 중심은 선분 AB의 중점과 일치하므로 $K(-\sqrt{3}, 5)$이다. 중심 K에서 선분 OC에 내린 수선의 발 $H(-\sqrt{3}, 0)$는 선분 OC의 중점과 일치한다. 따라서 점 $C(-2\sqrt{3}, 0)$이다.

문제 5.3 그림과 같이, 함수 $y=x^2$위에 x좌표가 2인 점 A와 $\angle AOB = 90°$가 되는 점 B가 있다.

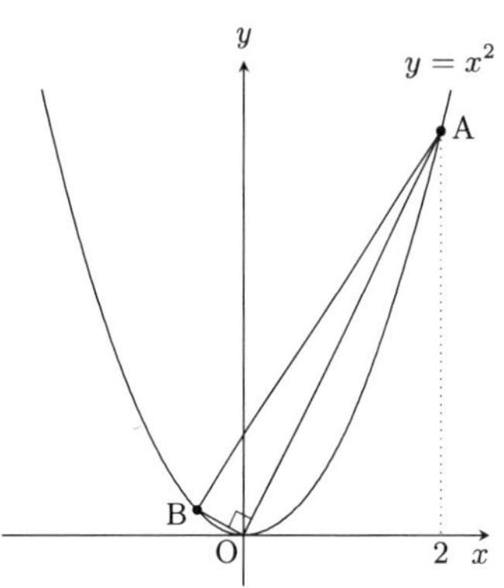

(1) 직선 AB의 방정식을 구하시오.

(2) 함수 $y=x^2$위에 $\triangle ABC = \triangle OAB$를 만족하는 점 C를 잡는다. 이때, 가능한 점 C의 좌표를 모두 구하시오. 단, 점 C는 원점 O가 아니다.

(3) (2)에서 구한 점 C중 x좌표가 가장 작은 점을 P, 가장 큰 점을 Q라 한다. 점 P에서 직선 AB에 내린 수선의 발을 H라 할 때, 선분 PH의 길이를 구하고, 네 점 A, B, P, Q를 꼭짓점으로 하는 사각형의 넓이를 구하시오.

풀이

(1) A(2,4)이고, 직선 OA의 기울기가 2이고, $\angle AOB = 90°$이므로 직선 OB의 기울기는 $-\frac{1}{2}$이다.
점 B의 x좌표를 b라고 하면,

$$1\times(b+0) = -\frac{1}{2},\ b=-\frac{1}{2}$$

이다. 그러므로 직선 AB의 기울기와 y절편은 각각

$$1\times\left\{2+\left(-\frac{1}{2}\right)\right\} = \frac{3}{2},\ -1\times 2\times\left(-\frac{1}{2}\right) = 1$$

이다. 따라서 직선 AB의 방정식은 $y=\frac{3}{2}x+1$이다.

(2) 직선 AB와 y축과의 교점을 J라 하면, J(0,1)이다. y축 위에 $\triangle OAB = \triangle ABK$인 점 K를 잡으면, 대칭성에 의하여 K(0,2)이다.
그림과 같이 점 O를 지나고 기울기가 직선 AB와 같은 직선과 $y=x^2$과의 교점을 C_1이라 하고, 점 K를 지나고 기울기가 직선 AB와 같은 직선과 $y=x^2$과의 교점을 각각 C_2, C_3라 하면, 세 점 C_1, C_2, C_3가 구하는 점 C이다.

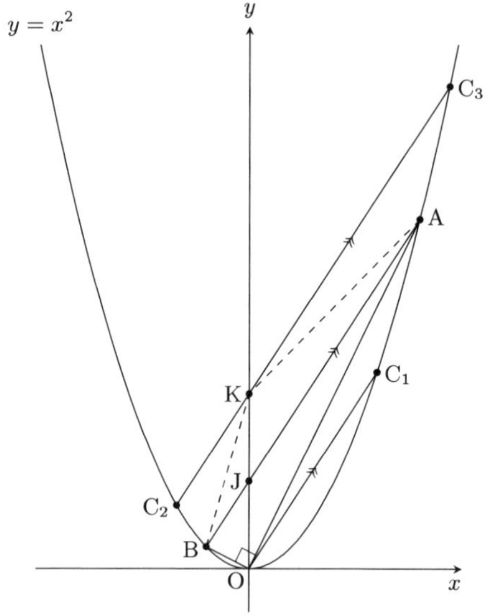

점 C_1은 $y=\frac{3}{2}x$와 $y=x^2$의 교점 중 원점이 아닌 점이므로, $x=\frac{3}{2}$이다. 따라서 $C_1\left(\frac{3}{2}, \frac{9}{4}\right)$이다.
점 C_2, C_3는 $y=\frac{3}{2}x+2$와 $y=x^2$의 교점이므로,

$$x^2 = \frac{3}{2}x+2,\ 2x^2-3x-4=0$$

이다. 근의 공식으로 풀면 $x=\frac{3\pm\sqrt{41}}{4}$이다. 따라서
$C_2\left(\frac{3-\sqrt{41}}{4}, \left(\frac{3-\sqrt{41}}{4}\right)^2\right)$, $C_3\left(\frac{3+\sqrt{41}}{4}, \left(\frac{3+\sqrt{41}}{4}\right)^2\right)$
이다.

(3) (2)의 결과로부터 $C_2 = P$, $C_3 = Q$이다. 점 K에서 직선 AB에 내린 수선의 발을 L이라 하면, $\overline{PH} = \overline{KL}$이다.

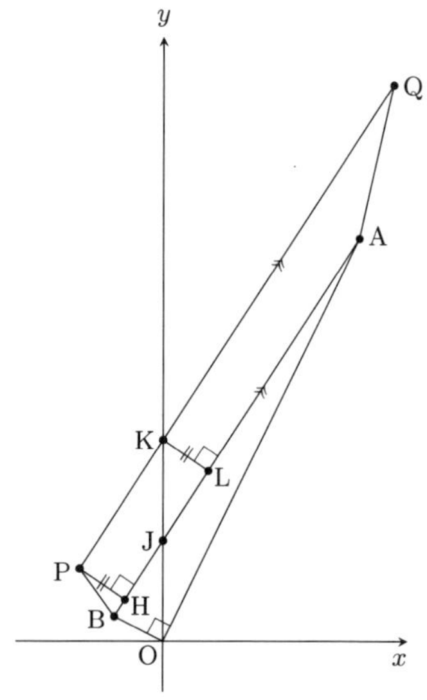

삼각형 KJL만 따로 떼어 살펴본다. 점 L에서 점 J를 지나고 x축에 평행한 직선에 내린 수선의 발을 M이라 하면, 직선 JL의 기울기가 $\frac{3}{2}$이므로 삼각형 LJM은 세 변의 길이의 비가 $2:3:\sqrt{13}$인 직각삼각형이다.

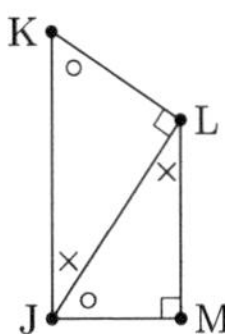

직각삼각형 LJM과 직각삼각형 JKL은 닮음이므로

$$\overline{\mathrm{JK}}:\overline{\mathrm{KL}}=\sqrt{13}:2$$

이다. $\overline{\mathrm{JK}}=1$이므로 $\overline{\mathrm{KL}}=\overline{\mathrm{PH}}=\frac{2\sqrt{13}}{13}$이다.

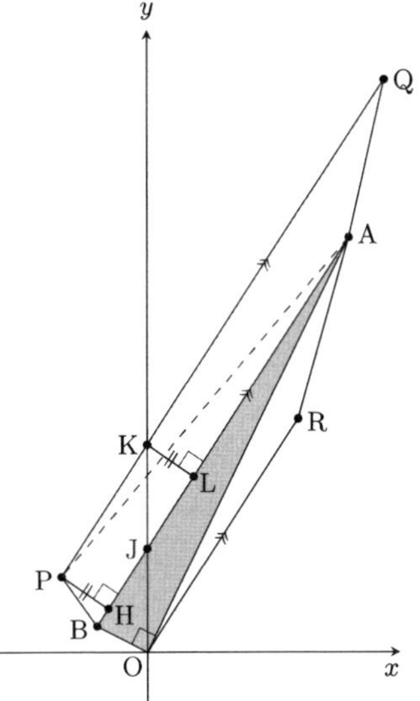

사각형 ABPQ의 넓이는 삼각형 PBA와 삼각형 PAQ의 넓이의 합과 같다. 이때, x좌표의 차를 구하면, 두 점 A, B의 x좌표의 차는 $\frac{5}{2}$이고, 두 점 P, Q의 x좌표의 차는 $\frac{\sqrt{41}}{2}$이다.
$\overline{\mathrm{AB}}\,/\!/\,\overline{\mathrm{PQ}}$이므로, 선분 AB와 선분 PQ의 길이의 비는 x좌표의 차의 비와 같다. 또, 선분 PH가 공통이므로, 이 x좌표의 차의 비는 삼각형 PBA와 삼각형 PAQ의 넓이의 비와 같다. 즉,

$$\triangle\mathrm{PBA}:\triangle\mathrm{PAQ}=5:\sqrt{41}$$

이다. $\triangle\mathrm{PBA}=\triangle\mathrm{OAB}=\frac{1}{2}\times1\times\frac{5}{2}=\frac{5}{4}$이므로,

$$\triangle\mathrm{PAQ}=\frac{5}{4}\times\frac{\sqrt{41}}{5}=\frac{\sqrt{41}}{4}$$

이다. 그러므로 구하는 사각형 ABPQ의 넓이는

$$\triangle\mathrm{PBA}+\triangle\mathrm{PAQ}=\frac{5+\sqrt{41}}{4}$$

이다.

문제 5.4 그림과 같이, 좌표평면 위에 함수 $y = x^2$과 직선 $y = x + 2$가 두 점 A, B에서 만난다. 단, 점 A의 x좌표는 음수이다. 점 B를 지나고 $y = x + 2$에 수직인 직선과 함수 $y = x^2$과의 교점을 C라 한다.

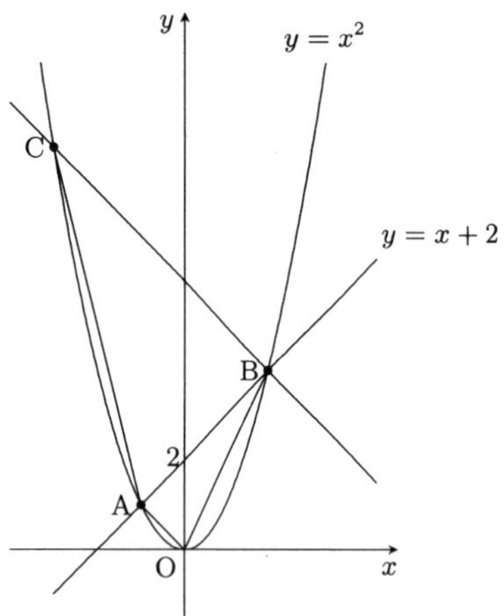

(1) 사각형 OACB의 넓이를 구하시오.

(2) 사각형 OACB의 변 위 또는 내부의 점 중에서 x좌표와 y좌표가 모두 정수인 점은 모두 몇 개인가?

풀이

(1) 점 A와 B의 x좌표는

$$x^2 = x + 2,\ \ x^2 - x - 2 = 0,\ \ (x + 1)(x - 2) = 0$$

의 두 근이므로 $x = -1$, 2이다. 따라서 A$(-1, 1)$, B$(2, 4)$이다.
점 B$(2, 4)$를 지나고 $y = x + 2$(기울기가 1인 직선)에 수직인 직선의 방정식은

$$y = -(x - 2) + 4,\ \ y = -x + 6 \qquad ①$$

이다. $y = x^2$과 ①의 교점을 구하면,

$$x^2 = -x + 6,\ x^2 + x - 6 = 0,\ (x - 2)(x + 3) = 0$$

으로부터 C$(-3, 9)$이다. D$(0, 2)$라 하면,

$$\begin{aligned}\triangle\text{OAB} &= \frac{1}{2} \times \overline{\text{OD}} \times (\text{점 A, B의 } x\text{좌표의 차})\\ &= \frac{1}{2} \times 2 \times 3\\ &= 3 \qquad ②\end{aligned}$$

이다. 여기서 직선 OA와 BC의 기울기가 모두 -1이므로, $\overline{\text{OA}} /\!/ \overline{\text{BC}}$이다. 그러므로

$$\triangle\text{OAB} : \triangle\text{ABC} = \overline{\text{OA}} : \overline{\text{BC}} = 1 : 5$$

이다. 따라서 사각형 OACB의 넓이는 ② $\times (1 + 5) =$ 18이다.

(2) 직선 AC, OB의 방정식은 각각 $y = -4x - 3$, $y = 2x$이다.

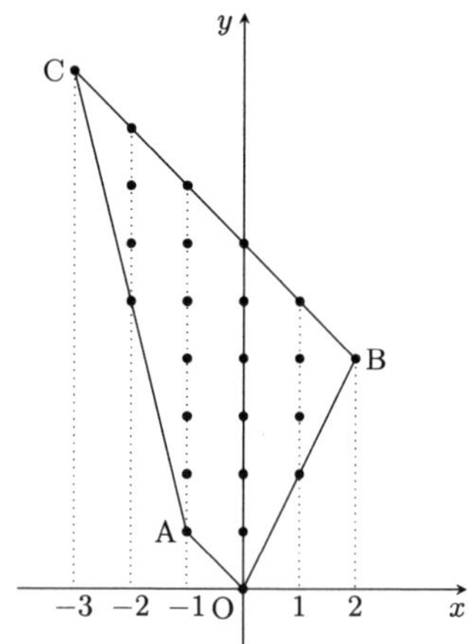

• $-3 \leq x \leq -1$일 때, 정수 x를 고정하면, y는 $-4x-3$부터 $-x+6$까지 모두 $3x+10$(개)다. 따라서 $x = -3$, -2, -1에 대하여 y는 각각 1, 4, 7(개)다.

• $0 \leq x \leq 2$일 때, 정수 x를 고정하면, y는 $2x$부터 $-x + 6$까지 모두 $-3x + 7$(개)다. 따라서 $x = 0$, 1, 2에 대하여 y는 각각 7, 4, 1(개)다.

그러므로 구하는 x좌표와 y좌표가 모두 정수인 점은 $(1 + 4 + 7) \times 2 = 24$(개)다.

제 6 절 최종 모의고사 6회 풀이

문제 6.1 그림과 같이, 좌표평면 위에 두 직선 $y = 2x - 2$과 직선 $y = -x + 6$의 교점을 P, 직선 $y = 2x - 2$과 x축과의 교점을 Q, 직선 $y = -x + 6$와 x축과의 교점을 R이라 한다.

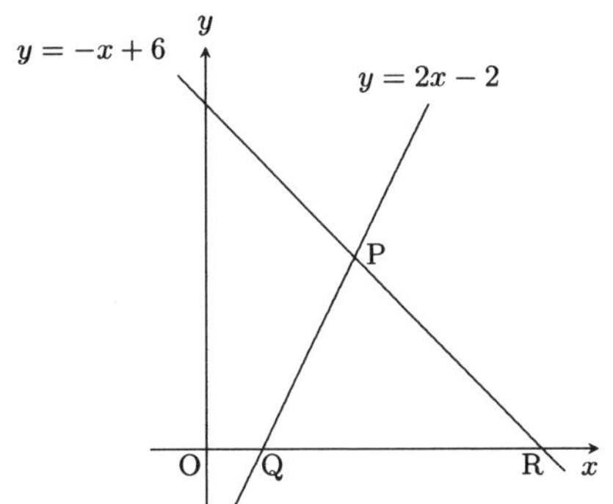

(1) △PQR의 둘레와 내부에 있는 격자점의 수를 구하시오. 단, 격자점은 x좌표와 y좌표가 모두 정수인 점이다.

(2) 점 R과 선분 PQ위의 점 S를 지나는 직선 l이 있다. △PSR의 둘레와 내부에 있는 격자점의 수와 △SQR의 둘레와 내부에 있는 격자점의 수가 같을 때, 직선 l의 식을 구하시오.

풀이

(1) 직선 $y = 2x - 2$과 직선 $y = -x + 6$을 연립하여 풀면 $\mathrm{P}\left(\frac{8}{3}, \frac{10}{3}\right)$이다. 이로부터 구하는 격자점의 수는 아래 그림에서 $x = 1, 2, 3, 4, 5, 6$에 대하여 순서대로 1, 3, 4, 3, 2, 1(개)이다. 따라서 구하는 격자점의 개수는 14개다.

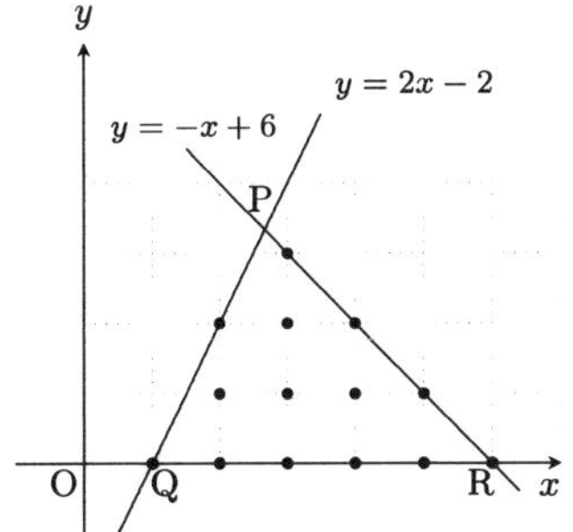

(2) △PSR과 △SQR의 둘레와 내부에 포함된 격자점의 수를 각각 a, b라 하면, 직선 l이 아래 그림과 같이 점 A(3, 1)를 지날 때, $a = b = 8$이다.

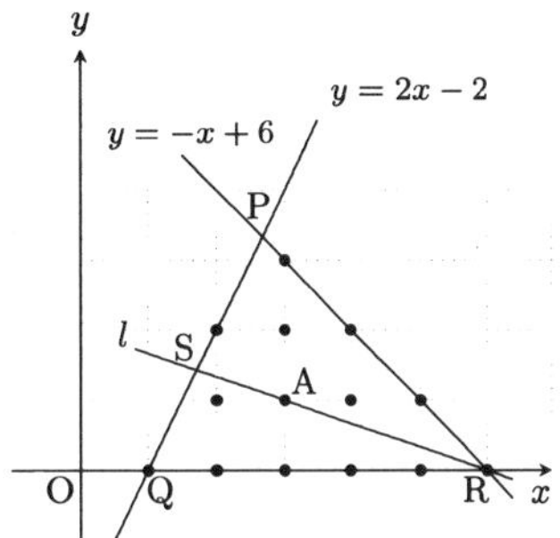

이때, 직선 l의 기울기는 $\frac{0-1}{6-3} = -\frac{1}{3}$이므로, 구하는 직선의 방정식은

$$y = -\frac{1}{3}(x - 6) + 0, \ \ y = -\frac{1}{3}x + 2$$

이다.

문제 6.2 그림과 같이, 정팔각형 OABCDEFG가 있다. 점 O는 원점, 점 D는 y축 위에 있고, 두 점 B, F는 $y = \frac{1}{2}x^2$위에 있고, 두 점 C, E는 이차함수 $y = ax^2$위에 있고, 두 점 A, G는 이차함수 $y = bx^2$위에 있고, 점 B의 좌표는 $(2, 2)$이다. 점 A에서 x축에서 내린 수선의 발을 H라 하고, 선분 OH의 수직이등분선과 x축, 함수 $y = bx^2$과의 교점을 각각 I, J라 하고, 점 B를 지나고 직선 AJ에 평행한 직선과 y축과의 교점을 K라 한다.

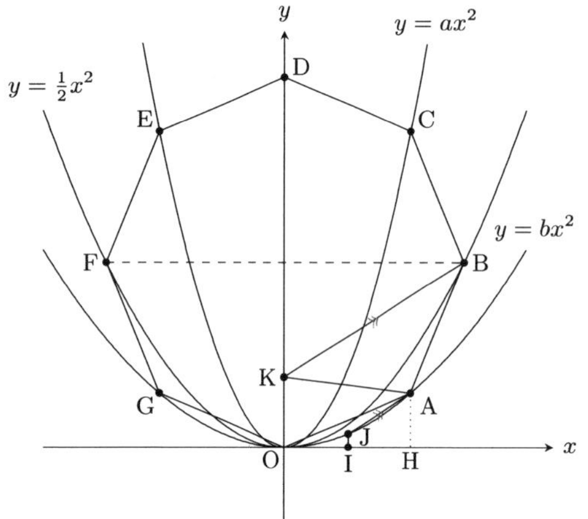

(1) 상수 a, b의 값을 각각 구하시오.

(2) 삼각형 ABK의 넓이를 구하시오.

풀이

(1) 선분 FB와 y축과의 교점을 P라 하고, 선분 PB와 선분 CA의 교점을 M이라 한다.

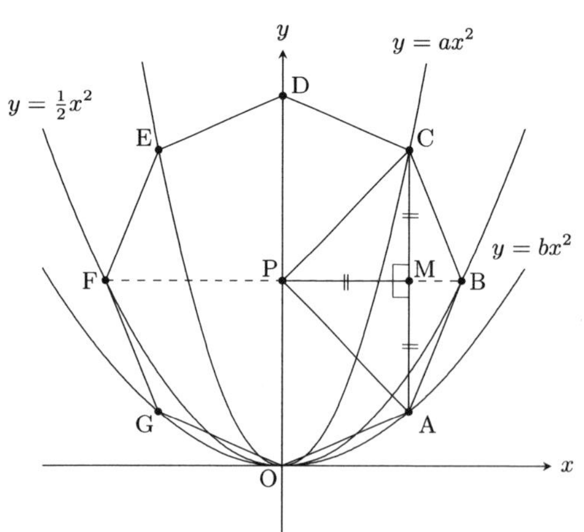

$\overline{PC} = \overline{PA} = \overline{PB} = 2$이고, 삼각형 PMA와 PMC는 합동인 직각이등변삼각형이다. 그러므로 $C(\sqrt{2}, 2 + \sqrt{2})$, $A(\sqrt{2}, 2 - \sqrt{2})$이다.

점 C, A를 각각 $y = ax^2$, $y = bx^2$에 대입하여, a, b를 구하면,

$$a = \frac{2 + \sqrt{2}}{2},\ b = \frac{2 - \sqrt{2}}{2}$$

이다.

(2) 그림에서 직선 AJ의 기울기는

$$\frac{2 - \sqrt{2}}{2} \times \left(\frac{\sqrt{2}}{2} + \sqrt{2}\right) = \frac{3\sqrt{2} - 3}{2}$$

이고, y절편은

$$-\frac{2 - \sqrt{2}}{2} \times \frac{\sqrt{2}}{2} \times \sqrt{2} = -\frac{2 - \sqrt{2}}{2}$$

이다. 직선 AJ와 y축과의 교점을 L, 점 K의 y좌표를 k라 하면, 직선 BK와 직선 AJ가 평행하므로

$$\frac{2 - k}{2} = \frac{3\sqrt{2} - 3}{2},\ k = 5 - 3\sqrt{2}$$

이다. 따라서

$$\begin{aligned}\triangle ABK &= \triangle LBK \\ &= \frac{1}{2} \times \overline{KL} \times 2 \\ &= \frac{1}{2} \times \left\{(5 - 3\sqrt{2}) + \frac{2 - \sqrt{2}}{2}\right\} \times 2 \\ &= \frac{12 - 7\sqrt{2}}{2}\end{aligned}$$

이다.

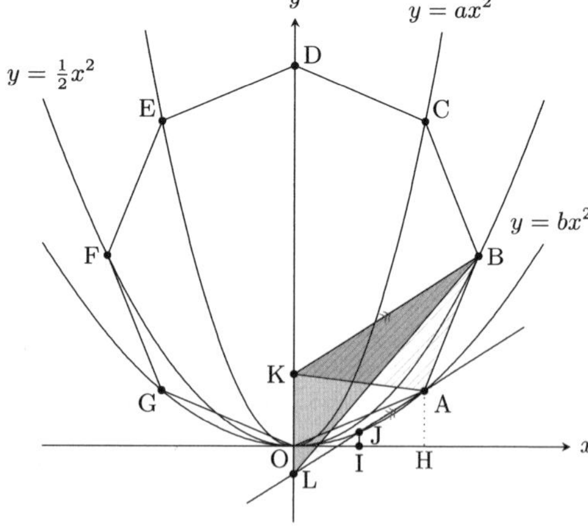

문제 6.3 그림과 같이, 함수 $y=\frac{1}{6}x^2$위에 x좌표가 각각 $-a$, a, $2a$인 점 A, B, C가 있다. 단, $a>0$이고, $\overline{\mathrm{AB}}=\overline{\mathrm{BC}}$이다.

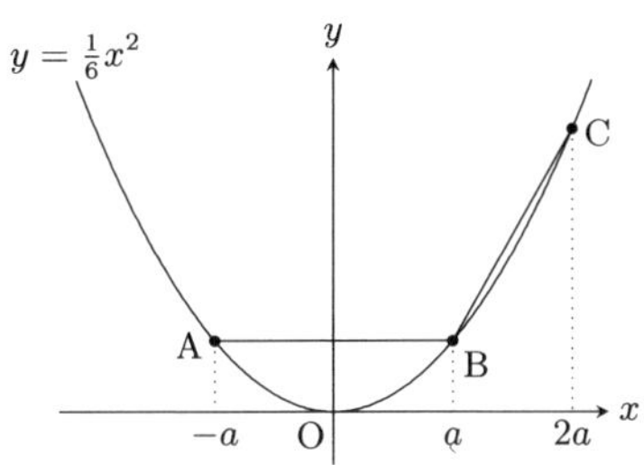

(1) ∠ABC의 크기를 구하시오.

(2) a의 값을 구하시오.

(3) 삼각형 ACD가 정삼각형이 되도록 점 D를 잡는다. 단, 점 D의 y좌표는 양수이다. 또, 점 C를 지나고 직선 AC에 수직인 직선과 y축과의 교점을 E라 한다. 점 D와 E의 좌표를 구하시오.

(4) (3)에서 직선 CD와 직선 AE의 교점을 P라 할 때, 선분 PE와 선분 PA의 길이의 비를 구하시오.

풀이

(1) 점 C에서 직선 AB의 연장선 위에 내린 수선의 발을 H라 한다. $\overline{\mathrm{AB}}=\overline{\mathrm{BC}}$이므로

$$\overline{\mathrm{BH}}:\overline{\mathrm{BC}}=\overline{\mathrm{BH}}:\overline{\mathrm{AB}}=(2a-a):(a+a)=1:2$$

이다. 그러므로 삼각형 BHC는 $\angle\mathrm{CBH}=60°$인 직각삼각형이다. 즉, $\angle\mathrm{ABC}=180°-60°=120°$이다.

(2) (1)로부터 직선 BC의 기울기 $\sqrt{3}$이다. 그러므로

$$\frac{1}{6}\times(a+2a)=\sqrt{3},\ \ a=2\sqrt{3}$$

이다.

(3) (1)로부터 아래 그림에서 $\circ=30°$이다. 또, 변 AD의 중점을 M이라 하면, $\times=30°$이다. 따라서 $\times=\circ$이다. 즉, $\overline{\mathrm{CM}}\,/\!/\,\overline{\mathrm{AB}}$이다.
(2)로부터 $\mathrm{A}(-2\sqrt{3},2)$, $\mathrm{C}(4\sqrt{3},8)$이다. 그러므로 $\mathrm{M}(-2\sqrt{3},8)$이다. 즉, $\mathrm{D}(-2\sqrt{3},14)$이다.
그림과 같이 선분 CM과 y축과의 교점을 I라 하면, 삼각형 CEI는 한 내각이 30°인 직각삼각형이다. 그러므로 점 E의 y좌표는 $8+4\sqrt{3}\times\sqrt{3}=20$이다. 즉, $\mathrm{E}(0,20)$이다.

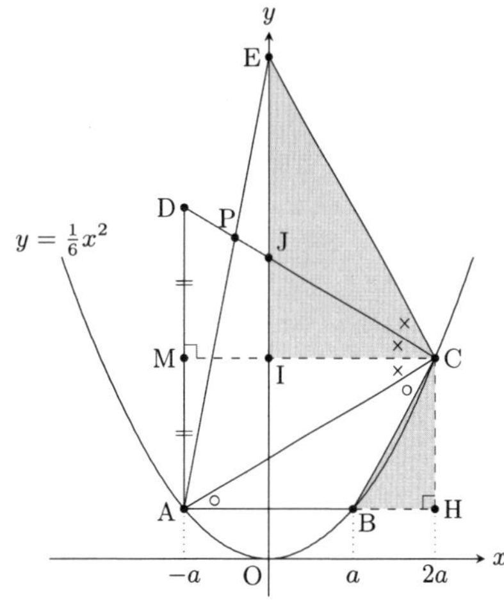

(4) 직선 CD와 y축과의 교점을 J라 하면, 삼각형 CJI는 한 내각이 30°인 직각삼각형이다. 그러므로 $\overline{\mathrm{IJ}}=4\sqrt{3}\times\frac{1}{\sqrt{3}}=4$이다. 즉, $\overline{\mathrm{EJ}}=12-4=8$이다.
삼각형 PJE와 삼각형 PDA는 닮음비가

$$\overline{\mathrm{EJ}}:\overline{\mathrm{AD}}=8:(14-2)=2:3$$

인 닮음이다. 그러므로 $\overline{\mathrm{PE}}:\overline{\mathrm{PA}}=2:3$이다.

문제 6.4 그림과 같이, 원점을 중심으로 하고 각각 반지름이 $\sqrt{2}$, $2\sqrt{3}$인 원 C_1, C_2가 있다. 함수 $y = x^2(x > 0)$과 원 C_1, C_2와의 교점을 각각 A, B라 하고, 원 C_1, C_2와 x축과의 교점을 각각 C, D라 한다. 반직선 OA와 원 C_2와의 교점을 E라 한다.

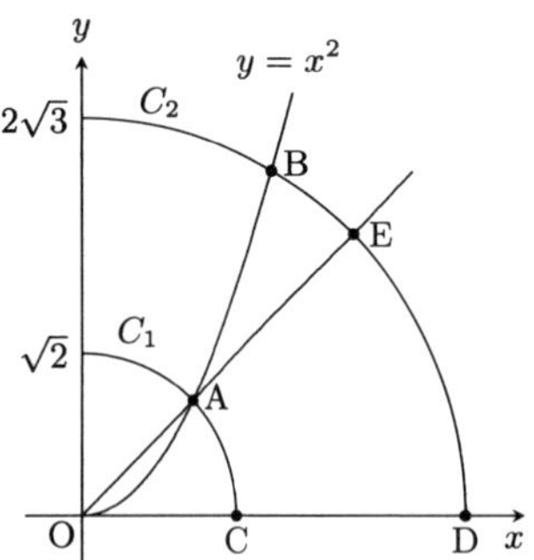

(1) 부채꼴 OEB의 넓이를 구하시오.

(2) 삼각형 OBD의 내접원의 중심을 I라 한다. 점 I와 원 C_1위의 점 사이의 거리를 d라 할 때, d의 최솟값을 구하시오.

풀이

(1) $B(b, b^2)$이라 하면, $\overline{OB} = 2\sqrt{3}$이므로,

$$b^2 + b^4 = (2\sqrt{3})^2, \ (b^2+4)(b^2-3) = 0$$

이다. $b > 0$이므로 $b = \sqrt{3}$이다. 그러므로 $B(\sqrt{3}, 3)$이다. 즉, $\angle BOD = 60°$이다.
$A(a, a^2)$이라 하면, $\overline{OA} = \sqrt{2}$이므로,

$$a^2 + a^4 = (\sqrt{2})^2, \ (a^2+2)(a^2-1) = 0$$

이다. $a > 0$이므로 $a = 1$이다. 그러므로 $A(1, 1)$이다.
즉, $\angle AOC = \angle EOC = 45°$이다.
따라서 부채꼴 OEB의 넓이는

$$(2\sqrt{3})^2\pi \times \frac{15}{360} = \frac{1}{2}\pi$$

이다.

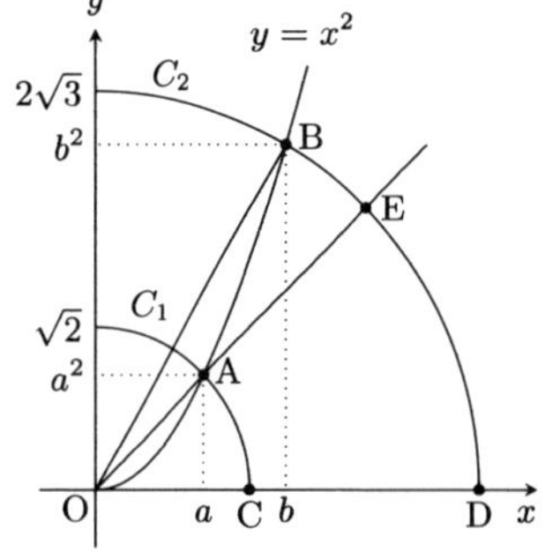

(2) $\angle BOD = 60°$이므로 삼각형 OBD는 한 변의 길이가 $2\sqrt{3}$인 정삼각형이다. 내접원의 중심 I는 세 내각 이등분선의 교점으로, 그림과 같다.

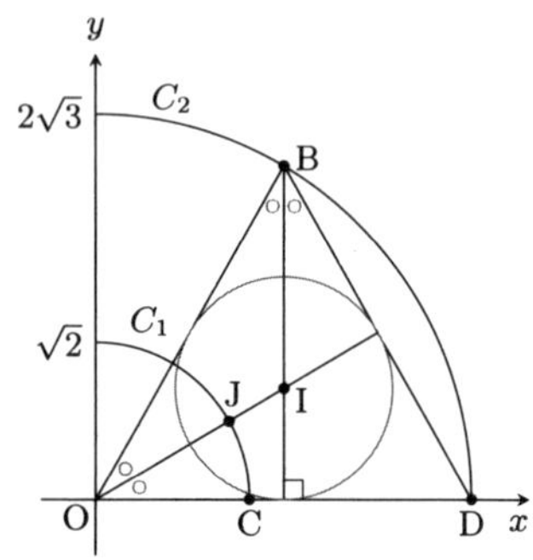

원 C_1위의 점을 J라 한다. $\overline{JI} = d$의 값이 최소일 때는 세 점 O, J, I가 한 직선 위에 있을 때이다. $\overline{OI} = 2$, $\overline{OJ} = \sqrt{2}$이므로 d의 최솟값은 $2 - \sqrt{2}$이다.

제 7 절 최종 모의고사 7회 풀이

문제 7.1 이차함수 $y = ax^2$과 $y = -2ax^2$에서, 이차함수 $y = ax^2$과 직선 $y = x$는 두 점 $(0, 0)$, $(4, 4)$에서 만난다. 이차함수 $y = ax^2$과 직선 $y = x$로 둘러싸인 도형을 S_1, 이차함수 $y = -2ax^2$과 $y = x$로 둘러싸인 도형을 S_2라 한다. 단, $a > 0$이다.

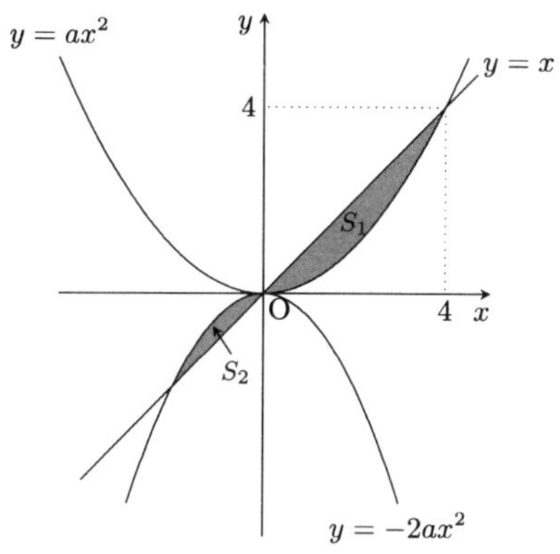

(1) S_1과 S_2가 닮음이고, S_1의 넓이가 $\frac{8}{3}$일 때, S_2의 넓이를 구하시오.

(2) S_1에 포함되는 점(경계도 포함) 중에서 x좌표와 y좌표가 모두 정수인 점은 모두 몇 개인가?

풀이

(1) $(4, 4)$가 $y = ax^2$위의 점이므로, $a = \frac{1}{4}$이다. 아래 그림과 같이 이차함수와 직선의 교점을 각각 P, Q라 하고, 각각의 x좌표를 p, q라 한다.

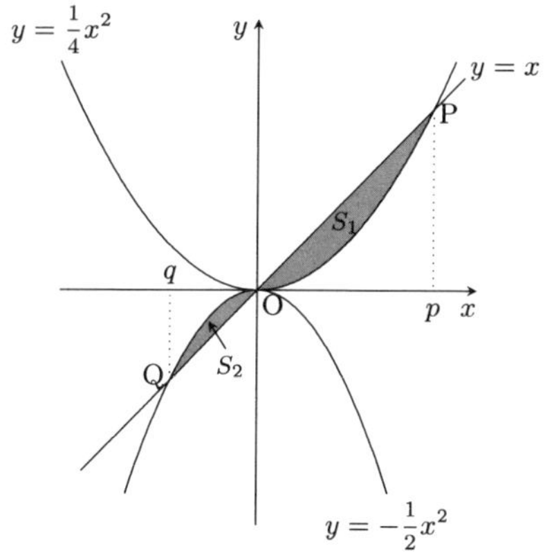

직선 OP의 기울기와 직선 QO의 기울기가 같으므로,

$$\frac{1}{4}(0 + p) = -\frac{1}{2}(q + 0), \quad p = -2q$$

이다. 그러므로

$$\overline{\text{OP}} : \overline{\text{OQ}} = p : (-q) = (-2q) : (-q) = 2 : 1$$

이다. 즉, S_1과 S_2의 닮음비는 $2 : 1$이다. 따라서 넓이의 비는 $4 : 1$이다. 즉, $S_2 = \frac{1}{4}S_1 = \frac{1}{4} \times \frac{8}{3} = \frac{2}{3}$이다.

(2) S_1를 아래 그림과 같이 나타내면 구하는 x좌표와 y좌표가 모두 정수인 점은 6개다.

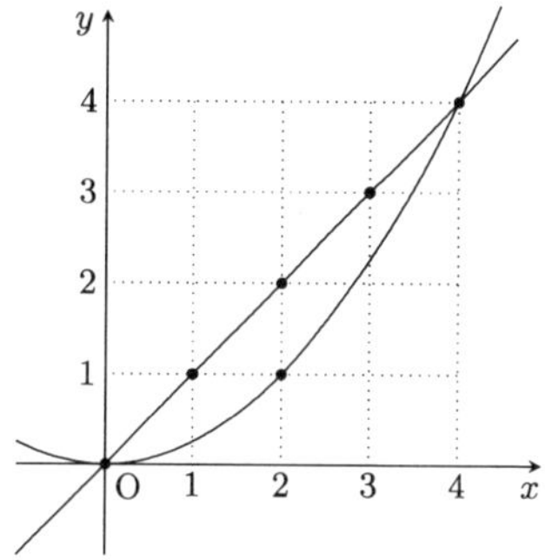

문제 7.2 그림과 같이, 두 이차함수 $y = x^2$, $y = ax^2$이 있다. 이차함수 $y = x^2$ 위의 두 점 A, B의 좌표는 각각 $(1, 1)$, $(-3, 9)$이다. 선분 OA, OB와 이차함수 $y = ax^2$의 교점을 각각 E, F라 하면, $\overline{OE} : \overline{EA} = 1 : 4$이다. 단, $a > 1$이다.

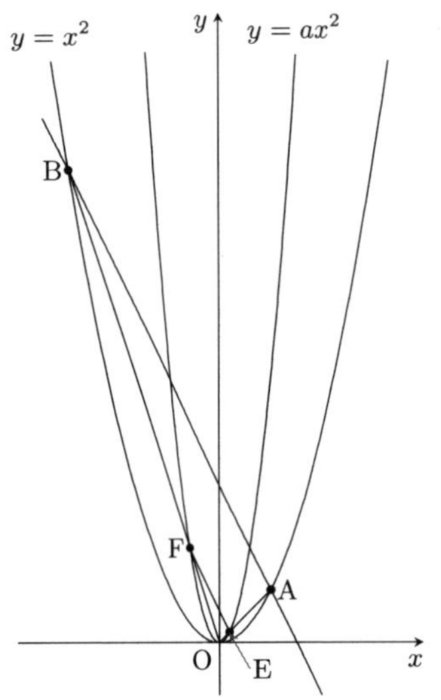

(1) 직선 AB의 방정식을 구하시오.

(2) a의 값을 구하시오.

(3) 사각형 ABFE의 넓이를 구하시오.

(4) 직선 AB와 $y = x^2$의 둘러싸인 부분(둘레 포함)의 점 (x, y) 중 x, y가 모두 정수인 점의 개수를 구하시오.

풀이

(1) 직선 AB의 기울기와 y절편이 각각

$$1 \times (-3 + 1) = -2, \quad -1 \times (-3) \times 1 = 3$$

이므로, 직선 AB의 방정식은 $y = -2x + 3$이다.

(2) $\overline{OE} : \overline{EA} = 1 : 4$이므로, $\overline{OE} : \overline{OA} = 1 : 5$이다. 그러므로 $\mathrm{E}\left(\frac{1}{5}, \frac{1}{5}\right)$이다. 점 E는 $y = ax^2$위의 점이므로 $\frac{1}{5} = a \times \left(\frac{1}{5}\right)^2$이다. 이를 풀면 $a = 5$이다.

(3) 점 F의 x좌표를 f라 하면, 직선 OF의 기울기는 직선 OB의 기울기 -3과 같으므로, $5 \times (0 + f) = -3$에서 $f = -\frac{3}{5}$이다. 그러므로 $\overline{OF} : \overline{OB} = 1 : 5$이다. (2)에서 $\overline{OE} : \overline{OA} = 1 : 5$이므로 삼각형 OEF와 삼각형 OAB는 닮음비가 $1 : 5$인 닮음이다. 즉, 사각형 ABFE의 넓이는 $\triangle\mathrm{OAB} \times \left\{1 - \left(\frac{1}{5}\right)^2\right\}$이다.

직선 AB과 y축과의 교점을 C라 하면, $\mathrm{C}(0, 3)$이다.

$$\begin{aligned}\triangle\mathrm{OAB} &= \frac{1}{2} \times \overline{OC} \times (\text{점 A와 B의 } x\text{좌표의 차}) \\ &= \frac{1}{2} \times 3 \times 4 \\ &= 6\end{aligned}$$

이므로, 사각형 ABFE의 넓이는 $6 \times \frac{24}{25} = \frac{144}{25}$이다.

(4) 조건을 만족하는 점은 아래 그림에서 •으로 모두 15개다.

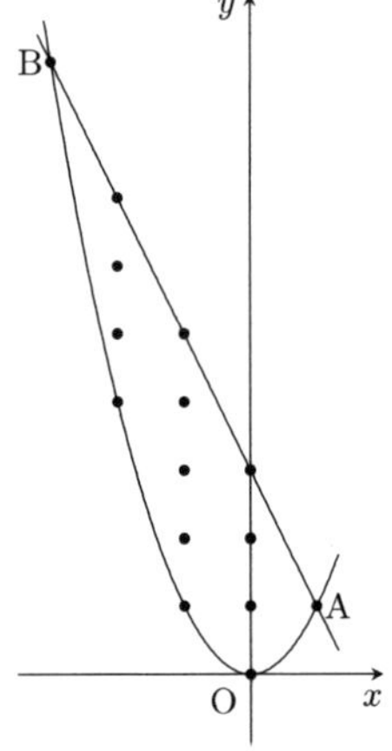

문제 7.3 그림과 같이, 이차함수 $y = x^2$위에 정팔각형 OABCDEFG의 꼭짓점 O, A, G가 있다.

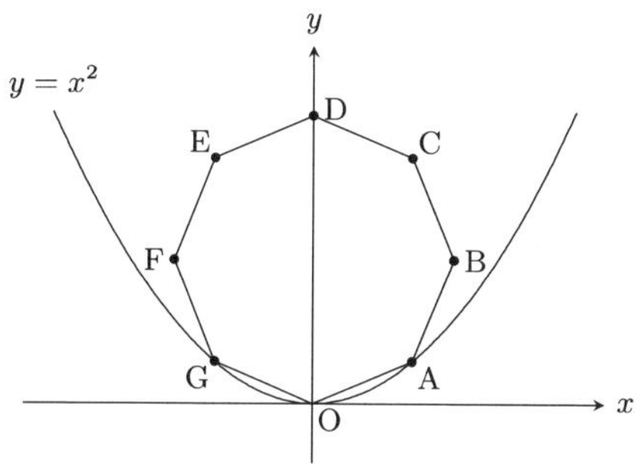

(1) 점 A의 x좌표를 구하시오.

(2) 직선 EF의 방정식을 구하시오.

(3) 직선 EF와 x축과의 교점을 Q, y축과의 교점을 R이라 한다. 삼각형 AEF의 넓이는 삼각형 OQR의 넓이의 몇 배인지 구하시오.

풀이

(1) 그림과 같이 정팔각형의 중심을 P라 하고, 점 B에서 x축에 내린 수선의 발을 H라 하면,

$$\angle\text{POA} = 67.5°,\ \ \angle\text{AOH} = 22.5°$$

이다.

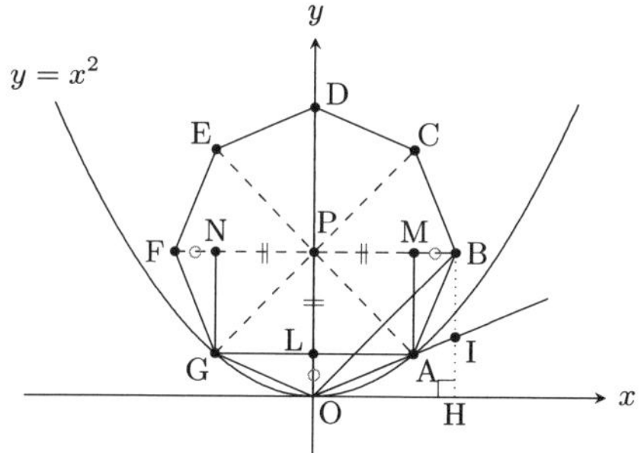

삼각형 BOH가 직각이등변삼각형이므로, 직선 OA는 ∠BOH를 이등분하는 직선이다. 직선 OA와 선분 BH의 교점을 I라 하면, 내각이등분선의 정리에 의하여

$$\overline{\text{BI}} : \overline{\text{IH}} = \sqrt{2} : 1$$

이다. $\overline{\text{BH}} = \overline{\text{OH}}$이므로 $\overline{\text{OH}} : \overline{\text{IH}} = (\sqrt{2}+1) : 1$이다. 즉 직선 OA의 기울기는 $\dfrac{1}{\sqrt{2}+1} = \sqrt{2}-1$이다. $y = x^2$과 $y = (\sqrt{2}-1)x$를 연립하여 풀면 $x = \sqrt{2}-1$이다. 따라서 점 A의 x좌표는 $\sqrt{2}-1$이다.

(2) 점 A의 y좌표는 $(\sqrt{2}-1)^2 = 3-2\sqrt{2}$이므로, 위의 그림에서

$$\overline{\text{FN}} = \overline{\text{OL}} = 3-2\sqrt{2}$$
$$\overline{\text{NP}} = \overline{\text{LP}} = \overline{\text{AL}} = \sqrt{2}-1$$
$$\overline{\text{FP}} = \overline{\text{OP}} = 2-\sqrt{2}$$

이다. 따라서 점 F의 좌표는 $(-2+\sqrt{2}, 2-\sqrt{2})$이다. 직선 EF의 기울기는 $\sqrt{2}+1$이므로, 구하는 직선 EF의 방정식은 $y = (\sqrt{2}+1)x + 2$이다.

(3) 삼각형 AEF와 삼각형 RQO은 22.5°, 67.5°, 90°를 내각으로 하는 직각삼각형으로 닮음이다.

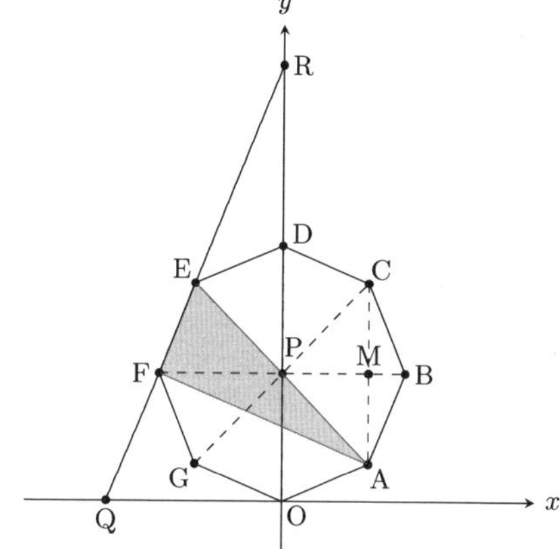

그러므로

$$\begin{aligned}\frac{\triangle\text{AEF}}{\triangle\text{RQO}} &= \frac{\overline{\text{AF}}^2}{\overline{\text{RO}}^2}\\ &= \frac{(\sqrt{2}-1)^2 + (2-\sqrt{2}+\sqrt{2}-1)^2}{2^2}\\ &= \frac{2-\sqrt{2}}{2}\end{aligned}$$

이다. 즉, 삼각형 AEF의 넓이는 삼각형 OQR의 넓이의 $\dfrac{2-\sqrt{2}}{2}$배다.

문제 7.4 그림과 같이, 좌표평면 위에 점 A는 이차함수 $y = ax^2(x > 0)$위에 있고, 점 B는 이차함수 $y = \frac{1}{a}x^2(x > 0)$위에 있고, 점 C는 y축 위에 있고, 점 C의 y좌표는 양수이다. 점 D는 x축 위에 있고, 점 D의 x좌표는 양수이다. 단, $a > 1$이다.

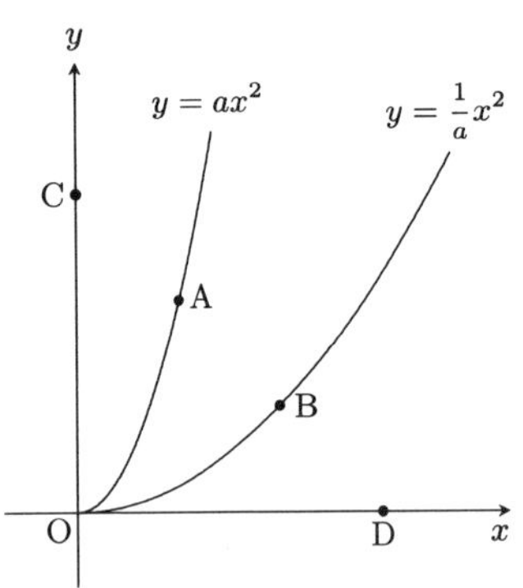

(1) 직선 $y = -x + b$ 위에 네 점 A, B, C, D가 있고, 두 점 A, B가 선분 CD의 삼등분할 때, a, b의 값을 각각 구하시오.

(2) 원점을 중심으로 하고 반지름이 r인 원주 위에 네 점 A, B, C, D가 있고, 두 점 A, B가 호 CD를 삼등분할 때, a^2, r^2의 값을 각각 구하시오.

풀이

(1) 점 C, D는 $y = -x + b$위의 점이므로, $C(0, b)$, $D(b, 0)$이다. 또, 점 A, B는 선분 CD를 삼등분하므로, $A\left(\frac{1}{3}b, \frac{2}{3}b\right)$, $B\left(\frac{2}{3}b, \frac{1}{3}b\right)$이다. 계산 편의상 $A(p, q)$, $B(q, p)$라 한다.

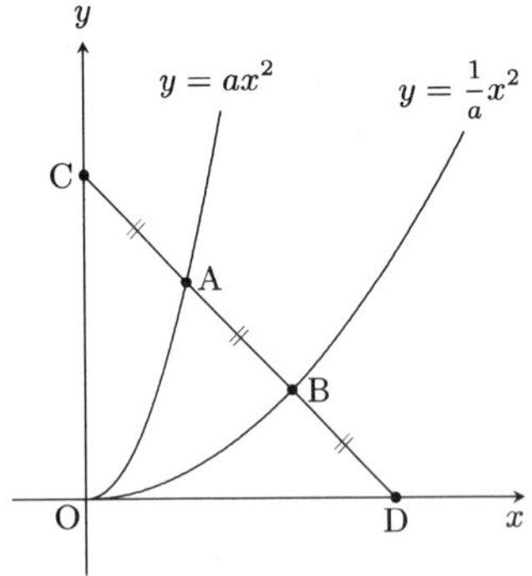

두 점 A, B는 $y = ax^2$, $y = \frac{1}{a}x^2(ay = x^2)$위에 있으므로, 좌표를 대입하면,

$$q = ap^2, \ \ ap = q^2$$

이다. 두 식을 변변 곱하면

$$apq = ap^2q^2, \ \ 1 = pq\,(apq \neq 0)$$

이다. 이를 b에 대한 식으로 나타내면

$$\frac{1}{3}b \times \frac{2}{3}b = 1$$

이다. $b > 0$이므로 $b = \frac{3\sqrt{2}}{2}$이다.
$q = ap^2$에서 $\frac{2}{3}b = a\left(\frac{1}{3}b\right)^2$이다. 따라서 $a = \frac{6}{b} = 2\sqrt{2}$이다.

(2) 원의 반지름이 r이므로 $C(0, r)$, $D(r, 0)$이다. 점 A, B가 호 CD를 삼등분하므로, $\angle AOD = 60°$, $\angle BOD = 30°$이다. 한 내각이 30°인 직각삼각형의 성질로 부터 $A\left(\frac{1}{2}r, \frac{\sqrt{3}}{2}r\right)$, $B\left(\frac{\sqrt{3}}{2}r, \frac{1}{2}r\right)$이다. 계산 편의상 $A(p, q)$, $B(q, p)$라 한다.

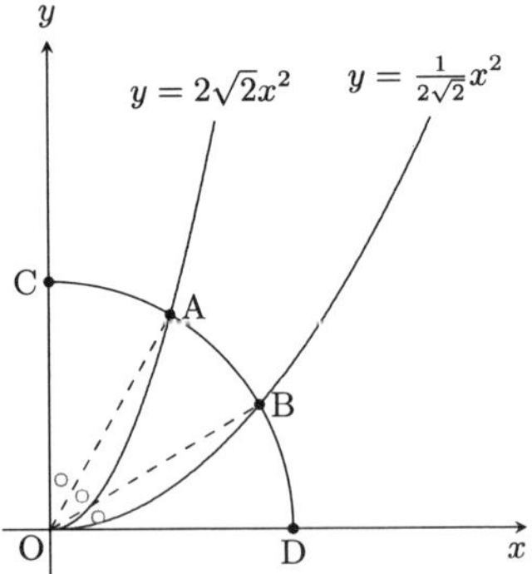

두 점 A, B는 $y = ax^2$, $y = \frac{1}{a}x^2(ay = x^2)$위에 있으므로, 좌표를 대입하면,

$$q = ap^2, \ \ ap = q^2$$

이다. 두 식을 변변 곱하면

$$apq = ap^2q^2, \ \ 1 = pq\,(apq \neq 0)$$

이다. 이를 r에 대한 식으로 나타내면

$$\frac{1}{2}r \times \frac{\sqrt{3}}{2}r = 1$$

이다. $r^2 = \frac{4\sqrt{3}}{3}$이다.
$q = ap^2$에서 $\frac{\sqrt{3}}{2}r = a\left(\frac{1}{2}r\right)^2$이다. 즉, $a = \frac{2\sqrt{3}}{r}$이다. 따라서 $a^2 = \frac{12}{r^2} = 3\sqrt{3}$이다.

제 8 절 최종 모의고사 8회 풀이

문제 8.1 그림과 같이, 함수 $y = \frac{1}{2}x^2$의 그래프와 직선 l이 두 점 A, B에서 만나고, 점 A, B의 x좌표가 각각 -2, 4이다.

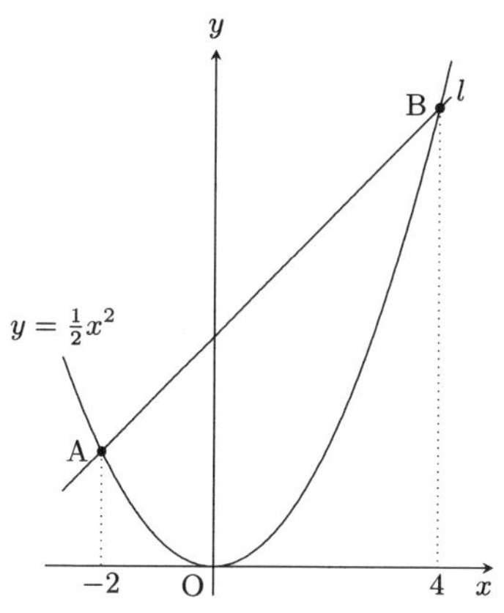

(1) 직선 AB의 방정식을 구하시오.

(2) $\angle$OAB의 크기를 구하시오.

(3) $\triangle$OAB를 y축을 기준으로 1회전하여 얻어진 입체의 부피를 구하시오.

풀이

(1) 직선 AB의 기울기와 y절편은 각각

$$\frac{1}{2} \times (-2+4) = 1,\ \ -\frac{1}{2} \times (-2) \times 4 = 4$$

이므로, 구하는 직선 AB의 방정식은 $y = x + 4$이다.

(2) A$(-2, 2)$이므로 직선 OA의 기울기가 -1이고, 직선 AB의 기울기가 1이므로, $\overline{\text{OA}} \perp \overline{\text{AB}}$이다. 즉, $\angle\text{OAB} = 90°$이다.

(3) C$(0, 4)$, A$'(2, 2)$라 하고, 직선 A$'$C와 OB의 교점을 D라 하면, D$\left(\frac{4}{3}, \frac{8}{3}\right)$이다. 이제 우리가 구하는 것은 아래 그림에서 색칠한 부분을 y축에 대하여 1회전하여 얻어진 부피이다.

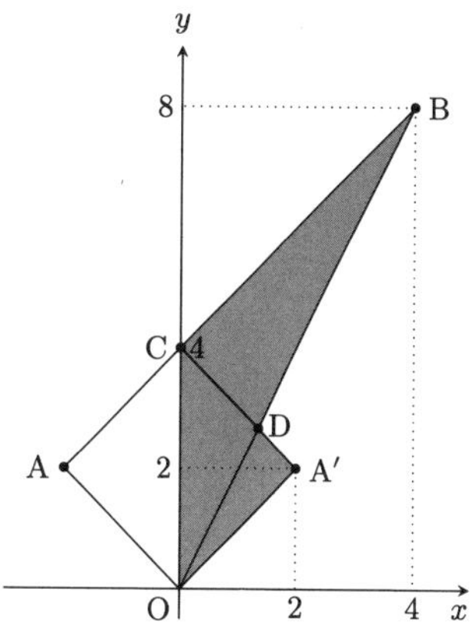

편의상 $\triangle$OA$'$C를 회전하여 얻어진 부피를 $[\triangle\text{OA}'\text{C}]$로 나타내기로 한다. 그러면 구하는 부피는

$$[\triangle\text{OA}'\text{C}] + [\triangle\text{OBC}] - [\triangle\text{OCD}]$$

이다.

$$[\triangle\text{OA}'\text{C}] = 2^2\pi \times 4 \times \frac{1}{3} = \frac{16}{3}\pi,$$
$$[\triangle\text{OBC}] = 4^2\pi \times (8-4) \times \frac{1}{3} = \frac{64}{3}\pi,$$
$$[\triangle\text{OCD}] = \left(\frac{4}{3}\right)^2 \pi \times 4 \times \frac{1}{3} = \frac{64}{27}\pi$$

이므로, 구하는 부피는 $\left(\frac{16}{3} + \frac{64}{3} - \frac{64}{27}\right)\pi = \frac{656}{27}\pi$이다.

문제 8.2 그림과 같이, 함수 $y = \sqrt{3}x^2$ 위에 $\mathrm{A}(1, \sqrt{3})$를 잡고, 사각형 OABC가 마름모가 되도록 점 B, C를 잡는다. 단, 점 B는 y축 위에 있다. 마름모 OABC를 점 O를 중심으로 반시계방향으로 회전하여 점 A가 x축에 처음으로 올 때, 점 A, B, C가 이동한 점을 각각 A′, B′, C′라 한다.

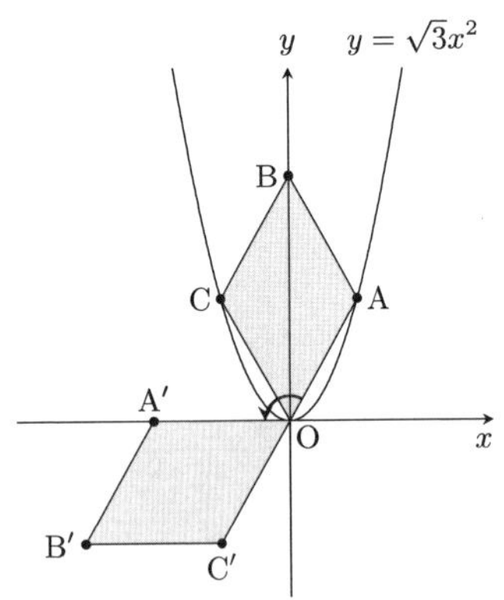

(1) 함수 $y = \sqrt{3}x^2$ 위의 점 D에 대하여, 삼각형 OC′D를 만든다. 이 삼각형의 넓이가 마름모의 넓이의 절반일 때, 점 D의 x좌표를 구하시오. 단, 점 D의 x좌표는 양수이다.

(2) 함수 $y = \sqrt{3}x^2$ 위에 점 O와 (1)에서 구한 점 D의 사이에 점 E가 있다. 삼각형 ODE가 이등변삼각형일 때, 점 E의 x를 구하시오.

풀이

(1) $\mathrm{A}(1, \sqrt{3})$이므로, 점 $\mathrm{B}(0, 2\sqrt{3})$, $\mathrm{C}(-1, \sqrt{3})$이다. 또, $\mathrm{A'}(-2, 0)$, $\mathrm{B'}(-3, -\sqrt{3})$, $\mathrm{C'}(-1, -\sqrt{3})$이다.

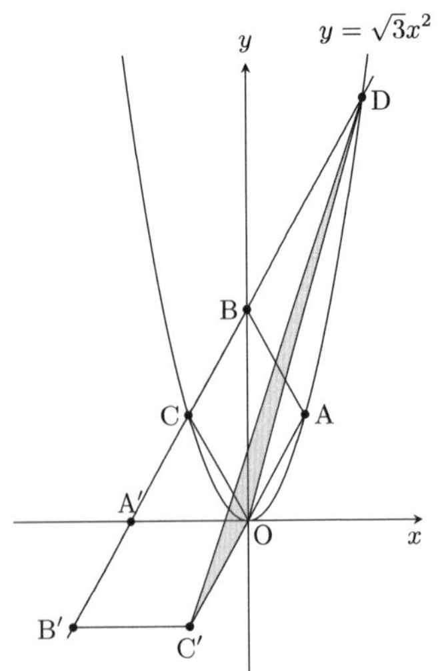

$\angle\mathrm{AOC} = \angle\mathrm{COA'} = \angle\mathrm{A'OC'} = 60°$이므로, 세 점 C′, O, A가 한 직선 위에 있다. 삼각형 OCC′의 넓이가 마름모 OABC의 넓이의 절반이므로, 점 D는 변 BC의 연장선과 함수 $y = \sqrt{3}x^2$의 연장선의 교점임을 알 수 있다. 직선 BC의 기울기는 $\sqrt{3}$이고 y절편이 $2\sqrt{3}$이므로 직선 BC의 방정식은 $y = \sqrt{3}x + 2\sqrt{3}$이다. 점 D의 x좌표는

$$\sqrt{3}x^2 = \sqrt{3}x + 2\sqrt{3}, \;\; x^2 - x - 2 = 0$$

의 해이다. 이를 인수분해하여 풀면 $x = 2(x > 0)$이다. 즉, 점 D의 x좌표는 2이다.

(2) 점 E는 선분 OD의 수직이등분선과 함수 $y = \sqrt{3}x^2$의 교점이다. 점 $\mathrm{D}(2, 4\sqrt{3})$이고, 직선 OD의 기울기가 $2\sqrt{3}$이므로, 선분 OD의 수직이등분선은

$$y = -\frac{1}{2\sqrt{3}}(x - 1) + 2\sqrt{3}, \;\; y = -\frac{\sqrt{3}}{6}x + \frac{13}{6}\sqrt{3}$$

이다. 이 직선과 $y = \sqrt{3}x^2$을 연립하면,

$$\sqrt{3}x^2 = -\frac{\sqrt{3}}{6}x + \frac{13}{6}\sqrt{3}, \;\; 6x^2 + x - 13 = 0$$

이다. 이를 풀면 $x = \dfrac{-1 + \sqrt{313}}{12}(x > 0)$이다. 즉, 구하는 점 E의 x좌표는 $\dfrac{-1 + \sqrt{313}}{12}$이다.

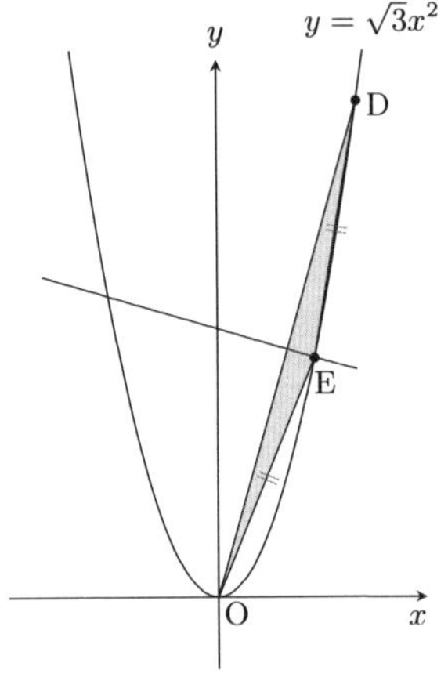

문제 8.3 좌표평면에 함수 $y = \frac{1}{2}x^2$의 그래프와 점 O위에 두 점 P, Q가 있고, 점 C$(0, 6)$위에 점 R이 있다. 세 점 P, Q, R이 동시에 출발하여 그림과 같이 $t(t > 0)$초 후에 점 P의 x좌표는 $2t$, 점 Q의 x좌표는 $-t$가 되도록 함수 $y = \frac{1}{2}x^2$의 그래프 위를 움직인다. 또, 점 R은 y축 위를 R$(0, 6 + t)$가 되도록 움직인다.

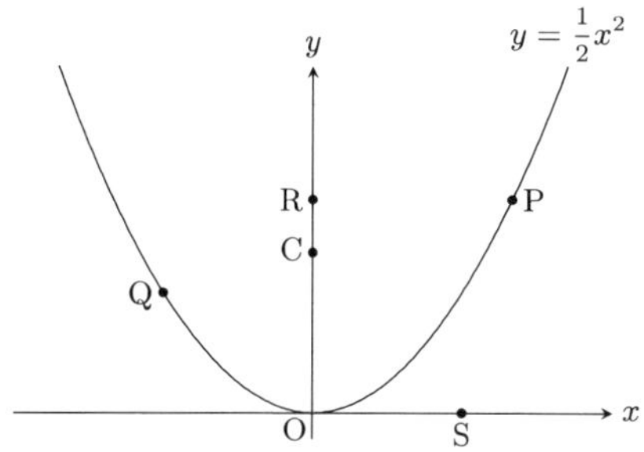

(1) 세 점 P, Q, R이 한 직선 위에 있을 때, t의 값을 구하시오.

(2) 세 점 P, Q, R이 동시에 출발한 지 2초 후에, 선분 PQ의 수직이등분선의 방정식을 구하시오.

(3) 세 점 P, Q, R이 동시에 출발한 지 2초 후에, x축 위의 점 S$(a, 0)$에 대하여, $\angle$PSQ의 크기가 최대가 될 때의 a의 값을 구하시오. 단, $a > 0$이다.

풀이

(1) t초 후의 직선 PQ의 y절편이 점 R의 y좌표이므로,

$$-\frac{1}{2} \times (-t) \times 2t = 6 + t, \ \ t^2 - t - 6 = 0$$

이다. 이를 인수분해하면 $(t+2)(t-3) = 0$이다. $t > 0$이므로 $t = 3$이다.

(2) 2초 후의 좌표는 P$(4, 8)$, Q$(-2, 2)$이다. 직선 PQ(기울기가 1)에 수직인 직선의 기울기는 -1이고, 선분 PQ의 중점은 $(1, 5)$이므로, 구하는 직선의 방정식은 $y = -x + 6$이다.

(3) 두 점 P, Q를 지나고 x축에 접하는 원 C을 그리면 아래 그림과 같다.

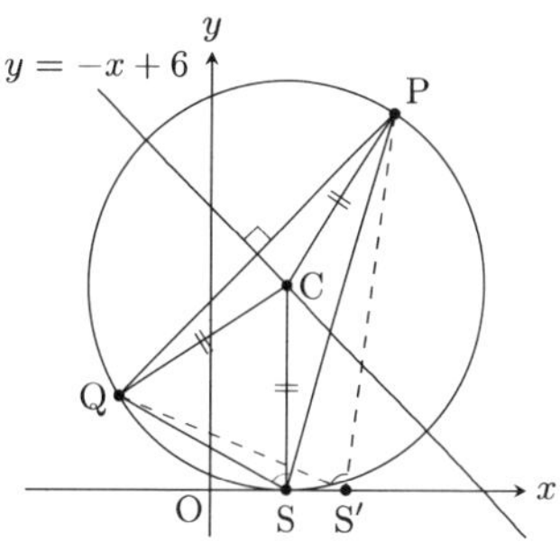

접점을 S라 하고, x축 위에 S와 다른 점 S$'$는 모두 이 원 C의 외부의 점이므로, $\angle$PSQ $>$ $\angle$PS$'$Q이다. 그러므로 이 점 S가 구하는 점이다.

$y = -x+6$위의 점 C$(a, -a+6)$에 대하여 $\overline{\text{CQ}}^2 = \overline{\text{CS}}^2$이므로,

$$(a + 2)^2 + \{(-a + 6) - 2\}^2 = (-a + 6)^2$$

이다. 이를 정리하면 $a^2 + 8a - 16 = 0$이고, 근의 공식으로 풀면 $a > 0$이므로 $a = -4 + 4\sqrt{2}$이다.

문제 8.4 그림과 같이, 좌표평면 위에 원점 O, 점 A$(-5, 1)$, 점 B$(-1, 5)$가 있다. 두 점 A, B를 지나는 직선이 l이 있고, 선분 AB위에 점 P가 있다. 이차함수 $y = ax^2$은 점 P를 지난다.

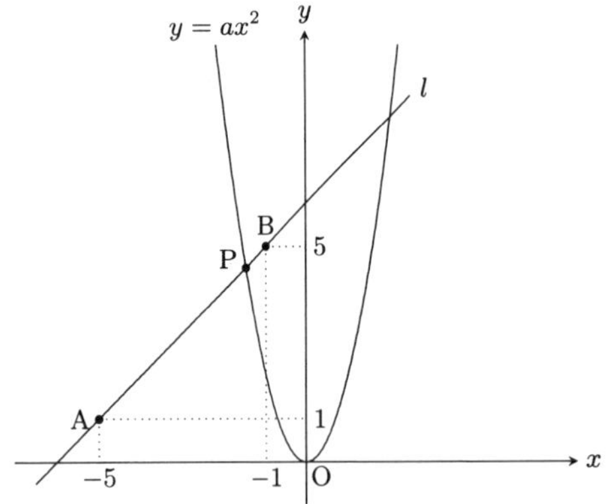

(1) 점 P가 선분 AB 위를 점 A에서 점 B로 이동할 때, a의 값의 범위를 구하시오.

(2) y축에 대하여 점 A가 대칭이동한 점을 C라 한다. 삼각형 OBA와 삼각형 OCP의 넓이가 같을 때, a의 값을 구하시오.

풀이

(1) 이차함수 $y = ax^2$이 점 A, B를 지날 때의 a의 값은 각각 $\frac{1}{25}$, 5이므로, 구하는 a의 범위는 $\frac{1}{25} \le a \le 5$이다.

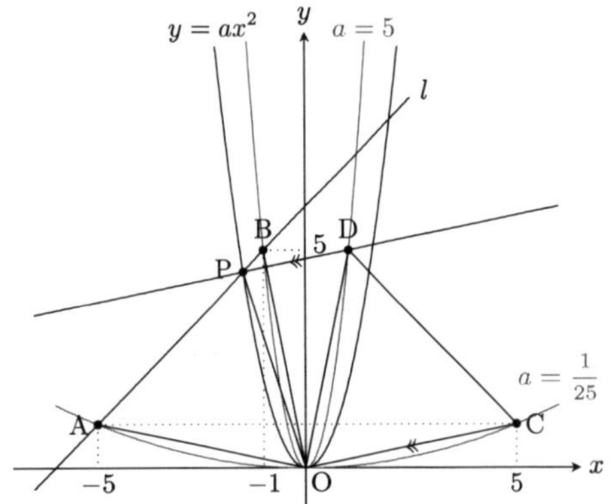

(2) y축에 대하여 점 B의 대칭점을 D$(1, 5)$라 하면, $\triangle$OBA $= \triangle$ODC이다.
$\triangle$ODC $= \triangle$OCP일 때, $\overline{DP} \parallel \overline{OC}$이다. 점 C$(5, 1)$이므로, 직선 OC의 기울기는 $\frac{1}{5}$이다.

그러므로 직선 DP의 방정식은

$$y = \frac{1}{5}(x - 1) + 5, \ \ y = \frac{1}{5}x + \frac{24}{5}$$

이다. 한편, l의 방정식은 $y = x + 6$이므로, 점 P의 x좌표는

$$\frac{1}{5}x + \frac{24}{5} = x + 6, \ \ x = -\frac{3}{2}$$

이다. 즉, P$\left(-\frac{3}{2}, \frac{9}{2}\right)$이다. 따라서 $\frac{9}{2} = a \times \left(\frac{3}{2}\right)^2$에서 $a = 2$이다.

제 9 절 최종 모의고사 9회 풀이

문제 9.1 그림과 같이, 함수 $y = ax^2$의 그래프 위에 두 점 A, B가 있고, 이 두 점의 x좌표는 각각 -1, 2이다. 삼각형 OAB의 넓이가 15이다. 또, 함수 $y = x^2$의 그래프 위에 두 점 C, D가 있고, 점 C의 x좌표가 1이다. 선분 AB와 선분 CD가 만나고, 삼각형 ACB와 삼각형 ACD의 넓이가 같다. 직선 AB, CD와 y축과의 교점을 각각 E, F라 한다. 단, $a > 0$이다.

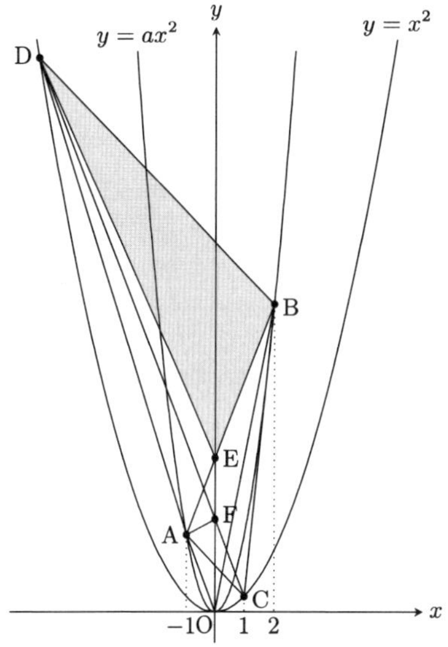

(1) 점 D의 좌표를 구하시오.

(2) 삼각형 BDE의 넓이는 삼각형 ACF의 넓이의 몇 배인지 구하시오.

풀이

(1) 직선 AB의 y절편(점 E의 y좌표)를 e라 하면,

$$\triangle\text{OAB} = \frac{e \times (2+1)}{2} = 15, \quad e = 10$$

이다. 이때, $e = -a \times (-1) \times 2 = 10$이다. 즉, $a = 5$이다.
$\triangle\text{ACB} = \triangle\text{ACD}$이므로 $\overline{\text{DB}} \,/\!/\, \overline{\text{AC}}$이다.
그러므로 점 D의 x좌표를 d라 하면,

$$\frac{d^2 - 20}{d - 2} = \frac{5 - 1}{-1 - 1} = -2, \quad d^2 + 2d - 24 = 0$$

이다. 이를 인수분해하면 $(d + 6)(d - 4) = 0$이다. $d < 0$이므로 $d = -6$이다. 따라서 $\text{D}(-6, 36)$이다.

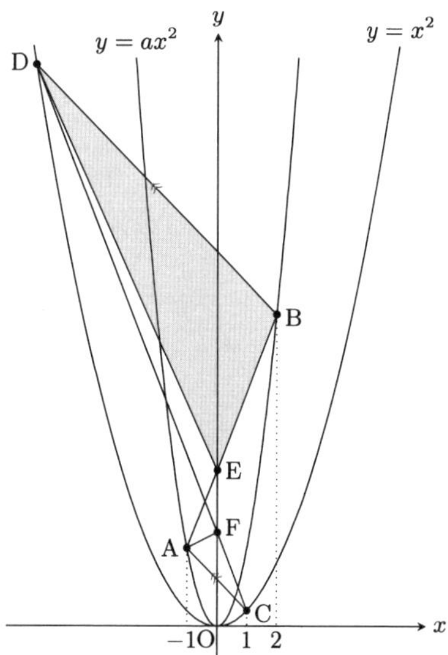

(2) 직선 CD의 y절편(점 F의 y좌표)는 $-1 \times (-6) \times 1 = 6$이다. 직선 DB, AC의 기울기가 -2이고, y절편은 각각 $20 + 2 \times 2 = 24$, $1 + 1 \times 2 = 3$이므로,

$$\frac{\triangle\text{BDE}}{\triangle\text{ACF}} = \frac{\frac{(24-10)\times(2+6)}{2}}{\frac{(6-3)\times(1+1)}{2}} = \frac{56}{3}$$

이다. 따라서 삼각형 BDE의 넓이는 삼각형 ACF의 넓이의 $\frac{56}{3}$배다.

문제 9.2 그림과 같이, 이차함수 $y = 3x^2$ 위에 두 점 A, B 가 있고, 점 A의 x좌표는 $\sqrt{3}$, 점 B의 x좌표는 $-\sqrt{3}$이다. $\triangle$ABC가 정삼각형이 되도록 y축 위에 점 C를 잡는다. 단, 점 C는 두 점 A, B보다 위쪽에 있다.

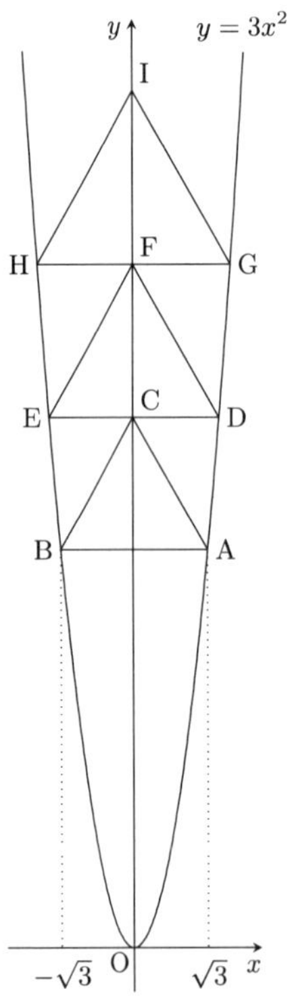

(1) 점 C의 좌표를 구하시오.

(2) 점 C를 지나고 x축에 평행한 직선과 이차함수와 교점을 D, E라 한다. 이때, $\triangle$ADC의 넓이를 구하시오.

(3) 점 F는 y축 위의 점으로 점 C보다 위쪽에 있다. $\triangle$DEF가 정삼각형일 때, $\triangle$ABC와 $\triangle$DEF의 넓이의 비를 구하시오.

(4) 점 F를 지나고 x축에 평행한 직선과 이차함수와의 교점을 각각 G, H라 한다. 점 I는 y축 위의 점으로 점 F보다 위쪽에 있다. $\triangle$GHI가 정삼각형일 때, $\triangle$ABC와 $\triangle$GHI의 넓이의 비를 구하시오.

풀이

(1) $\overline{\text{AB}}$와 y축과의 교점을 P라 한다. A$(\sqrt{3}, 9)$과 $\triangle$ACP가 한 내각이 30°인 직각삼각형이므로,

$$\overline{\text{AP}} : \overline{\text{CP}} = 1 : \sqrt{3}$$

이다. 따라서 $\overline{\text{CP}} = 3$이다. 즉, C$(0, 12)$이다.

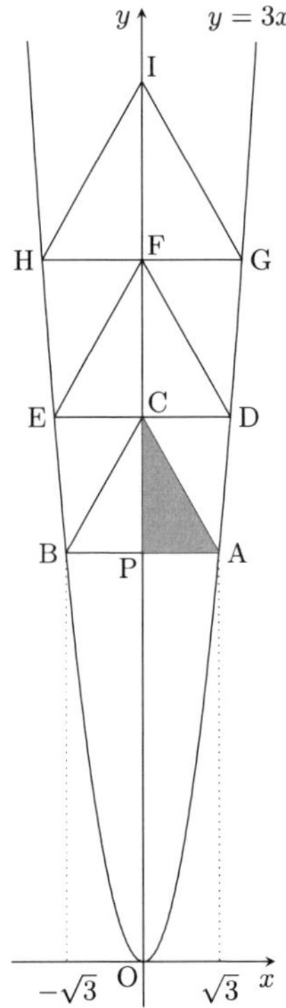

(2) 점 D의 x좌표를 d라 하면, $12 = 3d^2 (d > 0)$으로부터 $d = 2$이다. 그러므로 삼각형 ADC의 넓이는

$$\frac{1}{2} \times \overline{\text{CD}} \times \overline{\text{CP}} = \frac{1}{2} \times 2 \times 3 = 3$$

이다.

(3) $\triangle$ABC와 $\triangle$DEF는 정삼각형이므로, 넓이의 비는 $\overline{\text{AP}}^2 : \overline{\text{DC}}^2$이다. 따라서 $\triangle$ABC : $\triangle$DEF = 3 : 4 이다.

(4) 점 G의 x좌표를 g라 하면, $\overline{\text{FC}} = \overline{\text{CD}} \times \sqrt{3}$으로부터 $\overline{\text{OF}} = 12 + 2\sqrt{3}$이다. 그러므로 $3g^2 = 12 + 2\sqrt{3}$이다. 즉, $g^2 = \frac{12 + 2\sqrt{3}}{3}$이다.
$\triangle$ABC와 $\triangle$GHI의 넓이의 비는 $\overline{\text{AP}}^2 : \overline{\text{GF}}^2$이다. 따라서

$$\triangle\text{ABC} : \triangle\text{GHI} = (\sqrt{3})^2 : g^2 = 9 : (12 + 2\sqrt{3})$$

이다.

문제 9.3 좌표평면 위에 함수 $y = ax^2$, $y = \frac{b}{x}$, $y = c$가 있다. 단, a, b, c는 양의 상수이다. 함수 $y = ax^2$과 $y = c$의 교점 중, x좌표가 음수인 점을 A, x좌표가 양수인 점을 B라 한다. 또, 함수 $y = \frac{b}{x}$와 $y = c$의 교점을 C라 한다.

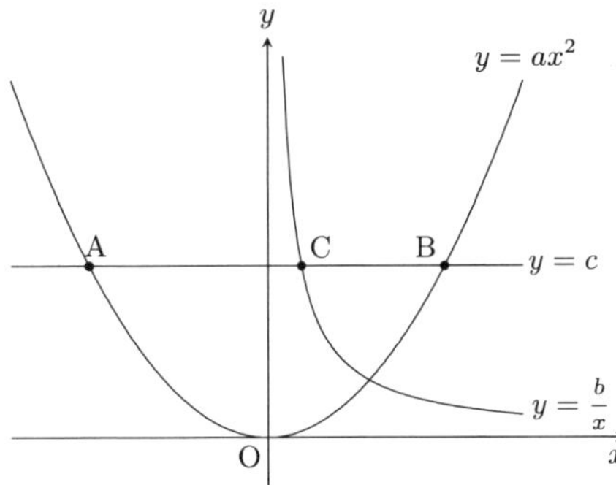

(1) $a = 1$, $b = 1$, $c = 3$일 때, 선분 AC의 길이를 구하시오.

(2) $a = 32b$, $\overline{\mathrm{AB}} = 2 \times \overline{\mathrm{BC}}$일 때, b와 c 사이의 관계식을 구하시오.

(3) $c = 3b$, $\overline{\mathrm{AC}} = 2 \times \overline{\mathrm{BC}}$일 때, a와 b 사이의 관계식을 모두 구하시오.

풀이 함수 $y = ax^2$과 $y = c$를 연립하면 $ax^2 = c$이다. 이를 풀면, 점 A, B의 x좌표는 각각 $-\sqrt{\frac{c}{a}}$, $\sqrt{\frac{c}{a}}$이다.
$y = \frac{b}{x}$와 $y = c$를 연립하면, $x \times c = b$이다. 점 C의 x좌표는 $\frac{b}{c}$이다.

(1) $a = 1$, $b = 1$, $c = 3$일 때, 점 A, B, C의 x좌표는 각각 $-\sqrt{3}$, $\sqrt{3}$, $\frac{1}{3}$이다.
따라서 $\overline{\mathrm{AC}} = \frac{1}{3} + \sqrt{3}$이다.

(2) $\overline{\mathrm{AB}} = 2 \times \overline{\mathrm{BC}}$일 때, 점 C는 선분 AB 위에 없으므로,

$$\frac{b}{c} = 2 \times \sqrt{\frac{c}{a}}, \quad ab^2 = 4c^3$$

이다. $a = 32b$를 대입한 후 정리하면 $c^3 = 8b^3$이다. 즉, $c = 2b$이다.

(3) $\overline{\mathrm{AC}} = 2 \times \overline{\mathrm{BC}}$일 때, 점 C가 선분 AB 위에 있는 경우와 선분 AB 위에 없는 경우로 나누어 살펴본다.

- 점 C가 선분 AB 위에 있는 경우,

$$\frac{b}{c} = \frac{1}{3} \times \sqrt{\frac{c}{a}}, \quad 9ab^2 = c^3$$

이다. $c = 3b$를 대입한 후 정리하면 $a = 3b$이다.

- 점 C가 선분 AB 위에 없는 경우,

$$\frac{b}{c} = 3 \times \sqrt{\frac{c}{a}}, \quad ab^2 = 9c^3$$

이다. $c = 3b$를 대입한 후 정리하면 $a = 243b$이다.

문제 9.4 그림과 같이, 이차함수 $y=x^2$과 직선 $y=x$의 원점을 제외한 교점을 A라 하고, 반지름이 $\sqrt{2}$인 원 P가 직선 $y=x$에 접하면서 화살표 방향으로 이동한다. 원 P의 중심이 이차함수 $y=x^2$을 처음으로 지날 때의 점을 B, 두번째로 지날 때의 점을 C, y축을 지날 때의 점을 D라 한다.

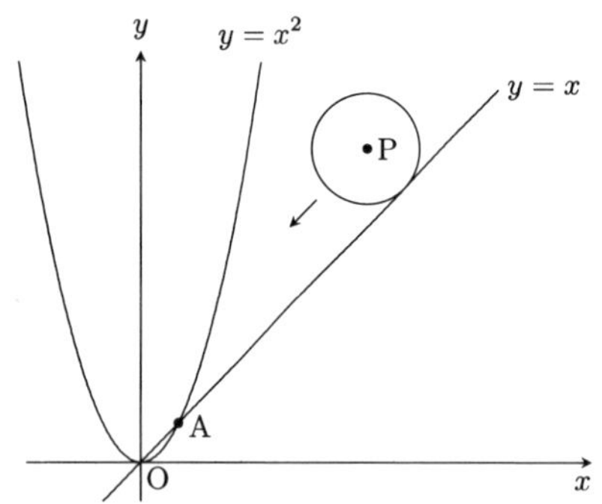

(1) 점 B와 점 C의 좌표를 각각 구하시오.

(2) 원 P가 처음으로 y축에 접할 때의 원 P의 중심의 좌표를 구하시오.

(3) 삼각형 ABD의 넓이를 구하시오.

풀이

(1) 원 P의 중심과 $y=x$ 사이의 거리가 $\sqrt{2}$로 일정하므로, 원 P의 중심은 $y=x$와 같은 기울기를 갖는 직선 위를 움직인다. 원 P가 직선 $y=x$와 원점에서 접할 때, 원 P의 중심의 좌표는 $(-1,1)$이다. 그러므로 원 P의 중심은 항상 $y=x+2$ 위에 있다.
점 B와 C는 $y=x^2$과 $y=x+2$의 교점이므로,

$$x^2=x+2,\ \ (x-2)(x+1)=0$$

으로부터 B$(2,4)$, C$(-1,1)$이다.

(2) P$(p,p+2)$라 하면, 원 P가 처음으로 y축과 접할 때, $p=\sqrt{2}$이다. 따라서 구하는 원 P의 중심의 좌표는 $(\sqrt{2},2+\sqrt{2})$이다.

(3) A$(1,1)$이고, 그림과 같이 A$'(1,3)$이라 하면, 구하는 삼각형 ABD의 넓이는

$$\frac{1}{2}\times\overline{AA'}\times(\text{점 B, D의 } x\text{좌표의 차})=\frac{1}{2}\times 2\times 2=2$$

이다.

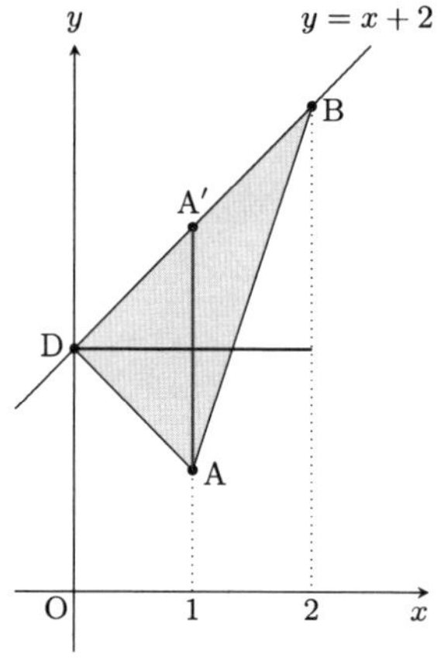

제 10 절 최종 모의고사 10회 풀이

문제 10.1 그림과 같이, 직선 $3x+4y=12$과 x축과의 교점을 P라 한다. 점 P를 지나고 직선 $3x+4y=12$와 $45°$의 각을 이루는 직선 중 기울기가 양수인 직선을 l이라 한다.

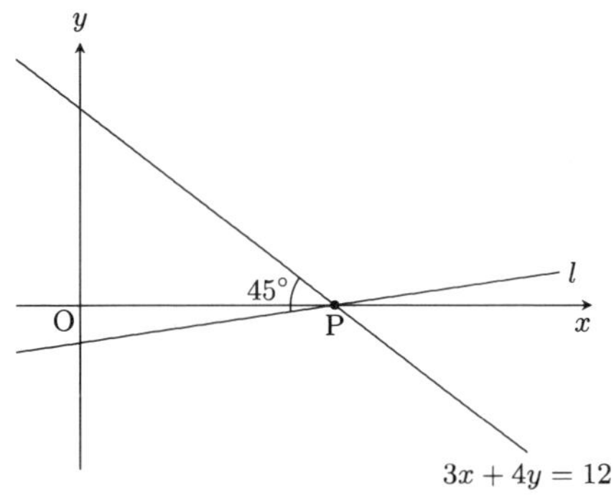

(1) 직선 l의 방정식을 구하시오.

(2) 직선 l과 원점 사이의 거리를 구하시오. 단, 중학교 수준으로 풀어야 한다.

풀이

(1) 직선 $3x+4y=12$과 x축과의 교점인 P의 좌표는 $(4,0)$이고, y축과의 교점을 $\mathrm{Q}(0,3)$이라 하면, $\overline{\mathrm{PQ}}=\sqrt{4^2+3^2}=5$이다.

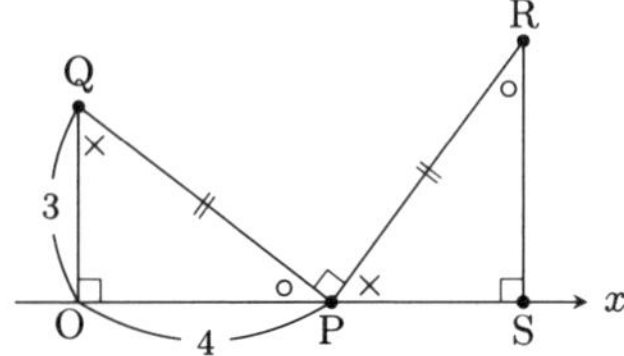

그림과 같이, $\overline{\mathrm{PQ}}=\overline{\mathrm{PR}}=5$, $\angle\mathrm{QPR}=90°$가 되도록 점 R을 잡고, 점 R에서 x축에 내린 수선의 발을 S라 하면,

$$\angle\mathrm{OPQ}+\angle\mathrm{OQP}=90°,\ \ \angle\mathrm{OPQ}+\angle\mathrm{SPR}=90°$$

이므로 $\angle\mathrm{OQP}=\angle\mathrm{SPR}$이 되어 $\triangle\mathrm{OPQ}\equiv\triangle\mathrm{SRP}$이다. 그러므로 $\overline{\mathrm{OQ}}=\overline{\mathrm{SP}}=3$, $\overline{\mathrm{OP}}=\overline{\mathrm{SR}}=4$이므로 $\mathrm{R}(7,4)$이다.

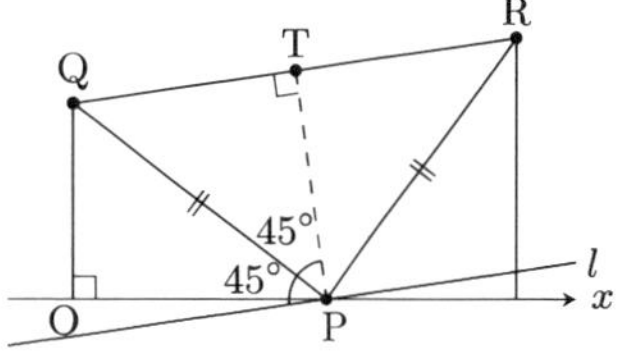

그림과 같이, 점 P에서 선분 QR에 내린 수선의 발을 T라 하면, 삼각형 PQR은 직각이등변삼각형이므로, 점 T는 선분 QR의 중점이다. 즉, $\angle\mathrm{TPQ}=\angle\mathrm{TQP}=45°$이다.

주어진 조건으로부터 직선 l과 직선 PQ가 이루는 각이 $45°$여서, 엇각의 성질로부터 직선 l과 직선 QR은 평행하다. 직선 QR의 기울기가 $\frac{1}{7}$이므로, 직선 l의 방정식은 $y=\frac{1}{7}(x-4)$이다. 즉, $y=\frac{1}{7}x-\frac{4}{7}$이다.

(2) 원점 O에서 직선 l에 내린 수선의 발을 H라 하고, 직선 l과 y축과의 교점을 $\mathrm{E}\left(0,-\frac{4}{7}\right)$라 한다.

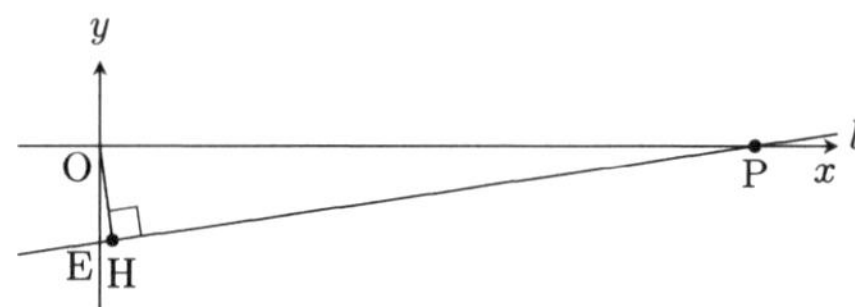

$\overline{\mathrm{PE}}=\sqrt{\left(\frac{4}{7}\right)^2+4^2}=\frac{20\sqrt{2}}{7}$이고, 삼각형 OPE와 삼각형 HOE가 닮음이므로,

$$\overline{\mathrm{HO}}:\overline{\mathrm{OE}}=\overline{\mathrm{OP}}:\overline{\mathrm{PE}}=4:\frac{20\sqrt{2}}{7}=7:5\sqrt{2}$$

이다. $\overline{\mathrm{OE}}=\frac{4}{7}$이므로,

$$\overline{\mathrm{HO}}:\frac{4}{7}=7:5\sqrt{2}$$

이다. 따라서 $\overline{\mathrm{OH}}=\frac{2\sqrt{2}}{5}$이다.

문제 10.2 그림과 같이, 이차함수 $y = ax^2$ 위에 네 점 A, B, C, D과 이차함수 위에 있지 않는 두 점 E, F가 있다. 육각형 ABCDEF는 한 변의 길이가 $4\sqrt{3}$인 정육각형이고, 변 BC는 x축에 평행하다.

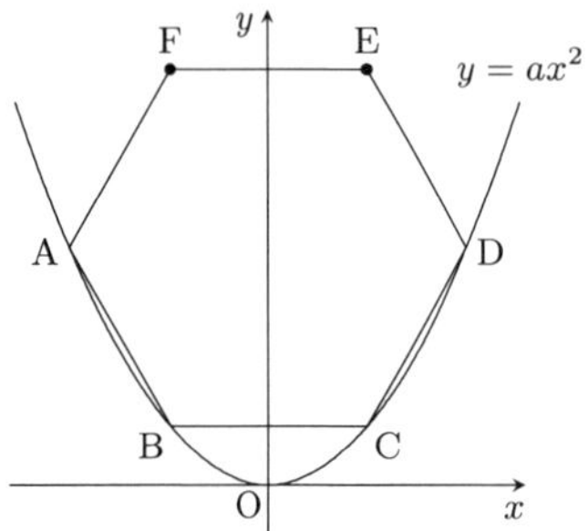

(1) 상수 a의 값을 구하시오.

(2) 점 $(1, -2)$를 지나고, 정육각형 ABCDEF의 넓이를 이등분하는 직선의 방정식을 구하시오.

(3) (2)에서 구한 직선과 y축과 변 BC로 둘러싸인 부분의 도형을 y축에 대하여 1회전하여 얻어진 입체의 부피를 구하시오.

풀이

(1) 정육각형의 한 변의 길이가 $4\sqrt{3}$이므로, [그림1]과 같이, $C(2\sqrt{3}, 12a)$, $D(4\sqrt{3}, 48a)$이다. 정육각형의 중심을 P라 하고, 변 BC와 y축과의 교점을 Q라 하면, [그림1]에서 색칠한 부분은 한 내각이 $60°$인 직각삼각형이므로, $\overline{PQ} = 6$이다. 따라서 $12a + 6 = 48a$이다. 즉, $a = \frac{1}{6}$이다.

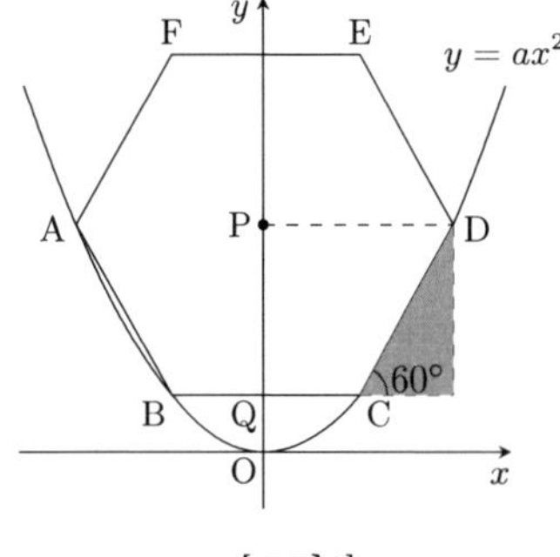

[그림1]

(2) 정육각형의 넓이를 이등분하는 직선은 점 $P(0, 8)$을 지나므로, 구하는 직선은

$$y = \frac{8-(-2)}{0-1}x + 8, \quad y = -10x + 8$$

이다.

(3) (2)의 직선과 변 BC의 교점의 x좌표는 $-10x + 8 = 2$의 해이므로, $x = \frac{3}{5}$이다. 따라서 구하는 부피는 $\frac{1}{3} \times \left(\frac{3}{5}\right)^2 \pi \times 6 = \frac{18}{25}\pi$이다.

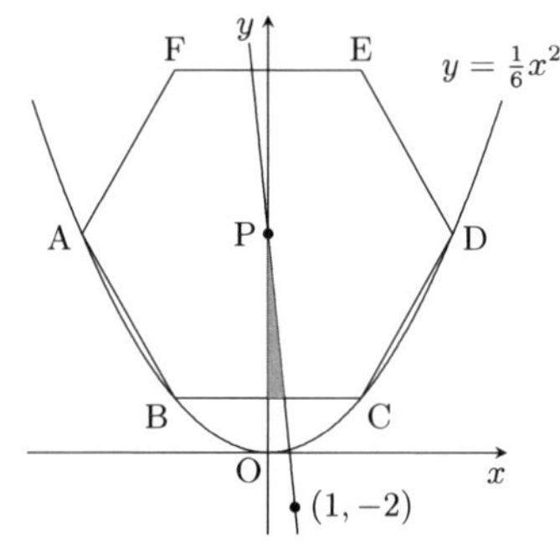

[그림2]

문제 10.3 그림과 같이, 좌표평면 위에 두 점 A, B가 이차함수 $y = \frac{3}{16}x^2$위에 있는 부채꼴 OAB에서, 호 AB와 y축과의 교점을 C라 한다. 또, 부채꼴 PQR은 부채꼴 OAB와 닮음이고, 점 P는 선분 OC위를, 점 Q와 R은 이차함수 $y = \frac{3}{16}x^2$위를 움직인다.

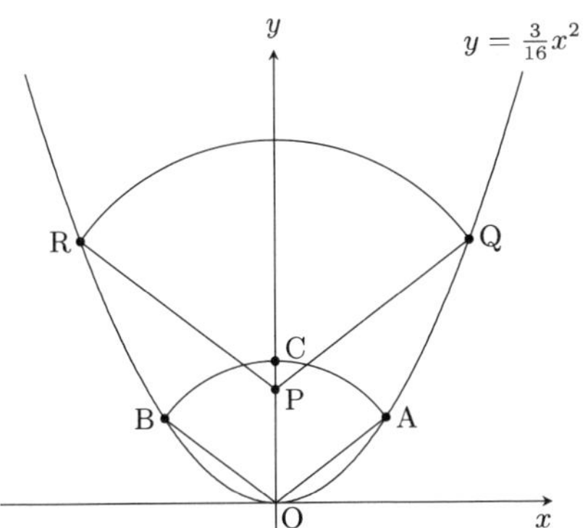

점 A의 좌표가 $(4, 3)$일 때, 다음 물음에 답하시오.

(1) 부채꼴 OAB와 부채꼴 PQR의 대응변의 길이의 비가 $1 : k(k > 1)$일 때, 직선 PQ의 방정식과 선분 CP의 길이를 각각 k를 사용하여 나타내시오.

(2) 두 점 C, P가 일치할 때, 부채꼴 PQR의 넓이는 부채꼴 OAB의 넓이의 몇 배인가?

풀이

(1) $\overline{\text{OA}} : \overline{\text{PQ}} = 1 : k$, A$(4, 3)$이므로 점 Q의 x좌표를 $4k$라 하면, 점 Q의 y좌표는 $3k^2$이다.
또, $\overline{\text{OA}} \mathbin{/\!/} \overline{\text{PQ}}$이고, 직선 OA의 방정식이 $y = \frac{3}{4}x$이므로, 직선 PQ의 방정식을 $y = \frac{3}{4}x + p$라 두고, Q$(4k, 3k^2)$를 대입하면 $p = 3k^2 - 3k$이다. 즉, 직선 PQ의 방정식은

$$y = \frac{3}{4}x + 3k^2 - 3k \qquad ①$$

이다. $\overline{\text{OC}} = \overline{\text{OA}} = 5$, P$(0, 3k^2 - 3k)$이므로,

$$\begin{aligned}\overline{\text{CP}} &= \overline{\text{OC}} - \overline{\text{OP}} \\ &= 5 - (3k^2 - 3k) \\ &= 5 + 3k - 3k^2 \qquad ②\end{aligned}$$

이다.

(2) 두 점 C, P가 일치할 때는, ②의 값이 0일 때이므로, $5 + 3k - 3k^2 = 0$을 풀면 $k > 1$이므로 $k = \frac{3 + \sqrt{69}}{6}$이다.

따라서 부채꼴 PQR의 넓이는 부채꼴 OAB의 넓이의 $k^2 = \frac{13 + \sqrt{69}}{6}$배이다.

문제 10.4 그림과 같이, 함수 $y = x^2$의 그래프와 정사각형 OABC가 있다. 점 A의 좌표가 $(2, 4)$이다.

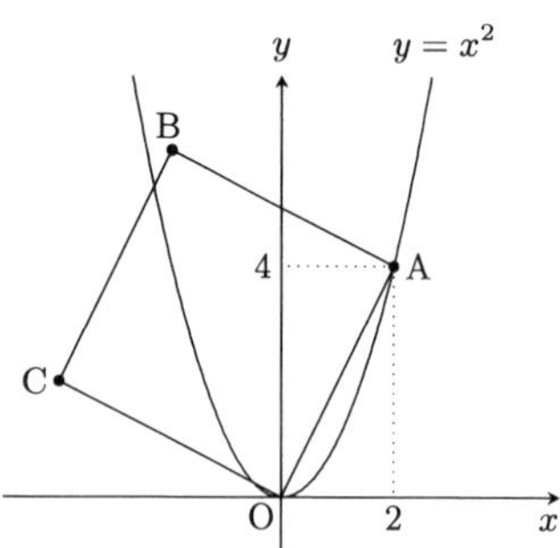

(1) 대각선 OB의 길이를 구하시오.

(2) 정사각형 OABC를 원점을 중심으로 시계방향으로 회전한다. 점 B가 처음으로 함수 $y = x^2$의 그래프와 겹쳐질 때의 점을 D라 한다. 이때, 점 D의 y좌표를 구하시오.

풀이

(1) 점 A, C에서 x축에 내린 수선이 발을 각각 A', B'이라 하면, 두 삼각형 AOA'와 OCC'가 합동(ASA합동)이므로,

$$\overline{C'O} = \overline{AA'} = 4,\ \ \overline{CC'} = \overline{OA'} = 2$$

이다. 즉, $C(-4, 2)$이다.

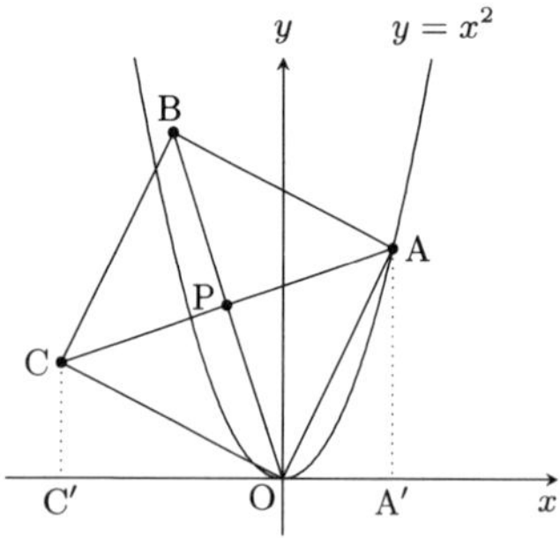

두 대각선 AC, OB의 교점을 P라 하면, 점 P는 선분 AC의 중점이므로 $P(-1, 3)$이다. 또, 점 P는 선분 OB의 중점이므로 $B(-2, 6)$이다.
따라서 $\overline{OB} = \sqrt{2^2 + 6^2} = 2\sqrt{10}$이다.

(2) 점 D의 좌표를 (d, d^2)이라 하면, $\overline{OD} = \overline{OB} = 2\sqrt{10}$이다. 그러므로

$$d^2 + (d^2)^2 = 40$$

이다. $d^2 = t$라 하면, $t^2 + t - 40 = 0$이고, 이를 풀면, $t = \dfrac{-1+\sqrt{161}}{2}$ $(t > 0)$이다. 따라서 D의 y좌표는 $d^2 = \dfrac{-1+\sqrt{161}}{2}$이다.

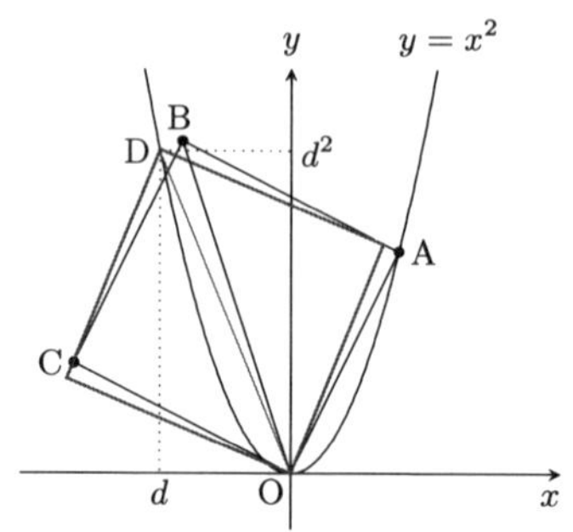